de-Jahrbuch 2019 · Elektrotechnik für Handwerk und Industrie

de-Jahrbuch 2019

Elektrotechnik für Handwerk und Industrie

Herausgegeben von *Peter Behrends* und *Sven Bonhagen*

Hüthig · München/Heidelberg

Produktbezeichnungen sowie Firmennamen und Firmenlogos werden in diesem Buch ohne Gewährleistung der freien Verwendbarkeit benutzt.

Von den im Buch zitierten Vorschriften, Richtlinien und Gesetzen haben stets nur die jeweils letzten Ausgaben verbindliche Gültigkeit.

Maßgebend für das Anwenden der Normen sind ebenfalls deren Fassungen mit dem neuesten Ausgabedatum, die bei der VDE Verlag GmbH, Bismarckstraße 33, 10625 Berlin und der Beuth Verlag GmbH, Burggrafenstraße 6, 10787 Berlin, erhältlich sind.

Herausgeber, Autoren und Verlag haben alle Texte, Abbildungen und Softwarebeilagen mit großer Sorgfalt erarbeitet bzw. überprüft. Dennoch können Fehler nicht ausgeschlossen werden. Deshalb übernehmen weder Herausgeber, Autoren noch Verlag irgendwelche Garantien für die in diesem Buch gegebenen Informationen. In keinem Fall haften Herausgeber, Autoren oder Verlag für irgendwelche direkten oder indirekten Schäden, die aus der Anwendung dieser Informationen folgen.

Bibliografische Information der Deutschen Nationalbibliothek
Die Deutsche Nationalbibliothek verzeichnet diese Publikation in der Deutschen Nationalbibliografie; detaillierte bibliografische Daten sind im Internet über https://portal.dnb.de/ abrufbar.

Möchten Sie Ihre Meinung zu diesem Buch abgeben?
Dann schicken Sie eine E-Mail an das Lektorat
im Hüthig Verlag:
buchservice@huethig.de
Autoren und Verlag freuen sich über Ihre Rückmeldung.

ISSN 1438-8707
ISBN 978-3-8101-0455-7

© 2018 Hüthig GmbH, München/Heidelberg
Printed in Germany
Titelbild, Layout, Satz: schwesinger, galeo:design
Titelfoto: © shuttersock 94675915, sharkyu
Druck- und Bindearbeiten: Westermann Druck Zwickau GmbH, 08058 Zwickau

Industrial Internet Of Things

Um heute und in Zukunft wettbewerbsfähig und profitabel zu arbeiten, müssen auch die elektrischen Anlagen energieeffizient, flexibel und gut vernetzt sein. Das Industrielle Internet der Dinge (Industrial Internet of Things – IIoT) mit seinem Fokus auf vernetzte Automatisierungskomponenten und Analysefunktionen sowie die intelligente Produktion im Zeitalter 4.0 werden weltweit die epochalen Fortschritte in der kommenden Zeit stark beeinflussen.

Dabei gibt es zahlreiche Analogien zwischen Industrie 4.0 und IIoT. Die Aktivitäten in diesem Kontext konzentrieren sich unter anderem auf die Flexibilität in der Herstellung, Erhöhung des Automatisierungsniveaus, Reduktion von Stillstandszeiten und Digitalisierung. Auf lange Sicht muss sich die Arbeitsweise in Fabriken und konsequenterweise die in der Instandhaltung grundlegend ändern. Diese Weiterentwicklungen erfordern die Akzeptanz der Elektrotechniker, Anlagenhersteller und der Betreiber.

Die Welt der Industrie 4.0 ist eine, in der smarte und vernetzte Maschinen als Teil eines größeren Systems funktionieren. Solch eine Maschine kann schnell auf neue Anforderungen reagieren. Basierend auf einer Sammlung von intelligenten, vernetzten Automatisierungskomponenten maximiert sie die Effizienz durch intuitive Zusammenarbeit mit ihren Anwendern. Eine intelligente Maschine ist außerdem in der Lage, an Methoden zur zustandsorientierten Wartung mitzuwirken, und minimiert so gleichzeitig ihre eigene Umweltbelastung sowie die Gesamtbetriebskosten. Sie kann ihre Funktionen sowie die Umgebungsbedingungen selbst überwachen, das Verhalten vor- und nachgeschalteter Prozesse abgleichen und die eigenen Parameter innerhalb der vorgegebenen Toleranzen anpassen.

In verschiedenen Ebenen werden unterschiedlich intelligente Funktionen beteiligt sein, die vom einfachen Abtasten und Betätigen bis hin zum Steuern, Optimieren und dem komplett automatischen Betrieb reichen. Diese Systeme basieren auf offenen und standardisierten Internet- und Cloud-Technologien für einen sicheren Zugriff auf Automatisierungskomponenten und deren Informationen, sodass sich große Datenmengen, Analysemethoden und Mobilitätstechnologien nutzen lassen. Mithilfe von Industrie 4.0 lässt sich die Überwachung und Steuerung von Anlagen deutlich verbessern. In Industrieumgebungen sind Automatisierungskomponenten teilweise heute schon vernetzt. Dabei wird es in Zukunft nicht ausreichen, ausschließlich Maschinen miteinander kommunizieren zu lassen.

Neben der Kommunikation Maschine-zu-Maschine (M2M) muss auch die Kommunikation Maschine-zu-Mensch, Mensch-zu-Objekten und umgekehrt gehören. Diese Beziehungen ermöglichen die Erfassung der Daten von vielen verschiedenen Gebäudeautomationssystemen, Automatisierungskomponenten und Betriebszuständen in unterschiedlichsten Anlagen. Auf die in der Cloud abgelegten Daten haben dann Anlagenbetreiber, Reparateure und andere akkreditierte Datenkonsumenten Zugriff, um sie mithilfe durchdachter Analysetools zu analysieren und Prozessabläufe zu optimieren.

Als Planer, Berater, Installateur oder Instandhalter/-setzer im Bereich der Elektrotechnik sind Sie ständig mit neue Technologien, erhöhtem Wettbewerbsdruck und steigenden Umwelt- und Sicherheitsauflagen konfrontiert. In einer Umgebung, in der sich die Bedingungen ständig so rapide wandeln, müssen nicht nur die Anlagen und Maschinen schlauer, sicherer, besser vernetzt, flexibler und effizienter sein.

Mit dem neuen Jahrbuch möchten wir Ihnen wieder neue Perspektiven und Anregungen für die alltäglichen Aufgaben geben und wünschen beruflich und im Privaten viel Erfolg im Jahr 2019.

Viel Spaß beim Lesen.

Peter Behrends, Sven Bonhagen
Herausgeber

Dipl.-Ing. Peter Behrends hat das Handwerk des Elektromaschinenbauers von der Pike auf gelernt. Nach dem Studium der Elektrotechnik/Energietechnik startete er seine Berufstätigkeit zunächst bei der AEG. Heute arbeitet er als Dozent am Bundestechnologiezentrum für Elektro- und Informationstechnik e. V. in Oldenburg in Präsenz. Zu seinen Aufgaben gehört die Wissensvermittlung rund um die elektrische Maschine und die redaktionelle Bearbeitung der Zeitschrift *ema.*

Des Weiteren wirkte er an mehreren Fachbüchern für die Meisterausbildung und Ausbildungsmedien für die Erst- und Aufstiegsfortbildung mit.

Sven Bonhagen ist Elektrotechnikermeister, Betriebswirt und Fachplaner für Elektro- und Informationstechnik.

Heute ist er Inhaber des Sachverständigenbüros – elektroXpert. Das Unternehmen befasst sich mit allen Fragen rund um Elektrotechnik, Photovoltaik, Blitz- und Überspannungsschutz sowie Arbeitsschutz.

Er gilt als erfahrener Experte in diesen Bereichen und ist von der Handwerkskammer Oldenburg öffentlich bestellter und vereidigter Sachverständiger.

Für die Versicherungswirtschaft ist er anerkannter VdS-Sachverständiger zum Prüfen elektrischer Anlagen und VdS-Sachverständiger für Photovoltaikanlagen.

Darüber hinaus ist er VDE/ABB geprüfte Blitzschutzfachkraft und Blitzschutzfachkraft für Anlagen mit explosionsgefährdeten Bereichen. In diesem Bereich verfügt er über umfassende Kenntnisse aus Theorie und Praxis.

Die hohe Praxiserfahrung und das Fachwissen wird in zahlreichen Seminaren im gesamten Bundesgebiet weitergegeben.

Inhaltsverzeichnis

Inhaltsübersicht de-Jahrbuch 2019 Elektromaschinen und Antriebe

- Relevante Vorschriften, Regeln, Normen und Gesetze
- Rotierende elektrische Maschinen
- Komponenten
- Explosionsschutz
- Antriebstechnik
- Schaltanlagen und Verteiler
- Steuerungs- und Automatisierungstechnik
- Prüf- und Messpraxis
- Formeln und Gleichungen
- Schaltzeichen

Mehr Infos unter
www.elektro.net/shop

Herausgegeben von *Peter Behrends*
2018 (49. Jahrgang).
312 Seiten.
EUR 29,80, Abopreis EUR 24,80 (D).
ISBN Printausgabe 978-3-8101-0457-1
ISBN E-Book 978-3-8101-0458-8

	Januar				
Mo		7	14	21	28
Di	1	8	15	22	29
Mi	2	9	16	23	30
Do	3	10	17	24	31
Fr	4	11	18	25	
Sa	5	12	19	26	
So	**6**	**13**	**20**	**27**	

	Februar				
Mo		4	11	18	25
Di		5	12	19	26
Mi		6	13	20	27
Do		7	14	21	28
Fr	1	8	15	22	
Sa	2	9	16	23	
So	**3**	**10**	**17**	**24**	

	März				
Mo		4	11	18	25
Di		5	12	19	26
Mi		6	13	20	27
Do		7	14	21	28
Fr	1	8	15	22	29
Sa	2	9	16	23	30
So	**3**	**10**	**17**	**24**	**31**

	April				
Mo	1	8	15	22	29
Di	2	9	16	23	30
Mi	3	10	17	24	
Do	4	11	18	25	
Fr	5	12	19	26	
Sa	6	13	20	27	
So	**7**	**14**	**21**	**28**	

	Mai				
Mo		6	13	20	27
Di		7	14	21	28
Mi	1	8	15	22	29
Do	2	9	16	23	30
Fr	3	10	17	24	31
Sa	4	11	18	25	
So	**5**	**12**	**19**	**26**	

	Juni				
Mo		3	10	17	24
Di		4	11	18	25
Mi		5	12	19	26
Do		6	13	20	27
Fr		7	14	21	28
Sa	1	8	15	22	29
So	**2**	**9**	**16**	**23**	**30**

	Juli				
Mo	1	8	15	22	29
Di	2	9	16	23	30
Mi	3	10	17	24	31
Do	4	11	18	25	
Fr	5	12	19	26	
Sa	6	13	20	27	
So	**7**	**14**	**21**	**28**	

	August				
Mo		5	12	19	26
Di		6	13	20	27
Mi		7	14	21	28
Do	1	8	15	22	29
Fr	2	9	16	23	30
Sa	3	10	17	24	31
So	**4**	**11**	**18**	**25**	

	September					
Mo		2	9	16	23	30
Di		3	10	17	24	
Mi		4	11	18	25	
Do		5	12	19	26	
Fr		6	13	20	27	
Sa		7	14	21	28	
So	**1**	**8**	**15**	**22**	**29**	

	Oktober				
Mo		7	14	21	28
Di	1	8	15	22	29
Mi	2	9	16	23	30
Do	3	10	17	24	31
Fr	4	11	18	25	
Sa	5	12	19	26	
So	**6**	**13**	**20**	**27**	

	November				
Mo		4	11	18	25
Di		5	12	19	26
Mi		6	13	20	27
Do		7	14	21	28
Fr	1	8	15	22	29
Sa	2	9	16	23	30
So	**3**	**10**	**17**	**24**	

	Dezember					
Mo		2	9	16	23	30
Di		3	10	17	24	31
Mi		4	11	18	25	
Do		5	12	19	26	
Fr		6	13	20	27	
Sa		7	14	21	28	
So	**1**	**8**	**15**	**22**	**29**	

Karfreitag 19. April · Ostern 21./22. April · Maifeiertag 1. Mai
Christi Himmelfahrt 30. Mai · Pfingsten 9./10. Juni
Fronleichnam 20. Juni · Tag der Deutschen Einheit 3. Oktober

	Januar				
Mo		6	13	20	27
Di		7	14	21	28
Mi	1	8	15	22	29
Do	2	9	16	23	30
Fr	3	10	17	24	31
Sa	4	11	18	25	
So	**5**	**12**	**19**	**26**	

	Februar				
Mo		3	10	17	24
Di		4	11	18	25
Mi		5	12	19	26
Do		6	13	20	27
Fr		7	14	21	28
Sa	1	8	15	22	29
So	**2**	**9**	**16**	**23**	

	März					
Mo		2	9	16	23	30
Di		3	10	17	24	31
Mi		4	11	18	25	
Do		5	12	19	26	
Fr		6	13	20	27	
Sa		7	14	21	28	
So	**1**	**8**	**15**	**22**	**29**	

	April				
Mo		6	13	20	27
Di		7	14	21	28
Mi	1	8	15	22	29
Do	2	9	16	23	30
Fr	3	10	17	24	
Sa	4	11	18	25	
So	**5**	**12**	**19**	**26**	

	Mai				
Mo		4	11	18	25
Di		5	12	19	26
Mi		6	13	20	27
Do		7	14	21	28
Fr	1	8	15	22	29
Sa	2	9	16	23	30
So	**3**	**10**	**17**	**24**	**31**

	Juni				
Mo	1	8	15	22	29
Di	2	9	16	23	30
Mi	3	10	17	24	
Do	4	11	18	25	
Fr	5	12	19	26	
Sa	6	13	20	27	
So	**7**	**14**	**21**	**28**	

	Juli				
Mo		6	13	20	27
Di		7	14	21	28
Mi	1	8	15	22	29
Do	2	9	16	23	30
Fr	3	10	17	24	31
Sa	4	11	18	25	
So	**5**	**12**	**19**	**26**	

	August					
Mo		3	10	17	24	31
Di		4	11	18	25	
Mi		5	12	19	26	
Do		6	13	20	27	
Fr		7	14	21	28	
Sa	1	8	15	22	29	
So	**2**	**9**	**16**	**23**	**30**	

	September				
Mo		7	14	21	28
Di	1	8	15	22	29
Mi	2	9	16	23	30
Do	3	10	17	24	
Fr	4	11	18	25	
Sa	5	12	19	26	
So	**6**	**13**	**20**	**27**	

	Oktober				
Mo		5	12	19	26
Di		6	13	20	27
Mi		7	14	21	28
Do	1	8	15	22	29
Fr	2	9	16	23	30
Sa	3	10	17	24	31
So	**4**	**11**	**18**	**25**	

	November					
Mo		2	9	16	23	30
Di		3	10	17	24	
Mi		4	11	18	25	
Do		5	12	19	26	
Fr		6	13	20	27	
Sa		7	14	21	28	
So	**1**	**8**	**15**	**22**	**29**	

	Dezember				
Mo		7	14	21	28
Di	1	8	15	22	29
Mi	2	9	16	23	30
Do	3	10	17	24	31
Fr	4	11	18	25	
Sa	5	12	19	26	
So	**6**	**13**	**20**	**27**	

Karfreitag 10. April · Ostern 12./13. April · Maifeiertag 1. Mai
Christi Himmelfahrt 21. Mai · Pfingsten 31.Mai./1. Juni
Fronleichnam 11. Juni · Tag der Deutschen Einheit 3. Oktober

© galeo

Überblick über wesentliche, geänderte bzw. neu erschienene Regelwerke des Arbeitsschutzes und der Betriebssicherheit

Bezeichnung	Titel	Kurzinformation	Ausgabe-datum	Ersatz für
ASR A 1.3 Änderung 2017-06	Technische Regeln für Arbeitsstätten – Sicherheits- und Gesundheitsschutzkennzeichnung; Änderung	Diese Änderung schreibt die ASR A 1.3 fort und enthält Änderungen zu den Verbotszeichen.	2017-06	Neuausgabe
ASR A 2.1 Änderung 2017-06 und 2018-05	Technische Regeln für Arbeitsstätten – Schutz vor Absturz und herabfallenden Gegenständen, Betreten von Gefahrenbereichen; Änderung	Diese Änderung schreibt die ASR A 2.1 fort und enthält Änderungen zu den Maßnahmen gegen Absturz, und die Literaturhinweise wurden angepasst.	2017-06/ 2018-05	Neuausgabe
ASR A 2.2	Technische Regeln für Arbeitsstätten – Maßnahmen gegen Brände	Diese ASR gilt für das Einrichten und Betreiben von Arbeitsstätten mit Feuerlöscheinrichtungen sowie für weitere Maßnahmen zur Erkennung, Alarmierung sowie Bekämpfung von Entstehungsbränden.	2018-05	ASR A 2.2:2012-11, ASR A 2.2 Änderung 2014-04
ASR A 3.4/7 Änderung 2017-06	Technische Regeln für Arbeitsstätten – Sicherheitsbeleuchtung, optische Sicherheitsleitsysteme; Änderung	Diese Änderung schreibt die ASR A 3.4/7 fort und enthält jetzt einen Verweis für die barrierefreie Gestaltung der Sicherheitsbeleuchtung und optischen Sicherheitsleitsysteme auf die ASR V 3a.2 „Barrierefreie Gestaltung von Arbeitsstätten“, Anhang A3.4/7: Ergänzende Anforderungen zur ASR A3.4/7 „Sicherheitsbeleuchtung, optische Sicherheitsleitsysteme“.	2017-06	Neuausgabe
ASR V3	Gefährdungsbeurteilung	Diese ASR gilt für die Durchführung der Gefährdungsbeurteilung beim Einrichten und Betreiben von Arbeitsstätten sowie bei Telearbeitsplätzen gemäß § 2 Absatz 7 ArbStättV bei der erstmaligen Beurteilung der Arbeitsbedingungen und des Arbeitsplatzes soweit der Arbeitsplatz von dem im Betrieb abweicht.	2017-07	Neuausgabe
DGUV Grundsatz 309-009, BGG 961	Kran-Kontrollbuch	Alle Kranführer und Kranführerinnen müssen arbeitstäglich den Zustand des Krans gewissenhaft prüfen. Dieses Kontrollbuch dient der Dokumentation der durchgeführten Prüfung.	2017-09	BGG 961:2005-08

Teil 1/4

Bezeichnung	Titel	Kurzinformation	Ausgabe-datum	Ersatz für
DGUV Grundsatz 312-906, BGG 906	Grundlagen zur Qualifizierung von Personen für die sachkundige Überprüfung und Beurteilung von persönlichen Absturzschutzausrüstungen	Persönliche Absturzschutzausrüstung muss sachgerecht angewendet werden und als lebensrettendes Schutzmittel ist diese regelmäßig zu prüfen. Dieser DGUV Grundsatz legt die Qualifizierung und Fortbildung der Prüfer fest.	2017-12	BGG 906:2006-03
DGUV Information 203-004, BGI 594	Einsatz elektrischer Betriebsmittel bei erhöhter elektrischer Gefährdung	Diese DGUV Information enthält Festlegungen zum Schutz von Personen gegen elektrischen Schlag bei der Benutzung ortsfester und ortsveränderlicher elektrischer Betriebsmittel in Bereichen mit erhöhter elektrischer Gefährdung aufgrund begrenzter Bewegungsfreiheit in leitfähiger Umgebung.	2018-04	BGI 594:2006-03
DGUV Information 203-032, BGI 867	Auswahl und Betrieb von Stromerzeugern auf Bau- und Montagestellen	Diese DGUV Information findet Anwendung auf Auswahl und Betrieb von Stromerzeugern auf Bau- und Montagestellen.	2018-01	DGUV Information 203-032:2016-05
DGUV Information 203-072	Wiederkehrende Prüfungen elektrischer Anlagen und ortsfester Betriebsmittel – Fachwissen für Prüfpersonen	Diese Praxishilfe richtet sich an die Elektrofachkraft, die mit der Prüfung elektrischer Anlagen beauftragt ist bzw. als zur Prüfung befähigte Person im Sinne der Betriebssicherheitsverordnung (BetrSichV) die wiederkehrenden Prüfungen an ortsfesten elektrischen Arbeitsmitteln durchführt.	2017-12	Neuausgabe
DGUV Information 204-006	Anleitung zur Ersten Hilfe	Diese Informationsschrift enthält die wichtigsten Maßnahmen der Ersten-Hilfe in Form von einseitigen Informationsblättern mit den wichtigsten Angaben und eine Bebilderung der Maßnahmen.	2017-11	BGI/GUV-I 503:2011-05
DGUV Information 209-010	Lichtbogenschweißen	Diese Informationsschrift soll Schweißerinnen und Schweißern helfen, die mit den Lichtbogenverfahren verbundenen Gefahren zu erkennen und einzuschätzen, sie soll aber auch Informationen über erforderliche Schutzmaßnahmen liefern.	2017-03	BGI 553:2008

Teil 2/4

Bezeichnung	Titel	Kurzinformation	Ausgabe-datum	Ersatz für
DGUV Information 209-015, BGI 577	Instandhaltung – sicher und praxisgerecht durchführen	Dieses Dokument soll helfen, das Gefährdungspotenzial bei Instandhaltungsarbeiten zu erkennen und die Gefährdungen zu reduzieren. Hierbei werden Hilfestellungen zu Themen wie mechanische und elektrische Gefährdung, Absturzgefährdung und Umgang mit Gefahrstoffen gegeben.	2018-01	BGI 577:2008
DGUV Information 213-714	Manuelles Kolbenlöten mit bleihaltigen Lotlegierungen in der Elektro- und Elektronikindustrie – Empfehlungen Gefährdungsermittlung der Unfallversicherungsträger (EGU) nach der Gefahrstoffverordnung – Verfahrens- und stoffspezifisches Kriterium (VSK) nach der TRGS 420	Dieses Dokument gilt für Weichlötarbeiten mit elektrisch beheizten Lötkolben an elektrischen und elektronischen Baugruppen oder deren Einzelkomponenten. Es werden Maßnahmen beschrieben, welche die Grenzwerteinhaltung – z.B. Arbeitsplatzgrenzwerte nach TRGS 900 – sicherstellen.		BGI 790-014:2008-06
TRBS 1001	Struktur und Anwendung der Technischen Regeln für Betriebssicherheit	Diese TRBS konkretisiert im Rahmen ihres Anwendungsbereichs die Anforderungen der Betriebssicherheitsverordnung.	2018-03	TRBS 1001: 2006-09
TRBS 1111	Gefährdungsbeurteilung	Diese Technische Regel soll den Arbeitgeber im Hinblick auf die Vorgehensweise bei der Durchführung der Gefährdungsbeurteilung nach § 3 Betriebssicherheitsverordnung (BetrSichV) unterstützen. Ziel der Gefährdungsbeurteilung ist es, die auftretenden Gefährdungen der Beschäftigten bei der Verwendung von Arbeitsmitteln zu beurteilen und daraus notwendige und geeignete Schutzmaßnahmen abzuleiten.	2018-03	TRBS 1111: 2006-09
TRBS 1201 Teil 3	Instandsetzung an Geräten, Schutzsystemen, Sicherheits-, Kontroll- und Regelvorrichtungen im Sinne der Richtlinie 2014/34/EU	Diese Technische Regel konkretisiert die Anforderungen an die Instandsetzung von Geräten, Schutzsystemen, Sicherheits-, Kontroll- oder Regelvorrichtungen im Sinne der Richtlinie 2014/34/EU und die Notwendigkeit einer Prüfung gemäß Anhang 2 Abschnitt 3 Nummer 4.2 der Betriebssicherheitsverordnung (BetrSichV).	2018-01	TRBS 1201 Teil 3:2009-03

Teil 3/4

Bezeichnung	Titel	Kurzinformation	Ausgabe-datum	Ersatz für
TRGS 400	Gefährdungsbeurteilung für Tätigkeiten mit Gefahrstoffen	Die TRGS 400 beschreibt Vorgehensweisen zur Informationsermittlung und Gefährdungsbeurteilung nach § 6 GefStoffV. Sie bindet die Vorgaben der GefStoffV in den durch das Arbeitsschutzgesetz (§§ 5 und 6 ArbSchG) vorgegebenen Rahmen ein.	2017-06	TRGS 400: 2010-12, TRGS 400 Änderung 2012-07
TRGS 561	Tätigkeiten mit krebserzeugenden Metallen und ihren Verbindungen	Diese TRGS gilt für Tätigkeiten, bei denen durch eine Exposition gegenüber krebserzeugenden Metallen und ihren anorganischen Verbindungen der Kategorie 1A oder 1B ein hohes Risiko gemäß TRGS 910 „Risikobezogenes Maßnahmenkonzept für Tätigkeiten mit krebserzeugenden Gefahrstoffen“ auftreten kann.	2017-10	TRGS 561: 2017-10

Teil 4/4

Überblick über wesentliche, geänderte bzw. neu erschienene VDE-Bestimmungen

Bezeichnung	Titel	Kurzinformation	Ausgabe-datum	Ersatz für
DIN EN 61000-1-2 (VDE 0839-1-2)	Elektromagnetische Verträglichkeit (EMV) – Teil 1-2: Allgemeines – Verfahren zum Erreichen der funktionalen Sicherheit von elektrischen und elektronischen Systemen einschließlich Geräten und Einrichtungen im Hinblick auf elektromagnetische Phänomene	Diese Norm beschreibt Verfahren zum Erreichen der funktionalen Sicherheit von sicherheitsbezogenen Systemen und deren Komponenten zum Schutz vor elektromagnetischen Störgrößen. Behandelt werden Störfestigkeitsprüfungen, Abhilfemaßnahmen und andere organisatorische Maßnahmen.	2017-07	Neuausgabe
DIN EN 61340-5-1 (VDE 0300-5-1)	Elektrostatik – Teil 5-1: Schutz von elektronischen Bauelementen gegen elektrostatische Phänomene – Allgemeine Anforderungen	Diese Norm legt die administrativen und technischen Anforderungen zur Erstellung, Einführung und Aufrechterhaltung eines ESD-Kontrollprogramms fest.	2017-07	DIN EN 61340-5-1 (VDE 0300-5-1):2008-07
DIN EN 62052-31 (VDE 0418-2-31)	Wechselstrom-Elektrizitätszähler – Allgemeine Anforderungen, Prüfungen und Prüfbedingungen – Teil 31: Sicherheitsanforderungen und Prüfungen	Diese Norm legt Anforderungen an die Produktsicherheit von Einrichtungen zur Messung elektrischer Energie und Tarif- und Laststeuerung fest. Sie gilt für neu hergestellte Einrichtungen, die für die Messung elektrischer Energie und für die Steuerung von Tarifen und Lasten an 50-Hz- oder 60-Hz- Netzen mit einer Bemessungsspannung bis 600 V ausgelegt sind, und bei denen alle Funktionselemente einschließlich notwendiger Ergänzungsmodule in einem Gehäuse untergebracht sind.	2017-07	Neuausgabe
DIN EN 62053-11 (VDE 0418-3-11)	Wechselstrom-Elektrizitätszähler – Besondere Anforderungen – Teil 11: Elektromechanische Wirkverbrauchszähler der Genauigkeitsklassen 0,5, 1 und 2	Diese Norm gilt nur für neu hergestellte elektromechanische Wirkverbrauchszähler der Genauigkeitsklassen 0,5, 1 und 2 zur Messung des Wechselstrom-Wirkverbrauchs in 50-Hz- oder 60-Hz-Netzen und nur für deren Typprüfungen.	2017-08	DIN EN 62053-11 (VDE 0418-3-11):2003-11

Teil 1/7

Bezeichnung	Titel	Kurzinformation	Ausgabe-datum	Ersatz für
DIN CLC/TR 50600-99-1 (VDE 0801-600-99-1)	Informationstechnik – Einrichtungen und Infrastrukturen von Rechenzentren – Teil 99-1: Empfohlene Praktiken für das Energiemanagement	Dieser Technische Bericht enthält praktische Hinweise zur Verbesserung des Energiemanagements von Rechenzentren. Der EU Code of Conduct for Data Centre Energy Efficiency bildet die Grundlage für dieses Dokument, und dieses kann auf freiwilliger Basis zur Umsetzung genutzt werden.	2017-09	Neuausgabe
DIN EN 50131-5-3 (VDE 0830-2-5-3)	Alarmanlagen – Einbruch- und Überfallmeldeanlagen – Teil 5-3: Anforderungen an Übertragungsgeräte, die Funkfrequenz-Techniken verwenden	In diesem Dokument werden Einrichtungen von Einbruchmeldeanlagen behandelt, bei denen die Übertragung über eine Funkverbindung hergestellt wird. Beschrieben werden die Anforderungen an die Geräte, Störeigenschaften und Prüfungen.	2017-09	DIN EN 50131-5-3 (VDE 0830-2-5-3):2009-06
DIN EN 60794-1-2 (VDE 0888-100-2)	Lichtwellenleiterkabel – Teil 1-2: Fachgrundspezifikation – Grundlegende Prüfverfahren für Lichtwellenleiterkabel – Allgemeine Anleitung	Diese Norm gilt für Lichtwellenleiter, die Ihre Anwendung in der Telekommunikation finden. Sie ist ebenfalls für Kabel mit enthaltenen Lichtwellenleitern anwendbar.	2017-09	DIN EN 60794-1-2 (VDE 0888-100-2):2014-07 und DIN EN 60794-1-20 (VDE 0888-100-20):2014-10
DIN EN 61300-1 (VDE 0885-300-1)	Lichtwellenleiter – Verbindungselemente und passive Bauteile – Grundlegende Prüf- und Messverfahren – Teil 1: Allgemeines und Leitfaden	Dieser Teil der Normenreihe befasst sich mit den Allgemeinen Vorgaben für die Prüfung von Lichtwellenleitern. Im Teil 2 werden die mechanischen Prüfverfahren und Umweltprüfungen behandelt, und Teil 3 enthält die Messverfahren.	2017-09	DIN EN 61300-1 (VDE 0885-300-1):2012-03
DIN EN 62053-21 (VDE 0418-3-21)	Wechselstrom-Elektrizitätszähler – Besondere Anforderungen – Teil 21: Elektronische Wirkverbrauchszähler der Genauigkeitsklassen 1 und 2	Diese Norm gilt nur für neu hergestellte elektronische Wirkverbrauchszähler der Genauigkeitsklassen 1 und 2 zur Messung des Wechselstrom-Wirkverbrauchs in 50-Hz- oder 60-Hz-Netzen und nur für deren Typprüfungen.	2017-09	DIN EN 62053-21 (VDE 0418-3-21):2003-11

Teil 2/7

Bezeichnung	Titel	Kurzinformation	Ausgabe-datum	Ersatz für
DIN EN 50134-7 (VDE 0830-4-7)	Alarmanlagen – Personen-Hilferufanlagen – Teil 7: Anwendungsregeln	Diese Norm gilt für Personen, die Personen-Hilferufanlagen liefern oder bereitstellen. Der Anwendungsbereich deckt die Verwendung der Personen-Hilferufanlagen nicht ab. Die enthaltenen Hinweise an Vermarkter, Installateure und Betreiber können aber auch den Einzelpersonen eine Hilfestellung bieten.	2017-10	DIN CLC/TS 50134-7 (VDE V 0830-4-7):2004-08
DIN EN 60079-14 Beiblatt 1 (VDE 0165-1 Beiblatt 1)	Explosionsgefährdete Bereiche – Teil 14: Projektierung, Auswahl und Errichtung elektrischer Anlagen; Beiblatt 1: Auslegungsblatt 1	Dieses Beiblatt soll die auftretenden Fragen bei der Errichtung von elektrischen Motoren mit Umrichterspeisung oder verringerter Anlaufspannung beantworten.	2017-10	Neuausgabe
DIN EN 60079-7 Beiblatt 1 (VDE 0170-6 Beiblatt 1)	Explosionsgefährdete Bereiche – Teil 7: Geräteschutz durch erhöhte Sicherheit „e“	Dieses Beiblatt soll die auftretenden Fragen bei der Anwendung des Geräteschutzes durch erhöhte Sicherheit beantworten.	2017-10	Neuausgabe
DIN EN 60728-11 (VDE 0855-1)	Kabelnetze für Fernsehsignale, Tonsignale und interaktive Dienste – Teil 11: Sicherheitsanforderungen	Die Norm behandelt die elektrische Sicherheit von Kabelnetzen wie BK- und SAT-Fernsehen. Anforderungen an die allgemeine Ausführung, den Schutzpotentialausgleich und die Antennenerdung werden beschrieben.	2017-10	DIN EN 60728-11 (VDE 0855-1):2011-06
DIN EN 60950-22 (VDE 0805-22)	Einrichtungen der Informationstechnik – Sicherheit – Teil 22: Einrichtungen für den Außenbereich	Dieser Normenteil enthält Festlegungen für Einrichtungen der Informationstechnik, die für den Außenbereich vorgesehen sind. Die Anforderungen gelten auch für Umhüllungen zur Aufnahme von Einrichtungen der Informationstechnik.	2017-10	DIN EN 60950-22 (VDE 0805-22):2006-09, DIN EN 60950-22 Berichtigung 1:2009-02, DIN EN 60950-22/A11:2009-05 und DIN EN 60950-22/A11 Berichtigung 1:2011-07

Teil 3/7

Bezeichnung	Titel	Kurzinformation	Ausgabe-datum	Ersatz für
DIN VDE 0100 Beiblatt 5 (VDE 0100 Beiblatt 5)	Errichten von Niederspannungsanlagen; Beiblatt 5: Maximal zulässige Längen von Kabeln und Leitungen unter Berücksichtigung des Fehlerschutzes, des Schutzes bei Kurzschluss und des Spannungsfalls	Dieses Beiblatt enthält Hinweise für die Planung und Errichtung von elektrischen Niederspannungsanlagen wie z. B. die für die Berechnung der Grenzlängen von Kabeln und Leitungen und für die Auswahl der Schutzeinrichtungen erforderlichen unterschiedlichen Berechnungsmethoden unter Berücksichtigung der verschiedenen Schutzziele. Diese Dokument ist wichtiger Bestandteil der Projektierung einer elektrischen Anlage.	2017-10	DIN VDE 0100 Beiblatt 5 (VDE 0100 Beiblatt 5): 1995-11
DIN VDE 0100-713 (VDE 0100-713)	Errichten von Niederspannungsanlagen – Teil 7-713: Anforderungen für Betriebsstätten, Räume und Anlagen besonderer Art – Möbel und ähnliche Einrichtungsgegenstände	Die Anforderungen dieser Norm gelten für die elektrischen Installationen in und an Möbeln und ähnlichen Einrichtungsgegenständen. Der Einbau verwendungsfertiger Betriebsmittel in Übereinstimmung mit der Herstellereinbauanleitung fällt nicht in den Anwendungsbereich.	2017-10	DIN 57100-724 (VDE 0100-724):1980-06
DIN VDE 0833-2 (VDE 0833-2)	Gefahrenmeldeanlagen für Brand, Einbruch und Überfall – Teil 2: Festlegungen für Brandmeldeanlagen	Diese Norm gilt für das Planen, Errichten, Erweitern, Ändern und Betreiben von Brandmeldeanlagen zusammen mit DIN VDE 0833-1 (VDE 0833-1) und DIN 14675. Sie enthält Festlegungen für Brandmeldeanlagen zum Schutz von Personen und Sachen in Gebäuden.	2017-10	DIN VDE 0833-2 (VDE 0833-2): 2009-06 und DIN VDE 0833-2 Berichtigung 1 (VDE 0833-2 Berichtigung 1):2010-05
DIN EN 62196-2 (VDE 0623-5-2)	Stecker, Steckdosen, Fahrzeugkupplungen und Fahrzeugstecker – Konduktives Laden von Elektrofahrzeugen – Teil 2: Anforderungen und Hauptmaße für die Kompatibilität und Austauschbarkeit von Stift- und Buchsensteckvorrichtungen für Wechselstrom	In dieser Norm werden die Fahrzeugsteckvorrichtungen für die Elektromobilität genormt, die ein Laden über Anschlusskabel ermöglichen.	2017-11	DIN EN 62196-2 (VDE 0623-5-2): 2014-12

Teil 4/7

Bezeichnung	Titel	Kurzinformation	Ausgabe-datum	Ersatz für
DIN EN 62281 (VDE 0509-6)	Sicherheit von Primär- und Sekundär-Lithium-Batterien beim Transport	Diese Norm legt die Sicherheitsanforderungen für den Transport von intakten Lithium-Zellen fest. Havarierte oder defekte Zellen fallen nicht unter den Anwendungsbereich und erfordern eine besondere Transportlösung.	2017-11	DIN EN 62281 (VDE 05096): 2013-10
DIN EN 63044-1 (VDE 0849-44-1)	Allgemeine Anforderungen an die Elektrische Systemtechnik für Heim und Gebäude (ESHG) und an Systeme der Gebäudeautomation (GA) – Teil 1: Allgemeine Anforderungen	Diese Norm gilt für die gesamte elektrische Systemtechnik für Heim und Gebäude (ESHG) und alle Systeme der Gebäudeautomation (GA) und legt die allgemeinen Anforderungen an diese Systeme und an Produkte fest. Folgende Funktionen werden hierbei berücksichtigt: Steuerung und Befehle, Ton- und Standbildübertragung und Bildübertragungen.	2017-11	DIN EN 50491-1 (VDE 0849-1):2014-11
DIN VDE 0603-3-2 (VDE 0603-3-2)	Zählerplätze – Teil 3-2: Befestigungs- und Kontaktiereinrichtung (BKE) für elektronische Haushaltszähler (eHZ) zur Anwendung in Zählerplätzen	Diese Norm ist anzuwenden auf Befestigungs- und Kontaktiereinrichtungen (BKE) für steckbare elektronische Haushaltszähler.	2017-12	DIN VDE 0603-5 (VDE 0603-5):2013-12
DIN EN 61000-4-10 (VDE 0847-4-10)	Elektromagnetische Verträglichkeit (EMV) – Teil 4-10: Prüf- und Messverfahren – Prüfung der Störfestigkeit gegen gedämpft schwingende Magnetfelder	Diese Norm beschreibt die Prüfung der Störfestigkeit von elektrischen und elektronischen Geräten und Einrichtungen gegen gedämpft schwingende Magnetfelder. Der Anhang A mit den Festlegungen für die Kalibrierung der Induktionsspule wurde in den Hauptteil übernommen und die Anhänge A, D und E wurden hinzugefügt.	2018-01	DIN EN 61000-4-10 (VDE 0847-4-10):2001-12

Teil 5/7

Bezeichnung	Titel	Kurzinformation	Ausgabe-datum	Ersatz für
DIN EN 61800-9-1 (VDE 0160-109-1)	Drehzahlveränderbare elekrische Antriebe – Teil 9-1: Energieeffizienz für Antriebssysteme, Motorstarter, Leistungselektronik und deren angetriebene Einrichtungen – Allgemeine Anforderungen für die Erstellung von Normen zur Energieeffizienz von Ausrüstungen mit Elektroantrieb nach dem erweiterten Produktansatz (EPA) und semi-analytischen Modellen (SAM)	Diese Norm dient dazu, die Energieeffizienz von angetriebenen Einrichtungen zu berechnen. Hierzu bilden die relativen Verlustleistungen des verbundenen Motorsystems die Grundlage.	2018-01	DIN EN 50598-1 (VDE 0160-201):2015-05
DIN EN 61800-9-2 (VDE 0160-109-2)	Drehzahlveränderbare elektrische Antriebe – Teil 9-2: Ökodesign für Antriebssysteme, Motorstarter, Leistungselektronik und deren angetriebene Einrichtungen – Indikatoren für die Energieeffizienz von Antriebssystemen und Motorstartern	Diese Norm enthält Indikatoren zur Bewertung der Energieeffizienz von Leistungselektronik. Die enthaltenen Methodiken dienen der Bestimmung der Verluste des Antriebsmoduls, des Antriebssystems und des Motorssystems.	2018-01	DIN EN 50598-2 (VDE 0160-202):2015-05
DIN EN 60445 (VDE 0197)	Grund- und Sicherheitsregeln für die Mensch-Maschine-Schnittstelle – Kennzeichnung von Anschlüssen elektrischer Betriebsmittel, angeschlossenen Leiterenden und Leitern	Diese Norm legt die Farbkennzeichnung von Leitern fest. Hier wird beschrieben, dass Neutralleiter die Farbe Blau und Schutz- und PEN-Leiter die Farbgebung Grün/Gelb erhalten müssen. PEN-Leiter sind zusätzlich am Anschlussende blau zu kennzeichnen. Neu eingeführt wurde die Farbe Rot für den positiven Gleichstromleiter und Weiß für den Minus. Für den Funktionserdungsleiter gilt jetzt die Farbe Rosa.	2018-02	DIN EN 60445 (VDE 0197): 2011-10
DIN EN 62561-3 (VDE 0185-561-3)	Blitzschutzsystembauteile (LPSC) – Teil 3: Anforderungen an Trennfunkenstrecken	Diese Produktnorm legt die Anforderungen und Prüfungen für Trennfunkenstrecken (TFS) für Blitzschutzsysteme fest. Trennfunkenstrecken dienen zur galvanischen Entkopplung zwischen verschiedenen Spannungspotentialen und stellen nur bei einer Blitzbeanspruchung eine zeitweilige Verbindung her.	2018-02	DIN EN 62561-3 (VDE 0185-561-3):2013-02

Teil 6/7

Bezeichnung	Titel	Kurzinformation	Ausgabe-datum	Ersatz für
DIN VDE 0100-420 Berichtigung 1 (VDE 0100-420 Berichtigung 1)	Errichten von Niederspannungsanlagen – Teil 4-42: Schutzmaßnahmen – Schutz gegen thermische Auswirkungen	Diese Berichtigung passt die Formulierung zum Einsatz des Brandschutzschalters (AFDD) in der VDE 0100-420 an. Der Inhalt entspricht im Wesentlichen den herausgegeben DKE-Verlautbarungen und soll bei der nächsten Überarbeitung der Norm Berücksichtigung finden.	2018-02	Neuausgabe
VDE-AR-E 2849-1	Elektrische Systemtechnik in Heim und Gebäude – IT-Sicherheit und Datenschutz – Allgemeine Anforderungen	Diese Anwendungsregel definiert die Anforderungen an die IT-Sicherheit und den Datenschutz von Geräten in Gebäuden. Bei den behandelten Gebäuden handelt es sich um Wohngebäude und Zweckbauten, jedoch nicht um öffentliche Gebäude. Die Anwendungsregel beschreibt verschiedene Schutzzonen und die IT-Sicherheitsarchitektur in diesen Zonen. Des Weiteren werden Risiken und Bedrohungen und entsprechende Sicherheitsanforderungen und organisatorische Maßnahmen beschrieben.	2018-02	Neuausgabe

Teil 7/7

Überblick über wesentliche, geänderte bzw. neu erschienene DIN-Normen

Bezeichnung	Titel	Kurzinformation	Ausgabe-datum	Ersatz für
DIN 18012	Anschlusseinrichtungen für Gebäude – Allgemeine Planungsgrundlagen	Diese Norm gilt für die Planung von Anschlusseinrichtungen der Versorgungs-Sparten Strom (Netzebene Niederspannung), Gas, Trinkwasser, Fernwärme und Kommunikation für Wohn- und Nichtwohngebäude. Sie enthält Festlegungen zu den baulichen und technischen Voraussetzungen für deren Errichtung.	2018-04	DIN 18012: 2008-05
DIN 67528	Beleuchtung von öffentlichen Parkbauten und öffentlichen Parkplätzen	Diese Norm gilt für die ortsfeste Beleuchtung der Nutzflächen in öffentlichen Parkbauten und auf öffentlichen Parkplätzen, die keinem beschränkten Benutzerkreis unterliegen. Die Beleuchtung kann durch Tageslicht, künstliches Licht oder eine Kombination von beiden erfolgen.	2018-04	DIN 67528: 2016-06
DIN EN 12464-1 Beiblatt 1	Licht und Beleuchtung – Beleuchtung von Arbeitsstätten – Teil 1: Arbeitsstätten in Innenräumen; Beiblatt 1: Beleuchtungskonzepte und Beleuchtungsarten für künstliche Beleuchtung	Dieses Beiblatt beschreibt die Erfordernisse für Sehkomfort und Sehleistung. Anforderungen an die Sicherheit und Gesundheit der Beschäftigten bei der Arbeit sind nicht Bestandteil dieses Dokuments. Dieses Beiblatt beschreibt Rahmenbedingungen für die planerische Umsetzung von Beleuchtungskonzepten und Beleuchtungsarten. Das Beiblatt erläutert die Anwendung der DIN EN 12464-1 und dient in der Planung als Hilfestellung zur Verständigung zwischen DIN EN 12464-1 und der ASR A3.4	2017-08	DIN EN 12464-1 Beiblatt 1:2016-11

Teil 1/3

Bezeichnung	Titel	Kurzinformation	Ausgabe-datum	Ersatz für
DIN EN 15193-1	Energetische Bewertung von Gebäuden – Energetische Anforderungen an die Beleuchtung – Teil 1: Spezifikationen, Modul M9	Mit dieser Norm ist die Bewertung der Energieeffizienz der allgemeinen Beleuchtung in Wohn- und Tertiärgebäuden möglich sowie die Einschätzung oder Messung der zur Beleuchtung notwendigen Energiemenge möglich. Die Norm kann auf neue, bestehende oder sanierte Gebäude angewendet werden und stellt auch eine Möglichkeit zur Messung der Energieeffizienz von Beleuchtungsanlagen dar.	2017-10	DIN EN 15193-1:2008-03
DIN EN 62717	LED-Module für die Allgemeinbeleuchtung – Anforderungen an die Arbeitsweise	Diese Norm legt Anforderungen an die Arbeitsweise von LED-Modulen und die Prüfverfahren und Kriterien fest.	2018-04	DIN EN 62717:2013-09, DIN EN 62717/A1:2015-01, DIN EN 62717-100:2016-05
DIN EN 62922	Organische Licht emittierende Dioden (OLED) – Panels für die Allgemeinbeleuchtung – Anforderungen an die Arbeitsweise	Diese Norm legt die Anforderungen an die Arbeitsweise von OLED-Kacheln und -Panels fest. Diese sind zum Betrieb an bis zu 120 V Gleichspannung oder an bis zu 50 V Wechselspannung für die Anwendung in Innenräumen vorgesehen.	2017-08	DIN EN 62922:2015-05
DIN EN ISO 13943	Brandschutz – Vokabular	Diese Norm legt die Fachbegriffe in Bezug auf den Brandschutz fest. Durch die Veränderungen der Brandschutzanforderungen und -ausführungen wird es notwendig, einheitliche Begriffe zu definieren, um den gestiegenen Anforderungen im Brandschutz gerecht zu werden.	2018-01	DIN EN ISO 13943:2011-02
DIN EN ISO 5457	Technische Produktdokumentation – Formate und Gestaltung von Zeichnungsvordrucken	Dieses Dokument legt die Formate und Gestaltung von Vordrucken für technische Zeichnungen fest. Dieses Dokument gilt für alle Branchen und kann entsprechend auch für andere technische Dokumente angewendet werden.	2017-10	DIN EN ISO 5457:2010-11

Teil 2/3

Bezeichnung	Titel	Kurzinformation	Ausgabe-datum	Ersatz für
DIN SPEC 91364	Leitfaden für die Entwicklung neuer Dienstleistungen zur Elektromobilität	Diese technische Spezifikation legt die Anforderungen und Vorgehensweisen fest, die bei der Entwicklung von Elektromobilitätsdienstleistungen zu berücksichtigen sind. Sie richtet sich an Entwickler und Anbieter, die aufgrund begrenzter Ressourcen nicht die Möglichkeit zur Entwicklung einer eigenen Systematik zur Umsetzung ihrer Ideen in marktfähige Elektromobilitätsdienstleistungen haben.	2018-03	Neuausgabe

Teil 3/3

Überblick über wesentliche, geänderte bzw. neu erschienene VDI-Richtlinien

Bezeichnung	Titel	Kurzinformation	Ausgabe-datum	Ersatz für
VDI 2050 Blatt 1.1	Anforderungen an Technikzentralen – Platzbedarf für Installationsschächte	Diese Richtlinie beschäftigt sich mit der vertikalen Erschließung der Gebäude. Diese soll helfen bei der Planung, der Erstellung der Leistungsverzeichnisse für die Ausführung, der korrekten Abrechnung der ausgeschriebenen Leistungen unter Berücksichtigung berechtigter Anforderungen an Mehrvergütung wegen erhöhten Montageaufwands. Zur besseren Objektplanung und Berücksichtigung von Montagebedingungen und Platzverhältnissen werden Flächen für Schächte in dieser Richtlinie konkretisiert.	2017-07	VDI 2050 Blatt 1.1 2014-12
VDI 2050 Blatt 5	Anforderungen an Technikzentralen – Elektrotechnik	Die Richtlinie gibt Empfehlungen zu Festlegungen für Technikzentralen der Elektrotechnik mit Anschlussleistungen größer 200 kW, Zentralen für Sicherheitstechnik und Anlagen für Informations- und Kommunikationstechnik sowie für Gebäudeautomation. Die Richtlinie versetzt Architekten und Planer bereits bei Planungsbeginn in die Lage, die oben genannten Räume richtig zu dimensionieren und auszustatten.	2017-07	Neuausgabe
VDI 2051	Raumlufttechnik – Laboratorien (VDI-Lüftungsregeln)	Bei Arbeiten in Laboren können Gefährdungen auftreten, die durch technische und organisatorische Maßnahmen zu reduzieren und zu beherrschen sind. Die Beherrschung potenzieller Gefährdungen erfolgt überwiegend durch lufttechnische Sicherheitseinrichtungen wie Laborabzüge. Die Richtlinie beschäftigt sich ausschließlich mit den technischen Aspekten der Lufttechnik in Laboren und Laborgebäuden und gilt für alle betroffenen Personengruppen.	2018-04	VDI 2051: 2016-12
VDI 2166 Blatt 1	Planung elektrischer Anlagen in Gebäuden – Grundlagen des Energiecontrollings	Die überarbeitete Richtlinie wurde an die aktuelle Entwicklung von Smart-Grid, der Gebäudeautomatisierung und des Anlagenmonitorings angepasst und betrachtet die Lebenszykluskosten eines Gebäudes. Der Anteil der Energiekosten an den Betriebskosten wird zukünftig weiter steigen und ist somit ein wichtiger Optimierungspunkt. Die Richtlinie richtet sich an: Systemintegratoren, Planer der Elektro- und anderer TGA-Gewerke sowie Gebäudebetreiber.	2017-10	VDI 2166 Blatt 1:2008-10

Teil 1/4

Bezeichnung	Titel	Kurzinformation	Ausgabe-datum	Ersatz für
VDI 2263 Blatt 6	Staubbrände und Staubexplosionen – Gefahren – Beurteilung – Schutzmaßnahmen – Brand- und Explosionsschutz an Entstaubungsanlagen	Die Richtlinie findet Anwendung auf Maßnahmen des Explosionsschutzes bei Entstaubungsanlagen, in denen bei bestimmungsgemäßer Verwendung brennbare Staub-Luft-Gemische, Dampf-Luft-Gemische oder hybride Gemische vorhanden sind oder entstehen können.	2017-08	VDI 2263 Blatt 6:2016-01
VDI 2263 Blatt 6.1	Staubbrände und Staubexplosionen – Gefahren – Beurteilung – Schutzmaßnahmen – Brand- und Explosionsschutz an Entstaubungsanlagen – Beispiele	Diese Richtlinie gilt in Verbindung mit VDI 2263 Blatt 6.	2017-08	VDI 2263 Blatt 6.1: 2016-01
VDI 2552 Blatt 3	Building Information Modeling – Modellbasierte Mengenermittlung zur Kostenplanung, Terminplanung, Vergabe und Abrechnung	Bauwerke werden technisch komplexer und die zur Verfügung stehende Computertechnologie leistungsfähiger. Die Bauwerks-Informations-Modellierung (BIM), inklusive der Verknüpfung mit Ressourcen und Zeitplänen, stellt angewendete Verfahren zur Verfügung, mit denen sich Qualitäts-, Kosten- und Terminrisiken von Bauprojekten erheblich reduzieren lassen. In der Richtlinie werden Methoden beschrieben, die es ermöglichen, diese Vorteile im Verhältnis zwischen Auftraggebern und Auftragnehmern sowie weiteren Baubeteiligten auf Basis gemeinsam genutzter Mengenmodelle zu nutzen.	2018-05	VDI 2552 Blatt 3:2017-01
VDI 4602 Blatt 1	Energiemanagement – Grundlagen	Die Richtlinie definiert den Begriff des Energiemanagements einheitlich und ist daher anwendbar für die unterschiedlichen Anwendungsbereiche wie Objekte öffentlicher Gebietskörperschaften, gewerbliche und industrielle Objekte oder Objekte von Energieversorgungsunternehmen. Die Richtlinie stellt den Bezug zwischen Zertifizierungsziel nach DIN EN ISO 50001 und DIN EN 16247 und praktischer Umsetzung dar.	2018-04	VDI 4602 Blatt 1:2007-10

Teil 2/4

Bezeichnung	Titel	Kurzinformation	Ausgabe-datum	Ersatz für
VDI 4682 Blatt 1	Grundsätze für Servicearbeiten an Wärme- und Stromerzeugern – Grundlagen und Hinweise zur Servicevertragsgestaltung aus technischer Sicht	Die Richtlinie bietet Hilfestellung bei der Gestaltung eines Servicevertrags und informiert über Art, Form und Inhalte der Servicearbeiten. Anwender dieser Richtlinie sind Betreiber, Hersteller, Servicedienstleister und Planer von Wärme- und Stromerzeugern.	2018-04	VDI 4682 Blatt 1:2016-11
VDI 6010 Blatt 1	Sicherheitstechnische Anlagen und Einrichtungen für Gebäude – Systemübergreifende Kommunikationsdarstellungen	Diese Richtlinie zeigt eine Strukturierung der Beschreibung und Darstellung der Zuständigkeiten, Verantwortlichkeiten und Detaillierungsstufen für die Planung und Dokumentation von sicherheitstechnischen Funktionen von der Vorplanung bis zum Betrieb auf. Hiermit kann eine durchgängige und zusammenhängende Anwendbarkeit der notwendigen Dokumente erreicht werden.	2017-11	Neuausgabe
VDI 6041	Facility-Management – Technisches Monitoring von Gebäuden und gebäudetechnischen Anlagen	Gestiegene Nutzeranforderungen, komplexer werdende gesetzliche Rahmenbedingungen und die daraus resultierenden höheren Technisierungsgrade von Gebäuden sind verbunden mit zunehmenden Herausforderungen für einen wirtschaftlichen, funktions- und bedarfsgerechten Betrieb der Gebäude. In der Planungs- und Bauphase müssen dafür die Voraussetzungen geschaffen werden. Technisches Monitoring ist eine wichtige Voraussetzung für die Erreichung und Erhaltung der optimalen Nutzung eines Gebäudes.	2017-07	VDI 6041: 2015-04
VDI/GEFMA 3810 Blatt 5	Betreiben von Gebäuden und Instandhalten von gebäudetechnischen Anlagen – Gebäudeautomation	Die Richtlinie gibt Hinweise zum Betreiben von Gebäuden mittels der Gebäudeautomation (GA) und der Instandhaltung der GA selbst.	2018-01	VDI/GEFMA 3810 Blatt 5:2017-01, VDI 3814 Blatt 3:2007-06, VDI/GEFMA 3814 Blatt 3.1:2012-09

Teil 3/4

Bezeichnung	Titel	Kurzinformation	Ausgabe-datum	Ersatz für
VDI/VDE 2653 Blatt 1	Agentensysteme in der Automatisierungstechnik – Grundlagen	In der Richtlinie werden Begriffe zu Agenten und deren Grundkonzepten, Eigenschaften von Agentensystemen sowie ausgewählte Anwendungsfälle in der Automatisierungstechnik erörtert. Die Richtlinie ist Entscheidungshilfe, wenn eine Entwicklung oder eine Anwendung von Agentensystemen in der Automatisierungstechnik in Erwägung gezogen wird. Darüber hinaus vermittelt sie Basisinformationen und eine einheitliche Vorstellung davon, was genau unter Agenten zu verstehen ist, und wie agentenorientierte Automatisierungssysteme systematisch realisiert werden. Die Richtlinie richtet sich an Anwender und Entwickler von Softwaresystemen in der Automatisierungstechnik.	2018-05	VDI/VDE 2653 Blatt 1: 2017-04
VDI/VDE 2883 Blatt 1	Instandhaltung von PV-Anlagen (Photovoltaikanlagen) – Grundlagen	Die Richtlinie behandelt die Instandhaltung von netzgekoppelten Photovoltaikanlagen (PV-Anlagen). Sie gibt Hinweise zu Wartung, Inspektion, Instandsetzung, Prüfung, Dokumentation und Ersatzteilhaltung.	2017-09	Neuausgabe

Teil 4/4

Überblick über wesentliche, geänderte bzw. neu erschienene VdS-Richtlinien

Bezeichnung	Titel	Kurzinformation	Ausgabe-datum	Ersatz für
VdS 10010	VdS-Richtlinien zur Umsetzung der DSGVO – VdS-Richtlinien zur Umsetzung der DSGVO – Anforderungen	Diese Richtlinien legen Mindestanforderungen an den Datenschutz fest und können für kleine und mittlere Unternehmen (KMU), den gehobenen Mittelstand, Verwaltungen, Verbände und sonstige Organisationen angewendet werden.	2017-12	Neuausgabe
VdS 2110	VdS-Richtlinien für Gefahrenmeldeanlagen – Schutz gegen Umwelteinflüsse – Anforderungen und Prüfmethoden	Diese Versicherungsrichtlinie enthält Anforderungen an das Verhalten von Gefahrenmeldeanlagen (GMA) gegenüber Umwelteinflüssen und die entsprechenden Prüfungen. Brandmeldeanlagen sind vom Anwendungsbereich ausgenommen. Besondere Umwelteinflüsse (z. B. GMA in Sendeanlagen oder Kraftwerken, in chemischen Betrieben) bedürfen weiterer Anforderungen.	2017-09	VdS 2110:2015-10
VdS 2217b	Umgang mit kalten Brandstellen – Informationsblatt für Gewerbe- und Industriebetriebe (VdS 2217b)	Dieses Informationsblatt richtet sich an den Betreiber und macht auf die Gefahren von kalten Brandstellen aufmerksam. Es werden Erstmaßnahmen,Sanierungsmaßnahmen und Hinweise zur Entsorgung gegeben.	2017-06	VdS 2217:1998-12
VdS 2366	VdS-Richtlinien für Videoüberwachungsanlagen – Planung und Einbau	Diese Richtlinien enthalten Mindestanforderungen an Planung, Einbau, Betrieb und Instandhaltung von Videoüberwachungsanlagen (VÜA). Die Richtlinien sind gerichtet auf Anwendungen in der Sicherheitstechnik, wie z. B. zur Beweissicherung, Fahndungshilfe, Überwachung, Verifizierung.	2017-11	VdS 2366:2013-08

Teil 1/4

Bezeichnung	Titel	Kurzinformation	Ausgabe-datum	Ersatz für
VdS 2465-1	VdS-Richtlinien für Gefahrenmeldeanlagen – Übertragungsprotokoll für Gefahrenmeldungen	Diese Versicherungsrichtlinien enthalten Anforderungen an das Übertragungsprotokoll für Gefahren und Zustandsmeldungen (z. B. Brand-, Einbruch-, Störungsmeldungen). Sie gelten in Verbindung mit den Richtlinien für Einbruchmeldeanlagen, Allgemeine Anforderungen und Prüfmethoden, VdS 2227. Das hier beschriebene Übertragungsprotokoll dient ausschließlich der Verwendung in Alarmübertragungsanlagen (AÜA). Es ist z. B. nicht dafür geeignet, einzelne Gefahrenmeldeanlagen miteinander zu vernetzen oder Gefahrenmeldungen innerhalb von Gefahrenmeldeanlagen zu übertragen.	2018-04	VdS 2465-1: 2016-09
VdS 2543	VdS-Richtlinien für Brandmeldeanlagen, Allgemeine Anforderungen, Anforderungen und Prüfmethoden	Diese Richtlinien enthalten zusätzliche Anforderungen der Normenreihe EN 54. Die Anforderungen der Normenreihe EN 54 wurden in diesen Richtlinien vereinheitlicht und konkretisiert, um dem Hersteller eine leichtere Bereitstellung zu ermöglichen.	2018-05	Neuausgabe
VdS 2833	VdS-Richtlinien für Gefahrenmeldeanlagen – Schutzmaßnahmen gegen Überspannung für Gefahrenmeldeanlagen	Als sicherheitstechnische Einrichtung sind hohe Anforderungen an die Technik gestellt bezüglich des sicheren Betriebes und der Vermeidung von Falschmeldungen. Diesem Ziel folgen die beschriebenen Schutzmaßnahmen gegen Überspannungen durch Blitzeinschläge und Schalthandlungen.	2017-08	VdS 2833: 2016-04
VdS 2843	Richtlinien für die Zertifizierung von Fachfirmen für Brandmeldeanlagen (BMA) gemäß DIN 14675	Die Zertifizierungsstelle von VdS Schadenverhütung bietet Fachfirmen für Brandmeldeanlagen (BMA) ein Zertifizierungsverfahren zum Nachweis ihrer Qualifikation gemäß den Anforderungen der DIN 14675 an.	2018-04	VdS 2843: 2012-04

Teil 2/4

Bezeichnung	Titel	Kurzinformation	Ausgabe-datum	Ersatz für
VdS 2858	Thermografie in elektrischen Anlagen – Ein Beitrag zur Schadenverhütung und Betriebssicherheit	Elektrische Anlagen sind vom Betreiber regelmäßig zu prüfen. Die Thermografie kann die vorgenannten wiederkehrenden Prüfungen nicht ersetzen. Vor allem ist sie kein Ersatz für die notwendigen Sichtkontrollen, Funktionsprüfungen, Strommessungen, die durchgeführt werden müssen. Sie stellt jedoch eine hilfreiche, ergänzende Messmethode dar und ermöglicht insbesondere Untersuchungen und Bewertungen des Anlagenzustandes.	2017-11	VdS 2858: 2011-02
VdS 2871	Richtlinien für die Prüfung elektrischer Anlagen – Prüfrichtlinien nach Klausel SK 3602 – Hinweise für den anerkannten Elektrosachverständigen	Die Prüfung elektrischer Anlagen nach Klausel SK 3602 erfolgt auf Grundlage einer Vereinbarung im Versicherungsvertrag. Dabei wird unterstellt, dass der Versicherungsnehmer sämtliche aus rechtlichen Grundlagen herrührenden Verpflichtungen, insbesondere die Veranlassung der erforderlichen Prüfungen, erfüllt. Ziel der im Nachfolgenden beschriebenen Prüfung der elektrischen Anlage ist es sicherzustellen, dass den besonderen Anforderungen des Versicherers an den Sachschutz Rechnung getragen wird.	2018-03	VdS 2871: 2017-01
VdS 3130	VdS-Richtlinien für Rauchwarnmelder mit einer externen Stromversorgung, Zusatzanforderungen, Anforderungen und Prüfmethoden	Diese Richtlinien legen Anforderungen, Prüfverfahren und Leistungsmerkmale für Rauchwarnmelder zur Verwendung im privaten Bereich innerhalb von Gebäuden fest, die durch eine externe Stromversorgung versorgt werden.	2018-04	Neuausgabe
VdS 3145	Photovoltaikanlagen	Diese Publikation behandelt netzgekoppelte Photovoltaikanlagen (PV-Anlagen). Sie richtet sich hauptsächlich an Planer, Errichter, Prüfer elektrischer Anlagen, Betreiber sowie Vermieter von Gebäudeflächen und gibt Hinweise zur Schadenverhütung nach den Erfahrungen der Versicherer.	2017-11	VdS 3145: 2011-07

Teil 3/4

Bezeichnung	Titel	Kurzinformation	Ausgabe-datum	Ersatz für
VdS 3160	Richtlinien für die Zertifizierung von Fachfirmen für Sprachalarmanlagen (SAA) gemäß DIN 14675	Die Zertifizierungsstelle von VdS Schadenverhütung bietet Fachfirmen für Sprachalarmanlagen (SAA) ein Zertifizierungsverfahren zum Nachweis ihrer Qualifikation gemäß den Anforderungen der DIN 14675 an.	2018-04	VdS 3160: 2012-04
VdS 3438-3	VdS-Richtlinien für Home-Gefahren-Managementsysteme, Anforderungen an Anlageteile, Teil 3: Brandmeldefunktion	Der vorliegende Teil 3 der Richtlinien enthält Anforderungen an Rauchwarnmelder für die Anwendung in Haushalten oder Wohnbereichen.	2018-04	Neuausgabe
VdS 3447	Merkblatt über die Prüfung elektrischer Anlagen gemäß Klausel 3602	Merkblatt über die Prüfung elektrischer Anlagen gemäß Klausel 3602	2017-11	VdS 3447: 2005-01

Teil 4/4

das elektrohandwerk

www.elektro.net

MAGAZIN BUCH DIGITAL VERANSTALTUNG

PRÜFEN & DOKUMENTIEREN

Herausgeber: Das Team der Fachzeitschrift de – das elektrohandwerk

Dossier Wiederholungsprüfungen nach DIN VDE 0701-0702 (PDF)

2018. 36 Seiten, PDF. Nr. 2-2018, € 14,90.
ISBN 978-3-8101-0460-1

Die Norm DIN VDE 0701-0702 (VDE 0701-0702) befasst sich mit Prüfungen nach Instandsetzung und Änderung von unterschiedlichen elektrischen Geräten sowie Wiederholungsprüfungen. In diesem Dossier finden Sie eine Grundlagenserie zu den wichtigsten Aspekten dieser Norm sowie eine Reihe an interessanten Fragestellungen aus der Praxis.

Diese Themen werden behandelt:

- Prüfung elektrischer Geräte nach DIN VDE 0701-0702,
- Prüfen von Stromerzeugungsaggregaten,
- Wiederholungsprüfung an Frequenzumrichtern,
- Schutzleiterwiderstand bei Leuchten,
- Dokumentation von Geräteprüfungen
- u.v.m.

IHRE BESTELLMÖGLICHKEITEN

	Fax: +49 (0) 89 2183-7620
	E-Mail: buchservice@huethig.de
	www.elektro.net/shop

Hier Ihr Fachbuch direkt online bestellen!

de das elektrohandwerk www.elektro.net

Hüthig GmbH, Im Weiher 10, D-69121 Heidelberg, Tel.: +49 (0) 800 2183-333

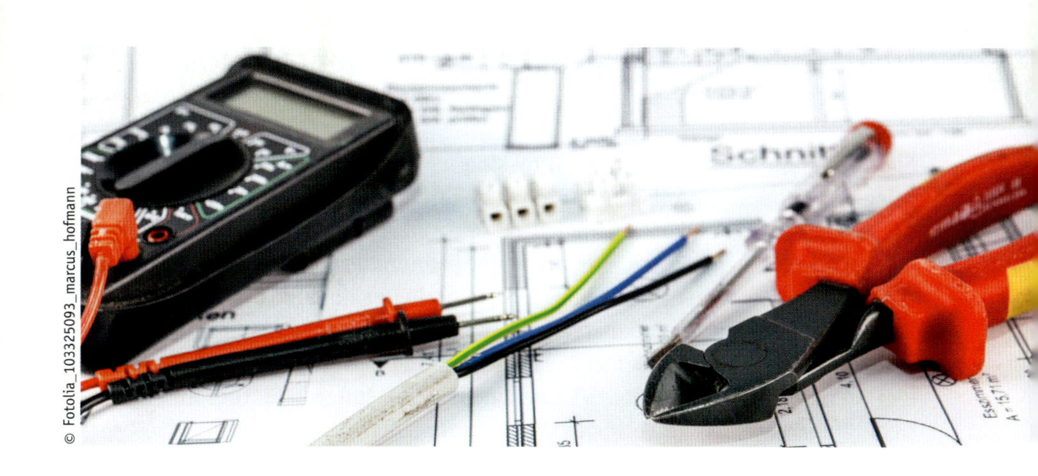

© Fotolia_103325093_marcus_hofmann

Überspannungsschutz in der Anwendungspraxis

Sven Bonhagen

Elektrische Anlagen und Betriebsmittel sind für eine gewisse Nennspannung ausgelegt. Werden diese Anlagen mit einer höheren Spannung beaufschlagt, als für die sie ausgelegt sind, kann es zu Schäden kommen.

Überspannungen können in Form einer Spannungserhöhung über einen längeren Zeitraum entstehen, wenn z. B. der Neutralleiter im Drehstromsystem fehlt. Dieses führt zu einer Sternpunktverschiebung und somit zu einer Spannungsüberhöhung an den angeschlossenen Anlagenteilen und Betriebsmitteln. Gegen dieses eintretende Schadensbild gibt es keine wirksamen Schutzgeräte. Hier hilft nur die sichere und zuverlässige Verbindung des Neutralleiters.

Die Überspannungen, um die es in diesem Beitrag geht, sind von kurzer zeitlicher Dauer. Man bezeichnet diese Überspannungen auch als transiente Vorgänge oder Transienten.

Transienten können beispielsweise durch elektromagnetische Felder oder die Schaltung von induktiven oder kapazitiven Betriebsmitteln entstehen.

Die Anzahl der Überspannungsschäden hat in den letzten Jahren zugenommen. Immer mehr elektrische Anlagen und Betriebsmittel enthalten empfindliche, elektronische Bauteile. Zudem werden unsere Anlagen und Betriebsmittel immer weiter vernetzt, sodass große Leiterschleifen entstehen.

Die Hardwareschäden, aber auch Folgeschäden wie langanhaltende Betriebsunterbrechungen, bedeuten heutzutage einen erheblichen finanziellen Verlust.

Alleine die deutschen Hausrat- und Wohngebäudeversicherer haben im Jahr 2017 über 300.000 Schadensmeldungen erhalten und 250 Millionen EUR für Blitz- und Überspannungsschäden an ihre Versicherungsnehmer gezahlt. Die Anzahl der Schadensmeldungen geht seit einigen Jahren zurück, wobei die Schadenssumme konstant bleibt. Dieses gegenläufige Verhältnis lässt sich auf die immer teurere Technik in den Gebäuden zurückführen.

Dieser Beitrag soll dem Leser helfen, die physikalischen Zusammenhänge zu verstehen und Überspannungsschutzmaßnahmen zielgerichtet auszuwählen und fachgerecht zu installieren.

Ursachen von Überspannungen

Transiente Überspannungen entstehen durch Blitzeinwirkungen oder Schalthandlungen.

Überspannungen durch Schalthandlungen können bei induktiven oder kapazitiven Verbrauchern entstehen. So ist es z. B. möglich, dass große Motoren oder Transformatoren im eigenen Betrieb derartige Spannungsspitzen erzeugen. Diese

Überspannungen können ggf. empfindliche Betriebsmittel sofort zerstören oder führen durch immer wiederkehrende Transienten zu einer schnelleren Alterung und dem zeitlich unbestimmten Verlust der Funktion. Dieses lässt sich in der Industrie teilweise beobachten, wenn die Hallenbeleuchtung auf LED-Leuchten umgestellt wurde und nach und nach die Leuchten ausfallen. Eine Ursache hierfür könnte eine immer wieder auftretende Überspannung sein.

Überspannungen durch Schalthandlungen werden im Normallfall nicht aufgezeichnet, und daher ist es schwierig den Zusammenhang immer sofort zu erkennen. Eine entsprechende Netzanalyse kann derartige Vorgänge aufzeichnen und bei der Problemlösung und Fehlersuche helfen.

Überspannungen durch Blitzeinwirkungen sind schon einfacher nachzuvollziehen. Gewitterblitze werden in Deutschland durch Messsysteme registriert und die geographische Lage, die Stromstärke und Polarität aufgezeichnet. So ist es möglich, eingetretene Schäden mit den Messdaten zu vergleichen und somit die Kausalität zu bestätigen.

Überspannung durch Blitzschlag

Die größte Bedrohung ist der direkte Blitzeinschlag in eine bauliche Anlage, hierbei sind große Energien und hohe Überspannungen zu erwarten. Dementsprechend ist das Schadensbild oftmals durch optische Spuren wie Abplatzungen, Ruß oder Schmelzwirkungen zu erkennen.

Die Blitzenergie kann sich bei einem direkten Blitzeinschlag in energie- und informationstechnische Systeme einkoppeln. Somit wird ein Teilblitzstrom in das öffentliche Versorgungsnetz für Telekommunikation und Energie eingeleitet, und es sind Schäden an den elektrischen Einrichtungen im Umkreis von mehreren Kilometern zu erwarten.

Diese Form der Übertragung von Überspannungen wird auch als galvanische Kopplung bezeichnet (**Bild 1**).

Die härteste Beanspruchung einer elektrischen Anlage besteht bei einem direkten Blitzeinschlag, wie im Bild 1 bei Gebäude 1 dargestellt. Der Blitzstrom wird zu einem großen Anteil in das Erdungssystem eingeleitet. Ein Teil des Blitzstromes wird über die Erdungsleitung zur Haupterdungsschiene (HES) in das Gebäude eingeleitet. Da der Hauptschutzleiter in der Unterverteilung (UV) mit der HES verbunden ist, ist ein anteiliger Blitzteilstrom über diesen Weg zu erwarten.

Durch den über die Erdungsanlage fließenden Blitzteilstrom kommt es zu erheblichen Spannungsfällen an der Erdungsanlage. Hierbei sind Potentialdifferenzen von mehreren 100 kV üblich. Da die aktiven Leiter (L1–L3 und N) nicht auf dieses Potential angehoben werden, kommt es zu Überschlägen und Zerstörung der angeschlossenen Betriebsmittel.

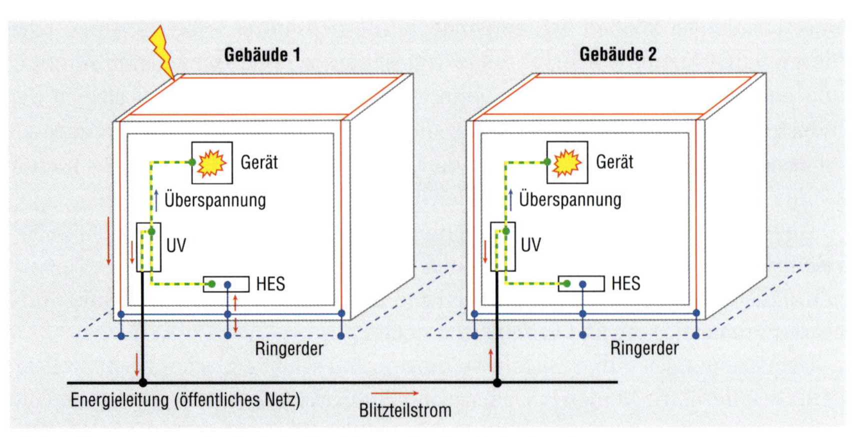

Bild 1: Überspannung durch Direkteinschlag und galvanische Kopplung

Der Blitzteilstrom von der HES über die UV wird sich im öffentlichen Energienetz ausbreiten. Die Potentialdifferenzen werden in den benachbarten Gebäuden mehrere 10 kV betragen und hier ebenfalls zur Zerstörung führen. Der Schadensradius beträgt ca. 1,5 m bis 2,0 km um den Einschlagpunkt.

Das gleiche Szenario gilt ebenfalls für das öffentliche Telefonnetz. Auf gleiche Art und Weise können auch hier angeschlossene Endgeräte beschädigt werden.

Überspannung durch Felder

Überspannungen können auch durch die Induktionswirkung von elektromagnetischen Feldern entstehen. Das elektromagnetische Feld wird durch den Blitzstrom erzeugt. In den elektrischen Kabeln und Leitungen werden Überspannungen zwischen den aktiven Adern [Querspannung (L-N)] und zwischen den aktiven Adern und der Bezugserde [Längsspannung (L-PE, N-PE)] erzeugt. Die hierbei erzeugte Spannung wird durch die Geometrie der Leiterschleife und die Höhe der Störeinstrahlung bestimmt. Die Querspannung wird einige hundert Volt betragen und die Längsspannung aufgrund der größeren Leiterschleife einige tausend Volt.

Zusätzlich können zwischen verschiedenen Systemen hohe Überspannungen erzeugt werden. Ein typisches Beispiel zeigt **Bild 2**. Hier wird das Gerät mit Energie versorgt und hat zusätzlich einen Kommunikationsanschluss. Die Leitungen verlaufen auf unterschiedliche Wege, und somit wird eine große Leiterschleife gebildet. Die hierbei erzeugten Überspannungen werden einige tausend Volt betragen.

Die Höhe der Überspannung lässt sich nur schwer bestimmen, da hier viele Faktoren zu berücksichtigen sind. So sind z. B. die Kennwerte des Blitzes wie

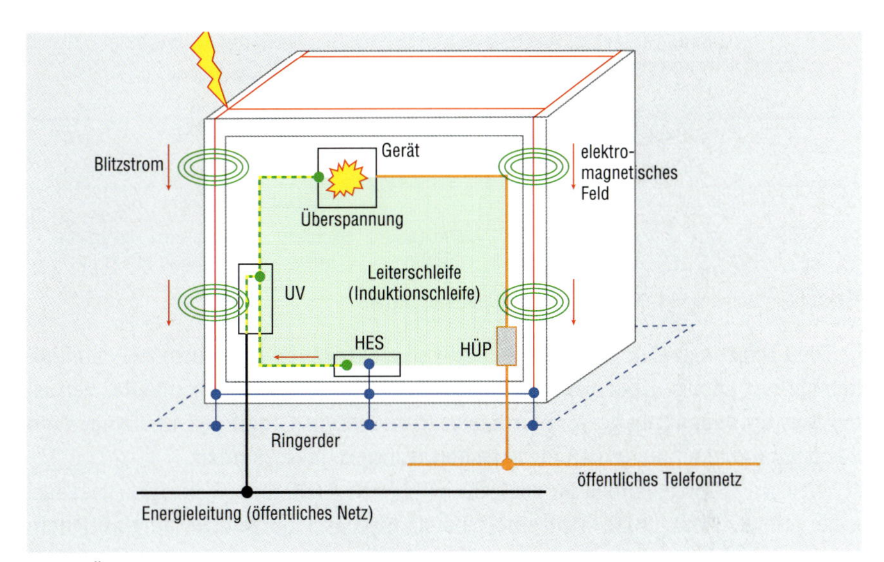

Bild 2: Überspannung durch induktive Kopplung

Stromamplitude, Polarität und Entfernung von entscheidender Bedeutung. Aber auch die Umgebung hat einen Einfluss auf die Überspannung, so werden z. B. elektromagnetische Felder durch das Bauwerk oder die Leitungsführungssysteme gedämpft. Aber auch die Auswahl geschirmter Kabel- und Leitungsbauarten und letztendlich die Verlege-Topologie bestimmen die Höhe der Überspannungen.

So kann der Elektrofachplaner und -installateur heutzutage bei der Auswahl und Errichtung der elektrischen- und informationstechnischen Anlage diese so errichten, dass die Gefahr von Überspannungsschäden reduziert wird.

Einsatz von Überspannungs-Schutzeinrichtungen

In der VDE 0100-100 [1] wird im Abschnitt 131.6.2 folgendes Schutzziel formuliert: *„Personen oder Nutztiere müssen gegen Verletzungen und Sachwerte müssen gegen Schäden durch Überspannungen geschützt sein, die Folge von atmosphärischen Einwirkungen oder von Schaltüberspannungen sind.“*

Mit diesem Schutzziel wird nicht grundsätzlich ein Überspannungsschutz in elektrischen Anlagen gefordert. Eine Alternative wäre der ausschließliche Einsatz von Betriebsmitteln mit einer hohen Bemessungs-Stoßspannung oder Überspannungskategorie (**Tabelle 1**). In der Praxis ist dieses Vorgehen jedoch nicht sinnvoll, da ein technisches Schutzgerät die verlässige Alternative bietet. Aber dennoch ist es wichtig zu wissen, dass elektrische Betriebsmittel unterschiedlich empfindlich auf Überspannungen reagieren und dieses durch die Hersteller geprüft wird.

Nennspannung des Stromversorgungssystems in V	Bemessungs-Stoßspannung in V Überspanungskategorie			
	I	II	III	IV
230/400	1.500	2.500	4.000	6.000
400/690	2.500	4.000	6.000	8.000
	Beispiel-Anwendung			
	elektronische Geräte	Haushalts-geräte	Installations-material	Vorzähler-bereich

Tabelle 1: : Bemessungs-Stoßspannung von Betriebsmitteln

Die Erfahrung zeigt, dass unsere heutigen elektrischen Betriebsmittel empfindlich auf unzulässige Überspannungen reagieren und dass der Wert und der Verlust immens an Bedeutung gewonnen haben. Aus diesem Grunde ist heutzutage ein Überspannungsschutz in den elektrischen Anlagen unverzichtbar.

Diesem Grundgedanken ist auch die DIN VDE 0100-443 [2] in ihrer Neuausgabe gefolgt. Heutzutage wird eine Überspannungs-Schutzeinrichtung an jedem Speisepunkt einer elektrischen Anlage gefordert, damit galvanisch gekoppelte Überspannungen auf verträgliche Werte begrenzt werden.

Für informationstechnische Anlagen gibt es derzeit keine normativen Anforderungen Überspannungs-Schutzeinrichtungen zu installieren. Hier sollte der Elektrofachmann seinen Kunden entsprechend beratend zur Seite stehen und zumindest den Speisepunkt mit einem entsprechenden Schutzgerät beschalten.

Bei der Erstellung von entsprechenden Schutzkonzepten sind folgende Fragestellungen zu klären:

- Welcher Überspannungsschutz ist hinsichtlich der elektrischen Parameter erforderlich?
- Was ist bei der Installation zu beachten?
- Welche Einbauorte sind sinnvoll?
- Muss Überspannungsschutz gewartet werden?

Die Antworten auf die Fragestellungen sind in den weiteren Abschnitten enthalten.

Auswahl von Überspannungs-Schutzeinrichtungen (SPD)

Überspannungs-Schutzeinrichtungen (SPD) sind Schutzeinrichtungen mit mindestens einer nichtlinearen Komponente und sind dazu bestimmt, Überspannungen zu begrenzen und Impulsströme abzuleiten. Die Bezeichnungen „Überspannungsschutzgerät“ und „Überspannungsschutzeinrichtung“ sind ebenfalls verbreitet. Die Kurzbezeichnung „SPD“, wird vom englischen Begriff „Surge Protective Device“ abgeleitet.

Überspannungs-Schutzeinrichtungen für die Energietechnik werden in drei verschiedene Typen nach DIN EN 61643-11 (VDE 0675-6-11) [3] eingeteilt.

Überspannungs-Schutzeinrichtungen **SPD Typ 1** wurden in der Vergangenheit auch als „Grobschutz" bezeichnet. Dieser Begriff findet in den heutigen Regelwerken keine Anwendung mehr. Aber derartige SPDs werden dort eingesetzt, wo mit einer hohen Stoßstrombelastung durch Blitze zu rechnen ist, daher beschreibt der Begriff gut die Aufgabe dieses Schutzgerätes. Typisches Anwendungsgebiet sind Niederspannungshauptverteilungen oder Zählerschränke in Gebäuden mit Blitzschutzsystemen oder der Speisepunkt von Gebäuden, die mit Freileitungs-Hausanschlüssen gespeist werden.

Diese Überspannungs-Schutzeinrichtungen besitzen in der Regel ein spannungsschaltendes SPD in Form einer Funkenstrecke und sind für hohe Belastungen ausgelegt.

Ein solches Schutzgerät reagiert auf hohe Spannungen und schaltet innerhalb weniger Millisekunden durch und bildet so einen Kurzschluss zwischen den angeschlossenen Leitern. Da transiente Ereignisse einen sehr kurzen zeitlichen Verlauf besitzen, wird der „Schalter" wieder vor dem Ansprechen der vorgeschalteten Sicherung geöffnet. Vornehmlich besitzt ein SPD Typ 1 somit die Aufgabe, den Blitzschutzpotentialausgleich herzustellen und große Energien abzuleiten. Die Überspannungen werden durch das nichtlineare Element ebenfalls in ihrer Höhe begrenzt, sodass ein gewisser Schutz gegen Überspannungen gegeben ist.

Die Überspannungs-Schutzeinrichtungen sind an folgenden Aufschriften zu erkennen: T1, Angabe des Stromimpulses 10/350 µs, Angabe des Stoßstromimpulses I_{Imp} z. B. 25kA oder bei älteren Geräten der Buchstabe „B".

Überspannungsschutzgeräte **SPD Typ 2** wurden vormals als Mittelschutz bezeichnet. Diese Schutzgeräte beinhalten in der Regel ein spannungsbegrenzendes Bauteil wie einen Varistor. Dieser Varistor begrenzt die auftretende Überspannung innerhalb weniger Nanosekunden.

Diese Geräte sind für die Begrenzung von Überspannungen durch Stromimpulse mit der Wellenform 8/20 µs ausgelegt und würden bei einem direkten Blitzeinschlag ebenfalls zerstört werden. Daher kommen diese Geräte typischerweise nur nachgeschaltet zum SPD Typ 1 im Unterverteilungsbereich oder bei Gebäuden ohne äußeren Blitzschutz zum Einsatz.

Die Überspannungs-Schutzeinrichtungen sind an folgenden Aufschriften zu erkennen: T2, Angabe des Stromimpulses 8/20 µs, Nennableitstoßstrom I_n z. B. 20 kA oder bei älteren Geräten der Buchstabe „C".

Überspannungs-Schutzeinrichtungen **SPD Typ 3** werden auch als Feinschutz bezeichnet. Diese Schutzgeräte sind in der Regel durch den Laien verwendbar und werden in Form von Zwischensteckern oder Tischsteckdosen sowie als integraler Bestandteil der Betriebsmittel angeboten.

Diese Schutzeinrichtungen bieten für sich alleine keine ausreichende Schutzlösung, da die Höhe der Impulsströme hier deutlich unterhalb der Typ-2-Prüfung liegt.

Die Überspannungs-Schutzeinrichtungen sind an folgenden Aufschriften zu erkennen: T3, Angabe des Stromimpulses 8/20 µs, Leerlaufspannung beim kombinierten Stoß U_{OC} z. B. 3 kV oder bei älteren Geräten der Buchstabe „D“.

Folgende Auswahlkriterien sind zusätzlich zu berücksichtigen:

- Die Nennspannung U_N und die höchste Betriebsspannung U_C müssen ausreichend bemessen sein.
- Der Schutzpegel U_P muss unterhalb der Bemessungs-Stoßspannung nach Tabelle 1 des empfindlichsten Betriebsmittels liegen.
- Alle aktiven Leiter sind zu beschalten, hierzu gehört auch der Neutralleiter, wozu das Schaltungsschema zu beachten ist.
- Im TT-System darf nur die Schaltungsvariante 3+1 zum Einsatz kommen.
- Die Überspannungs-Schutzeinrichtung muss gegen Überlast und Kurzschluss geschützt werden, hierzu sind die Herstellerangaben zur Absicherung, zum Bemessungsstrom und dem Kurzschlussstrom zu beachten.
- Die Schutzeinrichtungen SPD Typ 1 und nachfolgend SPD Typ 2 unterschiedlicher Hersteller müssen zueinander koordiniert sein.

Überspannungs-Schutzeinrichtungen für MSR- und IT-Anwendungen werden nach der DIN EN 61643-21 (VDE 0845-3-1) [4] geprüft. Eine Klassifizierung in drei SPD-Typen gibt es für diese Schutzeinrichtungen nicht. Die Norm kennt verschiedene Prüfparameter, mit denen sämtliche Eigenschaften überprüft werden. In **Tabelle 2** werden auszugsweise die wichtigsten Prüfparameter genannt.

Durch die Hersteller werden oftmals eigene Bezeichnungsschemata angewandt oder die Prüfimpulse mit den geprüften Werten angegeben. Im **Bild 3** und **4** sind typische Anwendungsbeispiele für die Auswahl von Überspannungsschutz angegeben.

Prüfparameter	**Kategorie**		
	D1	**C2**	**C1**
Leerlaufspannung	≥ 1 kV	2 kV … 10 kV 1,2/50 µs	0,5 kV … 2kV 1,2/50 µs
Stromimpuls	0,5 kA … 2,5 kA 10/350 µs	1 kA … 5 kA 8/20 µs	0,25 kA … 1 kA 8/20 µs

Tabelle 2: Spannungs- und Stromimpulsformen zur Feststellung der Impuls-Spannungsbegrenzungseigenschaften und der Stoßstromfestigkeit

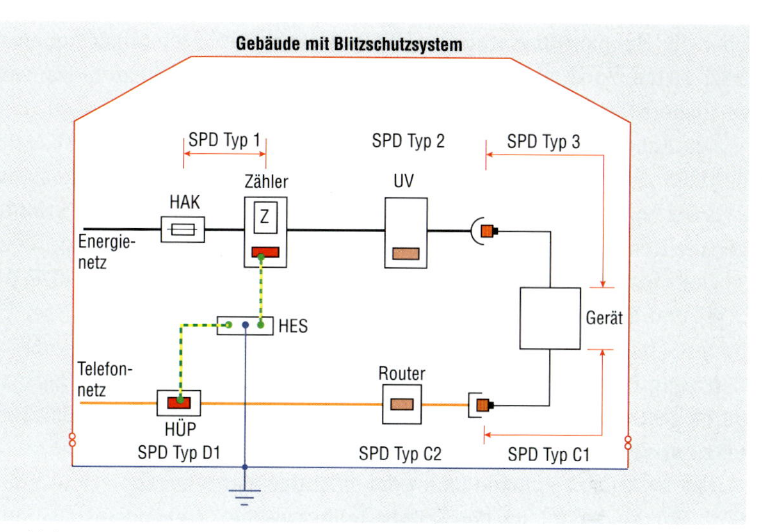

Bild 3: Auswahl der SPD-Typen bei einem Gebäude mit Blitzschutz

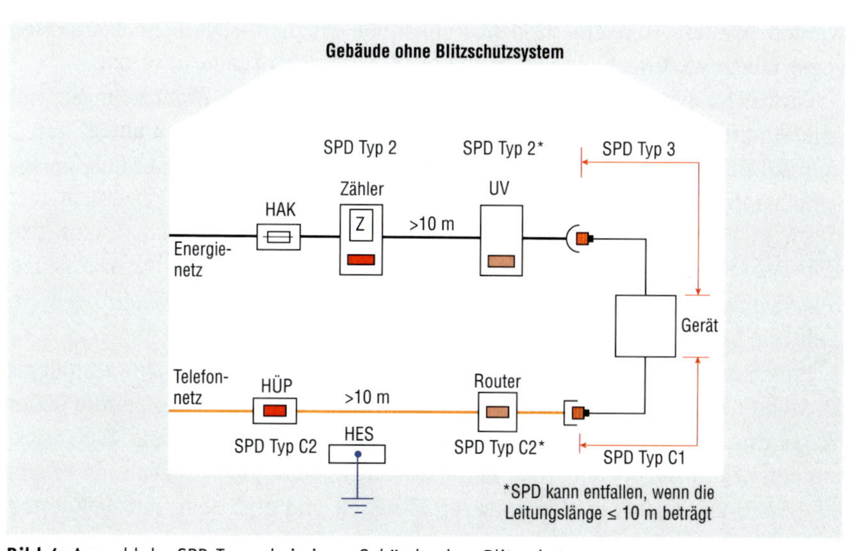

Bild 4: Auswahl der SPD-Typen bei einem Gebäude ohne Blitzschutz

Das Beispielgebäude im Bild 3 besitzt einen äußeren Blitzschutz. Aus diesem Grunde sind alle von außen kommenden Kabel, die ihren Ursprung außerhalb des sich durch das Gebäude ergebenen Schutzvolumens haben, mit Überspannungs-Schutzeinrichtungen zu beschalten. Der SPD Typ 1 ist vorzugsweise im Vorzählerbereich anzuordnen und über einen massiven Kupferleiter mit der Erdungsanlage über die Haupterdungsschiene (HES) zu verbinden. Der Mindestquerschnitt beträgt 16 mm^2 und alle eingesetzten Bauteile müssen für Blitzschutzanwendungen zertifiziert sein.

Die Kabel der informationstechnischen Systeme sind am Gebäudeeintritt mit der HES zu verbinden. Der SPD Typ D1 ist für die Anwendung so auszuwählen, dass das Nutzsignal erhalten bleibt. Die Auswahl der Schutzgeräte erfordert daher genaue Kenntnis der Systemparameter und der eingesetzten Signale.

Der Überspannungsschutz SPD Typ 2 oder C2 ist nach DIN VDE 0185-305-3 [5] und DIN VDE 0100-443 [2] nicht gefordert. Der Einsatz dieser Überspannungs-Schutzeinrichtungen ist grundsätzlich aber empfehlenswert, da bei langen Zuleitungslängen sich auch nach dem ersten Schutzgerät wieder Überspannungen durch gestrahlte Felder entwickeln können und somit ein Ausfall der Betriebsmittel zu erwarten ist.

Für besonders empfindliche oder wichtige Betriebsmittel kann ein weiterer SPD Typ 3 oder C1 an der Schnittstelle zwischen Gebäudeinstallation und Betriebsmittel oder sogar in dem zum schützenden Betriebsmittel untergebracht werden. Weitere Hinweise zu dem Aufbau von ganzheitlichen Schutzkonzepten gegen Überspannungen enthält die DIN VDE 0185-305-4 [6].

Für das im Bild 4 dargestellte Gebäude gelten die gleichen Anforderungen, mit dem Unterschied, dass bei Gebäuden ohne äußeren Blitzschutz ein SPD Typ 2 und C2 am Speisepunkt ausreichend ist und die Verbindung zur Erdungsanlage entfallen kann.

Installation der Überspannungs-Schutzeinrichtungen

Überspannungs-Schutzeinrichtungen müssen entsprechend installiert werden, damit sie ordnungsgemäß funktionieren können.

Eine Überspannungs-Schutzeinrichtung kann man sich gut als Druckminderer für Wasser vorstellen. Druckminderer werden dort eingebaut, wo ggf. ein zu hoher Wasserdruck das dahinter liegende Schlauchsystem beschädigen kann. Ein Druckminderer muss daher immer vor dem zu schützenden System sitzen, und es gibt eine Seite mit undefinierten Druckverhältnissen und eine Seite mit definierten Druckverhältnissen.

Das gleiche gilt auch für Überspannungs-Schutzeinrichtungen. Diese müssen in Energieflussrichtung am Anfang der zu schützenden Anlage installiert werden, und es gibt eine „schmutzige“ und eine „saubere“ Seite.

Die DIN VDE 0100-534 [7] befasst sich daher mit der Auswahl und den Installationsvorschriften für die Schutzgeräte auf der Niederspannungsseite.

Montageort

Überspannungs-Schutzeinrichtungen sind so nah wie möglich an der Einspeiseleitung für den Energieverteiler anzuordnen. Vorzugsweise sollten die Geräte sogar vor einem Hauptschalter angeordnet sein, da somit auch der Schalter entsprechend gegen Überspannungen geschützt ist und die Anlage auch bei ausgeschaltetem Hauptschalter über einen Überspannungsschutz verfügt. Die meisten am Markt erhältlichen Überspannungs-Schutzeinrichtungen sind heute steckbar ausgeführt und können unter Spannung gewechselt werden, ohne dass besondere Arbeitsverfahren anzuwenden sind oder eine Betriebsunterbrechung erfolgt.

Schutz gegen Überstrom

Überspannungs-Schutzeinrichtungen müssen gegen Überstrom (Kurzschluss und Überlast) geschützt werden. Hierzu macht der Hersteller entsprechende Angaben.

Bei vielen Herstellern wird für den SPD Typ 1 eine maximale Vorsicherungsgröße gG 315 A angegeben. Somit können diese Schutzgeräte ohne eine eigene Vorsicherung angeschlossen werden. Hierbei ist zu beachten, dass der Leitungsquerschnitt oftmals auf 25 mm^2 begrenzt ist und daher eine erd- und kurzschlusssichere Anschlussvariante zu wählen ist. Typischerweise werden entsprechende Einleiter-Schlauchleitungen wie z. B. NSGAFöu verwendet.

Der Betriebsstrom, der dauerhaft über die Anschlussklemmen geführt werden kann, wird ebenfalls durch den Hersteller festgelegt und liegt in der Regel bei maximal 125 A. Dieses ist bei der Wahl des Anschlussschemas zu berücksichtigen.

Anschlussschema

Das Anschlussschema einer Überspannungs-Schutzeinrichtung beschreibt die Anzahl und die Schaltungsvariante der einzelnen Schutzeinrichtungen (**Bild 5**).

Das Anschlussschema ist in Abhängigkeit des Netzsystems der elektrischen Anlagen zu wählen. Für Wechselstromanwendungen kommt die 2+0-Schaltung zum Einsatz. Die beiden Schutzkomponenten werden hierbei gegen den Schutzleiter (PE) geschaltet. Nur bei Überspannungs-Schutzeinrichtungen SPD Typ 1 ist eine zusätzliche Verbindung zur Erdungsanlage notwendig.

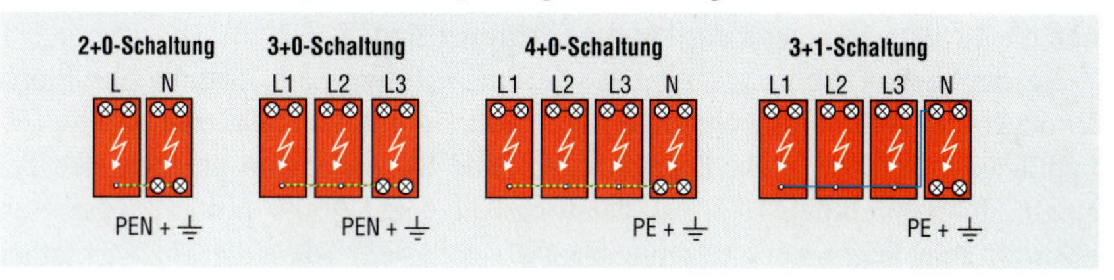

Bild 5: Anschlussschema einer Überspannungs-Schutzeinrichtung

Für Drehstromanwendungen stehen drei Schaltungsvarianten zur Verfügung. Die 3+0-Schaltung ist für Niederspannungssysteme, die als TN-C-System errichtet sind, vorgesehen. Hierbei wird der PEN-Leiter gegen die drei Außenleiter beschaltet. Sobald die Einspeisung 5-adrig erfolgt, ist die 4+0-Schaltung anzuwenden, da hier der Neutralleiter separat beschaltet wird. Die 3+1-Schaltung ist zwingend im TT-System zu installieren. Bei einem Fehler in dem Schutzgerät kann bei der Anwendung der 4+0-Schaltung im TT-System der Schutzleiter annährend auf Netzspannungspotenzial angehoben werden, ohne dass dieser Fehler erkannt und abgeschaltet wird. Aus diesem Grund sind vorhandene 4+0-Schaltungen in Bestandsanlagen zwingend zu tauschen. Die 3+1-Schaltung kann grundsätzlich als Ersatz für die 4+0-Schaltung eingesetzt werden.

Anschlussleitungslänge

Bei der Errichtung der Überspannungs-Schutzeinrichtung ist insbesondere die Länge der Anschlussleitungen von Bedeutung. Mit zunehmender Länge der Anschlussleitungen zu den Überspannungs-Schutzeinrichtungen reduziert sich deren Wirksamkeit zum Schutz bei Überspannung. Um einen optimalen Schutz bei Überspannung zu erreichen, müssen die Anschlussleitungen zu den Überspannungs-Schutzeinrichtungen so kurz wie möglich sein.

Für den elektrischen Anschluss von Überspannungs-Schutzeinrichtungen sind zwei Anschlussvarianten zu unterscheiden.

Die gängigste Variante ist die Stichverdrahtung. Hierbei wird das Schutzgerät von der Einspeiseklemme oder -schiene im Stich abgegriffen. Eine Vorsicherung ist oftmals Bestandteil des Abgriffes (**Bild 6**).

Die Alternative ist die V-Verdrahtung. Hierbei wird die Zuleitung über die Klemmen der Überspannungs-Schutzeinrichtung geführt (**Bild 7**). Zu erkennen ist diese Anschlussvariante an der Doppelbelegung der Anschlüsse der Außen- und Neutralleiter.

Die V-Verdrahtung sollte bevorzugt werden, da sich hier keine Spannungsfälle auf den Anschlussleitungen ergeben und somit die zu schützende elektrische Anlage den bestmöglichen Schutz erhält. Üblicherweise ist diese Variante aber nur bis zu einem Bemessungsstrom von 125 A möglich, da die Anschlussquerschnitte und die Stromtragfähigkeit der Klemme begrenzt sind.

Bei der Stichverdrahtung ist der Montageort so festzulegen, dass die Anschlussleitungen der Außen- und Neutralleiter in Summe mit dem Schutzleiter eine Gesamtlänge von 0,5 m nicht überschreiten (**Bild 8**). Ansonsten ergeben sich bei einem Stoßstromimpuls 8/20 µs Spannungsfälle von 1.000 V pro Leitungsmeter, die sich zum angegebenen Schutzpegel U_P addieren. Somit ist ein wirksamer Schutz nicht gegeben.

Bild 6: SPD Typ 1+2 in 3+1-Schaltung mit Vorsicherung im Einspeisebereich

Bild 7: SPD Typ 2 in der V-Verdrahtung

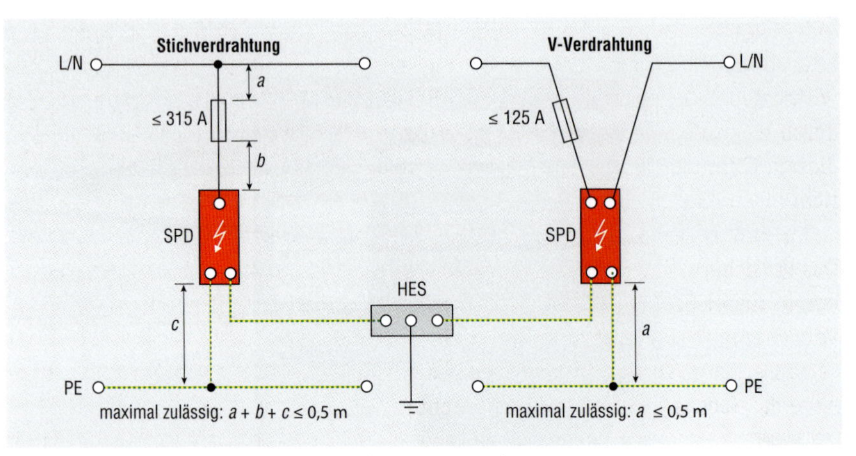

Bild 8: Anschlussvarianten und maximal zulässige Leitungslängen

Die Leitungslänge zwischen dem Erdungsanschluss und der Erdungsschiene beim SPD Typ 1 ist nicht begrenzt. Diese Leitung sollte aber so kurz wie möglich sein, sodass im elektrischen Betriebsraum eine Anschlussfahne der Erdungsanlage vorhanden sein sollte. Diese Leitung führt bei einem Blitzeinschlag einen erheblichen Anteil des Blitzstromes. Daher ist diese Leitung nicht durch den gesamten Verteiler zu verlegen, sondern auf dem kürzesten Weg zu dem SPD zu führen.

Eine Überspannungs-Schutzeinrichtung kann einen effektiven Schutz gegen Überspannungen nur dann gewährleisten, wenn alle vorgenannten Punkte beachtet wurden. Daher ist eine entsprechende Fachkompetenz und die Beachtung der Herstellervorgaben unerlässlich. Das **Bild 9** zeigt eine Einbaulösung in der Niederspannungshauptverteilung.

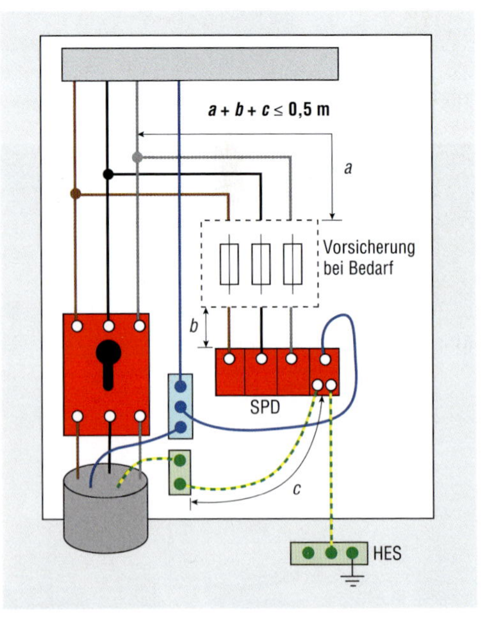

Bild 9: Schema für einen SPD Typ 1 und Typ 2 in der NSHV

Schutzbereich von Überspannungs-Schutzeinrichtungen

Eine Überspannungs-Schutzeinrichtung besitzt in Energieflussrichtung einen wirksamen Schutzbereich von 10 m. Bei längeren Leitungslängen können sich durch elektromagnetische Felder erneut zu hohe Überspannungen ergeben. Aus diesem Grund sollten in den Etagenverteilern weitere Überspannungs-Schutzeinrichtungen installiert werden (Bild 4).

Im **Bild 10** ist eine solche Schutzeinrichtung an dem Speisepunkt installiert. Das Vorsicherungselement ist in diesem Beispiel nicht notwendig und kann entfallen, da dieses Schutzgerät bis 125 A vorgesichert sein darf. Durch den Wegfall der Vorsicherung reduzieren sich die Anschlussleitungslängen, und die Schutzwirkung verbessert sich. Durch die hier ebenfalls mögliche Anwendung der V-Verdrahtung hätte das Schutzziel noch besser erreicht werden können.

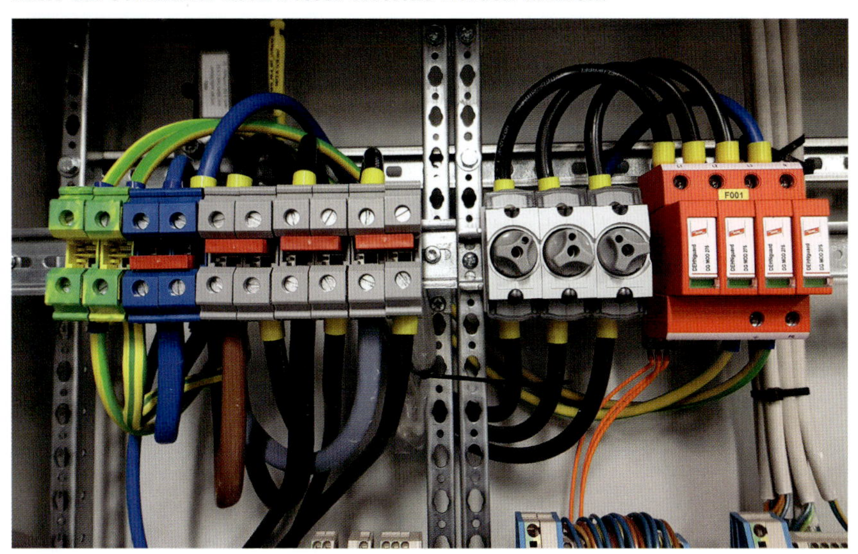

Bild 10: SPD Typ 2 in der Unterverteilung

Literaturverzeichnis

[1] DIN VDE 0100-100 (VDE 0100-100):2009-06
Errichten von Niederspannungsanlagen – Teil 1: Allgemeine Grundsätze, Bestimmungen allgemeiner Merkmale, Begriffe

[2] DIN VDE 0100-443 (VDE 0100-443):2016-10
Errichten von Niederspannungsanlagen – Teil 4-44: Schutzmaßnahmen – Schutz bei Störspannungen und elektromagnetischen Störgrößen – Abschnitt 443: Schutz bei transienten Überspannungen infolge atmosphärischer Einflüsse oder von Schaltvorgängen

[3] DIN EN 61643-11 (VDE 0675-6-11):2013-04
Überspannungsschutzgeräte für Niederspannung – Teil 11: Überspannungsschutzgeräte für den Einsatz in Niederspannungsanlagen – Anforderungen und Prüfungen

[4] DIN EN 61643-21 (VDE 0845-3-1):2013-07
Überspannungsschutzgeräte für Niederspannung – Teil 21: Überspannungsschutzgeräte für den Einsatz in Telekommunikations- und signalverarbeitenden Netzwerken – Leistungsanforderungen und Prüfverfahren

[5] DIN EN 62305-3 (VDE 0185-305-3):2011-10
Blitzschutz – Teil 3: Schutz von baulichen Anlagen und Personen

[6] DIN EN 62305-4 (VDE 0185-305-4):2011-10
Blitzschutz – Teil 4: Elektrische und elektronische Systeme in baulichen Anlagen

[7] DIN VDE 0100-534 (VDE 0100-534):2016-10
Errichten von Niederspannungsanlagen – Teil 5-53: Auswahl und Errichtung elektrischer Betriebsmittel – Trennen, Schalten und Steuern – Abschnitt 534: Überspannungs-Schutzeinrichtungen (SPDs)

Brandschutzanforderungen an PV-Anlagen

Ralf Haselhuhn, Sven Bonhagen

Es kam bereits zu mehreren Bränden an Gebäuden mit PV-Anlagen. Häufig passiert es, dass ein Brand in einem Gebäude mit PV-Anlage ausbricht, ohne dass die PV-Anlage die Ursache ist. Die bundesweite Recherche im Rahmen eines Verbundforschungsprojektes von TÜV Rheinland und Fraunhofer ISE unter Beteiligung der DGS Berlin über vier Jahre ergab insgesamt 430 Brandfälle mit PV-Anlagen. In 210 Fällen war die PV-Anlage die Brandursache, davon brannte in zwölf Fällen in Folge das Gebäude ab. Zumeist waren hierbei die Planung und Installation die Ursache. Die Anzahl der durch PV-Anlagen ausgelösten Brände ist zwar gemessen an der Gesamtanzahl der gebauten Anlagen gering, aber jeder Brandfall ist einer zu viel.

Außerdem wurden viele PV-Anlagen nicht fachgerecht errichtet und die baulichen Brandbestimmungen nicht beachtetet, ohne dass es bisher zu einem Brandfall gekommen ist. So wurden z. B. Brandabschnitte mit geschlossenen PV-Generatorfeldern überbaut, oder die PV-Leitungen durchdrangen ohne eine Schottung die Brandabschnitte. Zudem wird die Brandbekämpfung zum Teil durch großflächige, geschlossene PV-Felder auf dem Dach behindert. Der Artikel stellt die wesentlichen Brandschutzanforderungen aus baulicher und elektrischer Sicht für Planer und Installateure dar. Unter der Internetadresse www.pv-brandsicherheit.de sind viele hilfreiche Informationen zum Projekt und rund um das Thema zu finden.

Besondere Brandschutzanforderungen

Oft stellen sich Installateure oder Planer die Frage, wie der Brandschutz bei PV-Anlagen realisiert werden soll. Zunächst unterscheiden sich die Anforderungen nicht von den normalen Brandschutzanforderungen an Gebäuden. Diese sind in den Landesbauordnungen bzw. in der Musterbauordnung (MBO) festgelegt. Folgende Anforderungen bestehen:

- harte Bedachung nicht beeinträchtigen
- Brandabschnitte beachten
- Zugänglichkeit des Daches zum Löschangriff muss gegeben sein.

Zusätzlich besteht die Anforderung, dass die Einsatzkräfte nicht durch unter Spannung stehende DC-Leitungen gefährdet werden. Da am Solargenerator am Tage eine nicht abschaltbare DC-Spannung bis zu 1.000 V anliegt, kann der Einsatz der Feuerwehr bei der Brandbekämpfung erschwert werden. Die Feuerwehreinsatzkräfte müssen beim Einsatz auf die Sicherheitsregel beim Löschen von elektrischen Anlagen (festgelegt in der VDE 0132) achten. So sind entsprechende Sicherheitsabstände von 1 m beim Löschen mit einem C-Rohr im Sprühstrahl bzw. 5 m mit Vollstrahl einzuhalten. Um alle Feuerwehren zu informieren, veröffentlichte der

Deutsche Feuerwehrverband (DFV) gemeinsam mit dem BSW-Solar eine „Handlungsempfehlung Photovoltaikanlagen", die die Vorgehensweise bei der Brandbekämpfung eines Gebäudes mit PV-Anlage beschreibt und die als sogenannte Taschenkarte an die Feuerwehrleute verteilt wurde (siehe www.dfv.org). Somit kann die Feuerwehr beim Außeneinsatz gefahrlos mit dem Löschen beginnen. Jedoch muss die Feuerwehr beim Rettungseinsatz auch in das brennende Gebäude. Dabei ist häufig durch Rauch die Sicht erschwert, so dass die Einsatzkraft durch eine ungeschützt verlegte und beschädigte spannungsführende DC-Leitung gefährdet werden kann. Da zumeist der DC-Freischalter in Wechselrichternähe eingebaut ist, lässt sich die durch das Gebäude führende DC-Hauptleitung nicht freischalten.

Deshalb wurde 2011 in den „Fachregeln der Brandschutzgerechten Planung, Errichtung und Instandhaltung von PV-Anlagen" und später in der VDE-AR E 2100-712 als Schutzziel bei der Planung und Installation von PV-Anlagen die Vermeidung von gefährlichen berührbaren DC-Spannungen im Gebäude im Brandfall formuliert, so dass die Personenrettung und Brandbekämpfung im Gebäudeinneren sicher durchgeführt werden kann.

Die Fachregeln wurden von Bundesverband Solarwirtschaft (BSW), Deutsche Gesellschaft für Sonnenenergie (DGS), Zentralverband der Deutschen Elektro- und Informationstechnischen Handwerke (ZVEH), Berufsfeuerwehr München und Bundesvereinigung der Fachplaner und Sachverständigen im vorbeugenden Brandschutz e.V. (BFSB) herausgegeben. Darin wurden die Anforderungen, die in den verschiedenen Regelwerken im Bau- und Elektrogewerk schon bestehen, zusammengetragen sowie Regelungslücken identifiziert und Maßnahmen zur deren Lösung dargestellt. Die Brandschutzfachregeln entstanden durch die Arbeit einer interdisziplinären Arbeitsgruppe mit der Feuerwehr, Brandschutz- und PV-Experten, Brandschutzbaubeauftragten, Planern und Installateuren. Zur Vertiefung der Problematik sei der Download unter www.dgs-berlin.de jedem Installateur und Planer empfohlen. Als Broschüre kann sie beim BSW unter www.solarwirtschaft.de bestellt werden.

Bei der Planung und der Installation sind insbesondere die entsprechenden Brandschutzanforderungen der Musterbauordnung sowie ggf. weitere bauliche Anforderungen, die Brandschutzfachregeln und die Normen VDE 0100-712 und VDE-AR E 2100-712 einzuhalten.

Brandschutzanforderungen der Bauordnung

Grundsätzlich gilt, dass die Installation von PV-Anlagen die Schutzfunktion von Dächern und Brandwänden nicht mindern darf.

Damit sich ein Gebäudebrand nicht auf andere Gebäude oder Gebäudeteile ausbreitet, sind durch die jeweiligen Bauordnungen der Länder sowie in der Musterbauordnung (MBO) verschiedene Anforderungen an Gebäude und Dächer fest gelegt (siehe insbesondere MBO § 32). Dazu zählen insbesondere die Anforderung der „harten Bedachung“ für Indachlösungen sowie die Verwendung von Materialien mit einer Einstufung von mindestens Baustoffklasse B2 „Normalentflammbar“, Klasse B2 nach DIN 4102 (alt) oder Klasse E nach EN 13501 (neu) bei Aufdachlösungen. Die meisten PV-Module mit Glas können in Klasse B2 bzw. E eingeordnet werden. Die Modulanbieter sollten die Einordnung in Klasse B2 bzw. E mit einer Erklärung des Herstellers nachweisen. Zumeist fehlt auf den Moduldatenblättern diese Angabe. Fast alle Standardmodule mit Glas/Folien- oder Glas/Glas-Aufbau sind normal entflammbar, einige Glas/Glas-Module sogar schwerentflammbar.

Bei dachintegrierten Systemen wird der Nachweis der „harten Bedachung“ im Regelfall durch den Hersteller in Form von bauaufsichtlichen Prüfzeugnissen erbracht.

Im „Hinweispapier für die Herstellung, Planung und Ausführungen von Solaranlagen“ 7/2012 des Deutschen Institut für Bautechnik (DIBt) heißt es: *„Solaranlagen müssen aus mindestens normalentflammbaren Baustoffen bestehen (§ 26 Abs. 1 MBO). Werden sie in oder an der Gebäudehülle angeordnet, müssen Oberflächen von Außenwänden sowie Außenwandbekleidungen bei Gebäuden der Gebäudeklasse 4 und 5 schwerentflammbar sein (§28 Abs. 3 Satz 1 MBO). Bauteile mit brennbaren Baustoffen dürfen über Brandwände nicht hinweg geführt werden (§30 Abs. 5 Satz 1 Halbsatz 2, Abs 7 Sätze 1, 2 MBO).“*

Darüber hinaus sind in der MBO die Ausführung von Brandwänden und die Abstände zwischen den so genannten normalentflammbaren Materialien und den Brandwänden definiert. Dadurch soll eine Brandweiterleitung durch Flugfeuer oder durch Wärmestrahlung verhindert werden. So schreibt die MBO in § 32 u. a. vor, dass Dachgaubenähnliche Dachaufbauten aus brennbaren Baustoffen mindestens 1,25 m von der Brandwand entfernt sein müssen. Das gilt sinngemäß auch für PV-Module und die anderen Komponenten der Anlage (**Bild 1**).

Mitunter wurden Brandabschnitte mit PV-Modulen überbaut oder die Leitungen durchdrangen Brandabschnitte bzw. wurden ungeschützt über Brandwände geführt. Leitungen, die durch eine Brandwand hindurch oder darüber hinweg verlegt werden, sind laut den Brandschutzfachregeln entsprechend der Musterleitungsanlagenrichtlinie (MLAR) geschottet auszuführen. Anderenfalls besteht die Gefahr der Weiterleitung eines Brandes durch den so genannten Zündschnureffekt des Isolationsmaterials. Die verwendeten Materialien müssen für Außenanwendungen geeignet sein (**Bilder 2** und **3**).

Brandwände müssen mindestens 30 cm über normalentflammbares Material und damit über die Oberkante des PV-Generators ragen. Da normalentflammbare

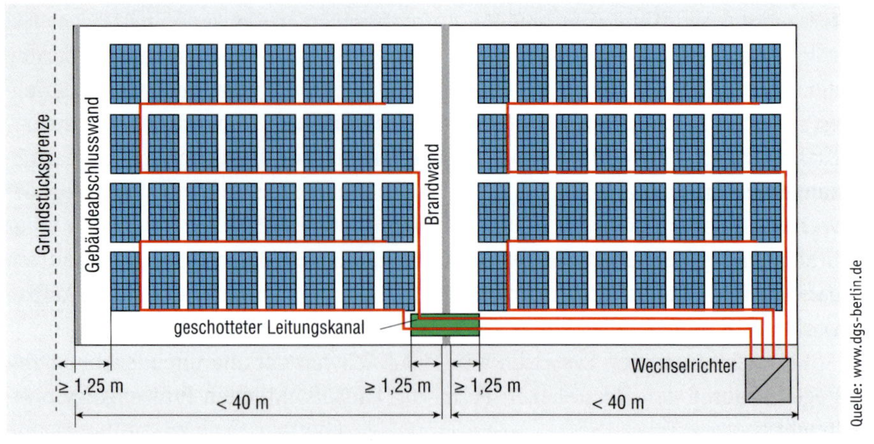

Bild 1: Leitungsführung über Brandwand und Modulabstände von Brandwand bzw. Grundstücksgrenze

Bild 2: Fehlerhafte Leitungsführung über die Brandwand: Der Brand kann durch brennende Isolation auf den benachbarten Brandabschnitt übertragen werden.

Bild 3: Korrekt brandgeschottete Leitungsverlegung über Brandwand

Materialien nur in gewissen Abständen zu Brandwänden verbaut werden dürfen, müssen über der Dachdeckung installierte normalentflammbare PV-Module einen Abstand von mindestens 1,25 m einhalten. Achtung: Dieser Abstand gilt auch zur Gebäudetrennwand beziehungsweise Grundstücksgrenze. Eine Leitungsdurchführung durch Brandabschnitte ist bei Einhaltung der Feuerwiderstandsklasse S90 möglich. Einzelne Leitungen dürfen in einem Abstand mindestens des Außendurchmessers der Leitung durch eine mindestens 8 cm dicke Wand geführt werden, und dabei muss der Raum zwischen den Leitungen mit Zementmörtel oder Beton verschlossen werden.

Bauliche Anforderungen für die Brandbekämpfung

Im Falle eines Gebäudebrandes müssen Feuerwehr-Einsatzkräfte schnell und sicher an den Brandherd gelangen. Bei einigen Einsätzen ist es unumgänglich, direkt vom Dach aus in den darunterliegenden Dachstuhl zu gelangen und dort zu löschen. In diesem Fall könnte eine elektrische spannungsführende Anlage, wie sie eine PV-Anlage darstellt, hinderlich sein, insbesondere wenn sie die gesamte Dachfläche beansprucht, was somit vermieden werden sollte.

So vielfältig wie die Gebäude, so unterschiedlich sind mögliche Zugänge zum Dachstuhl. In **Bild 4** sind beispielhaft die wichtigsten Dachvarianten mit Zugangsmöglichkeiten dargestellt.

In vielen Fällen kann der Feuerwehrmann über die zweite, nicht durch einen PV-Generator bedeckte Dachhälfte (oft Nordhälfte) in den Dachstuhl gelangen und von dort aus die Brandbekämpfung mit ausreichendem Abstand zu spannungsführenden Anlagenteilen vornehmen.

Wenn beide Dachhälften belegt sind, wie es bei Ost-/Westdächern der Fall ist, müssen andere Dachzugangsmöglichkeiten genutzt werden. Andere Wege können Gaubenfenster oder giebelständige Fenster sein. Hierbei ist darauf zu achten, dass diese die Abmessungen eines als Rettungsweg geeigneten so genannten „notwendigen Fensters“ besitzen und von Einsatzkräften zu erreichen sind. Dieses hat nach Musterbauordnung die Mindestmaße einer lichten Breite von 90 cm und einer lichten Höhe von 120 cm (**Bild 5**).

Ist jedoch ein Zugang zum Dachstuhl weder über rückseitige Dachflächen noch über Fenster möglich, ist darauf zu achten, dass ein geeigneter Teilbereich des Daches frei bleibt. Es wird ein mindestens 1 m breiter Freistreifen empfohlen, um Löscharbeiten Leitungssicher durchführen zu können. Der Autor führte viele Gespräche mit Feuerwehrleuten. Diese erachten eher ein freies Feld von mindestens 0,90 m x 1,20 m (entspricht dem „notwendigen Fenster“) zwischen den Teilflächen als sinnvoll. Breitere Streifen als 1 m wären also für den Löschangriff ideal oder im 1 m breiten Freistreifen ein entsprechend breiteres Feld.

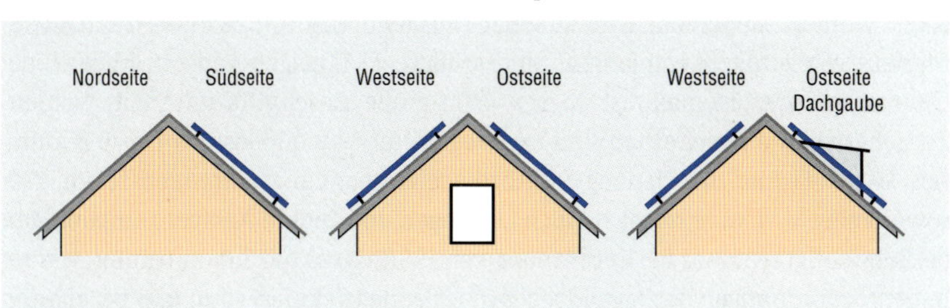

Bild 4: Verschiedene Zugangsmöglichkeiten für die Brandbekämpfung

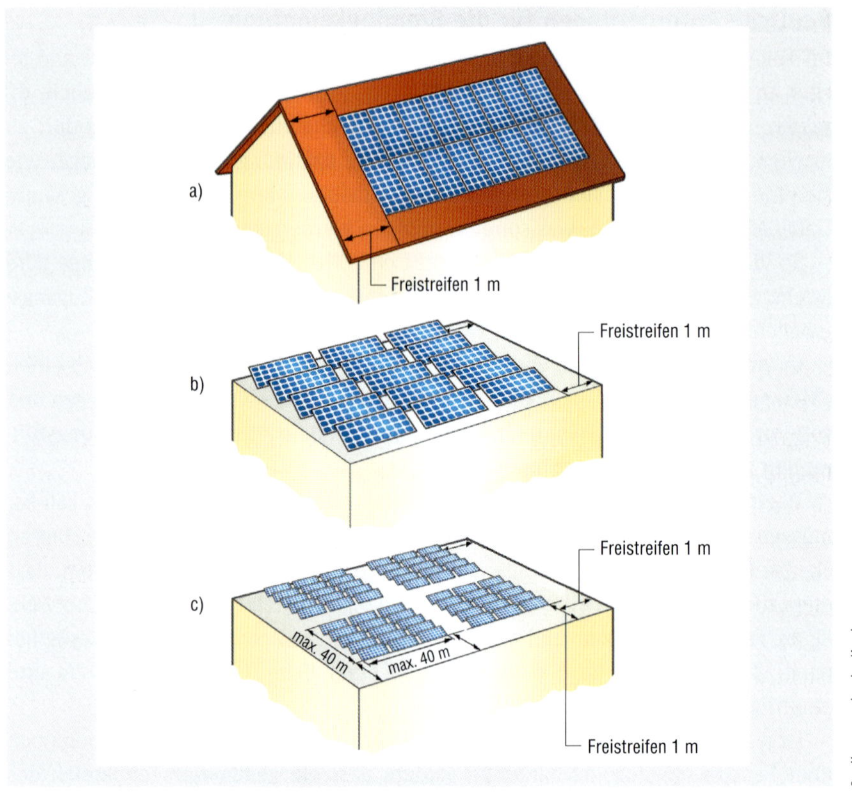

Bild 5: Zugangsmöglichkeiten für die Brandbekämpfung bei:
a) beiderseitig belegtem Schrägdach
b) mittelgroßen Dächern auf Gebäuden mit kleiner 40 m x 40 m Grundfläche und ohne Brandwände
c) großen Dächern auf Gebäuden mit größer 40 m x 40 m Grundfläche

Bei Dächern ohne sonstige Zugangsmöglichkeiten und mit einer Grundfläche von kleiner als 40 m x 40 m sollte auf der längeren Seite ein 1-m-Freistreifen realisiert werden. Außerdem wird ab einer Anlagenbreite von 20 m ein zusätzlicher mittlerer Freistreifen empfohlen. Sind größere PV-Anlagen geplant, müssen die Generatorflächen in maximal 40 m x 40 m große Abschnitte unterteilt werden. Zwischen diesen Abschnitten sind Laufwegbreiten von mindestens 1 m zu realisieren. Wichtig ist bei der Planung der Abstände zu spannungsführenden Teilen, dass sowohl die PV-Module selbst als auch Leitungen und andere Anlagenkomponenten berücksichtigt werden. Bei der Planung von PV-Anlagen auf Sonderbauten, wie sie in den Bauordnungen des jeweiligen Bundeslandes definiert sind, und bei speziellen Dachformen sollten Brandschutzsachverständige hinzugezogen werden.

Praxisbeispiele: PV-Anlagen ohne Berücksichtigung des Brandschutzkonzeptes

Nachfolgend sollen zwei Beispiele aus der Praxis aufzeigen, wie wichtig das Thema Baurecht und die Einhaltung der baurechtlichen Brandschutzanforderungen ist.

Bei dem ersten Beispielgebäude handelt es sich um einen Hallenkomplex, in dem Veranstaltungsräume, Verkaufsräume und Lagerflächen untergebracht sind.

Im **Bild 6** ist das aus fünf Hallen bestehende Gebäude dargestellt. Nach dem Landesbaurecht dürfen Brandabschnitte in der Regel eine Größe von 40 m x 40 m nicht überschreiten. Die Abmessungen des Hallenkomplexes betragen 240 m auf 140 m (ca. 33.600 m²). Aufgrund der Abmessungen wurde das Gebäude als Sonderbau der Gebäudeklasse 5 zugeordnet und fällt in den Anwendungsbereich der Industriebaurichtlinie. Nach dieser baurechtlichen Sondervorschrift darf der Brandabschnitt im Regelfall maximal 1.600 m² umfassen. Alternativ müssen sogenannte Kompensationsmaßnahmen definiert und umgesetzt werden. Aus diesem Grund muss für die Gebäudeklasse 4 und 5 zwingend ein Brandschutzsachverständiger in den Genehmigungs- und Bauprozess eingebunden werden und die Anlage vor der erstmaligen Inbetriebnahme durch einen vom Baurecht anerkannten Prüfsachverständigen abgenommen werden.

Für dieses Gebäude wurden im Brandschutznachweis vier Brandabschnitte gebildet. Aufgrund der Größe der einzelnen Brandabschnitte ist das gesamte Gebäude mit einer automatischen Sprinkleranlage ausgestattet.

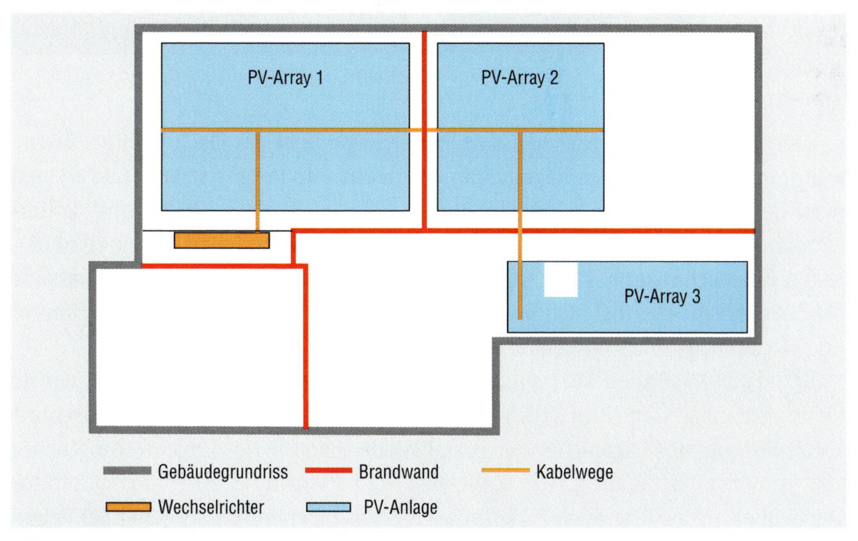

Bild 6: Hallenkomplex mit Brandwänden, PV-Anlage und Kabelwegen

Die Photovoltaikanlage ist zu einem späteren Zeitpunkt errichtet worden. PV-Anlagen sind in der Regel genehmigungsfreie Bauvorhaben. Die Genehmigungsbehörde, der Brandschutzsachverständige oder der abnehmende Sachverständige ist somit nicht zwingend in den Planungs- und Realisierungsprozess einzubeziehen.

Bild 7 zeigt die gesamte Anlage vom Standpunkt PV-Array 1 aus gesehen.

Die DC-Leitungen laufen an der Brandwand in zwei Stahlblechkabeltragsystemen hoch. Die PV-Leitungen sind brennbare Baustoffe, welche eine Brandfortleitung über die Brandwand hinweg ermöglichen. Dieses ist, so wie im **Bild 8** zu sehen, nicht zulässig. Die „Zündschnur“ muss im Bereich der Brandwand unterbrochen werden. Hierzu können Brandschutzbandagen um die Kabelbündel aufgebracht werden. Diese würden sich bei Feuereinwirkung ausdehnen und die Brandfortleitung verhindern.

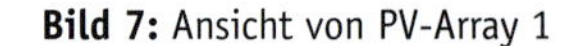

Bild 7: Ansicht von PV-Array 1

Bild 8: Ansicht PV-Array 1 von PV-Array 2

Brandwände zwischen Hallen sind in der Regel über das Dach geführt. Brandwände müssen nach dem allgemeinen Baurecht mindestens 0,3 m (**Bild 9**) und nach der Industriebaurichtlinie mindestens 0,5 m über die Dachfläche geführt werden. Die Leitungen über die Brandwand wurden nachträglich mit einer wetterfesten Brandschutzumhüllung mit einer allgemeinen bauaufsichtlichen Zulassung (AbZ) versehen. Die Installation muss in Übereinstimmung mit der AbZ erfolgen, und die Bandage muss mindestens 1,25 m zu beiden Seiten führen.

Brandwände können aber auch in der Dachfläche ausgebildet werden, wo sie nicht erkennbar sind (**Bild 10**). Daher sind die Anforderungen des Brandschutzkonzeptes und des Lageplanes der Brandwände schon in der Projektierungsphase von immenser Bedeutung. Der Kabelweg vom PV-Array 2 zu PV-Array 3 führt genau über so eine Brandwand, ohne dass die Leitungen mit entsprechender Feuerwiderstandsdauer (90 min) geschottet sind.

Bild 9: Brandwand über Dach mit Bandage

Bild 10: Kabelweg über eine „versteckte" Brandwand

Die Errichtung der PV-Anlage hat in diesem Beispiel das komplette Brandschutzkonzept unwirksam gemacht. Ein Brand an der PV-Anlage oder an einer der Hallen hätte sich unzulässigerweise auf andere Brandabschnitte ausweiten können. Der Teilgenerator PV-Array 3 musste zudem aufgrund fehlender statischer Nachweise komplett demontiert werden und die brandschutztechnischen Anforderungen zwischen PV-Array 1 und 2 wurden durch Brandschutzbandagen in den Kabelbahnen auf einer Länge von 1,25 m umgesetzt.

Bei dieser Anlage sind noch viele weitere Punkte zu bemängeln. So sind beispielsweise die Maßnahmen zum Blitz- und Überspannungsschutz nicht richtig ausgewählt, die Aktualisierung der Feuerwehrlaufkarten mit den hinzu gekommenen Gefahren erfolgte nicht, eine Beschilderung und Hinweise für die Feuerwehr fehlen. Abschließend muss man erkennen, dass PV-Anlagen in dieser Größenordnung neben dem allgemeinen elektrotechnischen Wissen umfassende Kenntnisse des baulichen Brandschutzes, des Blitzschutzes und der Besonderheiten von Photovoltaikanlagen erfordern.

Bei dem zweiten Gebäude handelt es sich um eine freistehende Halle mit den Abmessungen 210 m x 65 m (13.650 m^2).

Der gesamte Verkaufsraum ist ein großer Brandabschnitt mit entsprechenden Kompensationsmaßnahmen. Nur für den linken Lagerbereich ist durch eine Brandwand ein eigenständiger Brandabschnitt gebildet worden. In dem Bereich der Brandwand ist zu beiden Seiten ein nichtbrennbarer Streifen von 1,25 m ausgebildet (**Bild 11** und **Bild 12**). Als Unterkonstruktion sind Stahlträger mit aufliegendem Trapezblech und als Isolierung nicht brennbare Mineralwolle gewählt worden. In den anderen Dachbereichen ist eine normal entflammbare Dämmung eingebracht.

Über die Brandwand wurden brennbare Materialien (PV-Module sind in der Regel normal entflammbare Baustoffe) hinweg gebaut (**Bild 13**) und die AC- und DC-Kabel wurden ohne entsprechende Brandschutzmaßnahmen hierüber hinweg geführt. Auch in diesem Beispiel wurde durch die PV-Anlage das Brandschutzkonzept ausgehebelt, und eine Anpassung der bestehenden Anlage wird notwendig.

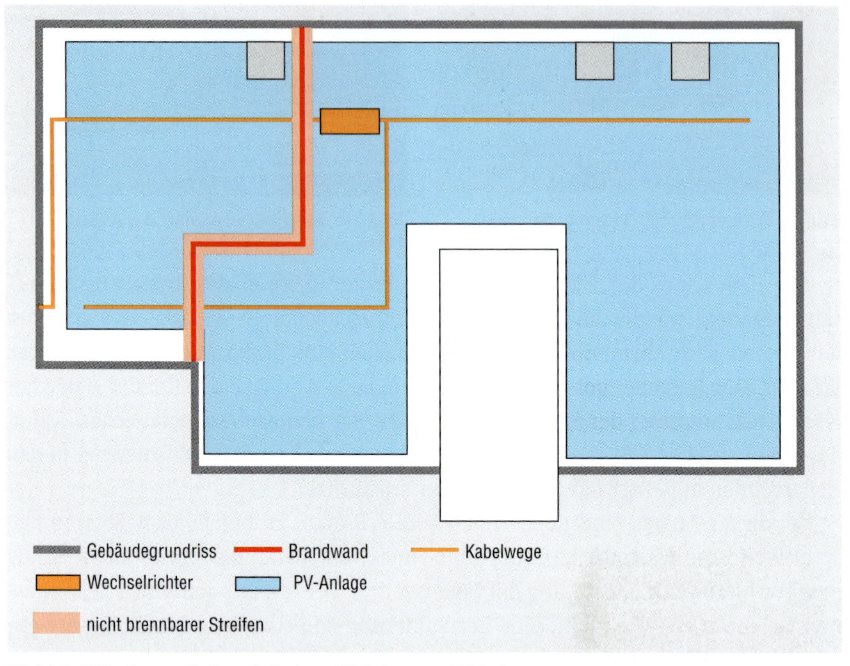

Bild 11: Möbelhaus mit Brandwänden, PV-Anlage und Kabelwegen

Bild 12: Brandfreier Streifen inmitten der PV-Anlage

Bild 13: PV-Anlage über der Brandwand

Die Module im Bereich der hellroten Fläche sind komplett zu demontieren. Das bedeutet im Umkehrschluss, dass in dem Bereich die gesamte Verkabelung ersetzt werden muss. Alle bestehenden Stränge müssen neu gebildet werden. Zusätzlich sind die Kabelwege über die Brandwand auf das Notwendigste zu reduzieren und die verbleibenden Kabel- und Leitungsbündel mit einer Brandschottung mit entsprechender Feuerwiderstandsdauer zu versehen.

Die hierfür notwendigen Umbauarbeiten verursachten einen hohen fünfstelligen Betrag und hätten bei einer Berücksichtigung der brandschutztechnischen Anforderungen für das Gebäude von vorneherein vermieden werden können.

Die brandschutztechnischen Mängel werden oftmals durch PV-Installateure, die eine Wartung durchführen, nicht erkannt, da das entsprechende Fachwissen nicht vorhanden ist. Bei großen Dachflächen, die komplett oder in weiten Teilen mit einer PV-Anlage belegt sind, sollte das Thema des baulichen Brandschutzes grundsätzlich hinterfragt und angesprochen werden. Bei Bedarf sind entsprechende fachkundige Sachverständige einzuschalten.

Eine PV-Anlage kann durchaus die Brandursache darstellen, und die Brandfortleitung wird durch die hohe Anzahl und die Verlegung in geschlossen Kabelverlegesystemen aufgrund des Kamineffektes begünstigt (**Bild 14**).

Quelle: Sachverständigenbüro Schulte GmbH

Bild 14: PV-Anlage nach einem Brandschaden

Anforderungen der VDE-Anwendungsregel VDE-AR E 2100-712

Die VDE-Anwendungsregel VDE-AR E 2100-712 „Mindestanforderungen an den DC-Bereich einer PV-Anlage im Falle einer Brandbekämpfung oder technische Hilfeleistung“ ist bei der Installation zu beachten. In der Anwendungsregel wird als Schutzziel bei der Planung und Installation von PV-Anlagen die Vermeidung von gefährlichen berührbaren DC-Spannungen im Gebäude im Brandfall formuliert, so dass die Personenrettung und Brandbekämpfung im Gebäudeinneren sicher durchgeführt werden kann. Um dieses Schutzziel zu erreichen sind einige Mindestanforderungen bei Planung, Bau und Installation von PV-Anlagen nach der Anwendungsregel zu erfüllen.

So ist an jeder Anlage obligatorisch die Kennzeichnung von PV-Anlagen und der Leitungsführung umzusetzen. Das betrifft die Anbringung des genormten Hinweisschildes am Hausanschlusskasten sowie die Anbringung eines Übersichtsplanes für die Einsatzkräfte am Übergabepunkt der elektrischen Anlage, z. B. dem Hausanschlusskasten bzw. Gebäudehauptverteiler. Des Weiteren müssen entweder bauliche oder technische Installationsmaßnahmen vorgenommen werden, um den Schutz vor berührbaren gefährlichen Spannungen im Gebäude zu realisieren. Folgende bauliche Installationsmaßnahmen bieten sich an:

- Gegen Feuer geschützte Verlegung der nichtabschaltbaren DC-Leitungen im Gebäude: Der Feuerwiderstand der Leitungsanlage richtet sich nach der jeweils gültigen Landesbauordnung (mindestens jedoch F30). Dies kann z. B. durch Unterputzverlegung nach VDE 0100-520 oder Brandschutzkanäle und -schächte nach EN 1366 oder DIN 4102 erreicht werden.
- Verlegung des DC-Bereichs einer PV-Anlage außerhalb des Gebäudes durch z. B. Verlegung der DC-Leitungen außerhalb des Gebäudes und Einführung direkt in den elektrischen Betriebsraum bzw. an die Hausanschlussstelle oder die Installation der Wechselrichter im Außenbereich oder am Gebäudeeintritt. Wird der Wechselrichter am Gebäudeeintritt installiert, ist insbesondere auf die Einhaltung der Brandabschnitte zu achten und entsprechende Brandschottungen vorzunehmen.
- Gegen Berührung geschützte und feuerwiderstandsfähige Verlegung von PV-DC-Leitungen im Gebäude: 1 m über den Handbereich von Personen ohne Hilfsmittel (Leiter etc.) und Verlegung auf Kabeltragesystemen nach DIN 4102-12. Bei dieser Verlegungsart ist das Kabeltragesystem in den Funktionspotentialausgleich mit einzubeziehen.

Generell ist für die DC-Leitungsinstallation ein ungeschützter Bereich von bis zu 1 m um den PV-Generator auf dem Dach und um den Wechselrichter im Gebäude zulässig und in der Dokumentation für Einsatzkräfte entsprechend zu kennzeichnen. Nichtabschaltbare DC-Leitungen im Gebäude können entsprechend der Musterleitungsanlagen-Richtlinie „Unterputz“, mit mindestens 15 mm dickem mineralischem Putz verlegt werden. Die Verlegung kann auch in Installationsschächte und -kanäle aus nichtbrennbaren Baustoffen mit einer Feuerwiderstandsfähigkeit von mindestens I30 erfolgen.

Zur Installation im Außenbereich werden Modulwechselrichter und Strangwechselrichter, aber auch entsprechende Zentralwechselrichter als Outdoor-Geräte von verschiedenen Herstellern angeboten.

Wenn die baulichen Installationsmaßnahmen nicht umgesetzt werden, muss eine der folgenden technischen Installationsmaßnahmen realisiert werden:
- die Installation eines DC-Freischalters mit Fernauslösung zum Freischalten der DC-Hauptleitung im Gebäude oder
- die Installation eines DC-Freischalters mit Fernauslösung zum Freischalten zum Freischalten der Modulstränge oder
- der Einsatz von Modulabschalteinrichtungen (auch integriert in Leistungsoptimierern, sogenannte „Smart-Module“).

Dabei kann nur das ausgangsseitige DC-System als geschützter Bereich betrachtet werden. Die Dauerstrombelastbarkeit der Abschalteinrichtung muss mindestens für den 1,25-fachen Wert von ISC STC an der Anschlussstelle ausgelegt sein. Sie muss bei Auftreten eines internen Fehlers in einen sicheren Zustand fallen (Fail-Safe-Prinzip), z. B. Trennung im Fehlerfall bei einer Trenneinrichtung. Ist dies nicht sicherzustellen, dann muss die Funktion der Einrichtung täglich überwacht werden. Gegebenenfalls müssen, um die Abschalteinrichtung nicht in ihrer Funktion zu beeinträchtigen, Einrichtungen eingesetzt werden, die Rückströme aus den Wechselrichtern oder aus parallelen Strängen verhindern, wie z. B. Strangdioden oder Strangsicherungen.

Bei Auslösung durch ein externes Freigabesignal, z. B. von einem Steuergerät oder einem Wechselrichter, das dauerhaft anstehen muss (Fail-Safe-Prinzip), muss die Abschalteinrichtung ansprechen, wenn innerhalb einer Zeit von max. 15 s das Freigabesignal nicht mehr ansteht. Sinnvoll ist es, dass die Einrichtung bei Wiederkehr des Freigabesignals wieder einschaltet.

Einrichtungen zum Trennen des Stranges bzw. des PV-Generators müssen die Anforderungen an ein Schaltgerät nach EN 60947-3 oder EN 60947-2 erfüllen. Einrichtung zum Abschalten in oder an der Anschlussdose des Moduls müssen mindestens die Anforderungen an Temperaturprüfung der Bypassdioden IEC 61215 oder IEC 61646 einhalten. Die Einrichtung zum Modulabschalten kann ein Halbleiterschalter sein ohne Trennfunktion, wenn die typischen Ausfallmechanismen eine Abschaltung sichergestellt werden. Für die genannten Abschalteinrichtungen müssen weitere Anforderungen, z. B. angepasste Lebensdauerprüfungen, definierte Ausfallwahrscheinlichkeit, noch in einer Produktnorm festgelegt werden (**Tabelle 1**).

Kennzeichnung und Dokumentation	
1. Kennzeichnung der PV-Anlage am Hausanschlusskasten bzw. Gebäudehauptverteilung durch ein Hinweisschild 2. Übersichtspläne für Einsatzkräfte 3. Ergänzung bestehender Feuerwehrpläne	
und bauliche Installationsmaßnahmen	**oder technische Installationsmaßnahmen**
1. Gegen Feuer geschützte Verlegung der nichtabschaltbaren DC-Leitungen im Gebäude *oder* 2. Verlegung des DC-Bereichs einer PV-Anlage außerhalb des Gebäudes *oder* 3. Gegen Berührung geschützte und feuerwiderstandsfähige Verlegung	1. Einrichtungen zum Trennen des Strangs oder des PV-Generators* *oder* 2. Einrichtung zum Abschalten des PV-Moduls*

* Anforderungen an die Einrichtungen müssen noch in Produktnormen festgelegt werden.

Quelle: VDE-AR-2100-712

Tabelle 1: Übersichtsschema der Brandschutzmaßnahmen der VDE-AR E 2100-712

Prinzipiell ist anzumerken, dass die technischen Einrichtungen bisher noch nicht durch entsprechende Produktnormen im Regelwerk ermächtigt worden sind. Langzeitbeständigkeit und Funktionssicherheit im Außeneinsatz und im Brandfall seien hier als Anforderungen für Abschaltlösungen genannt, die sich in standardisierten Prüftests für die Produkte wiederspiegeln sollten. Bis dahin sollten Planer und Installateur besser die baulichen Maßnahmen realisieren. Zumal die Feuerwehr beim Brandangriff sowieso davon ausgehen muss, dass der Solargenerator unter Spannung stehen kann, solange sich Abschaltlösungen nicht generell durchgesetzt haben. Zum Begrenzen von Teilgeneratorfeldern und zum Freischalten der DC-Leitungen an Brandabschnitten können sogenannte „Brandschalter“ jedoch sehr sinnvoll sein. Diese sollten jedoch die oben genannten Schaltanforderungen erfüllen sowie für die entsprechende DC-Schaltfähigkeit (DC-22B) und für den Außeneinsatz geeignet sein. Vorsicht vor ungeeigneten „Brandschaltern“, diese können die Ursache von Brandauslösungen sein, wie ein BMU-Forschungsprojekt dokumentiert [8].

Anlagenkennzeichnung und Feuerwehrplan

PV-Anlagen auf dem Dach sind oftmals nicht gleich sichtbar und für den Laien auch nicht ohne weiteres als elektrische Anlage erkennbar. Die deutliche Kennzeichnung am Hausanschlusskasten ermöglicht es den Einsatzkräften der Feuerwehr schnell zu erkennen, dass sich eine PV-Anlage am Objekt befindet. Zur Kennzeichnung ist das Warnschild nach Anwendungsregel VDE-AR E 2100-712 am Netzeinspeisepunkt der PV-Anlage, am Zählerplatz, wenn vom Einspeisepunkt entfernt sowie am Stromkreisverteiler an dem der Wechselrichter angeschlossen ist, anzubringen (**Bild 15**).

Bild 15: PV-Hinweisschild nach VDE-AR E 2100-712

Das Hinweisschild ist auch in der überarbeiteten PV-Installationsnorm VDE 0100-712 aufgenommen. Nach dem Normentwurf muss an jedem Zugangspunkt zu aktiven Teilen auf der Gleichspannungsseite eine dauerhafte Kennzeichnung angebracht sein, z. B. der Text „PV-Gleichspannung – Aktive Teile können nach dem Trennen unter Spannung stehen".

Zudem muss ein Übersichtsplan nach Anwendungsregel VDE-AR-E 2100-712 am Einspeisepunkt der elektrischen Anlage in geeigneter Weise (aushängen, ausliegen etc.) vorhanden sein, der den Einsatzkräften hilft, die Lage spannungsführender Komponenten im Objekt schnell zu erfassen. Ein Übersichtsplan muss möglichst einfach und klar die Art und Lage der PV-Anlagenkomponenten darstellen, wie z. B.:

- alle spannungsführenden, nicht abschaltbaren Leitungen,
- gegen Feuer geschützt verlegte spannungsführende PV-DC-Leitungen im Gebäude,
- Lage des PV-Generators,
- Position aller DC-Freischalteinrichtungen (**Bild 16**).

Außerdem sollte der Planer bzw. Installateur den Gebäudeeigentümer davon informieren, dass er die Feuerwehr- und Brandschutzpläne des Gebäudes vor Inbetriebnahme der PV-Anlage entsprechend nach DIN 14095 überarbeiten lässt.

Brandschutz bei der Installation

Die Qualität von Komponenten, von Planung, Bau und Installation beeinflusst die Risiken von Betriebsfehlern, die zur Brandentstehung (z. B. durch einen Lichtbogen) führen können, entscheidend. Die PV-Module und Wechselrichter sollten die entsprechenden Zertifikate aufweisen. Die Grundlagen der Installation sind in der Norm DIN VDE 0100-712 „Errichten von Niederspannungsanlagen – PV-Stromversorgungssysteme" [2] festgelegt und sind einzuhalten. Prinzipiell ist die

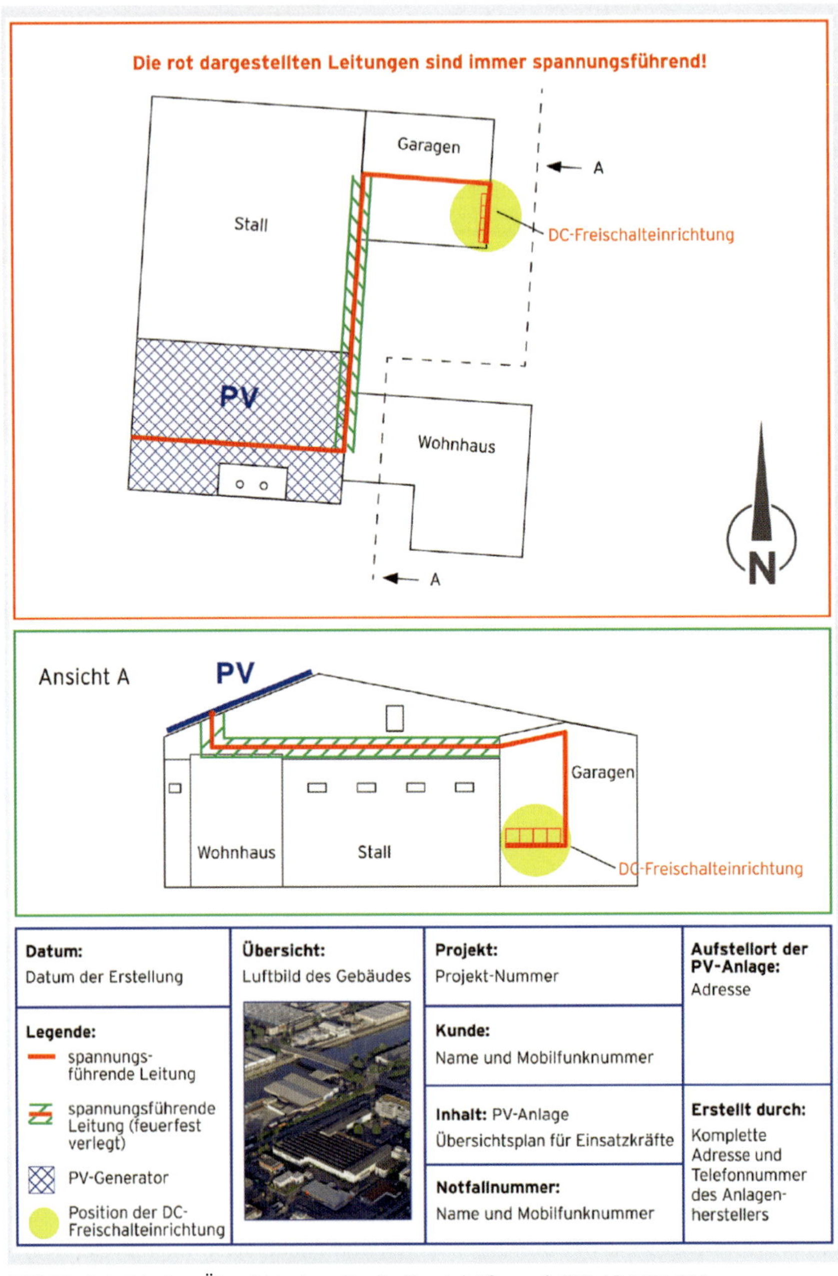

Bild 16: Beispiel eines Übersichtsplans für die Einsatzkräfte nach VDE-AR 2100-712

Ausführung der Anlage in Schutzklasse II (oder in seltenen Fällen in Schutzkleinspannung) gefordert.

Es sollte insbesondere eine fachgerechte Auswahl, Installation, Befestigung und Verlegung der DC-Leitungen erfolgen. So sollten z. B. für den Außenbereich nur geeignete Leitungen nach dem „Anforderungsprofil für Leitungen für PV-Systeme" gemäß EN 50618, Kennzeichnung H1Z2Z2-K, eingesetzt werden [7]. In der Norm EN 50618 wird explizit auf die Strombelastbarkeit zur Auslegung und die Umrechnungsfaktoren für höhere Umgebungstemperaturen (< 60 °C) eingegangen (**Tabelle 2**).

Nennquerschnitt in mm²	Strombelastbarkeit in A bei Verlegeart		
	Einzelleitung frei in Luft	Einzelleitung an Flächen	zwei Leitungen berührend, an Flächen
1,5	30	29	24
2,5	41	39	33
4	55	52	44
6	70	67	57
10	98	93	79
16	132	125	107

Tabelle 2: Auszug zur Strombelastbarkeit aus Norm EN 50618 bei Umgebungstemperatur von 60 °C

Auf vorschriftsmäßige Befestigung, Zugentlastung sowie zulässige Biegeradien ist zu achten. Die Leitungsbefestigung muss entsprechend den Herstellerangaben bzw. der Norm VDE 0100-520 erfolgen.

Neu in der VDE 0100-712 ist der Hinweis, dass Kabel und Leitungen nicht direkt auf der Dachoberfläche verlegt werden dürfen. Häufig wurde in der Vergangenheit gerade bei dachparallelen Schrägdachanlagen auf die Befestigung verzichtet, obwohl das schon vorher nicht dem Stand der Technik entsprach. Zur Befestigung der Leitungen werden oft Kabelbinder verwendet. Selbst bei Verwendung von UV-beständigen Kabelbindern ist die Langzeitbeständigkeit infrage gestellt. Kabelverbinder sind eigentlich nur zur Fixierung der Leitungen und nicht zur deren Lastabtragung geeignet. Deshalb sollte die Befestigung eher mit geeigneten Kabelschellen, Clips, Gittertragsystemen etc. erfolgen. Am besten werden die Leitungen in den Schienenprofilen, Kabelkanälen oder anderen geeigneten Verlegesystemen verlegt. Eine Verlegung über scharfe Kanten darf nicht erfolgen. Gerade im ländlichen Bereich sollten die Leitungen vor Nagetieren geschützt verlegt werden.

In der Praxis kommt man jedoch an Kabelbindern, z. B. bei dachparallelen Anlagen auf dem Schrägdach, kaum vorbei. Der Installateur sollte dann regelmäßig im Rahmen der Wartung deren Zustand kontrollieren. Die Hersteller geben eine

Gebrauchsdauer von 10 Jahren für UV-beständige Kabelbinder an. Da der Einsatz im abgeschatteten Bereich des PV-Generators erfolgt, ist von einer längeren Lebensdauer auszugehen. Der Einsatz von Kabelbindern aus Edelstahl empfiehlt sich nicht, da diese die Kabelisolierung beschädigen können.

Die Steckverbindungen sind fachgerecht auszuführen. Es dürfen keine unterschiedlichen oder ungeeigneten Steckverbindungen benutzt werden. In der neuen VDE 0100-712 ist deshalb eindeutig gefordert, dass jedes Steckverbindungspaar elektrisch und mechanisch kompatibel und für die Umwelteinflüsse geeignet sein muss. Es wird empfohlen, mit den Herstellern abzuklären, ob die Steckverbinder kompatibel sind.

Zum Überstromschutz: Es sollten nur geeignete PV-Strangsicherungen gemäß Norm nach IEC 60269-1, Kennzeichnung gPV, verwendet werden. Bei Anlagen mit ein bis drei Strängen kann auf den Einsatz von Sicherungen verzichtet werden. *Achtung:* Ungeeignete Sicherungen oder ungeeigneter Ein- und Aufbau von Sicherungshaltern erhöhen das Lichtbogenrisiko. Eine Alternative zur Sicherung bieten DC-geeignete Leistungsschalter nach DIN EN 60947-2 oder DC-geeignete Sicherungs-Lasttrennschalter nach DIN EN 60947-3 bzw. DC-geeignete Leitungsschutzschalter nach DIN EN 60898-2. Mit diesen können dann jeweils zwei bis drei Stränge abgesichert werden.

Es empfiehlt sich prinzipiell, Wechselrichter mit Isolationsüberwachung einzusetzen. Der DC-Teil der PV-Anlage ist dann als IT-System ausgeführt, kein Pol ist geerdet. Bei PV-Anlagen mit Anwendung der Schutzmaßnahme doppelte oder verstärkte Isolierung wird der Schutz gegen die Wirkungen von Isolationsfehlern mit einfacher Trennung im Inneren des Wechselrichters oder auf der Wechselspannungsseite gewährleistet. Wechselrichter mit Isolations-Überwachungseinrichtung (IMD) nach der VDE 0126-14-2 erfüllen diese Forderung. Die Isolations-Überwachungseinrichtung (IMD) hat die Aufgabe zu prüfen, dass die Schutzklasse II in der Lebenszeit des PV-Systems durchgehend sichergestellt ist. Ein Isolationsfehler muss so schnell wie möglich beseitigt werden.

Bei bestimmten Dünnschichtmodulen oder auch kristallinen Modulen mit PID-Neigung kann ein Potentialausgleich eines aktiven Leiters auf der Gleichspannungsseite im Inneren des Wechselrichters erforderlich sein. Dann ist eine Maßnahme verlangt, die die automatische Unterbrechung des Fehlerstroms im Fall eines Isolationsfehlers gegen Erde nach **Tabelle 3** sicherstellt.

Dabei muss die automatische Trenneinrichtung in Reihe mit dem Funktionspotentialausgleichsleiter angeschlossen sein und für die folgenden Bedingungen bemessen sein:

- den maximalen Kurzschlussstrom des PV-Array $I_{SC\ MAX}$,
- die maximale Spannung des PV-Array $U_{OC\ MAX}$.

gesamte PV-Generatorfeld-Bemessungsleistung (Höchstwert) in kW	maximaler Bemessungsstrom In der automatischen Trenneinrichtung in A
≤ 25	1
> 25 … 50	2
> 50 … 100	3
> 100 … 250	4
> 250	5

Tabelle 3: Bemessungsstrom der automatischen Trenneinrichtung im Funktionspotentialausgleichsleiter nach VDE 0100-712

Weitere Anforderungen

Darüber hinaus ist auf eine sachgemäße Einbindung in vorhandene oder notwendige Blitz- und Überspannungsschutzsysteme zu achten. Die Anforderungen des Blitz- und Überspannungsschutzes insbesondere entsprechend des Normenbeiblattes 5 der VDE 62305-3 „Blitz- und Überspannungsschutz für PV-Stromversorgungssysteme" sollten beachtet und eingehalten werden. Die Funktionsfähigkeit einer vorhandenen Erdungseinrichtung ist ggf. bei Errichtung der PV-Anlage zu prüfen. Ebenso ist auf die Einhaltung der Trennungsabstände zu achten und ggf. zusätzliche Blitzfangeinrichtungen vorzusehen. Die Norm VDE 0100-712 von 10-2016 enthält im Anhang C Beispiele für die Installation von Überspannung-Schutzeinrichtungen für verschiedene Fälle sowie im Anhang ZB eine neue Empfehlung zur Risikoermittlung über die Ermittlung der kritischen Länge der DC-Leitungen.

Die Module sollten fachgerecht befestigt sein. Die Befestigung der PV-Module sollte nach der Montaganweisung des Modulherstellers und unter Prüfung der Schnee- und Windlasten gemäß Eurocode 1 DIN EN 1991-1-3 und -4 am Standort erfolgen. Diese Prüfung sollte ebenfalls für das Montagesystem, z. B. mittels Systemstatik, und für die Weiterleitung der Lasten an den Dachstuhl bzw. ans Gebäude erfolgen.

Sicherer Installationsort von Wechselrichtern

Die Lüftungsschlitze und Kühlkörper von Wechselrichtern müssen frei sein, damit eine optimale Kühlung sichergestellt ist. Aus dem gleichen Grund sollten die Geräte möglichst nicht dicht übereinander montiert werden. Hierbei sind unbedingt die Vorgaben des Herstellers zu beachten. Wechselrichter sollten nicht an Holzwänden oder anderen brennbaren Materialien befestigt werden. Ein Metallblech als Abschirmung zwischen Wechselrichter und Holzwand empfiehlt sich nicht, da das Blech die Abwärme des Wechselrichters leitet, den Luftaustausch zum Holz einschränkt und es deshalb zu einer Selbstentzündung kommen kann. Als Unterlage eignet sich am besten eine Bauplatte Baustoffklassifizierung A1 (= nicht brennbar), z. B. Calciumsilikat mit 15 mm Dicke mit einem umlaufenden Überstand von 10 cm. Wechselrichter sollten nicht in Bereichen montiert werden, in denen sich brennbare Stoffe befinden.

Vor aggressiven Dämpfen, Wasserdampf und feinen Stäuben sollten die Geräte geschützt werden. So können z. B. in Scheunen oder Ställen Ammoniakdämpfe entstehen, die Schäden am Wechselrichter hervorrufen können.

Die Installation von DC-Leitungen, Wechselrichter oder Generatoranschlusskasten (GAK) im Treppen- und Ausgangsbereich ist zu vermeiden. Elektrische Komponenten wie GAK und Wechselrichter sind auf nichtbrennbarem Untergrund zu montieren.

Fehler und Mängel in der Elektroinstallation können durch Prüfungen entsprechend der Norm VDE 0126-23-1 „Photovoltaik (PV) Systeme – Anforderungen an Prüfung, Dokumentation und Instandhaltung – Teil 1: Netzgekoppelte PV-Systeme – Dokumentation, Inbetriebnahmeprüfung und Prüfanforderungen“ [4] aufgedeckt werden. Der allgemein anerkannte Stand der Technik, Normen und darauf basierende Zertifizierungen, Richtlinien und Regeln sowie Hinweise des DGS-Leitfadens Photovoltaische Anlagen sollten beachtet werden und bieten Grundlagen für eine gute Anlagenqualität.

Quellen

[1] VDE AR E 2100-712:2013-05 „Mindestanforderungen an den DC-Bereich einer PV-Anlage im Falle einer Brandbekämpfung oder technischen Hilfeleistung“

[2] DIN VDE 0100-712 (VDE 0100-712):2016-10 „Errichten von Niederspannungsanlagen – Teil 7-712: Anforderungen für Betriebsstätten, Räume und Anlagen besonderer Art – Photovoltaik-(PV)-Stromversorgungssysteme“; Deutsche Übernahme HD 60364-7-712:2016

[3] VDE-AR E 2283-4:2011-10 „Anforderungsprofil für Leitungen für PV-Systeme“ – zurückgezogen

[4] DIN EN 62446-1 (VDE 0126-23-1):2016-10 „Photovoltaik (PV) Systeme – Anforderungen an Prüfung, Dokumentation und Instandhaltung – Teil 1: Netzgekoppelte Systeme – Dokumentation, Inbetriebnahmeprüfung und Prüfanforderungen“

[5] *Haselhuhn, R.:* Brandschalter gefordert? Zur Auslegung der neuen VDE-Anwendungsregel zum Brandschutz. Fachartikel in pv-magazine 9/2013

[6] *Haselhuhn, R.:* Photovoltaik – Gebäude liefern Strom. Stuttgart: Fraunhofer-IRB-Verlag, 2013

7] DIN EN 50618 (VDE 0283-618):2015-11 „Kabel und Leitungen – Leitungen für Photovoltaik-Systeme“ [BT(DE/NOT)258]

[8] *Reil, F.; Sepanski, A.; Vaaßen, W. u. a.:* „LEITFADEN Bewertung des Brandrisikos in Photovoltaik-Anlagen und Erstellung von Sicherheitskonzepten zur Risikominimierung“ im Rahmen des Verbund-Forschungsprojektes BMU, PTJ FKZ 0325259A/B. Köln: TÜV Rheinland 2014

Autor

Nach seinem Studium der Elektrotechnik und des Fachs Umwelt- und Energiemanagement arbeitete Dipl.-Ing. *Ralf Haselhuhn* bis 1995 als Ingenieur für Energieberatung und Planung. Seit 1995 ist er als Planer, Sachverständiger, Dozent, Gutachter, Fachautor und Bereichsleiter Photovoltaik bei der Deutschen Gesellschaft für Sonnenenergie (DGS) Berlin tätig. 2014 wurde er Geschäftsführer des DGS Landesverbandes Berlin Brandenburg e.V. Seit 2000 ist er Vorsitzender des Fachausschusses Photovoltaik und in verschiedenen Normungsgremien der DKE zur Photovoltaik und zu Batteriespeichern aktiv.

Kontaktdaten

DGS Berlin
Fon: +49 (0)30 293 812-60
Fax: +49 (0)30 293 812-61
E-Mail: rh@dgs-berlin.de
www.dgs-berlin.de

EMV (Teil 1)

Peter Behrends

Da der aktuelle Trend dahin geht, Leistungselektronik in die unterschiedlichsten Geräte zu implementieren, die früher höchstens über Ein- und Aus-Schalter verfügten, gewinnt die Elektromagnetische Verträglichkeit auch in jüngster Zeit noch immer an Bedeutung, und das Thema ist hochaktuell. Die Elektromagnetische Verträglichkeit ist das Qualitätsmerkmal einer elektrischen Einrichtung. Will man zum Ausdruck bringen, dass eine Einrichtung bestimmungsgemäß akzeptabel funktioniert, auch wenn nicht geplante elektromagnetische Störgrößen aus der Umgebung auf sie einwirken, bedient man sich der Eigenschaften und Formulierungen hinsichtlich der Elektromagnetischen Verträglichkeit.

Elektrische Einrichtungen müssen hinreichend störfest sein und dürfen selbst auch keine unzulässigen Störgrößen an ihre Umgebung aussenden.

Diese Qualitätsmerkmale sind Voraussetzung für die selbstverständliche Nutzung beliebiger elektrischer Geräte, unabhängig von ihrer technischen Komplexität. Nur wenn Produkte eine ausreichende elektromagnetische Verträglichkeit aufweisen und sowohl elektrisch als auch mechanisch sicher sind, dürfen sie auf den europäischen Markt gelangen.

Die Systematik der Elektromagnetischen Verträglichkeit basiert auf Vereinbarungen zu Grenzwerten von Störgrößen, die von einer Einrichtung ausgehen, bzw. zu ihrer Störfestigkeit gegenüber Störgrößen, die auf sie einwirken.

Diese Vereinbarungen sollen die Elektromagnetische Verträglichkeit in elektrotechnischer Umgebung sicherstellen. Sie werden ständig weltweit von der International Electrotechnical Commission (IEC ist eine internationale Normungsorganisation für Normen im Bereich der Elektrotechnik und Elektronik mit Sitz in Genf) weiterentwickelt. Eine wichtige Basis dieser Vereinbarungen sind einheitliche Begriffe, die der internationalen elektrotechnischen Normung zugrunde liegen und im *Internationalen Elektrotechnischen Wörterbuch* (IEV International Electrotechnical Vocabulary) der IEC festgelegt sind. **Bild 1** verdeutlicht das System der EMV einer Einrichtung, z. B. eines Frequenzumrichters.

Die Einrichtung befindet sich in einer beliebigen elektromagnetischen Umgebung, zu der sie Schnittstellen hat, wie zum Beispiel Anschlussleitungen oder Gehäuse. Die Einrichtung wirkt in der Regel sowohl als Störquelle als auch als Störsenke; d. h. das elektrische und/oder magnetische Felder austreten, aber auch auf das Gerät einwirken können. Damit ist sie zum einen den Umgebungsbedingungen ausgesetzt und gestaltet sie zugleich mit. Alle in die Umgebung ausgesendeten Störgrößen verbreiten sich zu allen Störsenken.

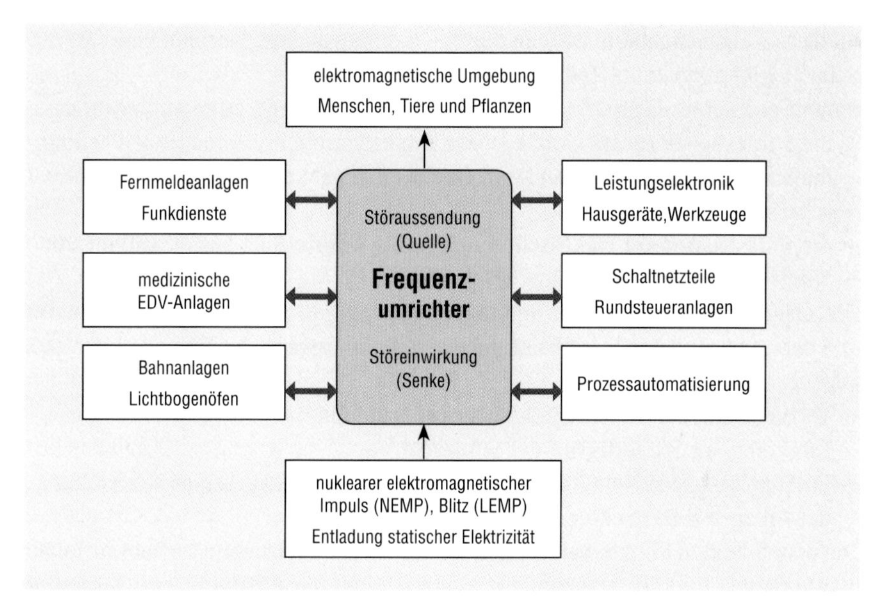

Bild 1: Beeinflussungsmodell in Bezug auf eine elektrische Einrichtung

Elektromagnetische Verträglichkeit ist dann gegeben, wenn die Störfestigkeit der Einrichtungen groß genug ist, dass es zu keinen Fehlfunktionen kommt und zugleich die ausgesendeten Störgrößen hinreichend begrenzt sind.

Die elektromagnetische Umgebung wird nicht ausschließlich von der Anzahl der technischen Einrichtungen bestimmt, sondern auch durch natürliche Vorgänge, die sich trotz optimaler Planung nicht oder nur sehr begrenzt beeinflussen lassen. Dazu gehören unter anderem atmosphärische Entladungen, Blitz (LEMP, lightning electromagnetic pulse), nukleare elektromagnetische Impulse (NEMP, nuclear electromagnetic pulse) oder Entladung statischer Elektrizität (ESD, electrostatic discharge).

Historisch betrachtet hat sich das Thema EMV aus vier Schwerpunkttechnologien entwickelt:

- Drahtgebundene Fernmeldetechnik, beeinflusst durch Stromversorgungstechnik,
- Funk-Entstörung, vor allem durch Kommutatormaschinen, Erzeugern von Hochfrequenzenergie,
- Betrieb von Versorgungsnetzen, Spannungsqualität,
- Störfestigkeit analoger und digitaler Signalverarbeitung, Störfestigkeit gegenüber energiereichen Impulsen (Blitz- und Überspannungsschutz).

All diese Aufgabengebiete werden durch ein durchgängiges Normenwerk international, national und zum Teil regional abgedeckt.
Kommt es in einer Einrichtung zur Funktionsstörung, kann es daran liegen, dass
- die Störfestigkeit dieses Gerätes nicht den erwarteten Anforderungen genügt,
- die Störaussendung eines anderen Gerätes den geforderten Grenzwert überschreitet oder
- die Infrastruktur der elektrischen Anlage die Ausbreitung bzw. Kopplung von Störgrößen unverhältnismäßig begünstigt.

Die erste Aufgabe besteht in der Identifizierung von Störquelle und Störsenke und darauf folgend der Identifizierung des Kopplungswegs. Als Lösung bieten sich folgende Maßnahmen an:
- Verringerung der Störaussendung an der Störquelle,
- Erhöhung der Störfestigkeit der Störsenke,
- Entkopplung zwischen Störquelle und Störsenke, d. h. verbesserte Gestaltung der Anlagen-Infrastruktur unter EMV-Gesichtspunkten.

Die ersten beiden Punkte betreffen die Auswahl der geeigneten Betriebsmittel für den vorgesehenen Einsatzort und der letzte Punkt die EMV-gerechte Gestaltung der elektrischen Anlage.

Generell ist zunächst die Frage zu klären, ob die Einrichtungen den normativen Anforderungen entsprechend geplant, errichtet und betrieben werden. Ein Blick in die Anwendungsdokumentation ist dabei unumgänglich. Grundsätzlich lässt sich anmerken, dass die normativen Anforderungen an die Einrichtungen unter wirtschaftlichen Gesichtspunkten, also allgemein bzw. pauschal festgelegt werden. Konkrete Einzelfälle von Unverträglichkeit müssen also in der Regel individuell behandelt werden.

Definitionen der EMV

Wie schon erwähnt, sind die Begriffsbestimmungen der EMV im IEV festgelegt. Auch die gesetzlichen Vorschriften und Richtlinie enthalten Festlegungen von Begriffen „im Sinne des Gesetzes“. In Gesetzestexten werden die Begriffe Einrichtungen und Geräte gleichbedeutend verwendet. Dabei handelt es sich ganz allgemein um Gegenstände oder Gruppen von zusammenwirkenden Gegenständen, die dazu vorgesehen sind, eine bestimmte Funktion auszuüben. Eine Einrichtung oder ein Gerät kann auch Teil einer größeren Einrichtung oder eines größeren Gerätes sein.

Auch die Begriffe *Ausrüstungen* und *Betriebsmittel* werden in Gesetzestexten synonym gebraucht. Gemeint sind einzelne Geräte oder Zusammenfassungen von mehreren Einrichtungen oder Geräten oder Zusammenfassungen von wesentlichen Einrichtungen einer Anlage oder alle zur Ausführung einer bestimmten Aufgabe notwendigen Einrichtungen.

Das EMV-Gesetz von 2008 spricht grundsätzlich vom Betriebsmittel und unterscheidet darunter nur noch zwischen „Gerät“ und „ortsfester Anlage“.

Die ortsfeste Anlage ist im Sinne des EMV-Gesetzes eine besondere Verbindung von Geräten unterschiedlicher Art oder von weiteren Einrichtungen mit dem Zweck, auf Dauer an einem vorbestimmten Ort betrieben zu werden. Im Zusammenhang mit der Planung und Errichtung elektrischer Anlagen hat sich der Begriff Betriebsmittel durchgesetzt und sollte aus Gründen der Verständlichkeit verwendet werden.

Internationales elektrotechnisches Vokabular

Elektromagnetische Verträglichkeit

Fähigkeit einer Einrichtung oder eines Systems, in ihrer elektromagnetischen Umgebung zufriedenstellend zu funktionieren, ohne in diese Umgebung, zu der auch andere Einrichtungen gehören, unzulässige elektromagnetische Störgrößen einzubringen.

Elektromagnetische Störgröße

Elektromagnetische Erscheinung, die beim Vorhandensein in der elektromagnetischen Umgebung den bestimmungsgemäßen Betrieb eines elektrischen Gerätes (Betriebsmittel, Einrichtung) beeinträchtigen kann. Diese Beschreibung wird im Sinne des EMV-Gesetzes als elektromagnetische Störung bezeichnet.

Elektromagnetische Störung; elektromagnetische Funktionsstörung

Beeinträchtigung der Funktion einer Einrichtung, eines Übertragungskanals oder Systems, die durch eine elektromagnetische Störgröße verursacht wird.

Beeinträchtigung der Funktion

Unerwünschte Abweichung des Betriebsverhaltens eines Gerätes, einer Ausrüstung oder eines Systems vom beabsichtigten Betriebsverhalten. Eine Beeinträchtigung der Funktion kann ein vorübergehender oder ein andauernder Fehlzustand sein (**Tabelle 1**).

Oberschwingung

Sinusförmige Komponente, z. B. bei der Zerlegung eines nicht sinusförmigen Stromes in seine sinusförmigen Bestandteile (Fourier-Analyse), mit höherer Ordnungszahl als 1, deren Frequenzen ganzzahlige Vielfache der Grundfrequenz sind.

Elektromagnetische Umgebung

Gesamtheit der elektromagnetischen Erscheinungen an einem gegebenen Ort. Im Allgemeinen ist die elektromagnetische Umgebung zeitabhängig, und ihre Beschreibung kann eine statistische Vorgehensweise erfordern.

Beurteilung nach Fachgrundnormen	Beschreibung nach Grundnormen
Kriterium A Die Betriebsqualität muss in einem bestimmten Maß erhalten bleiben.	a) Bestimmungsgemäßes Betriebsverhalten innerhalb der festgelegten Grenzen.
Kriterium B Die Funktion muss nach der Beeinflussung (z. B. durch ein Störfeld) wieder vorhanden sein.	b) Zeitlich begrenzter Ausfall oder zeitlich begrenzte Minderung der Funktion oder des bestimmungsgemäßen Betriebsverhaltens, der nach dem Abklingen der Störgröße endet.
Kriterium C Ein zeitweiliger Funktionsausfall ist erlaubt, wenn die Funktion sich selbst wiederherstellt oder wiederherstellbar ist.	c) Zeitlich begrenzter Ausfall oder zeitlich begrenzte Minderung der Funktion oder des bestimmungsgemäßen Betriebsverhaltens, für dessen Behebung ein Eingriff der Bedienperson erforderlich ist.
Die Störfestigkeit ist nicht gegeben.	d) Ausfall oder Minderung der Funktion oder des bestimmungsgemäßen Betriebsverhaltens, die (das) nicht mehr wiederhergestellt werden kann, das Gerät (Bauteil) oder das Betriebsprogramm (Software) wurde zerstört oder hat Daten verloren.

Tabelle 1: Beurteilung von Funktionsstörungen bzw. Funktionsbeeinträchtigungen in gekürzter Fassung

Störquelle

Gerät, Ausrüstung oder System, das Spannungen, Ströme oder elektromagnetische Felder verursacht, die dann als elektromagnetische Störgrößen wirken können.

Störsenke

Gerät, Ausrüstung oder System, dessen Funktionen sich durch elektromagnetische Störgrößen beeinflussen lassen.

Störgrößen: Quellen und Auswirkungen

Häufig werden Anwender und Hersteller elektronischer Ausrüstungen mit folgenden Problemen konfrontiert: Komponenten einer elektronischen Steuerung fallen ohne ersichtlichen Grund aus, Reklamationen häufen sich. Ist ein Fehler gefunden, meinen alle, das Problem sei gelöst. Doch was ist passiert, wenn der Fehler nach kurzer Zeit wieder auftritt?

Ein Funktionsausfall kann z. B. durchaus mit dem Öffnen eines Kontaktes zusammenhängen. Beispielsweise führt das schnelle Ausschalten von Induktivitäten zu Überspannungsspitzen oder Transienten ($U = L \cdot \Delta i/\Delta t$), die unerwünschte Funktionen in einer elektronischen Steuerung bewirken und Bauelemente zerstören können.

Eine andere Fehlerursache liegt darin begründet, dass die Versorgungsspannung durch Oberwellen „elektrisch verunreinigt“ ist. Solche Fehlerursachen sind schwierig zu erkennen, weil hierfür spezielle Messgeräte notwendig sind und der Gerätebetreiber dieses Problem nicht erkennen kann.

Auf den folgenden Seiten sind EMV-Phänomene beschrieben, die für den Anlagenplaner bzw. Errichter, aber auch für den Betreiber relevant sein können.

Die **Bilder 2a** und **2b** geben einen kleinen Überblick über die Störphänomene (Störgrößen) und ihre Auswirkung auf die Netzspannung, die **Tabelle 2** gibt eine Übersicht über die Frequenzbereiche typischer Störquellen und deren Phänomene.

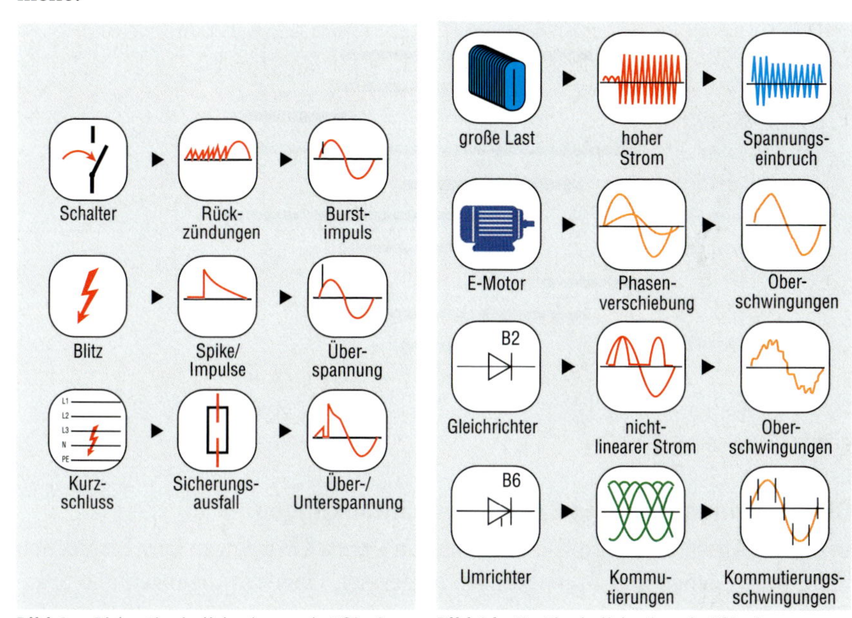

Bild 2a: Diskontinuierliche (unregelmäßige) Störgrößen

Bild 2b: Kontinuierliche (regelmäßige) Störgrößen

Quelle	Frequenzbereich	Phänomen
Leuchtstofflampen	100 kHz ... 5 MHz	Oberschwingungen, Phasenverschiebung
Rechner	50 kHz ... 25 MHz	Funkstörungen
Motoren	10 kHz ... 400 MHz	Phasenverschiebung, Oberschwingungen
Schaltnetzteile	100 kHz ... 30 MHz	Oberschwingungen, Funkstörungen
Leistungsschalter	100 kHz ... 300 MHz	Funkstörungen
Leistungsleitungen	50 kHz ... 4 MHz	Transienten (impulsförmige Überspannungen)
Stromrichter	10 kHz ... 200 MHz	Oberschwingungen, Funkstörungen
Schaltlichtbögen	20 MHz ... 300 MHz	Transienten, Funkstörungen
Schützspulen	1 MHz ... 25 MHz	Transienten, Burst
Kontakte	50 kHz ... 25 MHz	Rückzündung, Transienten

Tabelle 2: Störquellen und deren Phänomene

Störgrößen können leitungsgebunden und als gestrahlte Größen übertragen werden. Im Frequenzbereich von etwa 1 MHz bis 30 MHz werden sie in beiden Erscheinungsformen übertragen, ab etwa 30 MHz nur noch als gestrahlte Größen. **Bild 3** veranschaulicht den Frequenzbereich, in dem die Störaussendungen der in Tabelle 2 aufgeführten Störquellen liegen.

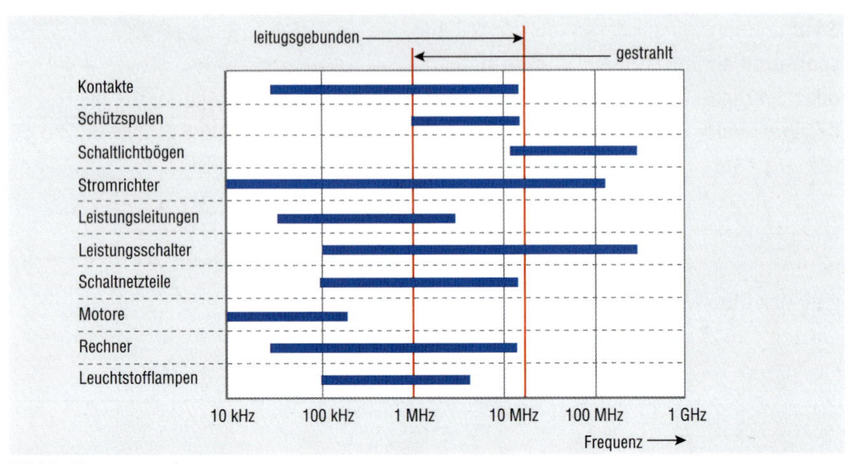

Bild 3: Frequenzspektrum

Oberschwingungen und Spannungsschwankungen

In diesem Abschnitt wird die Entstehung von Oberschwingungen kurz besprochen und ihre Ursachen und Auswirkungen aufgezeigt. Oberschwingungen und Spannungsschwankungen gehören zu den niederfrequenten Störgrößen. Hierunter fallen auch Rückwirkungen aus Stromversorgungsnetzen, die zu Oberschwingungen und Spannungsschwankungen in der Verbraucheranlage führen.

Mit diesen Problemen müssen sich drei Gruppen befassen:

Die erste Gruppe bilden Betreiber von Geräten, die Oberschwingungen in das Netz zurückspeisen. Verantwortlich für die Oberschwingungen sind beispielsweise Energiesparlampen, Netzteile von Computern, USV-Anlagen, Dimmer, regelbare Gleichstromantriebe und Frequenzumrichter.

Zur zweiten Gruppe gehören Betreiber von Geräten, die auf Oberschwingungen empfindlich reagieren und deshalb eine Mindestqualität der Netzspannung verlangen, beispielsweise Computer, SPSen, Blindstromkompensationsanlagen und Rundsteueranlagen. Diese Interessengruppe kann mit der erstgenannten identisch sein.

Als dritte Interessengruppe sind die Netzbetreiber zu sehen. Da die Netzbetreiber üblicherweise nicht Verursacher der Störgrößen, als Lieferanten jedoch für die

Qualität der Netzspannung verantwortlich sind, muss auch von dieser Seite aus von einem hohen Interesse an „sauberen Netzen“ ausgegangen werden.

Störungen durch Oberschwingungen

Oberschwingungen entstehen grundsätzlich bei Verbrauchern mit nichtlinearer Stromaufnahme. Lineare Stromaufnahme bedeutet, dass bei sinusförmiger Netzspannung auch ein sinusförmiger Strom – bei ohmschinduktiver Belastung mehr oder weniger phasenverschoben – zum Verbraucher fließt. Treten beim Strom dagegen Verzerrungen gegenüber der Sinusform auf, ist er beispielsweise rechteck- oder impulsförmig, so spricht man von einem nichtlinearen Verbraucher.

Nichtlineare Verbraucher sind vor allem elektrische Geräte mit Gleichrichtertechnik (Schaltnetzteile). Sie bestehen aus Schaltungen mit elektronischen Bauteilen. Die Eingangsschaltung solcher Geräte wird häufig durch einen Brückengleichrichter (**Bild 4**) mit kapazitiver Glättung gebildet. Derartige Schaltungen entnehmen dem Netz impulsförmige Ströme (**Bild 5**).

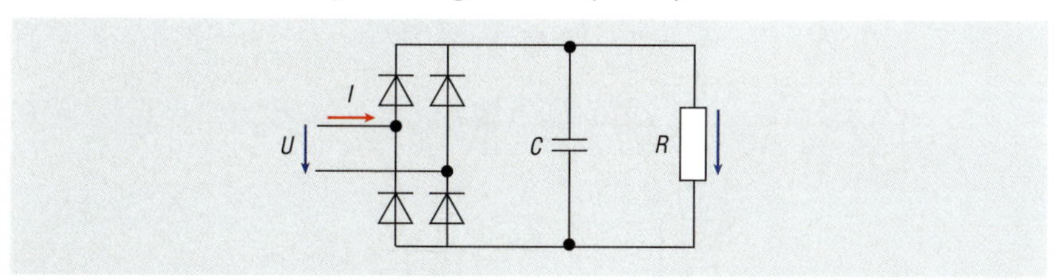

Bild 4: Ungesteuerter zweipulsiger Brückengleichrichter mit Glättungskondensator (C) und ohmscher Last (R)

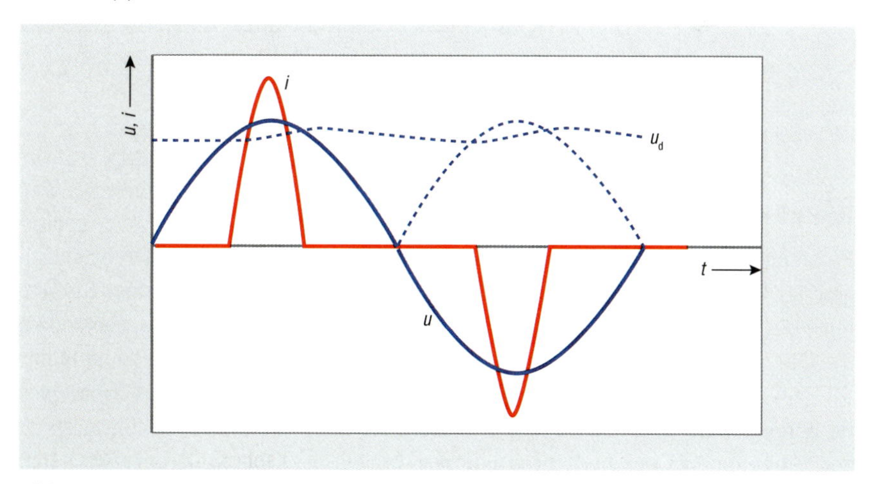

Bild 5: Trotz sinusförmiger Netzspannung ein eher impulsförmiger Netzstrom

Solche Geräte werden in großen Stückzahlen eingesetzt, z. B. in Frequenzumrichtern, Systemteilen von Prozess- oder Gebäudeleittechniken, elektronischen Vorschaltgeräten, Schaltnetzteilen in EDV-Anlagen, Ladegeräten usw.

Oberschwingungsströme verfügen über ein breites elektromagnetisches Störpotential. Dazu gehören:

Verzerrung von Strom und Spannung

Durch Überlagerung der sinusförmigen Grundschwingung mit sinusförmigen Oberschwingungen unterschiedlicher Frequenz und Phasenlage zur Grundschwingung kommt es zu Verzerrungen (**Bild 6**).

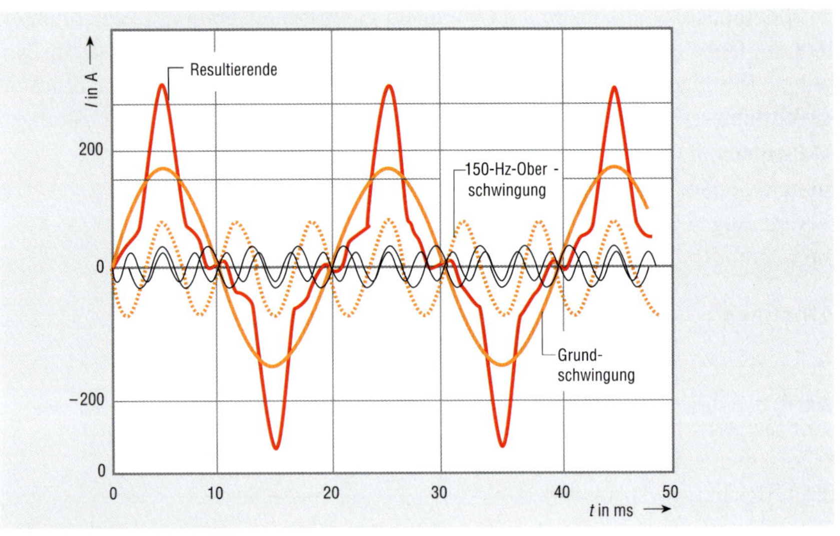

Bild 6: Oberschwingungsströme eines aktiven Leiters
Der „resultierende" Strom ist die Summe aus der Grundschwingung und allen Oberwellen.

Beeinflussung von Drehfeldern

Probleme mit der EMV entstehen auch durch die unterschiedlichen Drehrichtungen der Oberschwingungen. Das 50-Hz-Drehstromnetz hat bei richtiger Reihenfolge der Außenleiter (L1, L2, L3) ein rechts umlaufendes Drehfeld. Besonders die Oberschwingungen der 5. und 7. Ordnung überlagern sich zum Drehfeld der 50-Hz-Grundschwingung und bewirken somit eine Abschwächung des Drehfeldes im Bereich 14 % bis 20 % der Synchrondrehzahl und führen zu einer Einsattelung des Drehmoments bei Asynchronmotoren. Infolge der Oberwellen erwärmt sich der Motor.

Erhöhung des Stromes im Neutralleiter

Die Oberschwingungsströme, die mit dem Drehfeld der Grundschwingung drehen und solche, die ein entgegengesetztes Drehfeld erzeugen, heben sich bei gleichmäßiger Lastverteilung im Sternpunkt auf, fließen daher nicht im Neutralleiter. Die Außenleiterströme z. B. der 3. harmonischen Oberschwingung (150 Hz) bilden hingegen überhaupt kein Drehfeld und addieren sich im Sternpunkt. Sie fließen daher in Summe über den Neutralleiter zur Spannungsquelle zurück. Der Anteil der 3. harmonischen Oberschwingung am Effektivstrom ist bei Netzteilen mit kapazitiver Glättung und bei Leuchten mit elektronischen Vorschaltgeräten so groß, dass trotz gleichmäßiger Lastverteilung auf die drei Außenleiter dieser resultierende Neutralleiterstrom größer wird als der Außenleiterstrom. Dafür ist der Neutralleiter häufig nicht ausgelegt.

Erhöhung der Scheitelwerte von Strom und Spannung

Maßgeblich dafür verantwortlich, dass sich die Scheitelwerte von Strom und Spannung erhöhen, sind die Oberschwingungen der niedrigen Ordnungszahlen (bis zur 9. Ordnung). Bild 6 zeigt Oberschwingungsströme der 3., 5. und 7. Harmonischen und deren Resultierende nach Addition der einzelnen Oberschwingungsströme.

Erhöhung der Leistungsverluste und der Blindleistung

In Installationen und den elektrischen Betriebsmitteln verursachen Oberschwingungen zusätzliche Leistungsverluste und Blindleistung. Verantwortlich dafür sind die verzerrten Ströme und Spannungen. Wirkleistungsbildend sind nur die Oberschwingungen aus Strom und Spannung, die gleichfrequent und phasengleich sind. Das hat zur Folge, dass sich auch mit rein ohmschen Verbrauchern in Kombination mit leistungselektronischen Schaltungen (z. B. Dimmer) Blindleistungen realisieren lassen.

Anregung durch Resonanzkreisbildung

Die Impedanz des Netzes besteht aus ohmschen, induktiven und kapazitiven Widerständen. Diese Widerstände ändern ihr Verhalten bei unterschiedlichen Frequenzen. Der ohmsche Anteil ist frequenzunabhängig. Bei einer bestimmten Frequenz f_r, der so genannten Resonanzfrequenz, sind der kapazitive und der induktive Widerstand gleich groß. Für bestimmte Oberschwingungsströme kann es aus diesem Grund dazu kommen, dass X_L und X_C den gleichen Betrag aufweisen. Da X_L und X_C um 180° phasenverschoben sind, hebt sich deren strombegrenzende Wirkung auf und der daraus resultierende höhere Strom führt zu größeren Verlusten.

Störungen von Rundsteuersignalen

Zwischen den Oberschwingungen in der Netzspannung und den Einrichtungen zur Übertragung von Rundsteuersignalen, z. B. für die Umschaltung von Hochtarif auf Niedrigtarif für das Laden von elektrischen Speicheröfen, bestehen Wechselwirkungen. Liegen die Frequenzen der Oberschwingungsströme in der Nähe der Frequenz von Rundsteuersignalen, so können die Empfänger der Rundsteuersignale gestört werden. Die Rundsteuersignale werden entweder verstärkt (Parallelschwingkreis) oder geschwächt (Reihenschwingkreis) und somit verfälscht.

Verfälschung von Messwerten

Oberschwingungen sind höherfrequente Schwingungen und können daher nur mit Messgeräten gemessen werden, die für derartige Frequenzen ausgelegt sind. Für die Messung z. B. von Strom und Spannung in einem Netz mit Oberschwingungen ist es daher erforderlich, EchteffektivwertMessgeräte (TRMS) einzusetzen. Ab einer Frequenz von 2 kHz spielen die Oberschwingungen bezüglich ihrer Wirkung auf die Netzbetriebsmittel eine zu nehmend geringere Rolle. Bei höheren Frequenzen wirken sie als Funkstörgrößen auf den Funkempfang.

Spannungsschwankungen

Spannungsschwankungen können durch Zu- oder Abschaltung leistungsstarker Verbrauchsmittel entstehen. Diese sind beispielsweise:

- Käfigläufermotoren größerer Leistung bei Direktanlauf,
- gesteuerte Stromrichterschaltungen,
- Schweißgeräte,
- gesteuerte bzw. geregelte Heizungssteuerungen (eventuell mittels Schwingungspaketsteuerungen).

Als besonders störend werden vom Menschen periodische, kurzzeitige Spannungsschwankungen, die zu Helligkeitsschwankungen in Beleuchtungsanlagen führen, empfunden. Man bezeichnet diese Helligkeitsschwankungen als Flickerstörungen.

Flicker werden mit einem Flickermeter gemessen. Dieses Messgerät berücksichtigt die Wirkungskette Spannungsänderung – Leuchtdichteschwankung – Auge – Gehirn. In VDE 0846-0 (sowie VDE 0838-3) wird zwischen Kurzzeit- und Langzeit-Flickerstärke unterschieden. Die Beobachtungsdauer einer Kurzzeitmessung beträgt 12 min. Bei einer Langzeitmessung berechnet sich die Beobachtungszeit nach einer Formel, die die Störwirkung von Verbrauchern mit zufälligem Lastverhalten berücksichtigt.

Magnetische und elektrische Felder

Was genau die Begriffe „elektrisches Feld“ oder „magnetisches Feld“ bedeuten, ist zwar wissenschaftlich exakt definiert, für den Praktiker aber häufig relativ unanschaulich. Für die Wahrnehmung elektrischer und magnetischer Felder besitzt der Mensch kein Sinnesorgan. Man muss sich daher mit den Erfahrungen auseinandersetzen, die über Messungen oder Experimente gesammelt wurden.

In der Physik werden mit dem Begriff „Feld" Zustände und Wirkungen im Raum beschrieben. Typische Beispiele für ein elektrisches Feld sind Bildschirme von Fernsehgeräten oder „elektrisch geladene" Kunststoffe, die den Staub anziehen oder einem die Haare zu Berge stehen lassen. Ein altbekanntes Beispiel für ein magnetisches Feld ist die Orientierung einer Kompassnadel am Erdmagnetfeld.

Ein wesentlicher Erklärungsansatz für die Entstehung und Wirkung solcher Felder findet sich in der Theorie vom Elektromagnetismus, die weitgehend von *Maxwell* im 19. Jahrhundert entwickelt wurde (Maxwell'sche Gleichungen). Diese Theorie geht von der Beobachtung aus, dass zwischen elektrischen Ladungen eine Kraft wirkt, also Ladungen sich gegenseitig beeinflussen. *Maxwell* gelang es, elektrische und magnetische Erscheinungen so miteinander zu verknüpfen, dass eine genaue Bestimmung der Stärke und Richtung dieser Kraft möglich ist. Es gibt zwei Formen dieser Kraft: die elektrostatische und die magnetische Kraft.

Dabei geht die elektrostatische Kraft von ruhenden elektrischen Ladungen aus. Die magnetische Kraft tritt beispielsweise auf, wenn sich Ladungen bewegen, etwa Elektronen in einem elektrischen Leiter. Um diese Kräfte und ihre räumliche Verteilung darzustellen, haben Physiker den Begriff „Feld" bzw. „Feldlinie" geprägt. Felder lassen sich durch die schematische Darstellung ihrer Wirkungslinien veranschaulichen.

Magnetfelder entstehen bei der Bewegung elektrischer Ladungen, also dann, wenn ein elektrischer Strom fließt. Die Kraftwirkung des Feldes wird üblicherweise durch Feldlinien angegeben, die die Richtung und den Verlauf der Kräfte kennzeichnen. Die Feldlinien werden als konzentrische Kreise um den Leiter herum dargestellt (**Bild 7**). Für den „Stromverdrängungseffekt" ist allerdings das Magnetfeld bzw. die Feldänderung im Leiter zu berücksichtigen. Die Stärke des Feldes wird durch die Dichte der Feldlinien veranschaulicht – je mehr Feldlinien pro Fläche, umso größer die Kraftwirkung des Feldes.

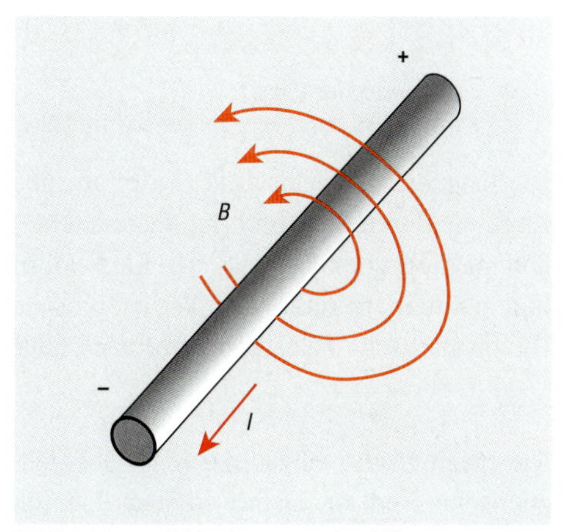

Bild 7: Magnetfeld eines stromdurchflossenen Leiters

Durchflutung, Fluss

Magnetische Felder werden durch die magnetische Durchflutung und den magnetischen Fluss beschrieben. Die magnetische Durchflutung ist das Produkt aus Strom mal Windungszahl einer Spule, der magnetische Fluss kennzeichnet die Gesamtheit aller Feldlinien und berücksichtigt mit dem magnetischen Widerstand (R_{mag}) die Qualität des magnetischen Kreises. Das Formelzeichen für die magnetische Durchflutung ist Θ, das des magnetischen Flusses ist Φ, die Einheiten sind $[\Theta] = A$ und $[\Phi]$ = Vs (früher Weber = Wb).

Es gelten folgende Zusammenhänge:

$$\Theta = I \cdot N$$

I Strom
N Windungszahl (heute für N = w, Winding)

$$\Phi = \frac{\Theta}{R_{mag}}$$

Θ Durchflutung
R_{mag} magnetischer Widerstand

Die magnetische Flussdichte B (früher auch Induktion genannt) ist ein Maß für die Dichte der Feldlinien, also der magnetische Fluss bezogen auf eine definierte Fläche, z.B. der eines Eisenkerns (A_{Fe}). Je dichter die Feldlinien verlaufen, je konzentrierter ist das Feld und umso stärker ist die Wirkung des magnetischen Feldes. Das Formelzeichen für die magnetische Flussdichte ist B, die Einheit $[B]$ = T (Tesla = Vs/m^2).

$$B = \frac{\Theta}{A_{FE}}$$

Φ magnetischer Fluss
A_{Fe} vom Fluss durchsetzte Querschnittsfläche

Die magnetische Feldstärke H gibt an, über welche Länge sich die magnetische Kraft, die durch die Durchflutung entsteht, verteilt – wie lang also der Weg l durch den magnetischen Kreis ist, den die Feldlinien, die durch die Durchflutung entstehen, nehmen. Je kürzer der Weg ist, umso höher ist die Wirkung der Durchflutung. Die magnetische Feldstärke wird nach folgender Formel berechnet:

$$H = \frac{\Theta}{l}$$

Die magnetische Feldstärke H ist ebenfalls ein Maß dafür, wie effektiv das magnetische Feld ist. Damit steht B über die materialspezifische Permeabilität in Beziehung zu der magnetischen Flussdichte B.

$$B = \mu \cdot \mathrm{H} = \mu_0 \cdot \mu_\mathrm{r} \cdot H$$

μ_0 absolute Permeabilität $= 4 \cdot \pi \cdot 10^{-7} \frac{\mathrm{Vs}}{\mathrm{Am}}$

μ_r relative Permeabilität = Veränderung der magnetischen Eigenschaften gegenüber Vakuum

Selbstinduktion und Induktivität

Fließt durch eine Spule *ein sich ändernder Strom*, dann induziert das von ihm erzeugte sich ändernde Magnetfeld in dieser Spule wieder eine Spannung. Dieser Vorgang heißt Selbstinduktion. Da die Selbstinduktionsspannung gegenüber der angelegten Spannung entgegengesetzt gerichtet ist, hat sie – wie ein ohmscher Widerstand – eine strombegrenzende Wirkung. Umgangssprachlich nennt man die Selbstinduktionsspannung auch Blindwiderstand. Sie erhöht in erheblichem Maße die Impedanz. In elektrischen Maschinen ist der Blindwiderstand bzw. die Gegen- oder Selbstinduktionsspannung deutlich größer als der reine Wirkwiderstand!

Die Selbstinduktionsspannung kann wie folgt berechnet werden:

$$u_0 = (-)\, N \cdot \frac{\Delta \Phi}{\Delta t}$$

$\frac{\Delta \Phi}{\Delta t}$ Flussänderungsgeschwindigkeit

Das negative Vorzeichen (–) weist lediglich darauf hin, dass die Selbstinduktionsspannung ihrer Entstehungsursache – also der angelegten Spannung – entgegenwirkt.

Die in der Formel genannte Flussänderung $\Delta \Phi / \Delta t$ ist abhängig von der Stromänderung $\Delta i / \Delta t$, die letzten Endes den magnetischen Fluss hervorruft. Setzt man die entsprechenden Werte in die Gleichungen ein, wird aus

$$u_0 = N \cdot \frac{\Delta \Phi}{\Delta t}$$

$$u_0 = N \cdot \frac{\Delta \Theta}{\Delta t \cdot R_\mathrm{mag}}$$

$$u_0 = N \cdot \frac{\Delta i \cdot N}{\Delta t \cdot R_\mathrm{mag}}$$

$$u_0 = \frac{N^2}{R_\mathrm{mag}} \cdot \frac{\Delta i}{\Delta t}$$

$$u_0 = L \cdot \frac{\Delta i}{\Delta t}$$

L Induktivität, Einheit [L] = Vs/A = H (Henry)

Die Selbstinduktionsspannung ist letztlich dafür verantwortlich, dass beim Ausschalten induktiver Verbraucher oder auch bei raschen Stromänderungen hohe Überspannungen entstehen können. Je schneller die Änderung vor sich geht (kleines Δt), umso höher ist die Selbstinduktionsspannung. Der Gegensatz zwischen Ursache und Wirkung wurde durch das Minuszeichen (–) in den Formeln deutlich gemacht. Bei den allgemeinen Berechnungen von Strom, Spannung und Impedanz innerhalb eines Stromkreises spielt dieses Minuszeichen oftmals keine Rolle.

In magnetischen Feldern werden Kräfte wirksam, die bei der Induktion unter gewissen Bedingungen weitergeleitet werden können. Das heißt außerdem, dass im magnetischen Feld eine Energie gespeichert ist. Die Energie des magnetischen Feldes (W_{mag}) berechnet sich aus:

$$W_{mag} = \frac{1}{2} \cdot L \cdot I^2$$

Verhalten einer Leitung bei höheren Frequenzen

Der Widerstand einer elektrischen Leitung (Doppelleitung oder Leiter gegen Nullpotential) setzt sich neben dem ohmschen Anteil auch aus einem induktiven und einem kapazitiven Anteil zusammen. Im Ersatzschaltbild (**Bild 8**) liegt die Induktivität (L) in Reihe mit dem Wirkwiderstand (R) und die Kapazität (C) parallel zum Isolationswiderstand (R_i) der Leitung.

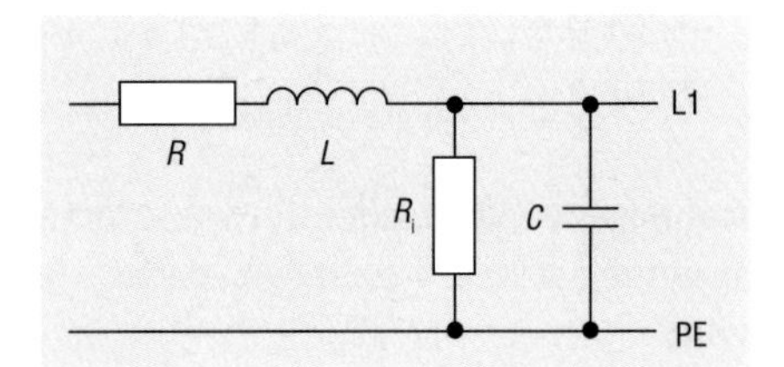

Bild 8: Ersatzschaltbild einer zweiadrigen Leitung

Bei niedrigen Frequenzen, z. B. 50 Hz, und kurzen Leitungsstrecken haben die induktiven und kapazitiven Größen nur einen geringen Einfluss. Bei hohen Frequenzen und bei großen Leitungsquerschnitten bestimmen sie praktisch die Leitungsimpedanz. Diese Frequenzabhängigkeit wird an der Formel für den induktiven Blindwiderstand X_L deutlich:

$$X_L = 2 \cdot \pi \cdot f \cdot L$$

Wie sehr der induktive Widerstand X_L einer Leitung von der Frequenz abhängt, zeigt das folgende Beispiel:

Betrachtet wird eine Leitung mit einem Induktivitätsbelag (Induktivität/Länge) von 1 µH/m, hier ergibt sich bei f = 50 Hz ein auf eine Länge bezogener Widerstand von

$$\frac{X_L}{l} = 2 \cdot \pi \cdot 50\,\text{Hz} \cdot 10^{-6}\frac{\text{Vs}}{\text{Am}} = 0{,}314\frac{10^{-3} \cdot \Omega}{\text{m}}$$

Bei f = 500 kHz ergibt sich ein Widerstand pro Meter Leiterlänge von

$$\frac{X_L}{l} = 2 \cdot \pi \cdot 500\,\text{Hz} \cdot 10^{3}\,\text{Hz} \cdot 10^{-6}\frac{\text{Vs}}{\text{Am}} = 3{,}14\frac{\Omega}{\text{m}}$$

Der induktive Widerstand erhöht sich also proportional mit der Frequenz. Neben der Frequenz ist die Induktivität L bestimmend für den induktiven Widerstand. Sie ist von der Leitungslänge und der Geometrie des Leiters abhängig. **Bild 9** soll dies verdeutlichen.

Die auf die Länge l des Leiters bezogene Induktivität L wird Induktivitätsbelag (L/l) der Leitung genannt. In **Bild 9** ist zu erkennen, dass die Induktivität bzw. der Induktivitätsbelag abnimmt, je flacher der Leiter ist. Bei einem Verhältnis a/b = 1 wäre der Querschnitt quadratisch. Diese Form käme einem Rundleiter bereits recht nahe. Ein Rundleiter hat die höchste Induktivität.

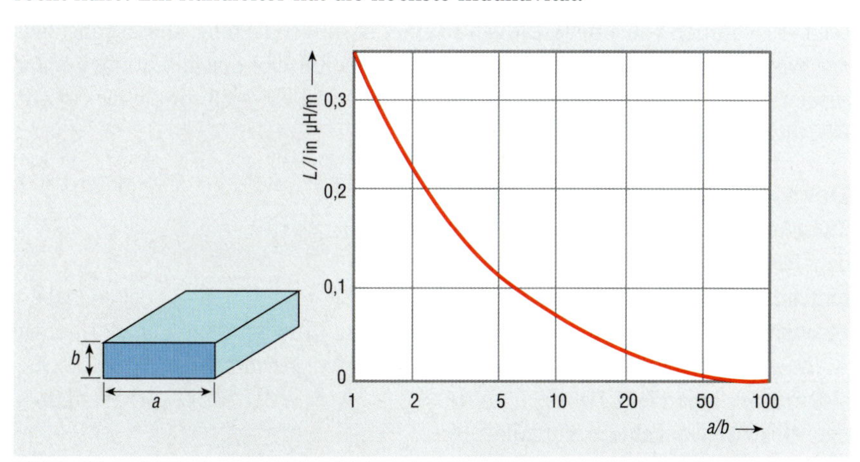

Bild 9: Abhängigkeit der Induktivität (L) bzw. des Induktivitätsbelags (L/l) von der Geometrie des Leiters

Ein Beispiel soll diese Erkenntnisse verdeutlichen:
Es wird ein Schutzleiterquerschnitt von 16 mm² gefordert. Für einen runden Draht kann man in der Regel von einem Induktivitätsbelag von 1 µH/m ausgehen. Bei einer Länge l = 0,2 m, z. B. für einen Massedraht, beträgt L also 0,2 µH. Liegt

die angenommene Störfrequenz bei 27 MHz, so errechnet sich die Impedanz des Massedrahtes mit $Z \sim X_L$.

$$X_L = \omega \cdot L = 2 \cdot \pi \cdot f \cdot L$$

$$X_L = \omega \cdot L = 2 \cdot \pi \cdot 27 \cdot 10^6 \text{Hz} \cdot 0{,}2 \cdot 10^{-6} \frac{\text{Vs}}{\text{Am}} = 33{,}9\ \Omega$$

Wird stattdessen ein flacher Leiter mit gleichem Querschnitt verwendet, so ergibt sich für ein Verhältnis von $a/b = 7{,}5$ aus Bild 9 ein Induktivitätsbelag von 0,1 µH/m und bei einer Länge von 0,2 m für L ein Wert von 0,02 µH. Unter Annahme der gleichen Störfrequenz wie zuvor ergibt sich eine Impedanz von 3,4 Ω.

Induktionsarme Verbindungen lassen sich also mit kurzen Leiterlängen und noch besser mit kurzen und rechteckigflachen Leitern und nicht mit so genannten „Pigtails" – bei der das Abschirmgeflecht drahtähnlich verdrillt und mit einer gewissen Länge zur Erde bzw. Geräteabschirmung angeschlossen wird – realisieren.

Elektrisches Feld

Jede elektrische Ladung und damit jeder spannungsführende Leiter ist von einem elektrischen Feld umgeben. Dessen Stärke und Richtung lassen sich – wie beim magnetischen Feld – durch Feldlinien darstellen. Die elektrischen Feldlinien führen per Definition von einer positiven zu einer negativen Ladung. Dies ist ebenfalls der Weg, den ein beweglicher Ladungsträger (technische Stromrichtung vorausgesetzt) nehmen würde. Die Dichte der Feldlinien ist ein Maß für die elektrische Feldstärke E.

Elektrische Feldstärke

Zwischen parallel angeordneten leitenden Platten, zwischen denen eine Potentialdifferenz besteht, existiert – abgesehen vom Randbereich der Platten – ein gleichförmiges oder homogenes elektrisches Feld (**Bild 10**). In homogenen elektrischen Feldern verlaufen die Feldlinien parallel. Die Stärke des elektrischen Feldes (elektrische Feldstärke) ist abhängig von der anstehenden Spannung und dem Abstand zwischen den beiden Potentialen, also von der Länge der Feldlinien. Die elektrische Feldstärke E lässt sich wie folgt berechnen:

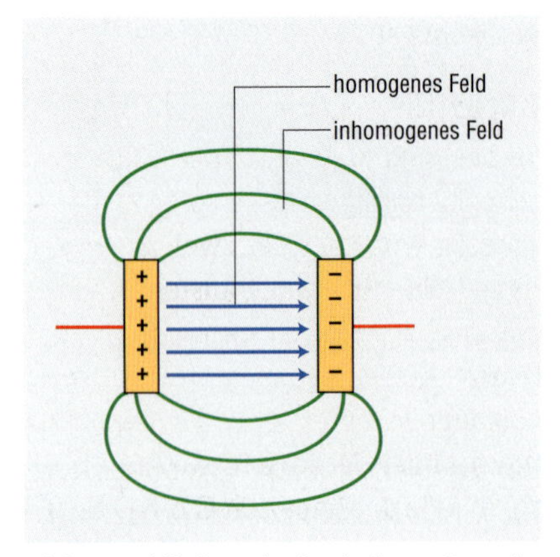

Bild 10: Feldlinienverlauf zwischen z. B. zwei Kondensatorplatten

$$E = \frac{U}{l}$$

E elektrische Feldstärke, Einheit [E] = V/m
U Spannung zwischen den Platten in V
l Abstand der Platten in m

Bei inhomogenen oder nichthomogenen Feldern verlaufen die Feldlinien nicht mehr parallel (Bild 10). Inhomogene Felder entstehen beispielsweise auch zwischen zwei parallel verlaufenden Rundleitern, wie zwischen den Windungen einer Spule.

Wie beim magnetischen Feld gibt die Dichte der Feldlinien Auskunft über die Dichte der Kraftwirkungen, die diese Feldlinien darstellen. Diese Dichte ist wiederum ein Maß für die Stärke des Feldes (Feldstärke). Weist eine der beteiligten Flächen an der Oberfläche scharfe Kanten oder kleine Radien auf – wie an der Stelle, wo die Spule einer Ständerwicklung aus dem Blechpaket austritt – bündeln sich die Feldlinien an diesen Orten. Hier treten also besonders hohe Werte der elektrischen Feldstärke auf, und es besteht eine erhöhte Gefahr für Isolationsdurchschläge.

Befinden sich leitfähige Gegenstände, wie Metallgehäuse im Bereich des elektrischen Feldes, so beeinflussen sie das Feld, weil die Feldlinien in der Regel den Weg über diese Körper nehmen und so abgelenkt werden. Durch ein leitfähiges Gehäuse werden die Feldlinien auf diese Weise über das Gehäusematerial abgelenkt, so dass der Innenraum feldfrei bleibt (Faraday'scher Käfig).

Durch eine leitfähige Umhüllung kann also ein elektrisches Feld abgeschirmt werden. Die Leitfähigkeit der meisten Materialien reicht aus, um ein von außen wirkendes elektrisches Feld im Inneren eines Gehäuses oder auch Gebäudes auf vernachlässigbar kleine Werte zu reduzieren.

Kapazität des Kondensators

Stehen sich zwei leitfähige Materialien gegenüber, zwischen denen eine elektrische Spannung ansteht, so entsteht umgangssprachlich ein Kondensator. Am deutlichsten wird dies bei zwei parallelen Platten aus leitfähigem Material, zwischen denen eine Spannung ansteht und die durch eine Isolierschicht (Luft, Isolationsmaterial, Imprägniermittel), das so genannte Dielektrikum, getrennt sind.

Der Kondensator kann elektrische Ladungen speichern. Diese Fähigkeit bezeichnet man als Kapazität. Die Anzahl der so gespeicherten Ladungsträger ist umso höher, je höher die anstehende Spannung ist und je größer die Kapazität. Die Größe der Kapazität C hängt ab von der Fläche, die an der Ladungsspeicherung beteiligt ist, dem Abstand der leitfähigen Teile und von der Art des Dielektrikums (Luft, Papier, Kunststoff, Keramik ...).

$$C = \frac{Q}{U}$$

C Kapazität, Einheit $[C] = \text{As/V}$ (1 As/V = 1F = 1 Farad)
Q gespeicherte Ladung, Einheit $[Q] = \text{As}$
U Spannung, Einheit $[U] = \text{V}$

Lade- und Entladestrom

Da ein Kondensator elektrische Ladungen speichert, führt jede Spannungsänderung zu einer Änderung des Ladungszustandes. Ändert sich jedoch die Ladung, so bedeutet das, dass ein Strom fließt. Bei einer steigenden Spannung nimmt der Kondensator Ladungen auf, es fließt ein Ladestrom, und bei einer fallenden Spannung dementsprechend ein Entladestrom:

$$i_C = C \cdot \frac{\Delta U}{\Delta t}$$

i_C Augenblickswert des Stromes
C Kapazität
ΔU Spannungsänderung am Kondensator
Δt Zeit der Spannungsänderung

Kondensator als Energiespeicher

Wie im magnetischen Feld einer Spule wird auch im elektrischen Feld eines Kondensators eine Energie gespeichert. Sie wird wie folgt berechnet:

$$W_{cap} = \frac{1}{2} \cdot C \cdot U^2$$

W Energie, Arbeit, Einheit [W] = Ws
U Spannung
C Kapazität

Natürliche Felder

Auch in der natürlichen Umwelt kommen elektrische und magnetische Felder vor. Es existiert das Erd*magnet*feld sowie das bei Gewittern in Erscheinung tretende *elektrische* Feld.

Die Eigenschaften der natürlichen Felder unterscheiden sich jedoch von den meisten technischen Feldern. Das Erdmagnetfeld ist ein nahezu konstantes Gleichfeld, das seine Größe und Richtung nur extrem geringfügig in sehr langen Zeiträumen ändert. In Deutschland beträgt die Feldstärke etwa 36 A/m und die Flussdichte etwa 45 µT.

An der Erdoberfläche herrscht ein elektrisches Gleichfeld. Seine Stärke wird durch die ionisierende Wirkung kosmischer Strahlung auf höhere Luftschichten

(Ionosphäre) und durch Luftbewegungen in der Atmosphäre bestimmt. Die beiden Pole sind also Ionosphäre und Erde. Die elektrische Feldstärke beträgt maximal etwa 0,5 kV/m.

Unter Gewitterwolken kann das elektrische Feld auf ebenem Gelände auf 20 kV/m anwachsen. An den Spitzen von Türmen treten aufgrund der kleinen Radien noch wesentlich höhere Feldstärken auf.

Technische Felder

Technische Einrichtungen benutzen in der Regel Wechselspannungen bzw. Wechselströme. Deshalb ändern die daraus resultierenden Felder periodisch ihre Richtung und Größe. Die Frequenz des technischen Wechselstromes im öffentlichen Netz beträgt 50 Hz, in einigen außereuropäischen Ländern 60 Hz. Die Bahn verwendet 16 2/3 Hz. Es werden jedoch auch wesentlich höhere Frequenzen genutzt, beispielsweise Funkwellen oder Mikrowellen.

Das Spektrum der Felder reicht von Gleichfeldern (0 Hz) bei Gleichstromversorgung (die für Straßenbahnen und Elektrolyseanlagen wichtig ist) über niederfrequente Felder der Energietechnik und Funkwellen bis hin zur Röntgen- und Gammastrahlung im Frequenzbereich oberhalb von 1.015 Hz. Alle diese Felder, natürliche und technische, gehören zum elektromagnetischen Spektrum (**Bild 11**). Das sichtbare Licht gehört genauso dazu wie das unsichtbare Infrarotlicht oder die sehr energiereiche Röntgen- und Gammastrahlung. Der Unterschied liegt außer in der Stärke der Felder vor allem in der Frequenz.

Im Hochfrequenzbereich treten elektrische und magnetische Felder gekoppelt auf, d. h. sie können dann nicht mehr unabhängig voneinander betrachtet werden. Deshalb ist im Hochfrequenzbereich, aber eben auch nur hier, der Ausdruck „*elektromagnetisches*“ Feld zutreffend.

Viele Stoffe absorbieren einen Teil der Energie von Hochfrequenzfeldern und erwärmen sich dabei. Dieser Effekt wird in Mikrowellenherden, Trockenöfen und in der medizinischen Therapie ausgenutzt. Bei Arbeiten in unmittelbarer Nähe von Fernsehsendern oder Radaranlagen können so starke Hochfrequenzfelder auftreten, dass für die Monteure Schutzmaßnahmen gegen zu starke Erwärmung zu treffen sind!

Niederfrequente Felder bilden sich nur in unmittelbarer Nähe spannungs- und stromführender Leiter aus. Sie können, da elektrisches und magnetisches Feld unabhängig voneinander sind, nicht „abgestrahlt“ werden.

Für niederfrequente Felder gilt:

- Ursache des elektrischen Feldes ist die Spannung; niederfrequente elektrische Felder sind daher unabhängig von der Höhe des Stromes.

– Ursache des magnetischen Feldes ist der fließende Strom, niederfrequente magnetische Felder sind daher unabhängig von der Höhe der Spannung.

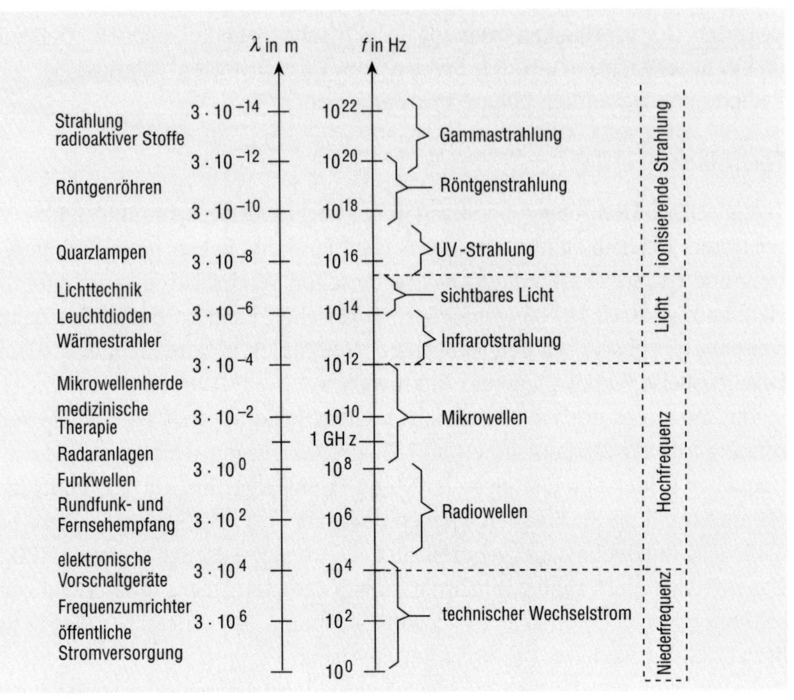

Bild 11: Elektromagnetisches Spektrum

Felder im Bereich von Freileitungen

Um jeden stromführenden Leiter bilden sich ein elektrisches und ein magnetisches Feld aus. Bei Drehstromübertragungssystemen heben sich die elektrischen und magnetischen Felder zum Teil auf (in jedem Augenblick ist die Summe der Augenblickswerte der Außenleiterspannungen und -ströme null). Weil die aktiven Leiter jedoch nicht an einem Punkt zentriert verlaufen, sondern auf dem Mast in bestimmten Abständen voneinander montiert sind, bleibt stets ein Restfeld, das mit zunehmendem Abstand vom Mast kleiner wird.

Besonders interessant ist die Feldstärke in Bodennähe. Sie ist umso größer, je geringer der Abstand zu den feldverursachenden Freileitungen und je größer der Strom ist. Die Feldverhältnisse einer Leitung werden üblicherweise als Querprofil dargestellt. Das Querprofil wird immer dort ermittelt, wo die höchste Feldkonzentration herrscht, d. h. bei tiefstem Durchhang der Leiterseile.

Die Spannung einer Freileitung wird in engen Grenzen geregelt, sie schwankt kaum. Damit ist das elektrische Wechselfeld im Mittel nahezu konstant. Der Strom ist belastungsabhängig und je nach Tageszeit erheblichen Schwankungen ausgesetzt. Im gleichen Maße schwankt auch das Magnetfeld.

Für die Feldstärke am Erdboden sind bestimmend:

- die Spannung für das elektrische Feld,
- der Strom für das magnetische Feld,
- die Anzahl der Stromkreise und die Anordnung der Leiterseile und die Phasenfolge,
- die Höhe der Leiterseile über der Erde,
- der seitliche Abstand von der Leitungsachse.

Im **Bild 12** ist der Verlauf des magnetischen Feldes (magnetische Flussdichte *B*) in Bodennähe in Abhängigkeit vom Abstand zum Mast dargestellt. Die Feldverläufe bei den verschiedenen Spannungsebenen kommen dadurch zustande, dass die jeweiligen Maste unterschiedliche Höhen und in der Regel auch verschiedene Mastformen aufweisen.

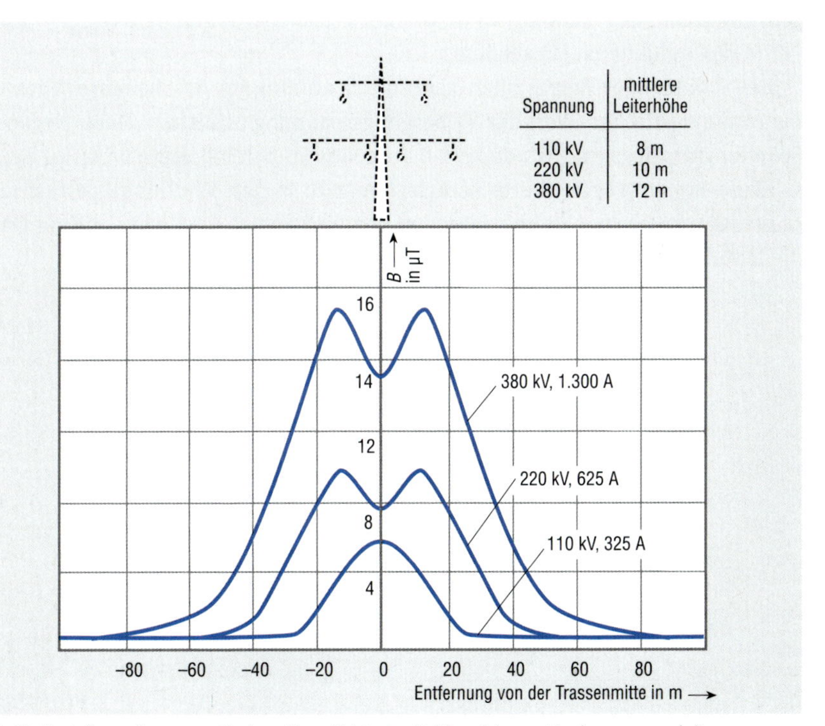

Bild 12: Verteilung der magnetischen Flussdichte im Nahbereich von Hochspannungsleitungen

Überspannungen

Bei Schaltvorgängen mit mechanischen Kontakten oder Halbleiterbauelementen treten immer schnelle Strom- bzw. Spannungsänderungen auf. Diese erzeugen Störgrößen, deren Einkopplung leitungsgebunden aber auch als Strahlung erfolgen kann.

Die mit Abstand größten und schwerwiegendsten Störgrößen entstehen beim Abschalten induktiver Lasten (**Bild 13**).

Das bedeutet, dass bei jedem Ausschalten eines Gleichstrommotors, Relais, Schützes oder Ventils extreme Störgrößen in Form von Überspannungen auftreten können. Diese Überspannungen entstehen, wenn Kontakte oder – wie in Bild 13 dargestellt – Transistoren den Strom in kürzester Zeit unterbrechen.

$$u_{\mathrm{L}} = L \cdot \frac{\Delta i}{\Delta t}$$

Die Spannung reicht aus, um so hohe Feldstärken zu erzeugen, die einen Durchschlag der Isolationsstrecke (Collektor-Emitter-Strecke) zur Folge hat. Beim Öffnen mechanischer Kontakte kommt es gegebenenfalls zu einem Funken oder Lichtbogen. Die Dauer des Lichtbogens ist von der gespeicherten Energie $W_{\mathrm{mag}} = 1/2 \cdot L \cdot I^2$ in der Induktivität (L) abhängig.

Bei Schütz- oder Relaisspulen kann die Spannung im Abschaltaugenblick den bis zu hundertfachen Wert der Versorgungsspannung erreichen. Dabei liegen die Spannungsanstiegsgeschwindigkeiten durchaus im Bereich von $\Delta u / \Delta t = 1\ \mathrm{kV/\mu s}$.

Diese hohen $\Delta u / \Delta t$-Werte verursachen z. B. in den Wicklungen elektrischer Maschinen kapazitive Ströme zwischen den einzelnen Windungen, die auf Dauer die Isolation zerstören.

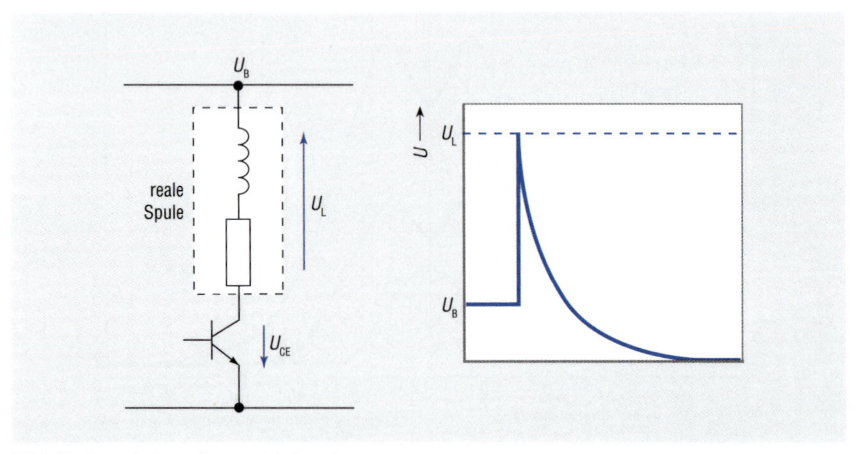

Bild 13: Ausschalten einer induktiven Last

$$i_C = C_{Para} \cdot \frac{\Delta u}{\Delta t}$$

C_{Para} parasitäre Kapazität zwischen zwei Drähten

Weitere Ursachen für Überspannungen in Niederspannungsnetzen können durch
- das Auslösen von Sicherungen oder Motorschutzschaltern,
- Leitungsbruch,
- Bürstenfeuer von Kommutatormaschinen,
- plötzliche Lastwechsel an elektrischen Maschinen oder
- Stromrichterschaltungen

ausgelöst werden.

EMV (Teil 2)

Peter Behrends

Jedes elektrische Gerät beeinflusst seine direkte Umwelt mehr oder weniger durch elektrische und magnetische Felder. Größe und Wirkung dieser Einflüsse sind abhängig von der Leistung und Bauart des Geräts. In elektrischen Maschinen und Anlagen können Wechselwirkungen zwischen elektrischen oder elektronischen Baugruppen die sichere und störungsfreie Funktion beeinträchtigen oder verhindern. Daher ist es für Betreiber sowie Konstrukteur und Anlagenbauer wichtig, die Mechanismen der Wechselwirkung zu verstehen. Nur so kann er schon in der Planungsphase angemessene und kostengünstige Gegenmaßnahmen ergreifen.

Grundsätzlich gilt, dass der Hersteller einer Komponente oder Baugruppe für elektrische Antriebe Maßnahmen ergreifen muss, um die gesetzlichen Richtwerte einzuhalten. Mit der Norm EN 61800-3 für die Anwendung drehzahlveränderlicher Antriebe ist diese Verantwortung zusätzlich auf den Endanwender oder Betreiber der Anlage erweitert worden. Hersteller müssen Lösungen anbieten, die den normgerechten Einsatz sicherstellen; die Beseitigung eventuell auftretender Störungen obliegt aber dem Betreiber – sowie daraus entstehende Kosten.

Koppelungsmechanismen

Für die Kopplung gelten allgemein die physikalischen Gesetze der Energieübertragung in elektromagnetischen Feldern. Die Kopplung zwischen Störquelle und Störsenke hängt u. a. von der Frequenz und den geometrischen Abmessungen der beteiligten Betriebsmittel ab. Bei niedrigen Frequenzen ist die Wellenlänge der Störgröße sehr viel größer als die Abmessungen beteiligter leitfähiger Teile (Leitungslängen, Gehäuseabmessungen, metallene Konstruktionen usw.). In diesem Fall müssen die beiden beteiligten Felder (elektrisches Feld und magnetisches Feld) separat voneinander betrachtet werden. Dazu kommt je nach Gegebenheit noch eine galvanische Kopplung über beteiligte Leitungen. Man differenziert zwischen galvanischer, induktiver und kapazitiver Kopplung. Bei hohen Frequenzen erreicht die Wellenlänge der Störgrößen u. U. die Größenordnung der Abmessungen der elektrischen Einrichtung. Hier gelten die physikalischen Gesetze der Wellen auf Leitungen und die Gesetze der Strahlung. Die beiden zuvor genannten Felder sind mit zunehmender Frequenz nicht mehr voneinander zu trennen. Man spricht in diesem Fall von Wellenbeeinflussung und Strahlung (**Bild 1**).

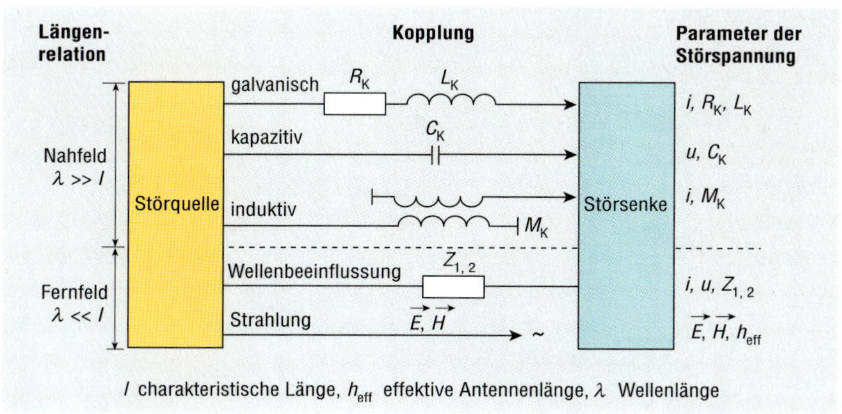

Bild 1: Kopplungsmechanismen

Galvanische Kopplung

Eine galvanische Kopplung tritt auf, wenn mehrere Stromkreise eine gemeinsame Spannungsquelle haben oder einen Leiter als gemeinsamen Strompfad nutzen. Das **Bild 2** zeigt das zugrunde liegende Prinzip. Der Strom im Stromkreis A (Digitalschaltung) verursacht an der gemeinsamen Impedanz Z einen Spannungsfall. Dieser Spannungsfall macht sich im Stromkreis B (Analogschaltung) als Versorgungsspannungseinbruch bemerkbar. Der Spannungsfall ist umso größer, je größer der Strom und je größer die gemeinsame Koppelimpedanz Z ist.

Galvanische Kopplung ist sowohl im NF- als auch im HF-Bereich wirksam. Folgende Faktoren haben Einfluss auf die Störspannung:

- Stromänderungsgeschwindigkeit ($\Delta i / \Delta t$) und
- Länge und Querschnitt der gemeinsam genutzten Anschlussleitungen.

Berechnungsbeispiel Galvanische Kopplung

Die eingekoppelte Störspannung U_{St} berechnet sich, vereinfacht betrachtet, in allen Fällen zu

$$u_{St} = u_{RSt} + u_{LSt} = R_k \cdot \Delta i + L_k \cdot \frac{\Delta i}{\Delta t}$$

Reale Werte liegen im mV-, V- oder auch kV-Bereich. Für das Beispiel in **Bild 3** berechnet sich eine eingekoppelte Störspannung für Gerät 1 bei Zugrundelegung folgender Werte:

$$l = 1{,}5\,\text{m},\ L_k = 1\,\mu\text{H/m},\ R_k = 1\,\Omega,\ \Delta i = 1\,\text{A},\ \Delta t = 100\,\text{ns}$$

zu

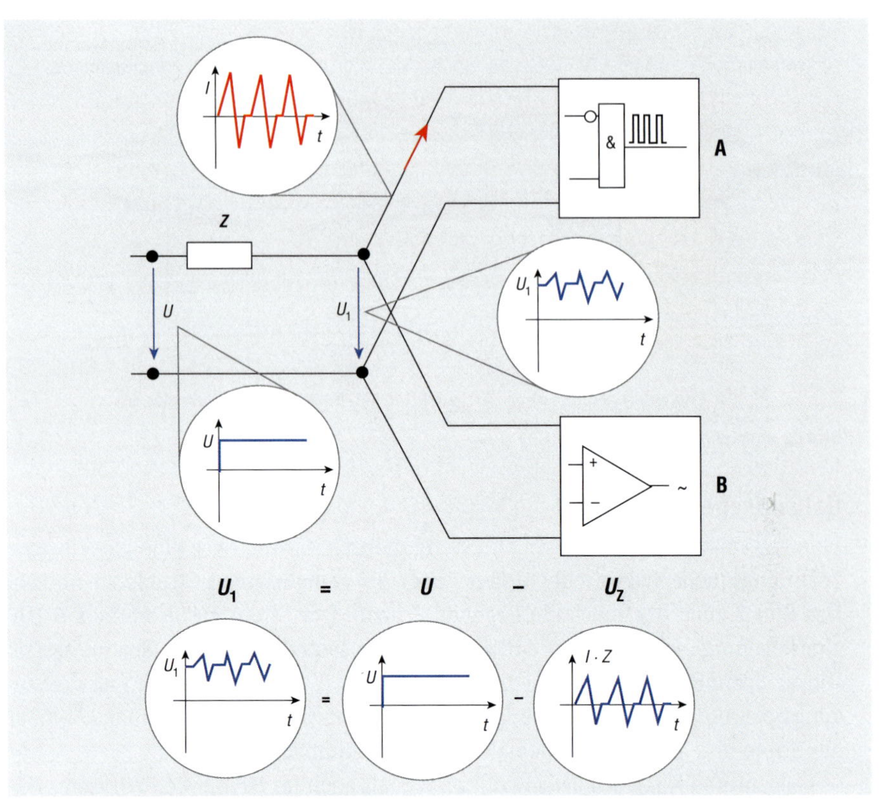

Bild 2: Galvanische Kopplung; über *Z* wird die Störgröße $U_z = I \cdot Z$ eingekoppelt.

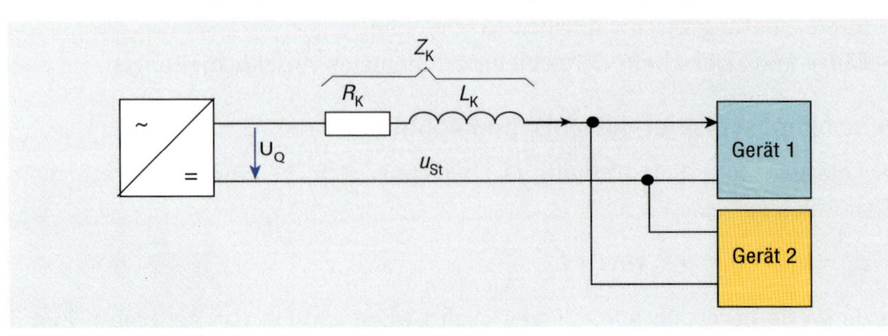

Bild 3: Galvanische Kopplung bei gemeinsamer Speisung

$$u_{RSt} = R_k \cdot \Delta i = 1\,\Omega \cdot 1\,\mathrm{A} = 1\,\mathrm{V}$$

$$u_{LSt} = \frac{L_k}{l} \cdot l \cdot \frac{\Delta i}{\Delta t} = \frac{1\,\mu\mathrm{H}}{\mathrm{m}} \cdot 1{,}5\,\mathrm{m} \cdot \frac{1\,\mathrm{A}}{100\,\mathrm{ns}} = 15\,\mathrm{V}$$

Diese beiden Spannungen müssen geometrisch addiert werden. Man sieht jedoch sofort, dass der ohmsche Spannungsfall klein gegenüber dem induktiven Spannungsfall ist. Er kann deshalb für die vorgegebenen Werte vernachlässigt werden. Auf jeden Fall kann man folgende Aussage treffen: Die galvanisch eingekoppelte Störspannung gemäß der obigen Gleichung ist bei gegebenem Δi und $\Delta i/\Delta t$ umso kleiner, je kleiner die *R*- und *Z*-Werte des gemeinsamen Leiterzuges sind. Der Gleichstromwiderstand errechnet sich bekanntlich aus:

$$R = \rho \cdot \frac{l}{A} \quad \text{oder } R = \frac{l}{\kappa \cdot A}$$

r spezifischer Widerstand in Ω mm²/m
k spezifischer Leitwert in m/Ω mm²
l Leiterlänge in m
A Leiterquerschnitt in mm²

Für den ohmschen Widerstand der Leitung sollte demnach die Leiterlänge *l* möglichst kurz und der Leiterquerschnitt *A* möglichst groß sein. Diese rein ohmsche Betrachtung des Koppelwiderstandes ist nur zulässig bei Gleichstrom und bei Wechselstrom im kHz-Bereich. Bei höheren Frequenzen findet eine Verdrängung des Stromflusses in die Oberflächenschicht des Leiters statt (Skineffekt oder Stromverdrängungseffekt). Es ist also nicht mehr der gesamte Leiterquerschnitt an der Stromleitung beteiligt; der Widerstand erhöht sich (**Bild 4**).

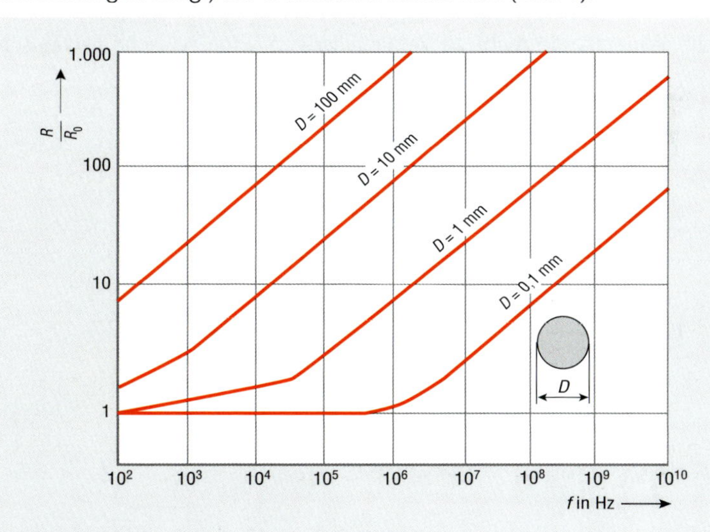

Bild 4: Frequenzabhängige Änderung des Wirkwiderstandes von Kupferleitern unterschiedlicher Durchmesser.
R_0 Gleichstromwiderstand; *R* Wirkwiderstand bei der Frequenz f

Aus Bild 4 ist erkennbar, dass sich der Wirkwiderstand im Bereich der praktisch interessierenden Frequenzen gegenüber dem Gleichstromwiderstand um den Faktor 10 bis 1.000 erhöhen kann. Sind aber die Leiterquerschnitte ausreichend bemessen, so kann der ohmsche Störspannungsanteil

$$u_{RSt} = R \cdot \Delta i$$

in der Regel gegenüber dem induktiven Störspannungsanteil $u_{LSt} = L \cdot \Delta i/\Delta t$ vernachlässigt werden. Im Hochfrequenzbereich kommt allerdings noch der sog. Stromverdrängungsfaktor hinzu, der auch den ohmschen Anteil erhöht.

Die Ursache hierfür liegt in der Frequenzabhängigkeit der Eigeninduktivität der Leiter begründet. Diese physikalische Eigenschaft eines Leiters kann mit dem einfachen Ersatzschaltbild aus der Reihenschaltung aus R und L dargestellt werden (Bild 3). Damit hat man es nicht nur mit einem rein ohmschen Kopplungswiderstand RK zu tun, sondern mit einer frequenzabhängigen Kopplungsimpedanz Z_K:

$$Z_K = \sqrt{R_K^2 + X_L^2}$$

$$X_L = \omega \cdot L = 2 \cdot \pi \cdot f \cdot L$$

Der induktive Anteil X dieser Kopplungsimpedanz wächst mit steigender Betriebsfrequenz und ist dem Realteil entsprechend der obigen Gleichung quadratisch hinzuzurechnen. Die Änderung des induktiven Widerstandes in Abhängigkeit der Frequenz ist aus **Bild 5** ersichtlich. Als Parameter ist die Leiterlänge eingesetzt.

In üblichen elektrischen Anlagen dominieren die niedrigen Frequenzen. Hier sind ohmsche Widerstände nicht zu vernachlässigen. Eine typische galvanische

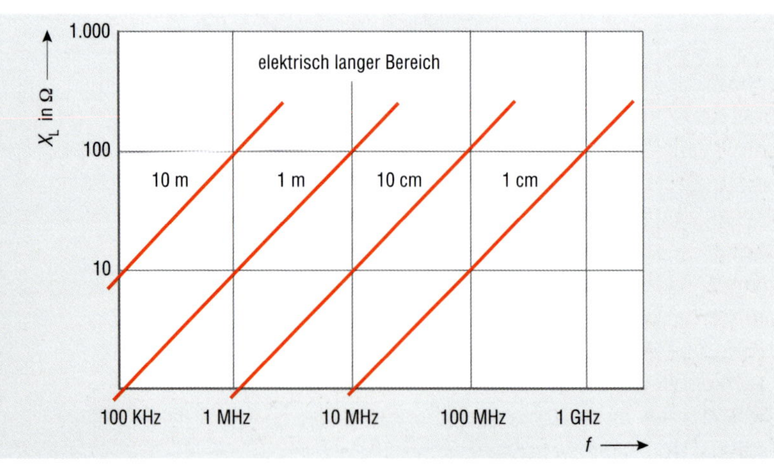

Bild 5: Induktiver Widerstand von Leitern in Abhängigkeit von der Frequenz und der Leitungslänge. Bei 10 cm Leitungslänge ist bei einer Frequenz von 10 MHz ein Widerstand von 10 Ω zu erwarten. Im oberen Bereich ab etwa 1 kΩ wirkt die Leitung als Antenne, und es müssen andere physikalische Gegebenheiten berücksichtigt werden.

Kopplung liegt beispielsweise bei einem PEN-Leiter vor, wenn er zum einen für den betriebsbedingten Rückstrom zuständig ist und zum anderen gleichzeitig als Massepunkt für die übrige Anlage dient. Hier spielt oft der rein ohmsche Widerstand die ausschlaggebende Rolle. Er bewirkt, dass der Potentialausgleich nicht mehr „fremdspannungsarm" ist, und sorgt so beispielsweise für erhebliche Ströme auf Kabel- und Leitungsschirmen.

Abhilfe gegen galvanische Kopplung

- Vermeiden galvanischer Verbindungen zwischen Systemen, die voneinander unabhängig sind und zwischen denen kein Informationsaustausch vorgesehen ist.
- Impedanzarme, insbesondere induktivitätsarme Ausführung von Leitungen, wie Bezugspotentialleiter, Stromversorgungs- und Erdungsleitungen, die zu mehreren Stromkreisen gehören.
- Galvanische Entkopplung durch
  - Verzicht auf gemeinsamen Rückleiter (beispielsweise PEN-Leiter),
  - Vermeidung von Koppelimpedanzen zwischen Signal- und Leistungskreisen,
  - sternförmige Zusammenführung der Bezugspotentiale mehrerer Geräte sowie des Schutzleiter- bzw. des Erdungssystems,
  - sternförmige Verkabelung der Stromversorgung,
  - getrennte Stromversorgung von Stellgliedern, Baugruppen usw.
- Potentialtrennung mittels Trenntransformatoren, Optokopplern und Lichtwellenleitern.

Induktive Kopplung

Als bekannt vorausgesetzt wird, dass sich um jeden stromdurchflossenen Leiter ein Magnetfeld mit der Intensität B (magnetische Flussdichte) aufbaut, das dem Strom I durch den Leiter proportional ist. Durchdringt dieses Magnetfeld eine senkrecht dazu liegende Leiterschleife (**Bild 6**), wird in diese eine Spannung U induziert, wenn der Strom I, und damit das Magnetfeld B, seine Stärke ändert (Transformatorprinzip). Ursache für eine induktive Kopplung sind also vorhandene Leiterschleifen, die von einem Magnetfeld durchdrungen werden, und eine hinzukommende Stromänderung.

Folgende Faktoren haben Einfluss auf die Störspannung:

- Stärke des Magnetfeldes
  Je höher der Laststrom ist, der das magnetische Störfeld verursacht, umso stärker ist das magnetische Störfeld und damit die induzierte Spannung.
- Frequenz bzw. Stromänderungsgeschwindigkeit
  Mit steigender Frequenz des Laststromes wird die Stromänderungsgeschwindigkeit $\Delta i/\Delta t$ und damit die induzierte Störspannung größer.

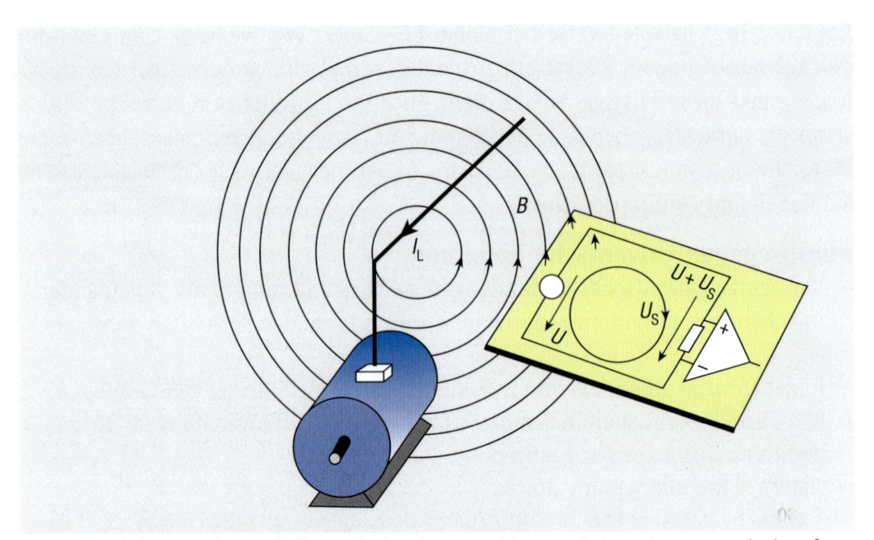

Bild 6: Induktive Kopplung zwischen z.B. einer Motorzuleitung und einem Steuerstromkreis auf einer Leiterplatte. U_S ist die magnetische Störspannung.

- Abstand
  Die Störspannung sinkt hyperbolisch mit wachsendem Abstand zwischen Lastkreis (Störquelle) und gestörtem Kreis (Störsenke).
- Fläche der Leiterschleife
  Je größer die Fläche der Leiterschleife ist, desto größer sind der magnetische Fluss Φ und die dadurch induzierte Störspannung.

Auf die ersten beiden Faktoren hat man in der Regel nur bedingt Einfluss, sie sind meist vorgegeben. Eventuell kann man die Stärke des Magnetfeldes durch Schirmung reduzieren. Die letzten beiden Faktoren haben etwas mit der Geometrie der Anordnung zu tun und werden in der Gegeninduktivität M_K erfasst.

Abhilfe gegen induktive Kopplung:

- Verdrillen von Leitungen
- kleine Leiterschleifen
- Schirmung
- große Abstände zu stromführenden Leitungen

Kapazitive Kopplung

Zwischen Anlagenteilen, die verschiedene elektrische Potentiale aufweisen (d.h. zwischen denen eine Spannung ansteht), bildet sich stets ein elektrisches Feld aus – ganz gleich, ob dies gewollt ist (beispielsweise bei Kondensatoren) oder nicht.

Für den Fall, dass sich z. B. in Halbleiterschaltern der Leistungselektronik oder zwischen den einzelnen Windungen einer Motorspule ungewünschte Kapazitäten bilden, spricht man von so genannten parasitären Kapazitäten.

Ein Stromfluss kommt allerdings erst dann zustande, wenn sich die anstehende Spannung und damit das elektrische Feld ändern. Mit der kapazitiven Kopplung wird aufgrund eines sich ändernden elektrischen Feldes die Signalübertragung von einem Stromkreis auf einen zweiten beschrieben. Bei Stromkreisen mit unterschiedlichen Potentialen entstehen zwischen den Leitern ungewollte parasitäre Kapazitäten.

Über diese werden Wechselspannungen oder Spannungsimpulse auf andere Stromkreise übertragen. Ursache für die kapazitive Kopplung sind also die vorhandenen Kapazitäten und eine hinzukommende Spannungsänderung.

Bild 7 zeigt zwei benachbarte Leitungen, die über parasitäre Kapazitäten C_p miteinander verbunden sind. Findet auf einer Leitung eine Spannungsänderung statt, so fließt über die Parasitärkapazität C_p ein Störstrom I_S in die benachbarte Leitung und ruft am Messwiderstand R eine Störspannung U_S hervor, die sich der Spannung U_E überlagert.

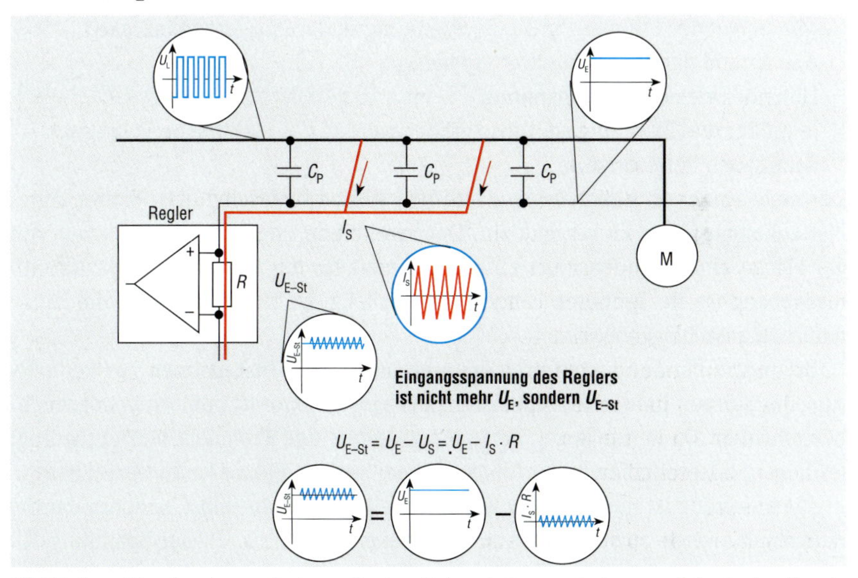

Bild 7: Kapazitive Kopplung zwischen z. B. einer Motorzuleitung und einer parallelverlegten Signalleitung für die Eingangsspannung eines Reglers. Die Spannungen U_L und U_E beziehen sich auf Bezugsmasse. Über die parasitären Kapazitäten C_P fließt der Störstrom I_S über den Widerstand R zur Masse und verursacht einen Spannungsfall $U_S = I_S \cdot R$.
Durch die überlagerte Störspannung am Eingang des Reglers ändert sich auch seine Ausgangsspannung U_A.

Folgende Faktoren haben Einfluss auf den Störstrom:

- Abstand der Leitungen
  Je größer der Abstand ist, desto kleiner ist die parasitäre Kapazität und damit auch der Störstrom.
- Länge der Parallelführung der Leitungen
  Die parasitäre Kapazität wächst mit der Länge, über die die Leitungen parallel verlaufen.
- Geometrie der Leitungen
  Da sich die Kapazität mit der Fläche ändert, spielen die Abmessungen der parallelen Leitungen (Durchmesser, Form) eine Rolle.
- Stoff zwischen den Leitungen
  Bei Kondensatoren liegt zwischen den Kondensatorplatten das Dielektrikum. Die Permittivität e oder auch die elektrische Leitfähigkeit dieses Materials bestimmt die Stärke des elektrischen Feldes. Bei parasitären Kapazitäten ist dies nicht anders. Hier ist es üblicherweise Luft oder die Isolierung der spannungsführenden Leiter.
- Frequenz bzw. Spannungsänderungsgeschwindigkeit
  Mit steigender Frequenz wird die Spannungsänderungsgeschwindigkeit $\Delta u/\Delta t$ und damit der Störstrom größer.
- Höhe der elektrischen Spannung
  Je größer die Spannung ist, umso größer werden das elektrische Feld und damit auch der Störstrom.

Der erste Faktor ist üblicherweise mit dem Abstand zwischen den Platten eines Plattenkondensators zu vergleichen. Der zweite und der dritte Faktor haben mit der Fläche eines Kondensators zu tun, die stets für die Größe der Kapazität mit maßgebend ist. Bei größeren Längen der parallelen Leitungsführung ist die Länge natürlich ausschlaggebender.

Besonders bei den ersten drei Faktoren lassen sich Maßnahmen zur Reduzierung der Störeinflüsse leicht realisieren. Der vierte Faktor ist vom Anwender nicht beeinflussbar. Da in der Regel die Spannungshöhe und Frequenz betriebsbedingt festliegen, lassen sich auch der fünfte und der sechste Faktor kaum beeinflussen.

Die Störgröße ist nicht nur der eingekoppelte Störstrom selbst, sondern der daraus resultierende Spannungsfall im Störsenkenstromkreis. Dieser Spannungsfall kann als eine bei der Störquelle wirkende Störspannung U_{St} dargestellt werden. Hier spielen immer auch die Widerstandsverhältnisse in den Stromkreisen eine Rolle.

Berechnungsbeispiel kapazitive Kopplung

Bild 8 zeigt zwei Leitungen mit unterschiedlichen Potentialen – z. B. Motor- und Signalleitung. Aufgrund der Geometrie dieser Anordnung entsteht eine parasitäre Kapazität C_P und somit eine kapazitive Kopplung. Die Leitungen stellen im weitesten Sinne die Platten eines Kondensators dar. Durch das sich ändernde elektrische Feld verschieben sich über diese parasitäre Koppelkapazität C_K-Ladungen von einem Stromkreis zum anderen.

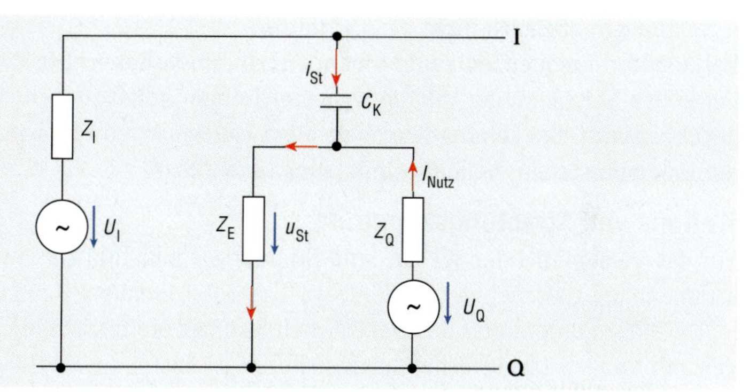

Bild 8: Kapazitive Kopplung zwischen einer Motorzuleitung (I) und einer Signalleitung (Q)

Der eingekoppelte Störstrom berechnet sich wie folgt:

$$i_{St} = C_K \cdot \frac{\Delta u}{\Delta t}$$

Bei einer angenommenen parasitären Koppelkapazität $C_K = 100\,\text{pF}$ und einer, durch eine Schalthandlung hervorgerufenen, Spannungsänderungsgeschwindigkeit $\Delta u/\Delta t = 400\,\text{V}/0{,}1\,\mu\text{s}$ ergibt sich ein Störstrom von

$$i_{St} = 100\,\text{pF} \cdot \frac{400\text{ V}}{0{,}1\ \mu\text{s}} = 100 \cdot 10^{-12}\ \frac{\text{As}}{\text{V}} \cdot \frac{400\text{ V}}{0{,}1 \cdot 10^{-6}\text{ s}} = 400\,\text{mA}$$

Dieser wiederum generiert eine Störspannung u_{St} an den beiden (über die Spannungsquelle U_Q) parallelgeschalteten Widerständen Z_Q und Z_E von

$$u_{St} = i_{St} \cdot Z_Q \qquad \text{mit } Z_Q = \frac{Z_E \cdot Z_Q}{Z_E + Z_Q}$$

Der Innenwiderstand der Quelle soll mit 1 Ω deutlich kleiner sein als der Eingangswiderstand des Reglers mit 50 Ω.

$$u_{St} = i_{St} \cdot \frac{Z_E \cdot Z_Q}{Z_E + Z_Q}$$

$$u_{St} = 400\,\text{mA} \cdot \frac{50\ \Omega \cdot 1\ \Omega}{50\ \Omega + 1\ \Omega} = 392\,\text{mV}$$

Bei kleinen Spannungen (0 V … 10 V) nimmt eine Störspannung in dieser Höhe deutlich Einfluss auf das Ausgangssignal des Reglers.

Abhilfe gegen kapazitive Kopplung:

- Schirmung
- kurze Leitungslängen
- kleine Leitungsdurchmesser
- große Abstände zwischen den Leitungen
- Leitungen möglichst nicht parallel führen

Bei höheren Frequenzen kommt man u. U. in einen Bereich, in dem die Wellenlänge der Störspannung mit den geometrischen Abmessungen der Leiter vergleichbar wird. Bei Leitungslängen ab etwa $\lambda/10$ machen sich bereits Effekte der leitungsgebundenen Wellenbeeinflussung bemerkbar.

Wellen- und Strahlungskopplung

Für das Verständnis der Wellen- und Strahlungskopplung ist es wichtig, den Zusammenhang zwischen der Wellenlänge λ und der Frequenz f zu kennen (**Bild 9**).

Der Bewegungsimpuls des elektrischen Stromes breitet sich in unseren Leitungen mit nahezu Lichtgeschwindigkeit (300.000 km/s) aus. Wird ein Stromkreis geschlossen, so ist dies bei einer anstehenden Spannung der Startimpuls für die freien Ladungsträger (Elektronen) – ein Stromfluss kommt zustande. Dieser Impuls bewegt sich mit nahezu Lichtgeschwindigkeit durch den Stromkreis, auch wenn die Flussgeschwindigkeit der einzelnen Elektronen als freie Ladungsträger eher gering ist.

Dies gilt natürlich auch für alle „Bewegungsabläufe“ bei Wechselstrom.

Die Augenblickswerte des Wechselstromes wandern ebenfalls mit annähernd Lichtgeschwindigkeit durch den Leiter. Dennoch ist die Zeit zwischen dem Nulldurchgang am Anfang der Leitung und dem Nulldurchgang am Ende der Leitung endlich.

Das bedeutet, dass die Augenblickswerte der Wechselspannung mit zunehmender Leitungslänge etwas verzögert auftreten. Die Leitungslänge, bei der die gleichen Augenblickswerte des Wechselstromes wieder absolut synchron verlaufen, ist die Wellenlänge λ.

Wenn die Periodendauer T oder die Frequenz f der Wechselspannung bekannt ist, kann die Wellenlänge berechnet werden. Diese Länge ist abhängig von der Frequenz, mit der sich die Augenblickswerte der Wechselspannung entlang der Leitung verändern.

Bekanntlich stehen der Weg s, die Zeit t und die Geschwindigkeit v in folgendem Zusammenhang:

$$s = v \cdot t$$

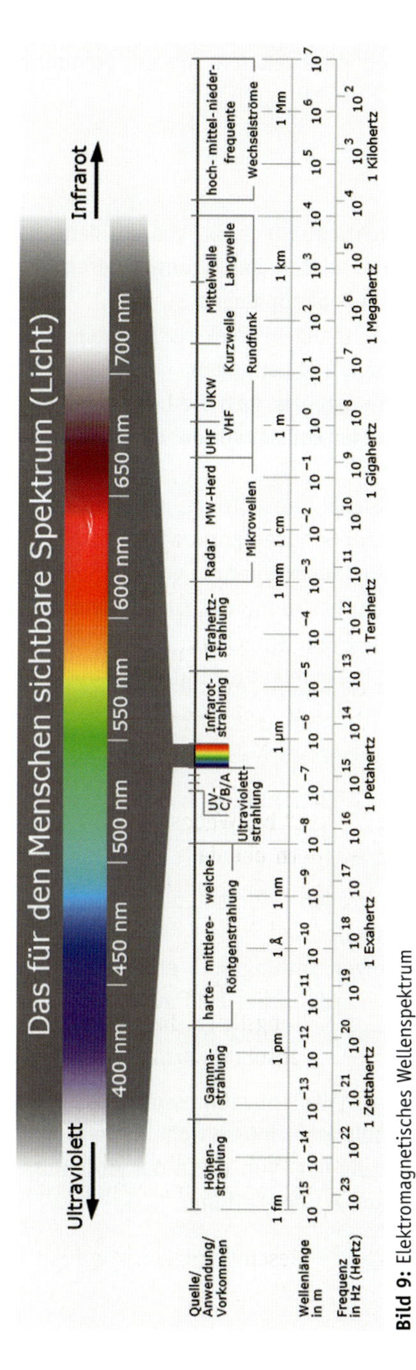

Bild 9: Elektromagnetisches Wellenspektrum

Setzt man nun für v die Lichtgeschwindigkeit c, für den Weg s die Wellenlänge λ und für die Zeit t die Periodendauer T ein, so ergibt sich:

$$\lambda = c \cdot T = \frac{c}{f}$$

λ Wellenlänge in m
c Ausbreitungsgeschwindigkeit in m/s
T Periodendauer in s
f Frequenz in Hz

Die Aussage dieser Formel ist folgende: Die Geschwindigkeit, mit der sich der Bewegungsimpuls entlang der Leitung fortbewegt, ist die Lichtgeschwindigkeit c, und die Strecke, die er während der Periodendauer T zurücklegt, die Wellenlänge λ. Die Formel zeigt, dass Frequenz und Wellenlänge umgekehrt proportional zueinander sind. Wenn die Frequenz groß ist, ist die Wellenlänge klein und umgekehrt.

Bei einer Netzfrequenz ($f = 50$ Hz) ist die Wellenlänge

$$\lambda = \frac{c}{f} = \frac{300.000 \text{ km}}{\text{s}} \cdot \frac{\text{s}}{50}$$
$$= 6.000 \text{ km}$$

Da unsere Energieversorgungsanlagen mit ihren Leitungen geringere Abmessungen gegenüber der Wellenlänge von 6.000 km haben, darf man an jeder Stelle eines elektrischen Stromkreises (Leitung) den gleichen Augenblickswert (sowohl beim Strom als auch bei der Spannung) annehmen. Das bedeutet: Der Bewegungsimpuls ist auf der ganzen Länge einer Leitung gleichzeitig vorhanden – Augenblickswerte, wie Stromnulldurchgänge oder Amplituden, werden entlang der gesamten Leitungslänge von allen Elektronen gleichzeitig erreicht.

Wenn man jedoch die Wellenlänge für einen Wechselstrom mit der Frequenz 5 GHz berechnet, ergibt sich:

$$\lambda = \frac{c}{f} = \frac{3 \cdot 10^8\,\text{m}}{\text{s}} \cdot \frac{\text{s}}{5 \cdot 10^9} = 6\,\text{cm}$$

Abmessungen von Stromkreisen, z. B. der Nachrichtentechnik, können dann in der Größenordnung der Wellenlänge liegen. Hier wirken die Leitungen bereits als Antennen, und es kommt zu Strahlungs- und Wellenkopplungen.

In der Praxis spricht man in diesem Zusammenhang von elektrisch langen (Leitungslänge $l > \lambda/10$) und elektrisch kurzen ($l \leq \lambda/10$) Leitungen.

Bei elektrisch langen Leitungen ist davon auszugehen, dass die Leitung

- als Empfangsantenne wirken kann, wenn Felder auf sie wirken, deren Wellenlänge klein genug ist,
- und dass sie, wenn sie ein hochfrequentes Signal transportiert, merklich mit dem Abstrahlen des Signals beginnt und so zur Sendeantenne wird.

Darüber hinaus spielt der Abstand der Störquelle (Sendeantenne) von der Störsenke (Empfangsantenne) eine Rolle. Erst ab einem bestimmten Abstand kann man von einer Beeinflussung durch eine abgestrahlte Welle sprechen.

Bei Abständen $< \lambda/2\pi$ liegt ein Nahfeld vor, bei dem keine Strahlungskopplung zu erwarten ist.

Wellenkopplung

Kommt die Wellenlänge einer Störgröße in die Größenordnung, wo die Systemabmessungen als elektrisch lange Leitung wirken, so sind Modellvorstellungen erforderlich, die diesen Sachverhalt berücksichtigen.

In ihnen wird die Beeinflussung als das Übergreifen einer laufenden leitungsgebundenen Welle auf ein Nachbarsystem behandelt.

Als Störquelle wirkt bei einer elektrisch langen Leitung u. U. eine elektromagnetische Welle, die ein elektrisches und ein magnetisches Feld auf der Leitung erzeugt. Hier kommt es zur Bildung von Störsignalen. Diese Störsignale können das Nutzsignal überlagern.

Besonders häufig entstehen diese Störsignale (Wellenbeeinflussung) bei nicht angepassten Leitungen. Da hier Reflexionen auftreten, müssen offene Leitungen einen Abschlusswiderstand enthalten. Anpassung liegt vor, wenn der Abschlusswiderstand so groß ist wie der Wellenwiderstand Z_W der Leitung:

$$Z_W = \sqrt{\frac{L}{C}}$$

L Induktivität der Leitung
C Kapazität der Leitung

Abhilfe gegen Wellenkopplung:

- Beschaltung offener Leitungen mit Abschlusswiderstand
- räumliche Trennung von Störquelle und Störsenke
- Schirmung
- Verdrillung

Strahlungskopplung

Mit steigender Frequenz der Störsignale steigt die Gefahr, dass die Störgröße nicht nur leitungsgebunden auftritt, sondern sich auch durch Strahlung im Raum ausbreitet. Je nach Frequenz der Störgröße und der geometrischen Struktur des beteiligten Betriebsmittels, das als Störsenke infrage kommt, nimmt dieses die abgestrahlten Störgrößen wie eine Antenne auf.

Ursachen für Strahlungsbeeinflussungen sind alle Einrichtungen, die elektromagnetische Wellen aussenden. Darunter fallen neben elektrischen Maschinen und der weit verbreiteten Leistungselektronik auch alle Arten von Sendeanlagen. Auch Blitzentladungen in Gewittern, Lichtbogenentladungen von Oberleitungen bei Schienenverkehr sowie unser Universum mit seiner kosmischen Strahlung senden elektromagnetische Wellen aus (**Bild 10**).

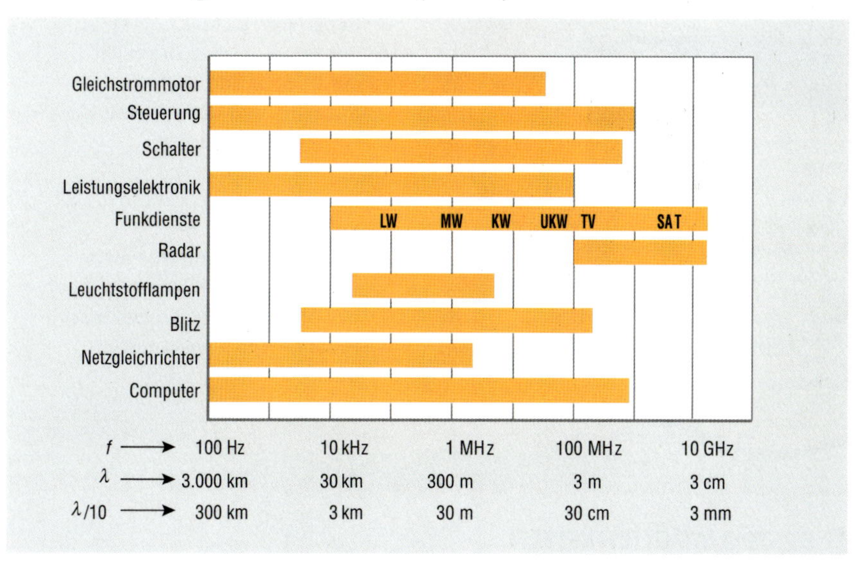

Bild 10: Frequenzbereiche verschiedener Störquellen

www.elektro.net

NORMEN UND VORSCHRIFTEN

Frank Ziegler
Gewusst wie
Normen und Vorschriften im Berufsalltag
2018. 152 Seiten. Softcover.
€ 36,80.
Fachbuch:
ISBN 978-3-8101-0462-5
E-Book/PDF:
ISBN 978-3-8101-0463-2

Anhand verschiedener Praxisfälle zeigt dieses Buch auf, wie sich Normen und Vorschriften im Berufsalltag umsetzen lassen.

Diese Themen werden behandelt:

- Rechtsgrundlagen
- Praxisfälle und deren normative und praktische Bewertung im Bereich
  - der Energietechnik
  - der Schaltanlagen/Verteiler
  - der Informationstechnik
  - des Blitz- und Überspannungsschutzes/der Erdung
  - des Brandschutzes
  - der Errichtung von Photovoltaikanlagen
  - der Errichtung von Not- und Sicherheitsbeleuchtungsanlagen
  - der Überprüfung von elektrischen Anlagen und Arbeitsmitteln
  - der EMV

IHRE BESTELLMÖGLICHKEITEN

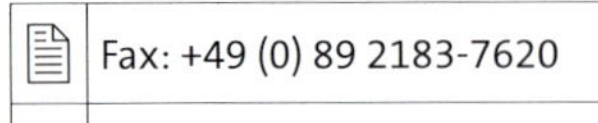

	Fax: +49 (0) 89 2183-7620
@	E-Mail: buchservice@huethig.de
	www.elektro.net/shop

Hier Ihr Fachbuch direkt online bestellen!

Hüthig GmbH, Im Weiher 10, D-69121 Heidelberg,
Tel.: +49 (0) 800 2183-333

© shutterstock_663873490_ Fishman64

Vorteile von modernen, energieeffizienten und unterbrechungsfreien Stromversorgungsanlagen (USV)

Frank Müller

Die hohe Verfügbarkeit unserer jetzigen öffentlichen Spannungsversorgung ist grundsätzlich nicht selbstverständlich. Durch den Einsatz neuer, nicht linearer Betriebsmittel und Anlagen (Computer, LED-Beleuchtung, Schaltnetzteilen ...) findet eine negative Veränderung und Beeinflussung innerhalb der elektrischen Versorgungsnetze statt. Sich linear verhaltende Betriebsmittel und Anlagen (Glühlampe, Nachtspeicher, E-Motoren ...) werden durch energieeffiziente Systeme ersetzt.

Das, was auf der Anschlussseite der Betriebsmittel stattfindet, findet in Deutschland aber auch in der Spannungsversorgung der Versorgungsnetzbetreiber (VNB) statt. Durch den vermehrten Einsatz von erneuerbaren Energien, mit z. B. Umrichtertechniken der Windkraft- oder Photovoltaikanlagen, verliert die flächendeckende Spannungsversorgung ihre Netzsteifigkeit (Netzimpedanz).

Die Möglichkeit, dass es zu einer sehr kurzen Spannungsveränderung (KU = Kurzzeitunterbrechung) kommen kann, ist zukünftig als sehr wahrscheinlich anzusehen.

Höher verfügbare Betriebsmittel und Anlagen müssen aus diesem Grund elektrisch unterbrechungsfrei angeschlossen und betrieben werden. Je nachdem, wie fehlertolerant die Verfügbarkeit der Spannungsversorgung in der Auslegung sein soll, müssen auch Redundanzen in den unterbrechungsfreien Stromversorgungen (USV) berücksichtigt werden.

Schwierig dabei ist es, die genauen späteren Auslastungszustände bereits in der Planungsphase zu kennen und optimal auszulegen.

Mit dem heutigen Einsatz von einschubmodularen und einzeln skalierbaren USV-Anlagen können die angeschlossenen Betriebsmittel- und Anlagenlasten mit der tatsächlich zur Verfügung stehenden USV-Leistung angepasst und wirtschaftlich effizienter betrieben werden.

Zur Verfügbarkeitserhöhung der Spannungsversorgung müssen USV-Redundanzkonzepte erarbeitet werden, welche dennoch wirtschaftlich sein sollten.

Besonders der Betrieb von USV-Anlagen im technischen Umfeld von Rechenzentren und hochverfügbaren Produktionsanlagen stellt hierbei eine technisch-wirtschaftliche Herausforderung dar.

Beschreibung von modernen USV-Anlagen

Die technischen Parameter heutiger sehr energieeffizienter USV-Anlagen erwirken in kürzester Zeit eine Kosteneinsparung gegenüber konventionellen USV-Anlagen.

Anhand einiger Bespiele wird nachfolgend aufgezeigt, wo die tatsächlichen technischen und wirtschaftlichen Stärken heutiger USV-Anlagen liegen.

In den letzten Jahren hat die Leistungselektronik den Aufbau von USV-Anlagen stark verändert.

Durch den stetigen Fortschritt der Leistungselektronik sind
- die Qualität und Quantität der Stromversorgung,
- die Baugröße,
- die Verfügbarkeit,
- die Skalierbarkeit,
- die unterbrechungsfreie Erweiterung,
- die Modularität,
- die Energieeffizienz und
- die Wartungsinhalte

nachhaltig optimiert worden.

Heutige modular aufgebaute USV-Anlagen können individuell lastabhängig zusammengeschaltet, hochverfügbar und dennoch energieeffizient betrieben werden. Es wird unterschieden in einschubmodulare und modulare USV-Anlagen.

Wirkungsweise der USV-Anlagen

Grundsätzlich gibt es drei technisch verschiedene USV-Anlagensysteme:
- **Offline** (VFD-Klassifizierung – nach EN 62040-3)
- **Line-Interaktiv** (VI-Klassifizierung – nach EN 62040-3)
- **Online** (VFI-Klassifizierung – nach EN 62040-3)

Die Funktionsweise der Offline- und Line-Interaktiven-USV-Anlagen lässt eine höchstverfügbare Spannungsversorgung wie bei den Online-USV-Anlagen nicht zu.

Bei den Offline- und Line-Interaktiven-USV-Anlagen sind sehr geringe Spannungsunterbrechungen, von nur einigen Millisekunden, nicht auszuschließen und führen bei vielen elektronischen und elektrischen Anlagen zu einer Betriebsunterbrechung.

Für eine höher verfügbare oder höchstverfügbare Spannungsversorgung verbleiben nur die sogenannten Online-Dauerwandler-USV-Anlagen (VFI-Klassifizierung).

Bei einer energieoptimierten Verwendung des oft angebotenen ECO-Mode ist das Verfügbarkeitskonzept bei Bedarf gesondert zu untersuchen und zu bewerten.

Funktionsweise der Online-USV-Anlagen (VFI)

Die höchste Verfügbarkeit bei USV-Anlagen wird durch den Dauerwandler des Gleichrichter-, Gleichstromzwischenkreis- und Wechselrichterbetriebes erlangt.

Unabhängig davon, in welcher Qualität die Spannung am Gleichrichter (GR) der USV-Anlage anliegt, erzeugt die USV-Anlage über den Wechselrichter (WR) pulsweitenmoduliert ihre eigene stabile, batteriegestützte, unterbrechungsfreie und sichere Spannungsversorgung (**Bild 1** bis **3**).

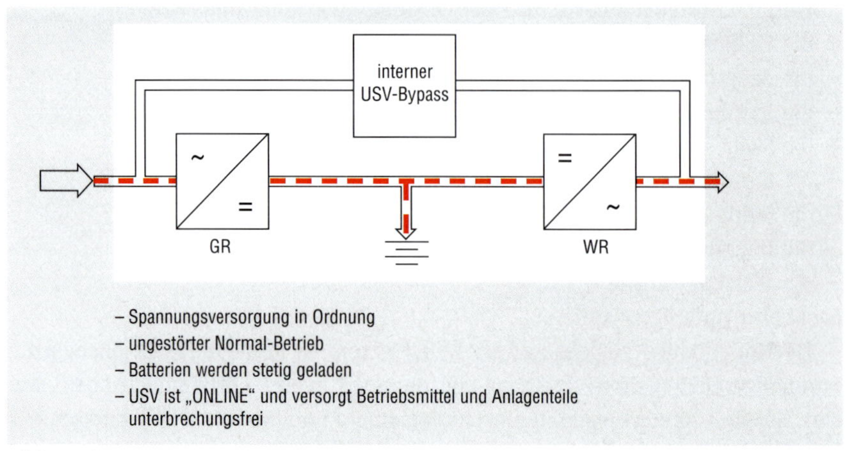

Bild 1: Online-USV im Netz-/Wechselrichterbetrieb

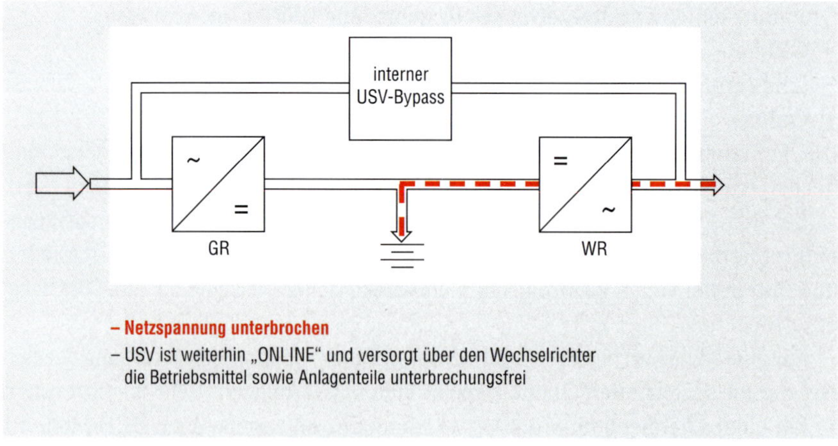

Bild 2: Online-USV gestört, im Batteriebetrieb

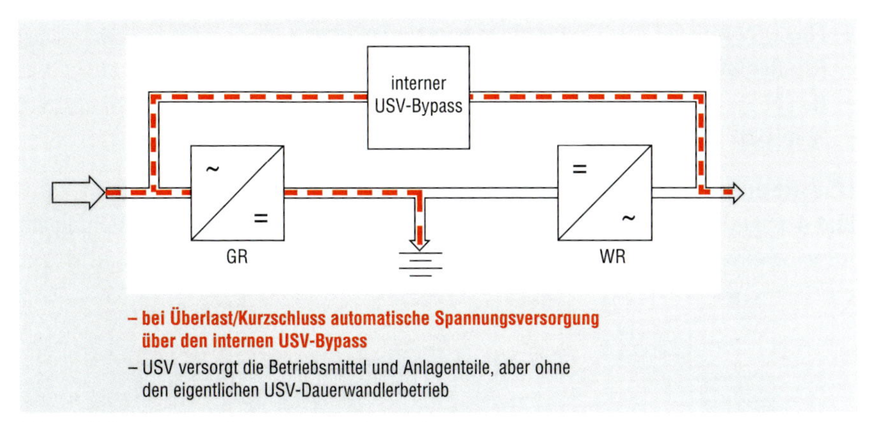

Bild 3: USV-Anlage gestört im internen Bypass-Betrieb

Redundanzkonzept

Auch eine noch so hochverfügbare, in sich redundante, meist einschubmodulare USV-Anlage kann ausfallen oder befindet sich in der Revision bzw. in der Wartung. Aus diesem Grund sollte eine zweite, völlig unabhängige Spannungsversorgung vorgesehen werden.

Die Versorgungsstrategie wird umgangssprachlich als „A/B-System“ bezeichnet. Eine A/B-Redundanz wird nur selten auch als solche gekennzeichnet. In der Fachliteratur werden die Verfügbarkeiten oft mit „2N“, „1(N+1)“ oder „2(N+1)“ etc. bezeichnet.

Wichtig ist dabei, dass eine redundant ausgelegte USV-Anlage nie mit mehr als 50 % Betriebsmittellast beschaltet werden darf.

Bei einem möglichen Ausfall einer einzelnen USV-Anlage bzw. einem USV-Halbsystem würde die Gesamtlast der verbleibenden USV-Anlage sonst mit mehr als 100 % Gesamtlast überlastet werden. Eine USV-Überlast führt dann zwangsläufig zu einem weiteren Ausfall der noch verbleibenden USV-Anlage und führt am Ende zum kompletten Spannungsausfall der elektrischen Versorgung.

Redundanz der USV-Anlagensysteme

Die Redundanzen der USV-Anlagen werden in ihrer Verfügbarkeit mit einem „N“ beschrieben. Die meisten technischen Unterlagen und Literaturen beschreiben dabei das Redundanzkonzept nicht mathematisch. Hier ist die Betrachtungsweise oft aus industriellen Fertigungsanlagen für eine Leistungserweiterung abgeleitet. Um der Darstellung einer „echten Redundanz“ für USV-Anlagen gerecht zu werden, wird diese an dieser Stelle mathematisch erläutert, berechnet und wie folgt festgelegt:

- **N** = USV-Anlage; Auslegung für maximale Belastung
- **R** = Redundanz
- **R** = **N**
- **% in Last** = Lastverteilung im Betrieb

USV-Redundanz/Verfügbarkeit „N, N+1 und N+2"

Bild 4 zeigt die einfache, redundante und mehrfach redundante Lastverteilung am Ausgang eines USV-Anlagensystems.

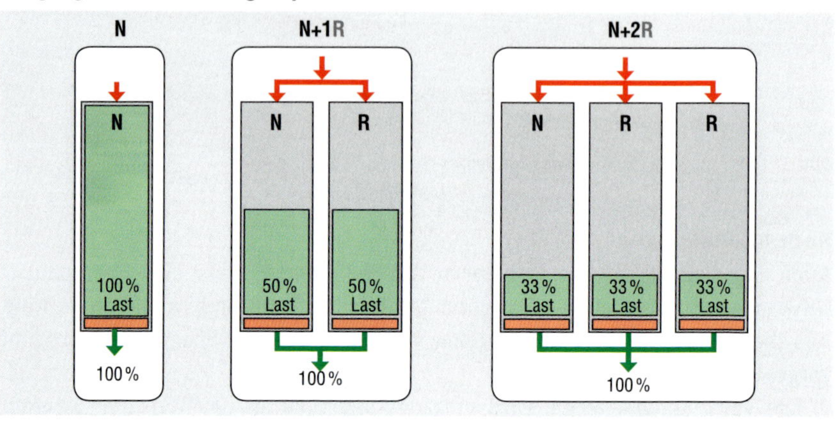

Bild 4: Redundanz N, N+1, N+2

USV-Redundanz/Verfügbarkeit „2N, 2(N+1) und 2(N+2)"

Bild 5 zeigt die parallel-redundante und **Bild 6** die mehrfach redundante Lastverteilung am Ausgang zweier USV-Anlagensysteme.

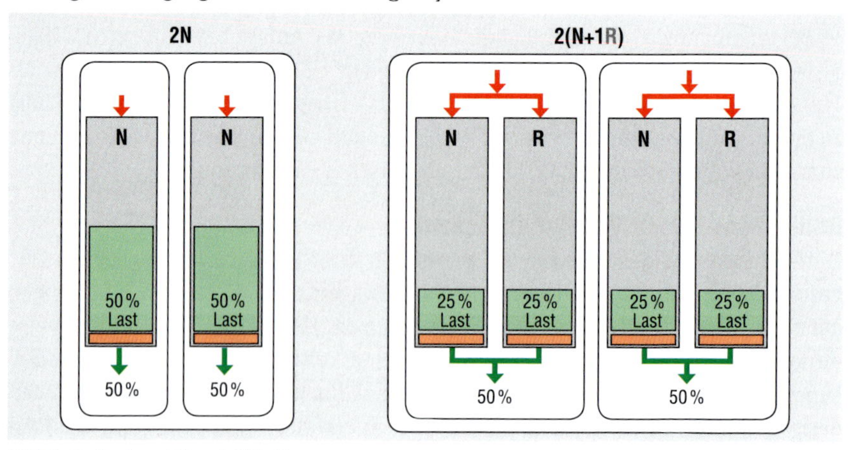

Bild 5: Redundanz 2N und 2(N+1)

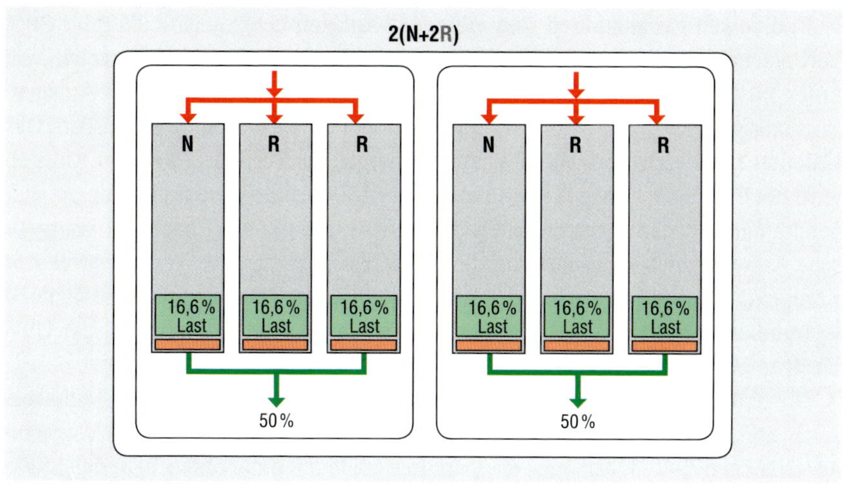

Bild 6: Redundanz 2(N+2)

Dimensionierung – Block vs. Modular

Mit dem Erwerb der USV-Anlagen muss festgelegt werden, mit welcher maximalen Betriebsmittellast gerechnet wird. Dieses führte dabei oft zu einer viel zu großen Auslegung und Dimensionierung der USV-Anlagen. Gerade im Rechenzentrumsbetrieb sind die USV-Anlagen zum Teil um ein Mehrfaches zu groß ausgelegt und können schon deshalb durch einen zu geringen Wirkungsgrad nicht energieeffizient betrieben werden.

Einschubmodulare USV-Anlagen werden energieoptimiert, physikalisch oder logisch an die Betriebsmittellast angepasst.

Auch können je nach Redundanzniveau weitere USV-Anlagensysteme angereiht werden, welche in einen „Schlafmodus“ gebracht werden und nur bei einem weiteren Hardwareausfall innerhalb einiger Millisekunden „aufwachen“.

Wirkungsgrad – Block vs. Modular

Die USV-Anlagen verursachen immer eine Verlustleistung durch die Leistungselektronik und die Lüftersysteme.

Die Verlustleistung ist stark von der Auslastung/Belastung der USV-Anlage abhängig. Eine sehr gering belastete USV-Anlage kann in der Regel nicht energieeffizient betrieben werden. Bei gering belasteten USV-Anlagen ist das Verhältnis der aufgenommenen und wieder abgegebenen Leistung nicht zufriedenstellend. „Ältere“ USV-Anlagen weisen einen akzeptablen Wirkungsgrad erst bei einer Mindestnennbelastung von größer als 30 % aus.

In diversen Installationen sind viele USV-Anlagen aber nur mit 10 % bis 20 % Verbraucherlast beschaltet. Die Wirkungsgradausbeute im Teillastbereich von unter 20 % ist dabei wirtschaftlich als nicht effizient anzusehen. USV-Anlagen-Wirkungsgrade von nur 50 % oder sogar weniger können festgestellt werden. Das bedeutet für die abgegebene elektrische Energie der Betriebsmittel und Anlagen wird noch zusätzlich, nur für den Betrieb der USV-Anlage elektrische Energie aufgenommen. Zu den Eigenverlusten der USV-Anlagen kommt noch der energetische Aufwand, den es bedarf, um die entstehende zusätzliche Verlustwärme mit Kühlsystemen und Lüftern aus dem Gebäude hinaus zu bewegen. Der zusätzliche Energiebedarf der Gebäudeinfrastruktur muss mit bis zu weiteren 1/3 der USV-Verluste berücksichtigt werden.

Die in der Praxis feststellbaren sehr hohen Verlustleistungen im USV-Teillastbereich sind dadurch zu erklären, dass im Regelwerk und den normativen Vorgaben der DIN EN 62040-3, Anhang J die Wirkungsgrade mit einer ohmschen, sich linear verhaltenden Anschlusslast ermittelt werden. Die Praxis zeigt, dass gerade die sich nicht sinusförmigen und nicht linear verhaltenden Schaltnetzteile der Rechenzentren eine wesentlich höhere Verlustleistung an den USV-Anlagen erzeugen. Diese Verluste werden durch den Leistungsfaktor (PF) und die Verzerrungsblindleistung (D) der elektrischen Betriebsmittel und Anlagen bestimmt.

USV-Blockanlagen-Idealzustand – Auslastung ~50%

Im idealen USV-Nennbetriebszustand, mit einer Auslastung von bis zu 50 %, lassen sich USV-Anlagen noch recht energieeffizient betreiben (siehe **Bild 7**).

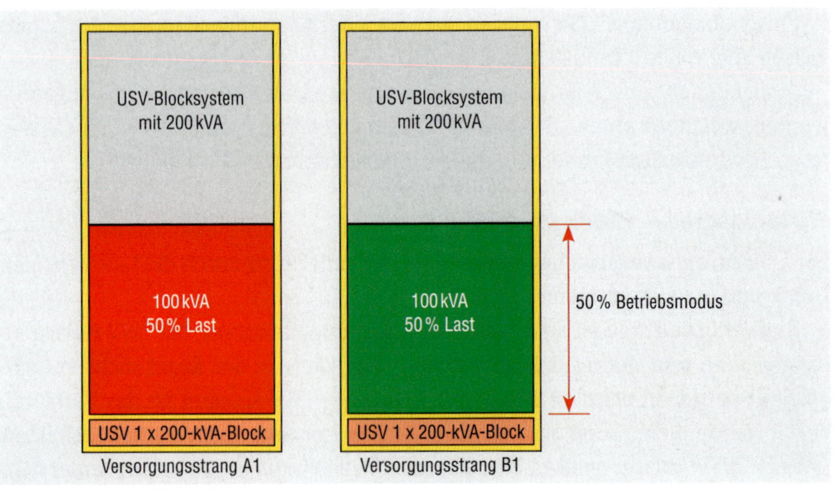

Bild 7: USV-Block-Idealfall

Einige Hersteller von USV-Anlagen nennen bei einer Teilauslastung von bis zu 50 % einen Wirkungsgrad von bis zu 95 %.

Dieser angedachte Betriebszustand ist eigentlich so in der Praxis nie anzutreffen.

Beispielberechnung zu Bild 7
Der Gesamtverlust in dieser Konstellation mit zwei 200-kVA-USV-Anlagen beträgt:
2 x 5 kW (= 100 kVA x 5 %) = 10 kW pro Stunde = 8.760 Jahresstunden x 10 kW = 87.600 kWh x 0,20 EUR pro kWh* = 17.520 EUR USV-Verlustleistung

* Strombezugspreis: Durchschnitts- und Erfahrungswert, muss auf kundenspezifische Installation angepasst werden.

USV-Blockanlagen Teillastzustand – Auslastung ~25 %

Problematisch wird es, wenn die USV-Auslastung im A/B-Konzept bzw. 2N-Konzept nicht idealisiert bei bis zu 50 % liegt, sondern wie in dem nachfolgenden Beispiel nur mit <25 % Verbraucherlast betrieben wird (siehe **Bild 8**).

Dabei ist eine Teilbelastung von 25 % sehr praxisnah und oft in Kundeninstallationen vorzufinden.

Bei einer Auslastung von nur 25 % der 200-kVA-USV-Anlage werden Eigenverluste von 200 kVA x 25 % x 0,1 = 5kW erzeugt, die den Wirkungsgrad negativ beeinflussen (gerechnet ohne Ladestrom der Batterien).

Bei einer Auslastung von „nur“ noch 25 % liegt der Wirkungsgrad erfahrungsgemäß bei ca. 90 %.

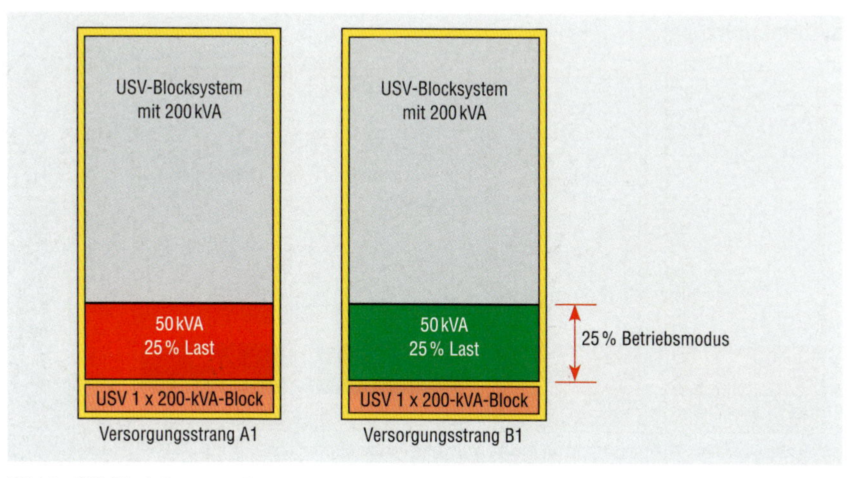

Bild 8: USV-Block-Istzustand

Beispielberechnung zu Bild 8:
Der Gesamtverlust in dieser Konstellation mit zwei 200-kVA-USV-Anlagen beträgt:
2 x 5 kW (= 50 kVA x 10 %) = 10 kW pro Stunde = 8.760 Jahresstunden x 10 kW = 87.600 kWh x 0,20 EUR pro kWh = 17.520 EUR USV-Verlustleistung

Das bedeutet, die Verlustleistung bei einer 25 %-USV-Auslastung ist annähernd dieselbe wie bei einer optimierten USV-Auslastung von 50 %.

USV-Blockanlagen 2(N+1) Redundanz-Konzept Teillastzustand ~ 12,5 %

Ein hochwertigeres Rechenzentrum-Redundanzkonzept würde vorsehen, dass der Ausfall einzelner USV-Blockanlagen unterbrechungsfrei dargestellt wird.

In der verwendeten Annahme werden in Summe vier 200 kVA USV-Blocks benötigt **(Bild 9)**.

Diese energetisch nicht optimale Konstellation bedeutet, dass die Nennlast pro USV-Block auf nur noch 12,5 % (25 kVA) reduziert wird. Die Auslastung von ~ 12,5 % erzeugt bei USV-Blockanlagen einen sehr ineffizienten Wirkungsgrad!

Erfahrungsgemäß ist bei einer 12,5 %-USV-Auslastung ein sehr schlechter Wirkungsgrad von nur noch ca. 80 % oder schlechter zu erzielen. Die Datenblätter untersuchter USV-Anlagen weisen hier noch Wirkungsgrade von > 80 % aus. Diese Werte entsprechen in der Regel aber nur den Test- und Laborbedingungen mit einer angeschlossenen linearen Betriebsmittellast.

Im heutigen Rechenzentrumsbetrieb gibt es keine linearen Betriebsmittellasten mehr. Die angeschlossenen Server- und IT-Systeme erzeugen eine nichtlineare kapazitive Betriebsmittellast, die weitere, nicht unerhebliche Verluste in den USV-Systemen erzeugt.

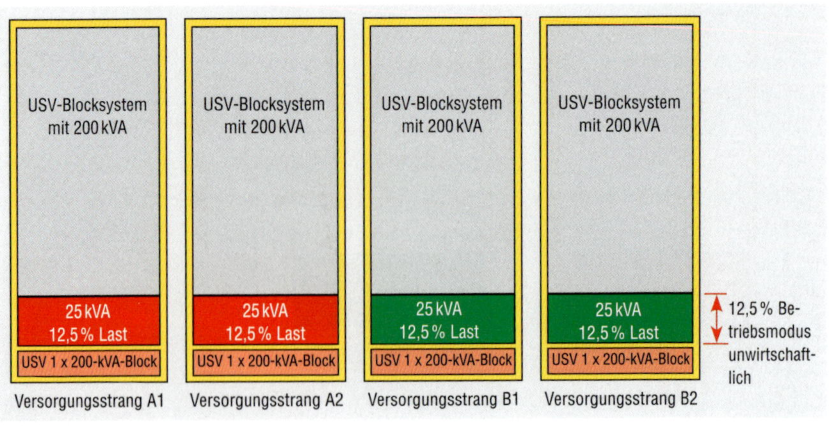

Bild 9: USV-Block mit Redundanz

Beispielberechnung zu Bild 9:
Der USV-Gesamtverlust in dieser Konstellation beträgt:
4 x 5 kW (= 25 kVA x 20 %) = 20 kW pro Stunde = 8.760 Jahresstunden x 20 kW = 131.400 kWh x 0,20 EUR = 26.280 EUR USV-Verlustleistung

Zusammenfassung
Je geringer die Auslastung der USV-Anlage ist, desto schlechter ist der Wirkungsgrad. Eine energetische Ertüchtigung und Neuinvestition ist anzustreben. Eine nachweisliche Amortisierung und Einsparung wertvoller Ressourcen und wirtschaftlicher Aspekte erfolgt mittelfristig!
Beispielsrechnung Stromverbrauchskosten:
Je nach abgeschlossenem Liefervertrag für den Arbeits- und Leistungspreis kostet im Rechenzentrum eine Kilowattstunde Strom im Jahr (365 d/24 h):
- bei 13 Ct pro kW/h = 1.139 EUR/a
- bei 14 Ct pro kW/h = 1.226 EUR/a
- bei 15 Ct pro kW/h = 1.314 EUR/a
- bei 16 Ct pro kW/h = 1.402 EUR/a
- bei 17 Ct pro kW/h = 1.489 EUR/a
- bei 18 Ct pro kW/h = 1.577 EUR/a
- bei 20 Ct pro kW/h = 1.752 EUR/a
- bei 25 Ct pro kW/h = 2.190 EUR/a

Abhängig vom stetig steigenden Strompreis (inkl. weiterer „Abgaben" plus Subventionsumlagen) ist die Einsparung jedes einzelnen kW im Rechenzentrumsbetrieb ein finanzieller, ökologischer und ökonomischer Gewinn.

Zwei einschubmodulare 200-kVA-USV-Anlagen

Bei den modularen USV-Anlagen in Einschubtechnik besteht eine völlig andere Verfügbarkeit und Redundanz.

Diese USV-Anlagen bestehen nicht aus einem großen Anlagenblock, sondern aus mehreren einzelnen Einschub-Modulen, welche die Gesamtleistung der Rechenzentrum-Infrastruktur abbilden (in dem nachfolgenden Beispiel mit max. 4 x 50 kVA = 200 kVA), siehe **Bild 10**.

Mit dieser zusätzlichen Modularität besteht die Möglichkeit, das Redundanz- und Verfügbarkeitskonzept weiter technisch und auch wirtschaftlicher zu optimieren.

Durch einen redundanten Aufbau der Steuerung (Controller) wird der Totalausfall der „USV-Intelligenz" sichergestellt.

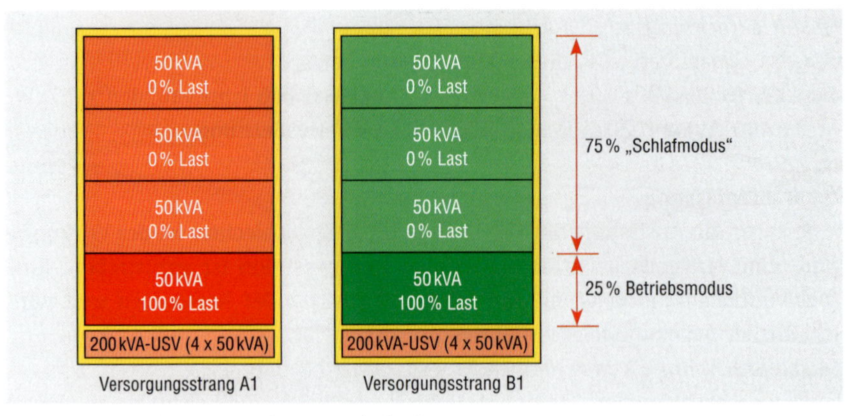

Bild 10: Zwei modulare USV-Anlagen vs. Blockanlagen

Zwei einschubmodulare 200-kVA-USV-Anlagen – optimiert (1)

Die hier genannte, einzeln einschubmodulare 4 x 50-kVA-USV-Anlage (**Bild 11**) dient nur der Darstellung, Berechnung und einer Vergleichbarkeit.

Um den Ausfall eines USV-Moduls unterbrechungsfrei sicherzustellen, sollten mindestens immer zwei 50-kVA-Module pro Versorgungsstrang im Betrieb sein.

Die zwei verbleibenden Module befinden sich dann im „Schlafmodus/Stand-by-Modus“. Das „Aufwachen“ im Schlafmodus dauert bis zu einigen Millisekunden. Sollte ein einzelnes USV-Modul ausfallen, so übernimmt das zweite, betriebsbereite USV-Modul die Aufgaben des defekten Moduls.

Zur Verfügung gestellte USV-Ausgangsleistung = 2 x 25 kVA + 2 x 25 kVA = 100 kVA

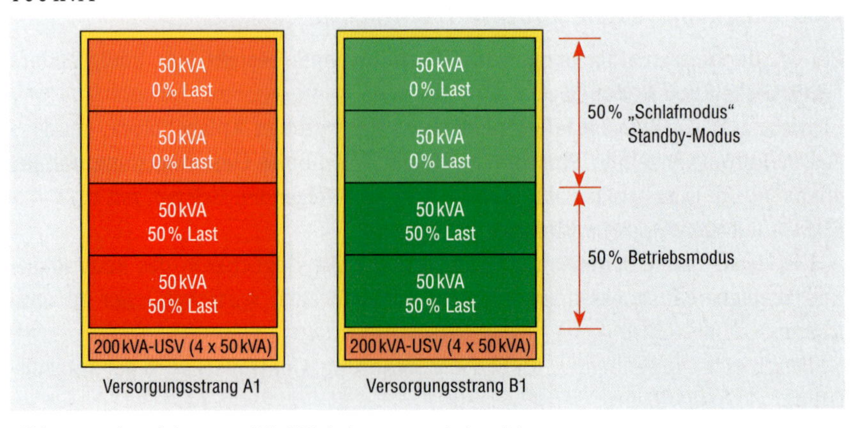

Bild 11: Zwei modulare 200-kVA-USV-Anlagen – optimiert (1)

Zwei einschubmodulare 200-kVA-USV-Anlagen – optimiert (2)

Eine kaufmännische Optimierung könnte der stufenweise Ausbau der modularen USV-Anlage sein (**Bild 12**).

Die USV-Anlage würde der tatsächlichen elektrischen Rechenzentrumslast angepasst werden, um energieeffizient und dennoch hochverfügbar betrieben zu werden.

Aus Verfügbarkeitsgründen sollte mindestens ein „Optionsmodul“ vor Ort deponiert und einsatzfertig parametriert sein.

Zur Verfügung gestellte USV-Ausgangsleistung = 2 x 25 kVA + 2 x 25 kVA = 100 kVA.

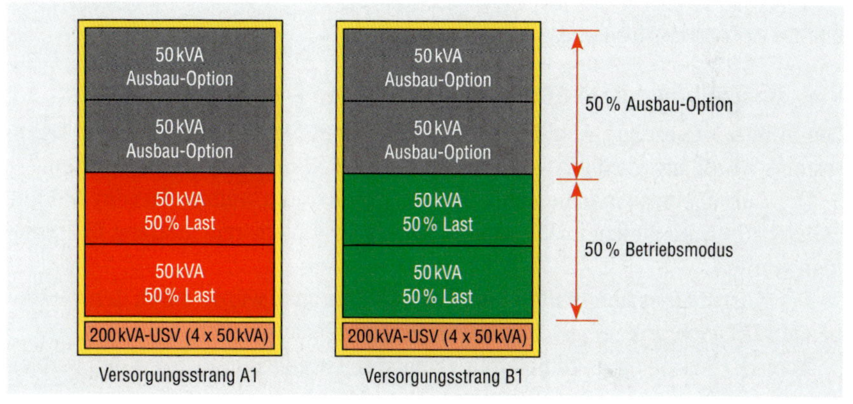

Bild 12: Zwei modulare 200-kVA-USV-Anlagen – optimiert (2)

Vier einschubmodulare 100-kVA-USV-Anlagen – optimiert (3)

Mit einer weiteren Skalierung des USV-Anlagensystems und dem Aufbau von zwei 100-kVA-, statt einer 200-kVA-USV-Anlage pro Versorgungsstrang wird die Verfügbarkeit auf ein echtes 2(N+1)-Redundanzsystem aufgewertet (**Bild 13**).

In dieser dargestellten Konstellation und im A/B-Betrieb sind der Verlust einer modularen USV-Anlage bzw. eines USV-Moduls sowie der Verlust eines kompletten Versorgungsstrangs temporär hinnehmbar.

Die Investitionen sind dennoch recht aufwendig, da die einzelnen modularen USV-Anlagen voll bestückt sind.

Zur Verfügung gestellte USV-Ausgangsleistung = 4 x 25 kVA = 100 kVA.

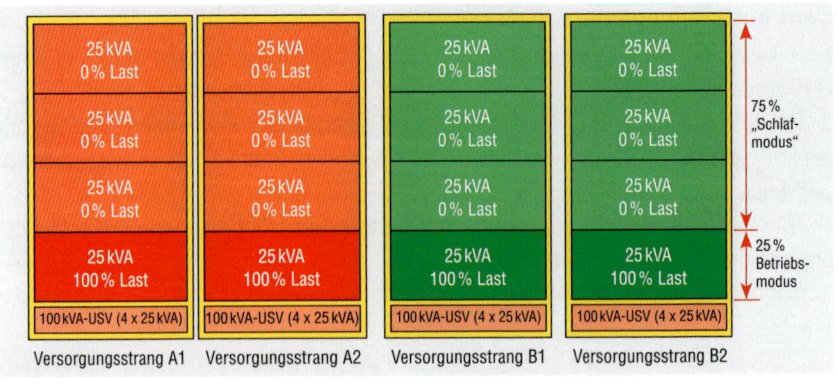

Bild 13: Vier modulare 100-kVA-USV-Anlagen – optimiert (3)

Vier einschubmodulare 100-kVA-USV-Anlagen – optimiert (4)

Die in **Bild 14** gezeigte Abbildung einer modularen Skalierung des USV-Anlagensystems würde die Verfügbarkeit auf ein 2(N+2)-Redundanzsystem aufwerten.

Der Ausfall eines einzelnen USV-Moduls würde durch weitere Standby-Module zeitunkritisch im gleichen USV-Anlagensystem bzw. Versorgungsstrang übernommen werden.

Der Ausfall eines kompletten 100-kVA-USV-Schranks würde durch den verbleibenden USV-Schrank im gleichen Versorgungsstrang ausgeglichen werden.

Auch der Ausfall eines kompletten Versorgungsstranges kann durch den verbleibenden USV-Versorgungsstrang unterbrechungsfrei kompensiert werden.

Bild 14 zeigt eine 66 %-Auslastung der jeweiligen 25-kVA-Einschubmodule, was einen sehr guten Wirkungsgrad darstellt.

Zur Verfügung gestellte USV-Ausgangsleistung = 6 x 16,67 kVA = 100 kVA.

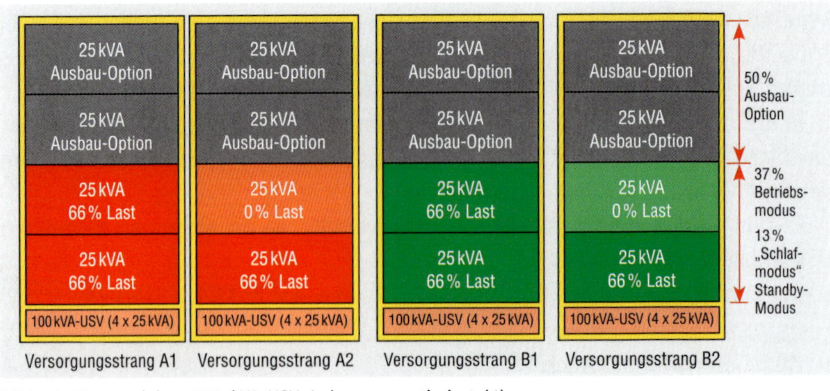

Bild 14: Vier modulare 100-kVA-USV-Anlagen – optimiert (4)

Gegenüberstellung der unterschiedlichen USV-Anlagen

Die Unterschiede zwischen den USV-Block-Anlagen und den einschubmodularen USV-Anlagen sind unter anderem, dass letztere modular im laufenden Betrieb skalierbar und dank einzelner Einschubmodule höher verfügbar sind. Zusätzlich werden die einschubmodularen USV-Anlagen in einem wesentlich effizienteren und wirtschaftlicheren Wirkungsgrad elektrisch betrieben.

Bild 15 stellt die zwei unterschiedlichen USV-Anlagensysteme gegenüber. Als Beispiel dient ein USV-Redundanz-Konzept mit zwei 200-kVA-Blockanlagen, die zwei einschubmodularen USV-Anlagen mit 200 kVA (4 x 50 kVA) gegenübergestellt sind.

Die zur Verfügung gestellte Ausgangsleistung beträgt in diesem Bespiel je USV-Anlage 100 kVA.

Block = 2 x 50 kVA = 100 kVA
Modular = 4 x 25 kVA = 100 kVA

Bild 15 entspricht oft vorgefundenen Installationen in einem Rechenzentrum. Einschubmodulare USV-Anlagen können den Wirkungsgrad technisch und kaufmännisch erheblich optimieren.

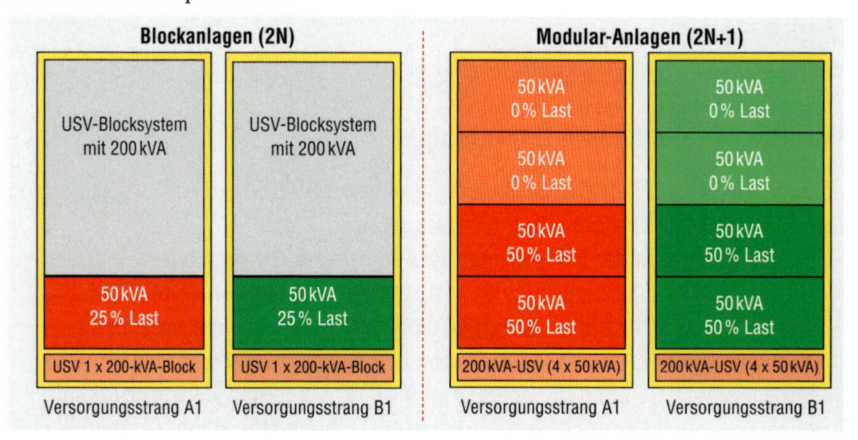

Bild 15: modulare Blockanlagen vs. USV-Anlagen

Wirkungsgrad und Verlustleistungskosten

Die Anschaffungsmehrkosten liegen bei einer modularen USV-Anlage gegenüber einem USV-Blocksystem bei ca. 30 % mehr (individuelles Preisgefüge). Die Mehrkosten sind darin begründet, dass die modularen USV-Anlagen aus viel mehr Einzelbauteilen bestehen. Auch sind die Mehrkosten stark vom Hersteller und deren umgesetzten Maßnahmen zur EMV-Filterung von Netzbeeinflussungen abhängig.

Nachweis der USV-Verlustleistung

Nachfolgendes Beispiel stammt aus einem ehemaligen Rechenzentrum mit einem 2(N+1), 6 x 200-kVA-USV-Blockanlagen-System. Die sechs 200-kVA-USV-Blockanlagen wurden in einem sehr schlechten Wirkungsgrad von zum Teil kleiner 80 % elektrisch betrieben.

Aus Gründen der Energieeinsparungen, Wirtschaftlichkeitssteigerung und der immer wichtiger werdenden Nachhaltigkeit wurden in diesem Rechenzentrum die USV-Blockanlagen gegen sechs neue einschubmodulare USV-Systeme ausgetauscht.

Nach dem erfolgten Austausch der sechs USV-Blockanlagen wurde mit der tatsächlichen Rechenzentrumslast die Verlustleistung der neuen einschubmodularen USV-Anlagen messtechnisch dokumentiert und nachgewiesen.

Die Wirkungsgrade sind wesentlich höher als bei den zuvor verbauten Blockanlagen. Ab einer USV-Ausgangslast von 27 % ist der Wirkungsgrad annähernd bei 98 % (**Tabelle 1**).

Last am USV-Ausgang	27 % 54 kW	30 % 60 kW	35 % 70 kW	40 % 80 kW	44 % 88 kW
Wirkungsgrad in %	97,95	97,98	97,92	98,03	98,00

Tabelle 1: Erzielte Wirkungsgradtabelle bei einer realen RZ-Auslastung

Vorteile von modularen USV-Anlagen

Anders wie bei vergleichbaren, konventionellen USV-Anlagen-Installationen sind folgende positive Veränderungen feststellbar:

- Der Technikraum der USV-Anlagen ist überdurchschnittlich leise.
- Im Technikraum ist nicht das übliche „Zirpen“ der Umrichter zu hören.
- Die Lüfter der USV-Anlage laufen lastabhängig sehr leise und langsam. Nur sehr geringe, lastabhängige Luftbewegungen werden wahrgenommen.
- Die bauseitigen Umluftklimageräte müssen im Mess- und Regelprozess mit der jetzigen, viel geringeren Verlustleistung angepasst und neu parametriert werden.
- Die benötigte Aufstellfläche von modularen USV-Anlagen fällt räumlich geringer aus. Die modularen USV-Anlagen werden in 19″-Technik, in 2,0 m hohe 19″-Schrankgehäuse eingebaut.
- Die Netzrückwirkungen in der Spannung (THDU bis zu 63.OS) liegen bei einem sehr guten Wert von < 2 %.
- Der Eingangssinus entspricht einer kaum verzerrten linearen Betriebsmittellast.

- Eine zusätzliche oder besondere Belastung an der Netzersatzanlage (NEA) wird nicht erwartet.
- Redundanzkonzepte können durch Erweiterung der Module realisiert werden.
- Bei Last- und Leistungsveränderungen kann ohne weiteren Verlust der Spannungsverfügbarkeit sowie des energetischen Wirkungsgrads im laufenden Betrieb die USV-Anlage erweitert und angepasst werden.

Verfügbarkeit der Spannungsversorgung

Oft sind vorgefundene USV-Redundanzkonzepte eines „A/B-Systems" oder einer „2N+1-Lösung" zur höherverfügbaren, elektrischen Spannungsversorgung nicht richtig ausgelegt und führen bei einem nicht berücksichtigen Fehler zum Verlust der Spannungsversorgung. Um die Spannungsversorgung hochverfügbar zu halten, muss immer der gesamte Versorgungspfad, von der Spannungsquelle bis zum letzten Verbrauchernetzteil berücksichtigt werden.

In der Betrachtung der Verfügbarkeit sowie Auslegung der Redundanzen sind nachfolgende Punkte von weiterer Bedeutung:

- vorgelagerte Spannungsversorgung (Mittelspannung/Niederspannung/ Netzersatzanlagen),
- fachgerechte Auslegung und Beschaltung des USV-Eingangs sowie des USV-Bypasses,
- eventuell kombinierter Betrieb von passiven und aktiven Netz- und Sinusfiltersystemen,
- interne und externe Bypass-Schalter und -Schaltungen,
- mögliche Bypass-Schaltung einzelner USV-Module im USV-Schrank,
- Mehrfachauslegung der Steuerung (wie z. B. für „sequenzing", „balancing" „master/slave", „sleep", „eco-mode"),
- Gleichspanungsversorgung der Batteriestränge (wie z. B. Batteriequalität und -quantität, präventive Batterieüberwachung),
- Aufbau von unterschiedlichen, Mehrfachbatteriesträngen.

Die Verfügbarkeit und Redundanz der USV-Anlagen ist regelmäßig auf eine sichere Funktion und eine unterbrechungsfreie Betriebsübernahme zu prüfen. Dieses wird mit einem kontrollierten, beherrschbaren Test, mit einer Gesamtabschaltung der elektrischen Versorgung (Black-Building-Test) erprobt und nachgewiesen. Im Black-Building-Test muss das USV-Konzept die Lastübernahme der angeschlossenen Betriebsmittel und Anlagen sicherstellen können. Der Nachweis dazu sollte immer messtechnisch dokumentiert werden.

Investitions- und Betriebskosten

Betrachtet man allein die Beschaffungskosten sind die USV-Anlagen in Blockbauweise kostengünstiger als die einschubmodularen und skalierbaren USV-Anlagen. Mit einer Wirtschaftlichkeitsberechnung zeigen sich projektabhängig sehr schnell die Mehrkosten von konventionellen Blockanlagen gegenüber einschubmodularen USV-Anlagensystemen.

Bei einer mehrjährigen Betriebsnutzung lassen sich durch modulare USV-Anlagensysteme hervorragend Kosteneinsparungen darstellen.

Die Mehrkosten einer einschubmodular skalierbaren USV-Anlage kompensieren sich durch die Teillastoptimierung und die damit verbundene Wirkungsgradverbesserung über die Betriebslaufzeit im Rechenzentrum sowie eine zusätzliche Verbesserung der Verfügbarkeit.

Literaturverzeichnis

[1] DIN EN 62040-3:2011-12; VDE 0558-530:2011-12
Unterbrechungsfreie Stromversorgungssysteme (USV) – Teil 3: Methoden zum Festlegen der Leistungs- und Prüfungsanforderungen (IEC 62040-3:2011); Deutsche Fassung EN 62040-3:2011

[2] bdew – Bundesverband der Energie- und Wasserwirtschaft
Strompreisentwicklung – Strompreis-Bestandteile für Haushalte
(Stand 01/2018)

Autor

Nach der Ausbildung zum Elektroinstallateur erwarb *Frank Müller* seinen Meisterbrief. In seinen Berufsjahren konnte er vielfältige Erfahrungen im Bau von Produktionsanlagen, Rechenzentren, Serverräumen, Kommunikationssystemen, Netzwerkkomponenten und deren Infrastruktur im nationalen sowie internationalen Umfeld sammeln. Seit 2004 ist er als selbständiger Sachverständiger und Gutachter tätig. 2012 wurde er von der Handwerkskammer Lübeck öffentlich bestellt und vereidigt.

Frank Müller arbeitet zudem seit mehreren Jahren als freier Dozent in der Weiterbildung und als Gastredner bei verschiedenen Veranstaltungen.

Bidirektionale Energiespeicherung in der Elektromobilität

David Chuchra

Einleitung

Wir befinden uns aktuell in einer Zeit, in der immer mehr Menschen von konventionellen Brennstoffen und nicht zuletzt von den großen Konzernen unabhängiger werden wollen. Die Erzeugung erneuerbarer Energien ist auf dem Vormarsch, und „green" zu sein liegt gerade voll im Trend. Diese Trendwende hin zu dezentraler regenerativer Erzeugung von Wärme und Strom auf dem eigenen Hausdach stellt die Netzbetreiber allerdings vor neue Herausforderungen. Stark fluktuierende Erzeuger wie zum Beispiel Windkraft oder Photovoltaik erfordern eine neue Netzstruktur und intelligentes Lastmanagement auf der Verbraucherseite, sogenanntes Demand-Side-Management. Natürlich wollen Privatverbraucher mit eigenen Photovoltaikanlagen diese auch optimal ausnutzen. Eine naheliegende Konsequenz wäre die Einbindung eines „intelligenten" Stromspeichers, der bei einem Überangebot von Photovoltaik-Strom – sprich in der Mittagszeit – beladen und in den Abend- und Nachtstunden wieder entladen wird. Stromspeicher sind allerdings kostspielig und bieten vergleichsweise geringe Kapazitäten.

Bereits 1997 wurde von *Willett Kempton* an der University of Delaware gemeinsam mit Steven Letendre vom Green Mountain College in Vermont das Konzept des „Vehicle to Grid" beschrieben [1]. Beim Vehicle to Grid, im Folgenden mit V2G abgekürzt, geht es um die Integration von Elektromobilität in das Stromnetz. Dabei wird dem Netzbetreiber die Fahrzeugbatterie in den Standzeiten zur Verfügung gestellt. Sowohl für die Netzbetreiber als auch für Verbraucher werden dadurch Vorteile erzielt. Zum einen können die Traktionsbatterien in Schwachlastzeiten negative Regelleistung bereitstellen und damit beispielsweise die Abriegelung von Windkraftanlagen verhindern beziehungsweise verzögern. Für den Verbraucher bedeutet das eine Beladung zu günstigen Tarifen. Zum anderen können die Fahrzeuge in Spitzenlastzeiten oder bei unvorhergesehenen Schwankungen in der regenerativen Erzeugung positive Regelleistung bereitstellen. Dadurch wird zuerst der regenerativ erzeugte Strom aus den Fahrzeugbatterien verbraucht, bevor fossile Brennstoffe zum Einsatz kommen.

Obwohl die Kapazität der Fahrzeugbatterien im Vergleich zu konventionellen Stromspeichern hoch ist, ist sie im Vergleich zum gesamten Stromverbrauch doch verschwindend gering. In Kombination mit hohen Investitionskosten für Fahrzeuge und Ladestationen mit aufwendiger Steuerelektronik bieten V2G Konzepte derzeit keine oder nur minimale wirtschaftliche Vorteile [2][3][4]. Auch in Szenarien für 2020 und 2030, in denen mit einem erhöhten Anteil an Elektromobilität gerechnet wird, stellen sich keine nennenswerten Einsparungen ein [5].

An dieser Stelle setzen sogenannte Vehicle-to-Home(V2H)-Konzepte an. Hier wird die Fahrzeugbatterie nicht in das übergeordnete Netz des Netzbetreibers, sondern in das eigene Haushaltsnetz, oder auch Micro-Grid, integriert. Auch wenn bei V2H-Konzepten bestimmte technische Voraussetzungen gegeben sein müssen, ist das Potenzial hier höher einzuschätzen. Nissan entwickelt derzeit das „Leaf-to-Home"-Konzept, das es ermöglicht, einen japanischen Haushalt bis zu zwei Tage lang aus der Fahrzeugbatterie mit Strom zu versorgen [6]. Aktuell befindet sich das Projekt in Japan [7] in der Testphase.

Neben dem Anreiz, möglichst viel des erzeugten Stroms selbst zu nutzen, bietet die Einbindung von Elektromobilität weitere Vorteile für den Anwender. Durch die Möglichkeit der Stromspeicherung von selbst erzeugtem Strom im eigenen Elektroauto wird die Abhängigkeit von konventionellen Brennstoffen und EVUs auf zwei Arten reduziert. Zum einen wird der Strombezug durch den Energieversorger verringert, zum anderen kann der Solarstrom für eine CO_2-neutrale Mobilität genutzt werden.

Fahrzeugbatterien

Entscheidend für Vehicle-to-Grid- beziehungsweise Vehicle-to-Home-Systeme ist die Fahrzeugbatterie. In der Automobilindustrie haben sich Lithium-Ionen-Akkus durchgesetzt, da diese eine Energiedichte von 95 Wh/kg bis 190 Wh/kg aufweisen. Zum Vergleich: Ein Nickel-Metall-Hydrid-Akku besitzt etwa 50 Wh/kg bis 70 Wh/kg. Neben der geringen Selbstentladung und der thermischen Stabilität weisen Lithium-Ionen-Akkus Gesamtwirkungsgrade um die 90 % auf [8]. Derzeit gelten besagte Traktionsbatterien als die beste Option [9] für die Verwendung im Bereich Elektromobilität. Lithium-Ionen-Akkus haben auch weitere Vorteile gegenüber herkömmlichen Blei-Gel- oder Blei-Säure-Batterien, die häufig in Solarspeichern verwendet werden. Während Blei-Akkus eine geringe Entladetiefe von etwa 50 % aufweisen, punkten Li-ion-Akkus durch Entladetiefen von 90 % bis maximal 100 %. Darüber hinaus ist die Zyklenfestigkeit wesentlich höher. Preislich liegen Lithium-Ionen-Batterien leicht über Blei-Akkus.

Ein großes Thema sind die möglichen Ladezyklen von Batteriesystemen. Im normalen Betrieb eines Elektroautos soll laut NPE eine Zyklen-Festigkeit von mindestens 2.500 Vollladezyklen erreicht werden [10]. Tesla gibt für den Roadster 800 bis 1.000 Ladezyklen an, bis 80 % der Nennkapazität erreicht sind [11]. Die Reichweite des Roadsters beträgt je nach Herstellerangaben 340 km [12]. Je Batterie entspricht das einer Laufleistung von 270.000 bis 340.000 Kilometern, im

Extremfall des Roadsters 3.0 sogar bis zu 640.000 Kilometern. Selbst mit dem Mitsubishi iMiEV, der eine geringere Akkukapazität hat, ergibt sich bei 1.000 Ladezyklen eine Laufleistung von 130.000 km. Werden hier tatsächlich die geforderten 2.500 Vollladezyklen erreicht, würde das einer Laufleistung von 325.000 km entsprechen. Das Beispiel zeigt, dass die Batterietechnologie bereits heute für die massentaugliche Nutzung geeignet ist.

Darüber hinaus hat bidirektionales Laden nach einigen Theorien sogar einen positiven Effekt auf die Lebensdauer des Akkus. Begründet wird dies damit, dass die Batterien einer anderen Belastungsart ausgesetzt werden. Während der Fahrt wird diese ruckartig beim Gas geben entladen und beim Bremsvorgang genauso ruckartig beladen. Das Be- und Entladen durch die Ladestationen in Verbindung mit dem Energiemanagementsystem sorgt für eine sanftere Be- und Entladung und bewirkt eine Gesundung des Akkus. Langzeitstudien, die diese Aussage bestätigen oder wiederlegen liegen allerdings noch nicht vor.

Konzeption der Anlage

Um nun den technischen und wirtschaftlichen Nutzen eines solchen Konzeptes zu bestimmen, wurden in Zusammenarbeit mit der Engineering Facility Group GmbH und dem Autohaus Gratzke GmbH in Stuttgart ein Simulationsmodell entwickelt und umfangreiche Simulationen durchgeführt.

Konzipiert wird die Photovoltaikanlage dabei als Anlage zur Eigenstromnutzung mit Überschusseinspeisung. Die Module werden über den Wechselrichter direkt in das Haus-Netz des Autohauses eingebunden. Auch die bidirektionalen Ladestationen werden direkt in die Niederspannungshauptverteilung (NSHV) integriert. **Bild 1** zeigt schematisch die Einbindung der PV-Anlage und der Ladestationen in das Netz. In Schwarz ist der Stromfluss, in Grau der Informationsfluss dargestellt.

Der Wechselrichter gibt den aktuellen PV-Ertrag an die bidirektionale Ladestation weiter. Die Station gleicht den Ertrag mit dem Verbrauch des Autohauses und der Wohnung ab und entscheidet dann auf Basis weiterer Parameter des Fahrzeugs, ob dieses Be- oder Entladen, beziehungsweise ob keine Aktion durchgeführt wird. Auch die beiden Stationen tauschen Informationen untereinander aus. Optional kann ein umfangreiches Monitoring realisiert werden. Um eine Kommunikation der Stationen untereinander sowie gesteuertes Laden zu realisieren, ist der Einsatz eines Energiemanagementsystems notwendig, das den Ladestationen die entsprechenden Freigaben zum Be- und Entladen erteilt. So kann auch eine Verschiebung der Energie von einem Fahrzeug in ein anderes realisiert werden. Zukünftig wird das Energiemanagementsystem in die Ladestationen integriert, darüber hinaus wird dann keine übergeordnete Steuerung mehr benötigt.

Bild 2 zeigt einen Überblick über die berücksichtigten Randbedingungen.

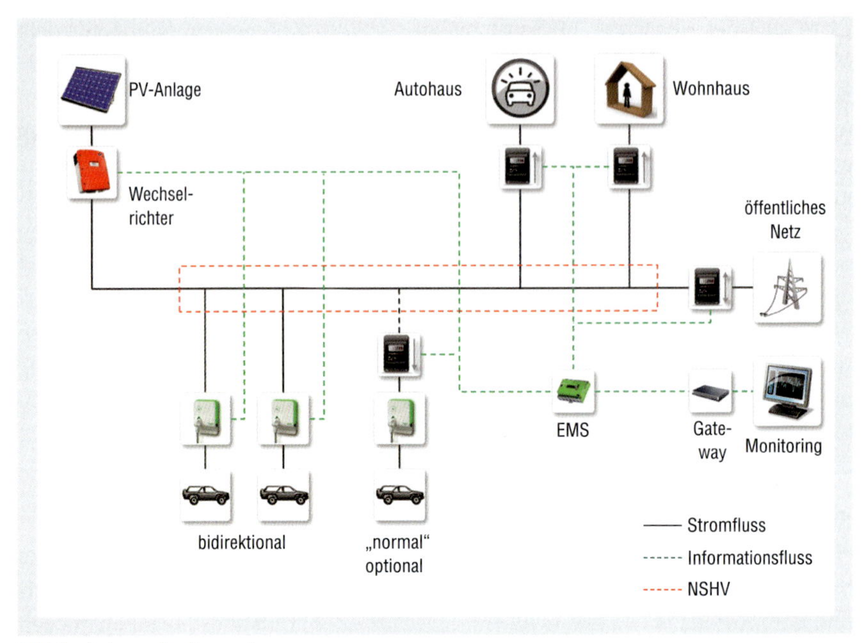

Bild 1: Schema des Konzepts

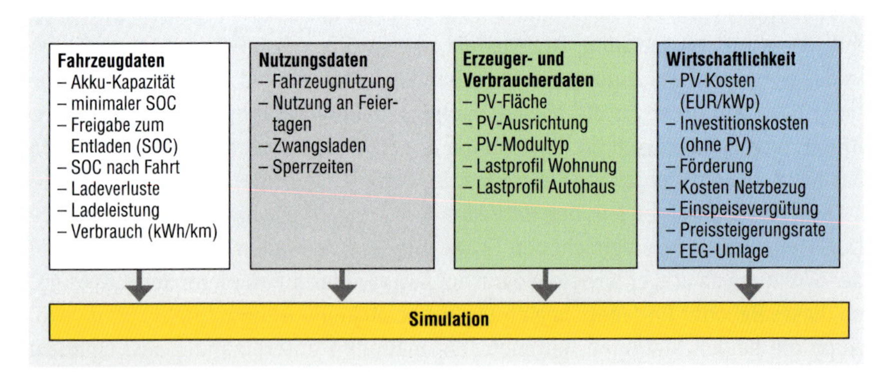

Bild 2: Simulationsparameter

Die Eingaben lassen sich in vier Blöcke gliedern. Zum ersten die Fahrzeugdaten: Hier sind die technisch relevanten Daten der Fahrzeuge zusammengefasst. Zum zweiten die Nutzungsdaten: Hier werden die Zeitpläne für die Nutzung der Fahrzeuge erfasst. Unter den Erzeugerdaten werden die belegte Fläche, Ausrichtung und Modul-Typ erfasst. Abschließend sind unter dem Punkt Wirtschaftlichkeit die Parameter für die Wirtschaftlichkeitsberechnung zusammengefasst.

Da der verfügbare PV-Strom primär zum Eigenverbrauch genutzt werden soll, wird im ersten Schritt eine Bilanz aus Erzeugung und Verbrauch gebildet. Daraufhin wird geprüft, ob das Fahrzeug überhaupt verfügbar ist und je nach Bilanz be- oder entladen werden kann. Die Simulation berücksichtigt neben Zeit- beziehungsweise Nutzungsplänen der Fahrzeuge auch die Möglichkeit der Zwangsladung. Dabei wird unabhängig von der Bilanz das Fahrzeug in einem festgelegten Zeitraum mit der maximal möglichen Leistung beladen. Darüber hinaus können auch Sperrzeiten berücksichtigt werden, die das Laden mit Netzstrom zu definierten Zeiten verhindern. Die Sperrzeit soll dazu dienen, das Laden mit Netzstrom zu verhindern, wenn in den nächsten Stunden ein solarer Überschuss zu erwarten ist oder verschiedene Tarife für unterschiedliche Tageszeiten vorliegen. Der Verbrauch durch Fahrten wird in der Simulation pauschal berücksichtigt. **Bild 3** zeigt anhand eines Beispiels die Funktion der Simulation.

Für das Beispiel mit einer 15-kWp-Anlage an einem Werktag wurde die Verfügbarkeit des Fahrzeugs von 5:00 Uhr bis 22:00 Uhr gesetzt. Der minimale Ladezustand (SOC – State of Charge) wurde auf 40 % festgelegt, von 21:00 Uhr bis 8:00 Uhr wurde eine Sperrzeit angegeben. Das Fahrzeug kommt um 5 Uhr mit einem SOC von 30 % zurück. Normalerweise würde es bis 40 % auch mit Netzstrom geladen werden. Da zu diesem Zeitpunkt allerdings eine Sperrzeit vorliegt, wird es nur im Fall eines Überschusses an PV-Strom geladen, was gegen 7:30 Uhr eintritt. Die Grenze zum Entladen liegt im vorliegenden Beispiel bei 50 %, das

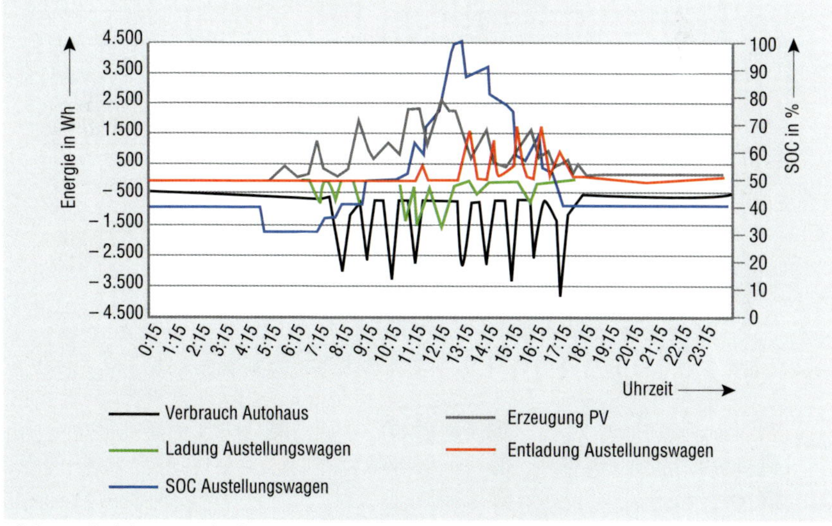

Bild 3: Beispiel Tagesverlauf, Werktag, Sommer, PV-Leistung 15 kWp

heißt, erst wenn der SOC 50 % überschreitet, wird das Entladen freigegeben. Über den Tag und besonders in der Mittagszeit wird das Fahrzeug aufgeladen, was die graue Kurve veranschaulicht. Das Entladen (gepunktete Kurve) findet hauptsächlich in den Nachmittagsstunden aufgrund von Lastspitzen der Verbraucher beziehungsweise in den Abendstunden aufgrund des geringer werdenden PV-Ertrags statt. Bereits kurz vor Ende des Arbeitstages ist das Fahrzeug wieder bis auf 40 % entladen worden.

Interessanter ist allerdings die Betrachtung der Energiebilanz (siehe **Bild 4**), hier ebenfalls beispielhaft für eine 20-kWp-Anlage an einem Sonntag dargestellt.

Die Bilanz zeigt, dass das Ausstellungsfahrzeug bereits in den Vormittagsstunden vollgeladen wird. Gegen 9:00 Uhr besteht bereits so viel Überschuss, dass die Ladeleistung des Vorführwagens nicht ausreicht, um den gesamten Überschuss in den Akku zu laden. Am späten Vormittag wird die maximale Ladung des Vorführwagens erreicht. Der Verbrauch wird daraufhin fast sechs Stunden lang rein aus den Fahrzeugen gedeckt, die Verschiebung der aus der Mittagszeit gewonnenen Solarenergie in die Abendstunden wird hier also deutlich sichtbar.

Die wichtigsten Ergebnisse der berechneten Varianten werden in **Bild 5** gegenübergestellt. Das Diagramm zeigt, dass die Eigennutzung nicht im gleichen Maß zunimmt wie der PV-Ertrag der Anlage. Der solare Deckungsgrad steigt an, im Gegenzug sinkt der Netzbezug.

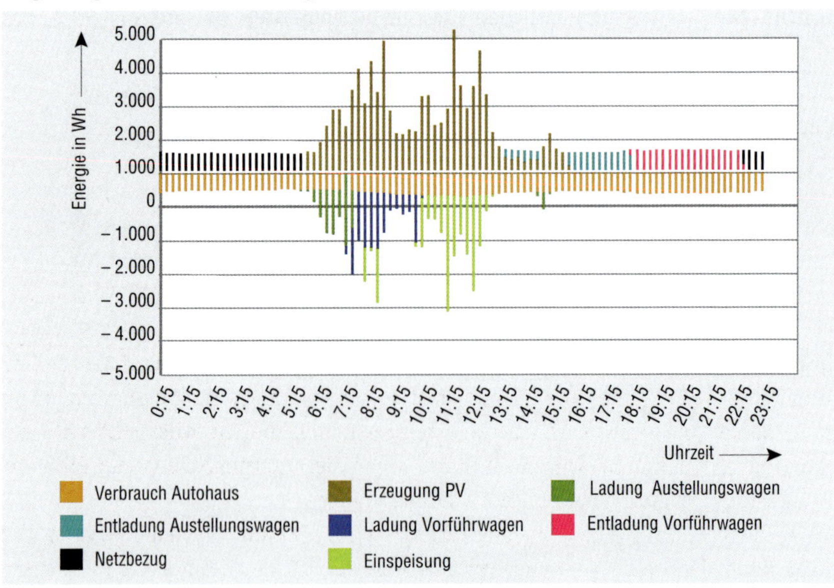

Bild 4: Tagesbilanz, Sonntag, Sommer, PV-Leistung 20 kWp

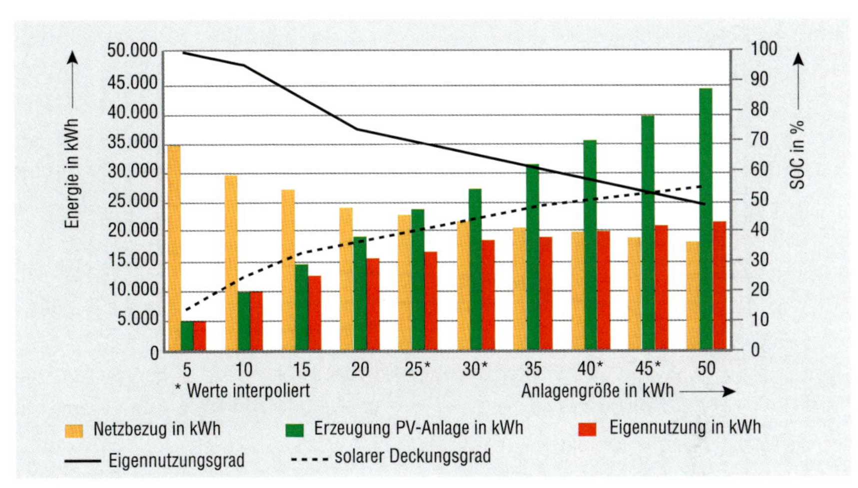

Bild 5: Berechnungsergebnisse

Die optimale Auslegung lässt sich anhand von fünf Größen bestimmen. Diese umfassen wirtschaftliche sowie technische Kriterien. Außerdem kann auch die persönliche Einstellung ausschlaggebend sein. Das erste Kriterium ist ein rein wirtschaftliches, nämlich die Amortisationszeit. Als zweites wirtschaftliches Kriterium lässt sich der solare Deckungsgrad anführen. Darüber hinaus kann die Steigerung des Deckungs- beziehungsweise Eigennutzungsgrades beim Einsatz des bidirektionalen Ladens gegenüber Anlagen ohne Batteriesysteme miteinwirken. Ein eher ideelles Kriterium stellt der Nutzungsgrad dar. Abschließend kann auch der spezifische Jahresertrag in die Entscheidung einfließen.

Zunächst soll jedoch die Amortisationszeit betrachtet werden. **Bild 6** zeigt die Investitionskosten und die Einsparung über einen Zeitraum von 20 Jahren. Darüber hinaus ist die Amortisationszeit der einzelnen Anlagen ohne Förderung dargestellt.

Das Diagramm zeigt, dass die Amortisationszeit mit steigender Anlagengröße sinkt, obwohl die Investitionskosten der Anlage linear ansteigen. Das liegt daran, dass hier ein fester Betrag von knapp 30.000 EUR für die Planung und die Ladestationen angesetzt wurde und diese Kosten bei jeder Anlagengröße anfallen. Demnach sinken die spezifischen Kosten zunächst, und die Amortisationszeit weist den oben dargestellten Verlauf auf. Würde man die Anlagengröße weiter erhöhen, würde auch die Amortisationszeit wieder ansteigen.

Auffällig ist der starke Abfall der Amortisationszeit von 5 kWp auf 10 kWp. Das liegt daran, dass selbst bei einer Anlagengröße von 10 kWp immer noch fast 100 % des erzeugten Stroms selbst verbraucht werden.

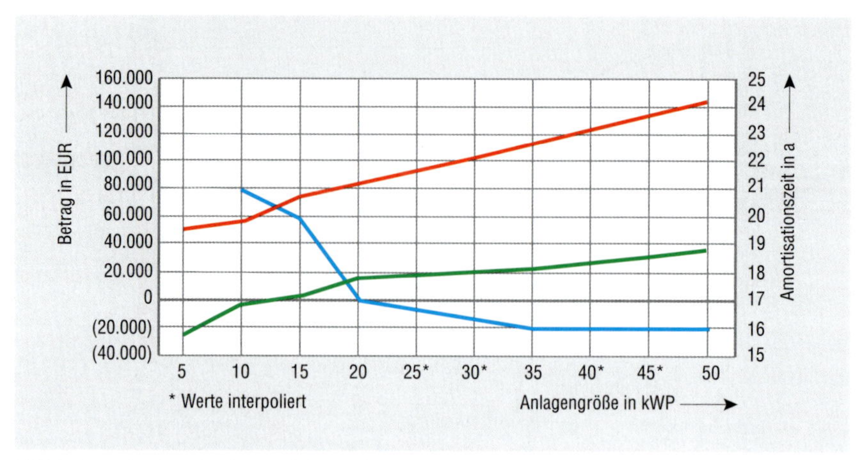

Bild 6: Amortisation, Gewinn und Gesamtkosten

Für die Verringerung der Amortisationszeit um drei Jahre von 15 auf 20 kWp werden lediglich 5 kWp mehr benötigt. Mit einer Vergrößerung der Anlage um weitere 30 kWp wird gerade einmal eine Verringerung von einem Jahr erreicht. Da bei 35 kWp beziehungsweise 50 kWp weit mehr Kapital gebunden werden muss als bei 20 kWpund der Gewinn leicht abflacht, wird an dieser Stelle eine Anlagengröße von 20 kWp bis 25 kWp empfohlen.

Auch bei den anderen Bewertungskriterien stellt sich ein charakteristischer „Knick“ ein, sodass die optimale Anlagengröße in Abhängigkeit des eigenen Stromverbrauchs und der verfügbaren Speicherkapazität ermittelt werden kann.

CO_2-Bilanz

Ein wichtiges Thema und erklärtes Ziel der Bundesregierung ist die Einsparung von CO_2. Daher soll im Folgenden das vorgestellte Konzept mit einer konventionellen Versorgung aus dem Stromnetz und Fahrten mit einem Mittelklassewagen mit Benzinmotor verglichen werden. Die Ergebnisse, dargestellt in **Bild 7**, zeigen, dass eine Einsparung um etwa 50 % gegenüber dem konventionellen System erreicht werden kann, was einer jährlichen Einsparung von über 12 t CO_2 entspricht. Darüber hinaus wird nicht nur CO_2 eingespart, sondern auch andere Emissionen wie zum Beispiel Feinstaub und andere Luftschadstoffe, wie im Fall eines Dieselmotors.

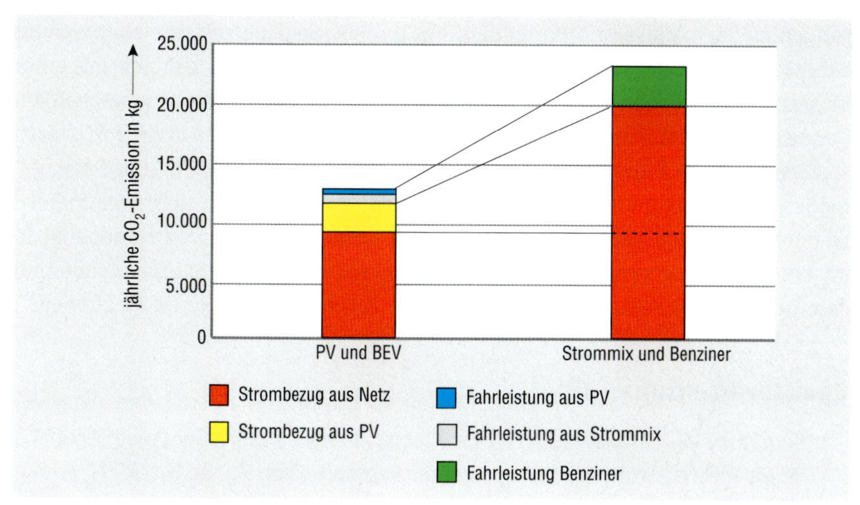

Bild 7: CO_2-Bilanz im Vergleich

Fazit

Bidirektionales Laden, also die Einbindung von Elektromobilität in das hauseigene Stromnetz, hat sich in diesem Konzept als technisch sinnvoll und wirtschaftlich vorteilhaft erwiesen, wenn davon ausgegangen wird, dass die Fahrzeuge bereits zur Verfügung stehen. In der Regel wird ein Autokäufer sein Auto ja nicht kaufen, weil er es als Stromspeicher nutzen will, sondern die Nutzung als Fahrzeug bringt den Stromspeicher an sich mit.

Aus den Ergebnissen der verschiedenen Photovoltaiksimulationen konnten Bewertungskriterien für die optimale Anlagengröße ermittelt werden. So hat sich aus wirtschaftlichen und technischen Kriterien unter den gegebenen Randbedingungen eine Photovoltaikanlage mit 20 kWp bis 25 kWp als optimal herausgestellt. Für kleinere Anlagen lohnen sich die Investitionen kaum, da der Ertrag der Anlagen geringer und der Strombezug aus dem Netz wesentlich höher ausfällt. Grundsätzlich amortisieren sich größere Anlagen zunächst schneller, was auf die hohen Grundinvestitionen zurückzuführen ist, die in jeder Variante anfallen. Allerdings flacht die Kurve der Amortisationszeit nach dem oben genannten Bereich deutlich ab. Darüber hinaus nimmt die Überschusseinspeisung stark zu, wobei sich die Eigennutzung in wesentlich geringerem Maße erhöht. Mit dem Einsatz von zwei bidirektionalen Ladestationen kann der Nutzungsgrad der Solaranlage hier um 35 % bis 40 % gesteigert werden. Der Deckungs- oder Autarkiegrad kann ebenfalls um etwa 25 % bis 30 % gesteigert werden. Theoretisch sind hier auch größere Steigerungen möglich, diese erfordern allerdings größere Speichersysteme oder weitere Fahrzeuge. Doch bereits eine dritte bidirektionale Ladestation hat sich mit einer maximalen Photovoltaikleistung von 20 kWp bis 25 kWp als nicht wirtschaftlich herauskristallisiert. Für diesen Fall wäre dann eine größere PV-Anlage vorteilhaft.

Es gilt also im Einzelfall herauszufinden, mit welchen Anlagen- und Speichergrößen das Zusammenspiel mit den Randbedingungen am besten funktioniert. Dennoch lässt sich pauschal sagen, dass die Einbindung von Elektromobilität in unsere Gebäude großes Potential mit sich bringt, um auf die Energiewende und damit die veränderten Anforderungen an die Verbraucher reagieren zu können.

Quellenverzeichnis

[1] *Kempton, W., Letendre, Steven E.:* Electric Vehicles as a New Power Source for Electric Utilities. Transportation Research (Vol. 2, No. 3, 1997), S. 157–175. Online verfügbar unter www.udel.edu/V2G/docs/Kempton-Letendre-97.pdf, zuletzt geprüft am 26.04.2015

[2] *Ciechanowicz, D.:* Ökonomische Bewertung von Vehicle-to-Grid in Deutschland. Multikonferenz Wirtschaftsinformatik 2012. Tagungsband der MKWI 2012. Braunschweig: Institut für Wirtschaftsinformatik, 2012

[3] *Richter, M., Steiner, L.:* Begleitforschungs-Studie Elektromobilität: Potentialermittlung der Rückspeisefähigkeit von Elektrofahrzeugen und der sich daraus ergebenden Vorteile. 2011

[4] *Dallinger, D.; Kohrs, R.; Mierau, M.; Marwitz, S.:* Plug-in electric vehicles automated charging control. In: Working Paper Sustainability and Innovation, No. S4/2015

[5] *Hermann, H.; Harthan, R.; Loreck, C.:* Ökonomische Betrachtung der Sihdi Speichermedien. Arbeitspaket 6 des Forschungsvorhabens OPTUM: Optimierung der Umweltentlastungspotentiale von Elektrofahrzeugen

[6] Co, NISSAN MOTOR, Ltd: „LEAF to Home" Electricity Supply System. Online verfügbar unter www.nissan-global.com/EN/TECHNOLOGY/OVERVIEW/leaf_to_home.html, zuletzt aktualisiert am 10.05.2013, zuletzt geprüft am 26.04.2015

[7] *Edelstein, S.:* Nissan Leaf-To-Home Electric-Car Power Tests: More Practical For U.S. With Longer-Range Cars? 2014. Online verfügbar unter www.greencarreports.com/news/1095193_nissan-leaf-to-home-electric-car-power-tests-more-practical-for-u-s-with-longer-range-cars, zuletzt geprüft am 26.04.2015

[8] Elektroauto-Batterien/Akkus 2014.
Online verfügbar unter www.elektroauto-news.net/wp-content/uploads/2011/05/elektroautobatterien.jpg, zuletzt aktualisiert am 26.11.2014, zuletzt geprüft am 20.05.2015

[9] Fraunhofer ISI: Energiespeicher für die Elektromobilität 2012

[10] Nationale Plattform Elektromobilität: Zwischenbericht der Nationalen Plattform Elektromobilität 2010

[11] Tesla Motors – Prototyp der elektromobilen Revolution? 2014.
Online verfügbar unter www.peak-oil.com/2014/05/tesla-motors-prototyp-der-elektromobilen-revolution-teil-2-technologie/, zuletzt geprüft am 20.05.2015

[12] Features & Technische Daten | Tesla Motors. Online verfügbar unter http://my.teslamotors.com/de_AT/roadster/specs, zuletzt geprüft am 20.05.2015

Autor

David Chuchra hat an der Hochschule Biberach ein Studium der Gebäudeklimatik mit dem Abschluss Bachelor absolviert. Der Schwerpunkt lag hierbei auf der Planung von Gebäudetechnik sowie Mess-, Steuer- und Regelungstechnik im Bereich gebäudetechnischer Anlagen. Auf diesem Bereich basiert seine Bachelorthesis, die sich mit der Einbindung von Elektroautos als Stromspeicher im Gebäude befasst und für die er mit dem Absolventenpreis von Boehringer-Ingelheim und dem dritten Preis im Wettbewerb der Bälz-Stiftung im Rahmen der Regelungstechnik in der Gebäudetechnik ausgezeichnet wurde. Seit Beginn des Studiums ist *David Chuchra* als Ingenieur bei der EFG GmbH tätig, wobei seine dortigen Tätigkeitsschwerpunkte im Bereich der Planung von Heizungs-, Lüftungs- und MSR-technischen Anlagen, sowie auf der Bauleitung und Koordination der Firmen vor Ort liegen. Zudem absolviert er derzeitig den berufsbegleitenden Master der Bauphysik an der Universität Stuttgart, welcher sich neben den bauphysikalischen Themen im Gebäude ebenfalls mit den Bereichen Energieeffizienz und Gebäudetechnik befasst.

www.elektro.net

FACHWISSEN FÜR UNTERWEGS

Jörg Veit und
Thomas Wübbe

WissensFächer – Informations- und Kommunikationstechnik

2., neu bearb. u. erw. Aufl.
2018. 70 Seiten (35 Doppelkarten mit Buchschraube).
€ 17,95.
ISBN 978-3-8101-0450-2

Der doppelseitig bedruckte, auffächerbare Riegel eignet sich hervorragend, um schnell etwas nachzuschauen, das man gerade nicht griffbereit hat. Er hilft auch, vorhandenes Wissen durch Wiederholung zu vertiefen. Durch sein kleines Format passt er in Hosen- oder Werkzeugtaschen.

Enthalten sind wichtige Tabellen und Abbildungen zu den Themen:

- Analog-Anschluss (TAE),
- ISDN-Anschluss,
- Datenübertragung,
- Auftragsorganisation,
- Normenauswahl,
- WLAN,
- PowerLAN,
- jetzt neu: alles zu den Techniken ADSL und VDSL.

IHRE BESTELLMÖGLICHKEITEN

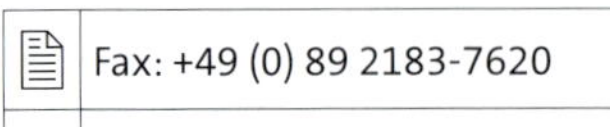

Fax: +49 (0) 89 2183-7620
E-Mail: buchservice@huethig.de
www.elektro.net/shop

Hier Ihr Fachbuch direkt online bestellen!

Hüthig GmbH, Im Weiher 10, D-69121 Heidelberg,
Tel.: +49 (0) 800 2183-333

© shutterstock_82383217_Von Pavel Ignatov

Spleißen von Lichtwellenleitern

Jan Behrend

Mit einem Spleißvorgang verbindet man Glasfaserverlegekabel übergangslos durch thermische Verschmelzung. Die Spleißungen befinden sich in Spleißverteilern, Spleißboxen oder anderweitigen Verteilern, vorwiegend mit Faserpigtails. Als Faserpigtails bezeichnet man Kabelenden mit einem angebrachten Stecker. Diese lassen sich nach dem Spleißvorgang direkt an das Patchfeld anschließen. Im Vergleich zu anderen Verbindungstechniken bietet das Spleißen den entscheidenden Vorteil, dass es die geringsten Dämpfungs- und Reflektionswerte mit sich bringt. Die Güte der Übertragungsstrecke wird somit nicht beeinflusst.

Grundlagen des Spleißens – ein Leitfaden

Es ist nicht nur wichtig zu wissen, wie der Spleißvorgang selbst abläuft. Auch das Entstehen eventueller Probleme und deren Ursachen sollen betrachtet werden. Bei Spleißgeräten gibt es Ein-Achs- und Drei-Achs-Geräte. Bei dem Gerät „Infralan Splicer" von EFB-Elektronik (**Bild 1**) handelt es sich um ein Ein-Achs-Gerät. Es hat eine kleine, handliche Bauform und lässt sich so auch auf Baustellen problemlos einsetzen, wo für größere Spleißgeräte schlicht der Platz fehlt. Neben seiner Feldtauglichkeit gibt es dieses für einen im Vergleich zu den Drei-Achs-Geräten deutlich günstigeren Preis. Generell unterscheidet man bei den Ein-Achs-Geräten in Modelle mit und ohne Faserhalter. Geräte mit Faserhaltern sind leichter zu bedienen und dadurch für Einsteiger besser geeignet. Der Spleißvorgang lässt sich bei diesen Modellen in neun Phasen unterteilen:

1. Reinigung des Spleißgerätes und der verschiedenen Faserhalter
2. Wahl des korrekten Faserhalters
3. Absetzen und Reinigung der Testfaser
4. Kalibrierung des Spleißgerätes mit Hilfe der Testfaser
5. Absetzen und Reinigung der zu spleißenden Faser
6. Brechvorgang
7. Spleißvorgang, ggf. Überprüfung
8. Anlegen des Crimpschutzes
9. Einlegen der gespleißten Fasern in die Spleißkassette

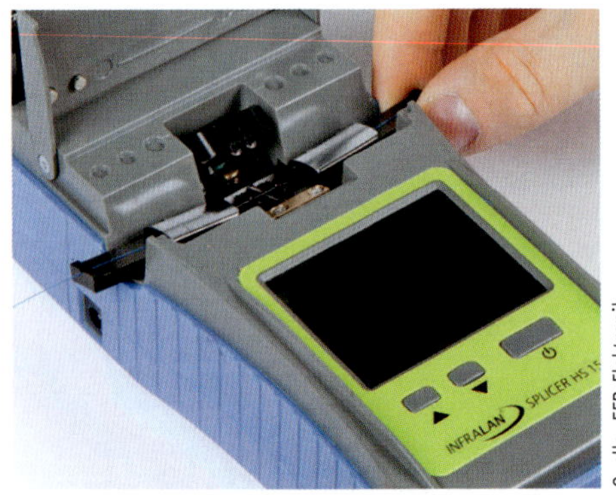

Quelle: EFB-Elektronik

Bild 1: Spleißgerät EFB. Die Faserhalter sollten von der Mitte des Gerätes aus eingesetzt werden. So beugt man Verunreinigungen oder einer Veränderung des Brechwinkels vor.

Reinigung des Spleißgerätes und der verschiedenen Faserhalter

Bevor man mit der Kalibrierung und dem eigentlichen Spleißvorgang beginnt, müssen Spleißgerät und Faserhalter gründlich von Staub, Schmutz und eventuellen Faserresten oder Abschälungen des Mantelmaterials befreit werden. Sonst besteht das Risiko, dass sich Verunreinigungen auf die zu spleißende Faser übertragen und damit den Erfolg des Spleißvorgangs gefährden. Zur Reinigung von Gerät und Faserhalter bietet sich dabei vor allem Druckluft an. Alternativ werden aber auch 99%-iger Isopropyl-Alkohol sowie andere Reinigungsmittel auf Alkoholbasis verwendet.

Wahl des korrekten Faserhalters

Nach der gründlichen Reinigung des Spleißgerätes und der verschiedenen Faserhalter, wählt der Installateur den passenden Faserhalter für den Spleißvorgang aus. Hier stehen diverse Modelle für verschiedene Faserdicken beziehungsweise Fasereigenschaften zur Verfügung. Weit verbreitet sind vor allem Faserhalter für 250-µ- und 900-µ-Fasern. 250-µ-Lichtwellenleiter werden meist für Verlegekabel genutzt, die beispielsweise zur Etagenverteilung, zur Haupteinspeisung eines Gebäudes oder für Weitverkehrsnetze eingesetzt werden. 900-µ-Fasern gibt es als Hohlader- und Festmantelfasern. Sie kommen in Form von Fiber-Patchkabeln oder Pigtails zum Einsatz und finden als Festmantelfaser vor allem zur Reparatur von Fiber-Jumpern Verwendung.

Absetzen und Reinigung der Testfaser

Nach der Auswahl des Faserhalter, beginnt man mit dem Absetzen (Abisolieren des Mantels, Vorbereiten der Faser) der Testfaser. Diese wird anschließend für die Kalibrierung des Spleißgerätes benötigt. Zum Absetzen der Faser kommen verschiedene Spezialwerkzeuge zum Einsatz. Um die „Tube" eines Verlegekabels zu öffnen, verwendet man ein Bündeladerwerkzeug. Zum Absetzen des Fasermantels und des Coatings benutzt man eine Absetzzange (**Bild 2**). Generell ist darauf zu achten, dass nur geeignete Werkzeuge gewählt werden. Sonst kann es passieren, dass die Faser beim Absetzen beschädigt

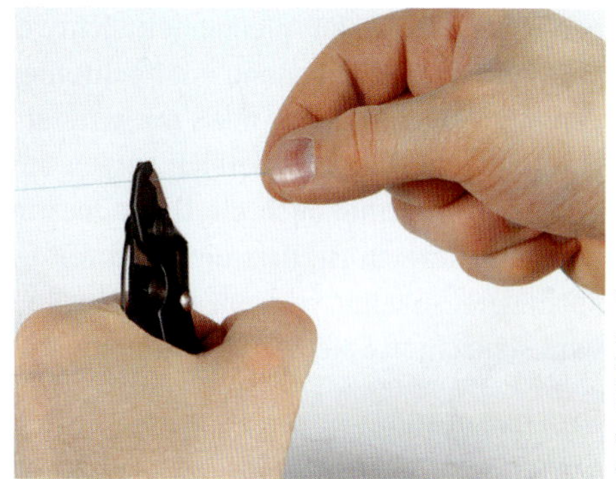

Quelle: EFB-Elektronik

Bild 2: Zum Entfernen des Coatings wird eine Absetzzange genutzt. Diese gewährleistet, dass die Faser beim Abmanteln nicht beschädigt wird.

wird. Hohe Dämpfungswerte und dementsprechend schlechte Übertragungsergebnisse wären die Folge. Nach dem Absetzen gilt es die Faser sorgfältig zu reinigen. Klassischerweise erfolgt diese Reinigung mithilfe eines fusselfreien Tuches und 99-%igen Alkohol (**Bild 3**).

Quelle: EFB-Elektronik

Bild 3: Zur Reinigung der Fasern werden für gewöhnlich fusselfreie Tücher und 99-%-tiger Isopropyl-Alkohol eingesetzt.

Kalibrierung

Nach der Reinigung der Testfaser erfolgt die Kalibrierung. Dazu legt der Techniker die abgesetzte und gereinigte Faser in das Gerät ein und führt sie zwischen den Elektroden hindurch. Die Kalibrierung ist notwendig, damit sich das Gerät auf die jeweiligen Umweltgegebenheiten wie Temperatur, Luftfeuchtigkeit und Luftdruck anpassen kann. All diese Faktoren beeinflussen die Güte des Spleißes und haben direkten Einfluss auf den gezündeten Lichtbogen, der zur Verschmelzung der beiden Fasern erforderlich ist. Sofern mehrere Fasern an einem Ort gespleißt werden, lässt sich die Kalibrierung auch über einen längeren Zeitraum nutzen. Als Orientierung kann hierbei gelten: Nach einer Pause von über drei Stunden oder einer Verlagerung des Arbeitsplatzes sollte man das Spleißgerät neu kalibrieren.

Absetzen und Reinigen der zu spleißenden Faser

Nachdem die Kalibrierung erfolgreich durchgeführt wurde, kann mit dem eigentlichen Spleißvorgang begonnen werden. Dazu werden zunächst – wie bereits bei der Testfaser – die zu spleißenden Lichtwellenleiter mit dem korrekten Werkzeug abgesetzt und anschließend mit hochreinem Alkohol und einem fusselfreien Tuch gereinigt. Die Reinigung muss mit größter Sorgfalt erfolgen. Denn Verunreinigungen im zu spleißenden Bereich sorgen ausnahmslos für erhöhte Dämpfungswerte. Dadurch könnte auch die Datenübertragungsrate entscheidend beeinträchtigt werden. Hilfreich ist, dass die Verunreinigungen normalerweise direkt durch das Spleißgerät erkannt werden. Da dieses in der Folge den Spleißvorgang blockiert, wird schlechten Spleißergebnissen effektiv entgegengewirkt.

Brechvorgang

Sobald die zu spleißende Faser abgesetzt und gründlich gereinigt wurde, kann sie gebrochen werden. Dafür kommen spezielle Brechwerkzeuge zum Einsatz (**Bild 4**). Normalerweise handelt es sich hierbei um Vollmetallwerkzeuge mit einer Klinge aus gehärtetem Stahl, Keramik oder Diamant, die sich auf mehrere Positionen einstellen lässt. Diese ritzt die Glasfaser an der gewünschten Stelle ein und ermöglicht so den Brechvorgang. Für gewöhnlich unterscheiden sich die Brechwerkzeuge nur im Bereich der Faserpositionierung. Je nach Modell erfolgt diese entweder über integrierte Faserhalter oder über manuelles Absetzen einer bestimmten Länge. Integrierte Faserhalter bieten dabei den entscheidenden Vorteil, dass sie die Faser für den späteren Einsatz im Spleißgerät automatisch richtig positionieren. Dadurch ist es im Gegensatz zum manuellen Absetzen nicht erforderlich, sich die Absetzmaße merken zu müssen. Um Verunreinigungen auf den Lichtwellenleiter zu vermeiden, ist auch bei den Brechwerkzeugen eine gründliche Reinigung notwendig. Diese erfolgt wie bei Spleißgerät und Faserhalter hauptsächlich mit Druckluft.

Quelle: EFB-Elektronik

Bild 4: Brechwerkzeuge verfügen über Klingen aus gehärtetem Stahl, Keramik oder Diamant. Diese ritzen die Lichtwellenleiter an der vorgegebenen Stelle an und ermöglichen so den Brechvorgang.

Spleißvorgang

Im Anschluss an den ordnungsgemäßen Brechvorgang können die Glasfasern in das Spleißgerät eingelegt werden (Bild 1). Dabei sollten die Faserhalter von der Mitte des Gerätes aus eingesetzt werden, um Verunreinigungen oder Veränderungen des Brechwinkels vorzubeugen. Diese können z. B. durch Berührung der Faserenden entstehen. Über spezielle feinmechanische Justiervorrichtungen lassen sich die beiden Faserenden punktgenau aufeinander führen. Sobald die Justierung abgeschlossen wurde, wählt man im Menü den passenden Fasertyp aus und startet den Spleißvorgang mittels Knopfdruck. Dieser nimmt bei modernen Geräten nur noch wenige Sekunden in Anspruch. Die integrierten Elektroden erzeugen dabei einen Lichtbogen, der die lichtleitenden Kerne der Glasfasern thermisch miteinander verschweißt.

Wichtig ist es, ein gutes Brechwerkzeug zu verwenden. Andernfalls besteht ein erhöhtes Risiko für Brechwinkelfehler und unebene Stirnflächen. Diese sorgen nicht nur für erhöhte Dämpfungswerte, sondern tragen auch zu stärkeren Signalreflexionen bei. Damit wird die Leistungsfähigkeit der Glasfaser-Verbindung zusätzlich eingeschränkt. (**Bild 5**). Links im Bild erkennt man zwei sauber, gebrochene Faserenden mit einem exakten 90°-Bruch. Rechts im Bild zeigt das Display

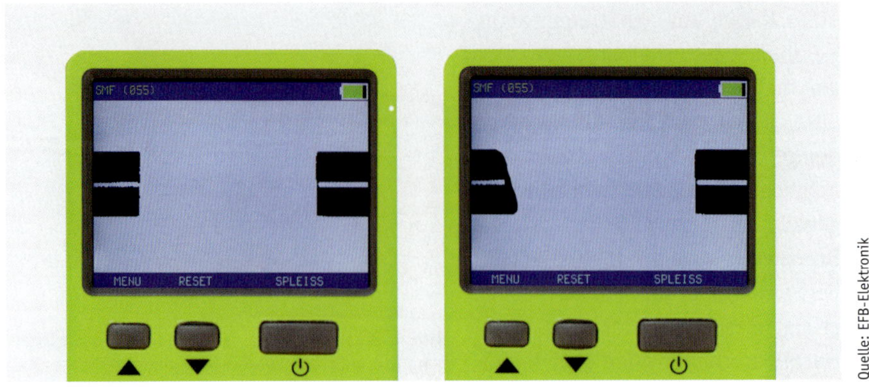

Quelle: EFB-Elektronik

Bild 5: Werden für den Brechvorgang keine geeigneten Werkzeuge eingesetzt, kommt es zu unebenen Stirnflächen (rechts). Dämpfungswerte und Signalreflexionen werden erhöht.

eine schlecht gebrochene Faser. Mit dieser kann es beim Spleißvorgang zu einer erhöhten Übergangsdämpfung kommen.

Moderne Spleißgeräte erkennen mittlerweile Brechwinkelfehler zuverlässig und blockieren in der Folge den Spleißvorgang. So werden fehlerhafte Übertragungsstrecken wirkungsvoll verhindert.

Überprüfen des Spleißes

Spleißverbindungen sollten in der Regel überprüft werden durch Messung mit einer Einfügedämpfungsmessung (Pegelmessung) oder einem OTDR-Gerät. Mit einem Dämpfungsmessgerät kann man nur die Güte der Strecke ermitteln, nicht jedoch die Lage eines Spleißes oder Steckers. Die Überprüfung im Spleißgerät ist nur eine Errechnung.

Bei einer guten (normalen) Spleißung beträgt die Dämpfung an der Übergangsstelle des Spleißes ca. 0,01 bB bis 0,03 dB oder weniger (**Bild 6** Ereignis „2“, Faser: Singlemode Wellenlänge: 1.310 nm). Die Norm lässt einen maximalen Dämpfungswert von 0,3 dB zu (allgemeine Grenzwerte nach TIA 568.3: Spleiß < 0,3 dB, Steckerdämpfung < 0,75 dB). Im Bild 6 erkennt man zwei gute und eine schlechte Spleißung. Jene mit der Nr „4“ bezeichnete, hat ihre Toleranz mit 0,403 dB überschritten. Das erkennt man auch an der deutlichen Stufe im Dämpfungsverlauf der Faserstrecke. (Messgerät: Viavi MTS-2000 mit Modul E4136MP).

Bild 7 zeigt das gleiche Ergebnis in einer linearen Darstellung (Icon-Darstellung) mit der SLM-Applikation von Viavi). Auf dieser 58km langen Singlemodefaser erkennt man im Zoombereich einige Spleiße.

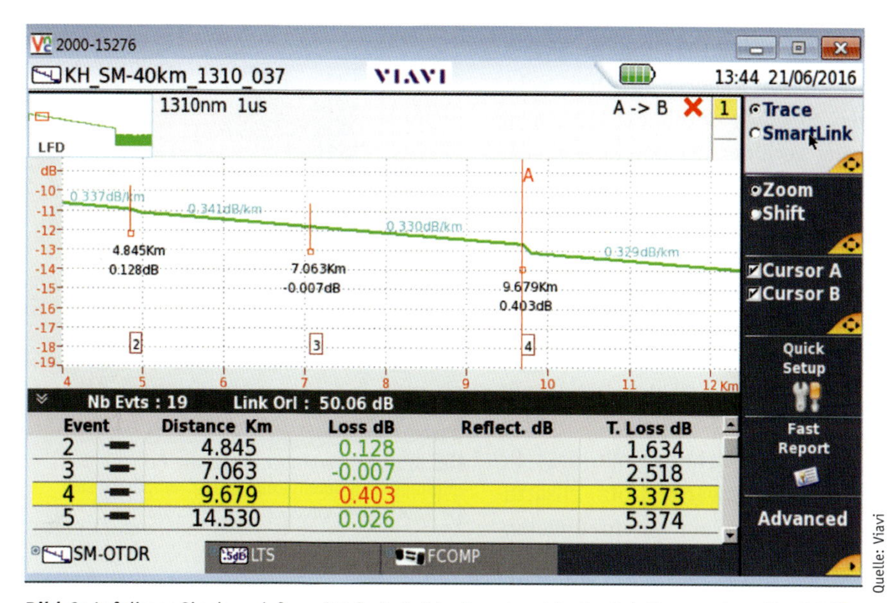

Quelle: Viavi

Bild 6: Auf dieser Singlemodefaser (58 km) sind im Zoombereich vier Spleiße zu sehen. Ein Spleiß (Ereignis No. 4) liegt mit 4,03dB eindeutig außerhalb der zulässigen Grenzwerte nach dem Standard TIA568.3.

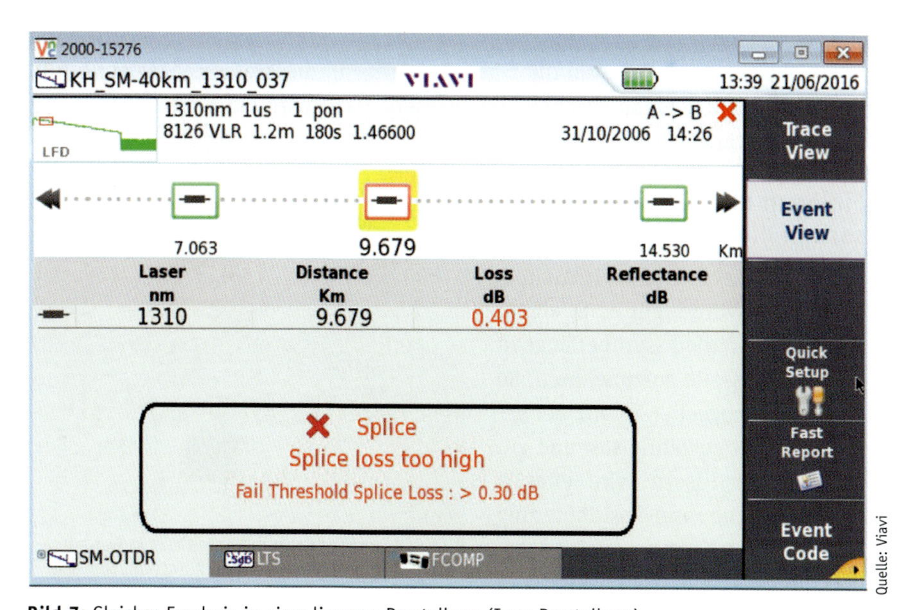

Quelle: Viavi

Bild 7: Gleiches Ergebnis in einer linearen Darstellung (Icon-Darstellung)

Anlegen des Crimpschutzes

Da sich das Material links und rechts des Spleißes durch den Spleißvorgang verjüngt, ist der Lichtwellenleiter an dieser Stelle äußerst anfällig für Brüche. Zum Schutz der Faser empfiehlt sich daher die Anbringung eines Crimpspleißschutzes (**Bild 8**). Dieser besteht meist aus Weißblech, beschichtet mit einem adhäsiven Kit. Er hat zudem keinerlei Einfluss auf die Spleißdämpfung. Dadurch ist sichergestellt, dass die Übertragungswerte trotz zusätzlichem Schutz auf einem unverändert hohen Niveau bleiben.

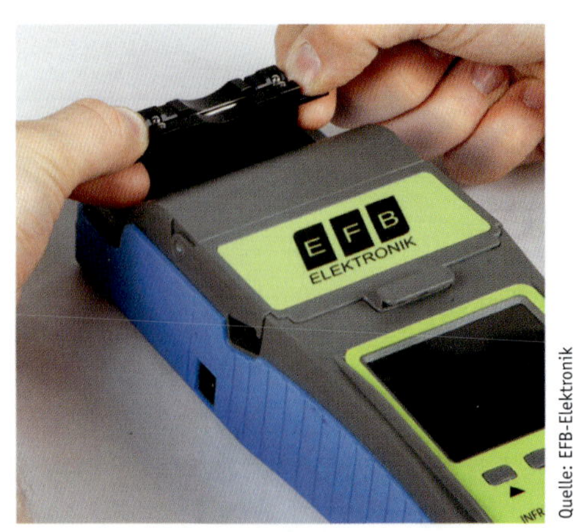

Quelle: EFB-Elektronik

Bild 8: Um zu verhindern, dass die Faser an der empfindlichen Spleißstelle bricht, empfiehlt sich die Anbringung eines Crimpspleißschutzes.

Für die Anbringung des Crimpspleißschutzes hilft eine Crimppresse. Dabei handelt es sich für gewöhnlich um ein Vollmetall-Werkzeug, in das der Crimpspleißschutz mit der Öffnung nach oben eingebracht wird. Anschließend kann der gespleißte Lichtwellenleiter eingelegt werden. Hier ist darauf zu achten, die Faser stets auf leichten Zug zu halten. Sonst kann es passieren, dass diese nicht richtig im Spleißschutz liegt. Sobald die Glasfaser sicher in die Presse eingelegt wurde, kann der Crimpvorgang durchgeführt werden. Dazu wird die Presse einfach zusammengedrückt.

Einlegen der gespleißten Fasern in die Spleißkassette

Nachdem der Crimpspleißschutz angebracht wurde, gilt es in einem letzten Schritt die Faserüberlänge in die Spleißkassette aufzunehmen. So ist ein bestmöglicher Schutz der gesamten Faser gewährleistet und ein Stressen der Fasern wird effektiv verhindert. Die Faser-Positionierung innerhalb der Kassette erfolgt dabei über vorgegebene Wegstrecken mit großen Biegeradien (**Bild 9**). Der

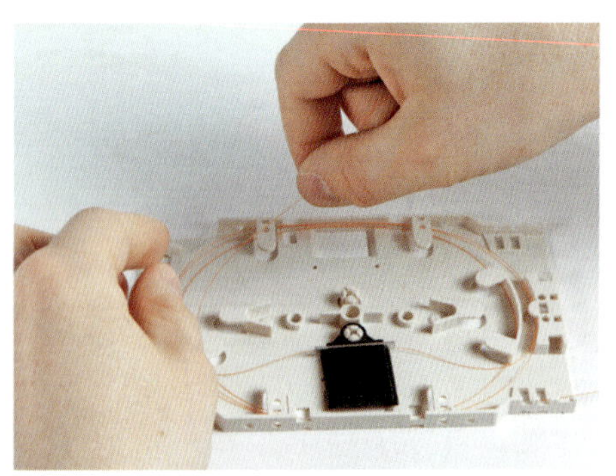

Quelle: EFB-Elektronik

Bild 9: Faserüberlänge und Spleißschutz werden komplett in der Spleißkassette aufgenommen. Die Faser-Positionierung erfolgt dabei über Wegstrecken mit großen Biegeradien.

Spleißschutz wird zudem in einem speziellen Spleißschutzhalter aufgenommen. Mit der Aufnahme der Faserüberlänge in der Spleißkassette ist der gesamte Arbeitsvorgang abgeschlossen und eine störungsfreie Datenübertragung sichergestellt.

Vorsicht mit Fehlinterpretation

Die Interpretation von OTDR-Kurven erfordert Erfahrung und Sachkenntniss. Findet man „Spikes" vor, wie sie in **Bild 10** zu erkennen sind, handelt es sich reflektive Ereignisse, z. B. Steckerübergänge oder schlechte Spleiße. Sie reflektieren den Mess-impuls zurück zum OTDR und das zeigt sich als „Peak". Die Interpretation zu Bild 10: Beim Peak (1) handelt es sich um den Einspeisepunkt vom Messgerät in eine 100-m-Vorlauffaser. Der Peak (2) zeigt den Stecker zwischen der Vorlauffaser und der geprüften Faser (ca. 20 m); Peak (3): die Auswirkung der Auskopplung am offenen Ende der geprüften Faser mit anschließendem, abklingendem Rauschen. Typisch für einen Stecker: man erkennt vor und nach ihm einen Unterschied des Pegelniveaus: gute Stecker dämpfen ca. um 0,2 dB.

Manchmal erkennt man einen Peak, bei dem sich weder ein Stecker noch Spleiß befindet. Dann handelt es sich um einen „Geist". Es ist ein Auftreten eines scheinbaren, reflektierten Impulses, der durch mehrfache Reflexion oder zu geringer Steckerrückdämpfung innerhalb des Systems hervorgerufen wird, zu erkennen daran, dass keine Zusatzdämpfung auftritt und der gleiche Abstand zum ursprünglichen (z.B. vorhergehenden) Impuls besteht (Strecken „a" und „b" im **Bild 11**).

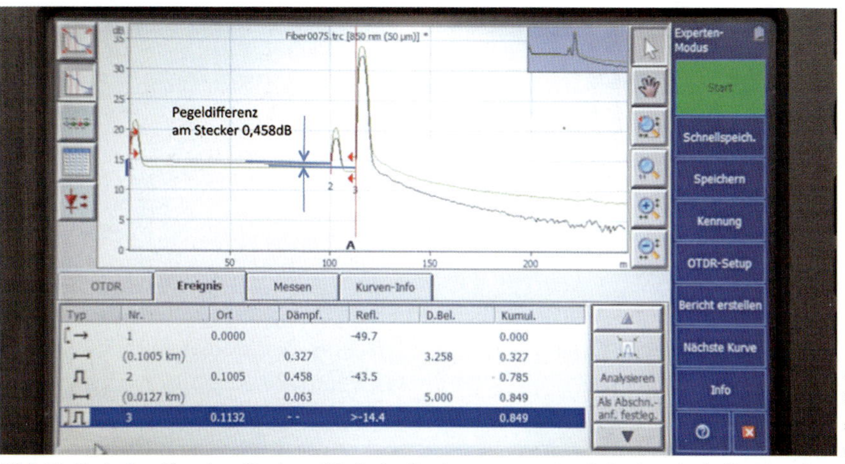

Bild 10: Typisches Signal an Steckern (2). Jeder Stecker erzeugt eine Reflexion. Auch die Dämpfung des Steckers kann man erkennen.

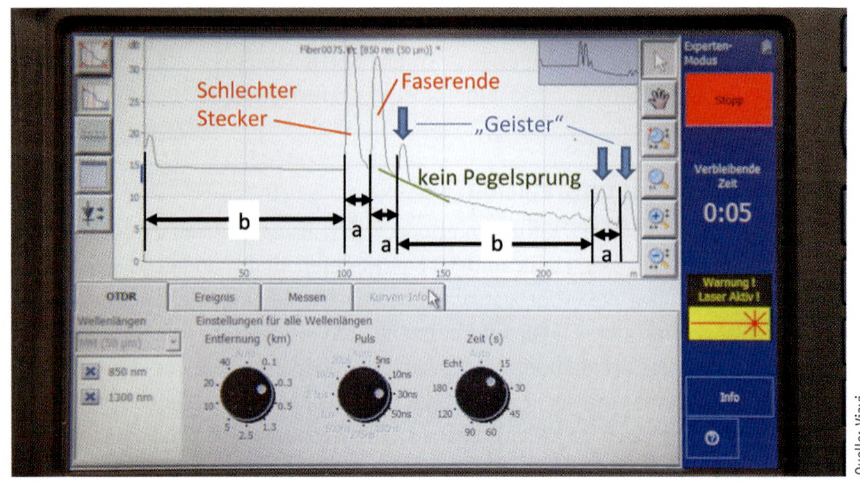

Bild 11: Typische „Geister“, es handelt sich um wiederkehrende Reflexionen zwischen zwei Ereignissen (Stecker oder Faserende).

Fazit

Sucht man ein Spleißwerkzeug für den Feldeinsatz, ist man mit einem Ein-Achs-Gerät, wie hier beschrieben, genügend ausgestattet. Der Spleißvorgang unterscheidet sich hier nicht von den größeren Geräten. Grundsätzlich sei festzuhalten: Die manuelle Handhabung des Spleißvorgangs hat sich in den letzten Jahren durch die automatische Zentrierung und ausgereiftere Mechanik der Spleißgeräte erheblich vereinfacht. Auch die geringere Baugröße der Spleißgeräte vereinfacht das Zusammenfügen von Lichtwellenleitern vor Ort (auf der Baustelle, im Verteiler, auf der Straße) erheblich. Es schadet jedoch nicht, einige Spleißübungen vorher in der Werkstatt im „Trockenen“ zu üben.

Autor

Jan Behrend ist Produktmanager bei der EFB-Elektronik für die strategischen Unternehmensbereiche Kupfer- und Glasfasertechnik. Nach einer Ausbildung zum Energieelektroniker ist er seit 2004 für das Unternehmen tätig, zunächst zehn Jahre im Qualitätsmanagement mit dem Fokus auf Mess-/Prüfmitteleinsatz, seit 2015 im Produktmanagement. Parallel dazu veröffentlicht Herr Behrend regelmäßig Beiträge in diversen Fachzeitschriften.

IT-Sicherheit

Peter Behrends

Nichts ist so beständig wie der Wandel. Und das trifft besonders auf die Digitalisierung zu. Ihre Chancen für den gesellschaftlichen, wissenschaftlichen und wirtschaftlichen Fortschritt sind immens. Die Risiken sind es ebenso und müssen beherrschbar bleiben.

Mehr als jeder zweite Anwender (53 %) hat bereits elektronisch gespeicherte Daten verloren. Das ist ein Ergebnis einer repräsentativen Umfrage, die das Bundesamt für Sicherheit in der Informationstechnik (BSI) im Frühjahr 2018 durchgeführt hat. Egal ob Schadsoftware, technischer Defekt oder der Diebstahl des Geräts, verlorene Daten lassen sich in der Regel nur über ein vorhandenes Back-up retten. Dabei sollten Anwenderinnen und Anwender all ihre Geräte im Auge haben und ihre wichtigsten Daten, von Kundendaten, Arbeitsunterlagen, Geschäftsprozessen bis hin zu privaten Fotos, in regelmäßigen Abständen extern sichern.

Ein Blick zurück zeigt: Die vergangenen Jahre waren von IT-Sicherheitsvorfällen geprägt wie nie zuvor. Trotz aller Anstrengungen waren sie an der Tagesordnung, oft schwerwiegend und selten auf Deutschland beschränkt. Es traf Krankenhäuser in Großbritannien, Energieversorger in der Ukraine, einen der weltweit größten Logistiker, Banken, Pharmaunternehmen und Stahlproduzenten – dies sind nur einige der Ziele der jüngsten Cyber-Attacken. Cyber-Kriminalität, Cyber-Spionage gegenüber Staat und Wirtschaft und provozierte Ausfälle kritischer Infrastrukturen sind eine ernstzunehmende Bedrohung unserer Gesellschaft im 21. Jahrhundert.

Richtig ist aber auch: Nie zuvor ist im Bereich der IT- und Cyber-Sicherheit so viel Recht gesetzt und soviel erreicht worden wie in den letzten Jahren. Nie zuvor gab es auf internationaler Ebene so viele Kontakte und so viel Austausch zur IT- und Cyber-Sicherheit. Mit der neuen Cyber-Sicherheitsstrategie wurde ein strategischer Überbau für alle Maßnahmen des Bundes auf dem Gebiet der Cyber-Sicherheit geschaffen. Das BSI wurde zu dem ausgebaut, was es heute ist: eine weltweit einmalige Fachbehörde.

Ein Blick in die Zukunft zeigt, dass man sich auf dem Erreichten nicht ausruhen darf. Die hohe Dynamik in der Entwicklung der Informationstechnik lässt es nicht zu, dass moderne Wirtschaftsnationen auf dem Gebiet der Digitalisierung und IT-Sicherheit stillstehen. Alle müssen auch künftig ihre rechtlichen, technischen und personellen Möglichkeiten zur Gestaltung der Digitalisierung und zur Gewährleistung weitreichender IT-Sicherheit fortentwickeln.

In diesen bewegten Zeiten verdient der Lagebericht des BSI zur IT-Sicherheit in Deutschland 2017 besondere Aufmerksamkeit. Er ist nicht nur eine Momentaufnahme, sondern eine fundierte wie verlässliche Dokumentation, welchen Bedrohungen Deutschlands IT ausgesetzt ist und welchen Herausforderungen es sich zu stellen gilt. Die Mitarbeiter des BSI erfüllen wichtige Aufgaben der Prävention und Detektion beim Schutz vor Cyber-Angriffen und finden passende Antworten auch auf dringendste Herausforderungen.

Die Gefährdungslage in der Wirtschaft

Kritische Infrastrukturen (KRITIS) sind Organisationen und Einrichtungen mit wichtiger Bedeutung für das Gemeinwesen. Ihre Systeme und Dienstleistungen, wie die Versorgung mit Wasser oder Wärme, ihre Infrastruktur und Logistik sind immer stärker von einer reibungslos funktionierenden Informationstechnik abhängig. Eine Störung, Beeinträchtigung oder gar ein Ausfall durch einen Cyber-Angriff oder IT-Sicherheitsvorfall kann zu nachhaltig wirkenden Versorgungsengpässen, erheblichen Störungen der öffentlichen Sicherheit oder anderen dramatischen Folgen führen.

Gefährdungsdifferenzierung nach Branchen

Die hohe IT-Durchdringung in den Kritischen Infrastrukturen geht mit einer hohen Abhängigkeit von IT einher. Dadurch sind nicht nur die IT-Systeme selbst Cyber-Sicherheitsgefährdungen ausgesetzt, sondern auch die Erbringung der jeweiligen kritischen Dienstleistungen. Diese Schadenspotenziale vervielfältigen sich. So entsteht für die Kritischen Infrastrukturen bei gleicher Bedrohungslage wie für andere Unternehmen ein besonders hohes Schadenspotenzial.

Zusätzlich kommen bei der Dienstleistungserbringung in den KRITIS-Sektoren IT-Systeme zum Einsatz, die nicht mit herkömmlicher Büro- oder Rechenzentrums-IT vergleichbar sind. Zum Beispiel werden in den KRITIS-Sektoren „Transport und Verkehr“, „Ernährung“, „Wasser“ und „Energie“ viele Spezialsysteme und industrielle Steuerungssysteme eingesetzt. In der Regel erfordern diese Systeme eine besondere Behandlung beim Schutz vor Cyber-Bedrohungen, die gleichzeitig den betrieblichen Anforderungen an Verfügbarkeit und Zuverlässigkeit genügen muss. Systeme, die weit verbreitet und über das Internet erreichbar sind sowie eine wichtige Rolle bei der Erbringung der kritischen Dienstleistung spielen, sind wegen der hohen Schadens-potenziale von besonderer Relevanz.

Dies hat unter anderem der wiederholt erfolgreiche Cyber-Angriff auf das Stromversorgungsnetz der Ukraine gezeigt. So waren im Dezember 2015 mindestens 225.000 Personen in der Ukraine von einem mehrstündigen Ausfall der Stromversorgung betroffen, der durch einen gezielten Cyber-Angriff verursacht wurde. Im Dezember 2016 gab es einen erneuten Stromausfall in Kiew. Durch diesen gezielten Cyber-Angriff wurden zwischen 100.000 und 200.000 Einwohner für über eine Stunde nicht mehr mit Strom versorgt.

Auch am Ausfall der Router der Deutschen Telekom im November 2016, bei dem durch einen Cyber-Angriff der Internetzugang bei bundesweit ca. 900.000 Kundenanschlüssen gestört wurde, zeigte sich deutlich das Gefährdungspotenzial eines Cyber-Angriffs auf die TK-Infrastruktur.

Ein weiteres Beispiel sind die entdeckten Schwachstellen in der Fernzugangssoftware von Baustellenampeln, die über das Internet zugänglich sind. In diesem Fall kam es nicht zu Schadensfällen. Die Absicherung von Spezialsystemen birgt ihre eigenen Problematiken, die im vorliegenden Fall nur für eine erhöhte Exposition sorgten.

Nach wie vor stehen die Betreiber Kritischer Infrastrukturen im Fokus von Angreifern mit politischer Motivation, zum Beispiel Hacktivisten und anderen staatlich geduldeten Akteuren. Da ein erfolgreicher Angriff öffentlichkeitswirksam die Wirtschaft oder das tägliche Leben der Bevölkerung beeinträchtigen würde, bleiben die Kritischen Infrastrukturen ein lohnendes Ziel für diese Angreifergruppierungen. Dies gilt vor allem auch für politisch motivierte Angreifer, die durch einen Angriff die eigene politische Agenda in den Mittelpunkt der öffentlichen Aufmerksamkeit rücken wollen.

Sonstige Erkenntnisse zur Gefährdungslage Wirtschaft

Wirtschaftsunternehmen in Deutschland sind aufgrund ihres technologischen Know-hows und durch ihre Auslandsaktivität interessante Ziele für Cyber-Spionage. In den letzten Jahren haben viele Unternehmen reagiert und eigene Computer-Notfall-Teams (Computer Emergency Response Team (CERT) oder Computersicherheits-Ereignis- und Reaktionsteam) sowie branchenübergreifende Organisationen zum Informationsaustausch gegründet.

Unternehmen sind grundsätzlich den gleichen Gefahren ausgesetzt wie jeder andere Nutzer von IT und Internet. Zusätzlich sehen sie sich aber Angriffen ausgesetzt, die im privaten Umfeld nicht vorkommen. Hierzu gehört zum Beispiel der CEO-Betrug, bei dem Angestellte von Unternehmen dazu verleitet werden sollen, große Geldbeträge auf Konten zu überweisen, die der Kontrolle der Angreifer unterliegen. Bei Ransomware-Angriffen ist zu beobachten, dass von Unternehmen mehr Lösegeld gefordert wird als von privaten Anwendern.

Einem weltweiten Trend folgend hatte Ende 2015 und Anfang 2016 die Zahl der beobachteten Cyber-Spionage-Angriffe gegen Wirtschaftsunternehmen auch in Deutschland stark nachgelassen. Mittlerweile steigt die Zahl der beobachteten Angriffe jedoch wieder an, seit Sommer 2016 werden wieder neue Angriffe auf deutsche Unternehmen beobachtet. Besonderes Medieninteresse galt dabei dem Angriff mit der Schadsoftware Winnti auf einen deutschen Industriekonzern. Dem BSI sind auch weitere Angriffe mit Winnti auf andere deutsche Unternehmen bekannt.

Auch APT-Gruppen führten Spionage-Angriffe auf deutsche Unternehmen aus. Bemerkenswert ist, dass bei diesen Angriffen die Gruppen APT28 und APT29 kaum in Erscheinung traten. Abgesehen von Rüstungsunternehmen scheinen sich diese Gruppen vorrangig auf Regierungseinrichtungen und politische Organisationen zu konzentrieren. Nicht zuletzt wegen der umfangreichen Auslandstätigkeit und der internationalen Verflechtung deutscher Unternehmen hat das BSI öffentliche Berichte daraufhin ausgewertet, welche Cyber-Spionage-Gruppen weltweit in verschiedenen Branchen aktiv sind. Neben Regierungseinrichtungen und der Opposition in nichtdemokratischen Staaten sind die Bereiche Rüstung, Energie und Medien diejenigen mit den meisten aktiven Tätergruppen.

Auch Kriminelle wenden zunehmend Techniken an, die bisher nur aus Spionage-Angriffen bekannt waren. So griff beispielsweise die Lazarus-Gruppe weltweit Banken an, um gefälschte Überweisungen über das SWIFT-Netzwerk zu veranlassen. Die Carbanak-Gruppe wiederum kompromittierte Finanzinstitute und Geldautomaten, um ebenfalls Überweisungen zu fälschen. Dabei setzten beide Gruppen Techniken ein, die über die bei normaler Crimeware beobachteten Methoden hinausgingen. Dazu zählt das zugeschnittene Social Engineering auf ausgewählte Mitarbeiter und das Lateral Movement, also das Ausbreiten im internen Netz, indem erbeutete Zugangsdaten verwendet und Nutzerrechte ausgeweitet werden.

Cyber-Spionage bleibt weiterhin eine Herausforderung, gegen die sich Unternehmen wappnen müssen. Da die initialen Angriffe sehr oft in den weniger abgesicherten Netzwerken von Auslandsstandorten oder zugekauften Tochterunternehmen ihren Ursprung nehmen, sollte der Fokus darauf liegen, unternehmensweit ein einheitliches IT-Sicherheitsniveau zu erlangen. Da in vielen Unternehmen die IT-Netze zu wenig voneinander getrennt sind, gelingt es den Angreifern sonst zu leicht, sich weltweit im Unternehmensnetz auszubreiten. Wenn Standard-Sicherheitsmaßnahmen unternehmensweit etabliert wurden, sollten in der Folge Prozesse für das Netzwerk-Monitoring erarbeitet und eingeführt werden. Wenn diese Infrastrukturen und geschultes Personal existieren, kann zusätzlich über den gezielten Einkauf von Threat Intelligence (Bedrohungsanalyse) nachgedacht werden.

Die Gefährdungslage in der Gesellschaft

Vernetzung und Digitalisierung haben zunehmend Einfluss auf die Gesellschaft und den Alltag der Bürgerinnen und Bürger. IT-Lösungen sind ein selbstverständlicher Faktor in vielen gesellschaftlichen Lebensbereichen. Ein Leben ohne das Internet ist in der heutigen Gesellschaft kaum noch vorstellbar, mobile Geräte wie Smartphones und Tablets werden von Millionen Menschen genutzt.

Der hohe Durchdringungsgrad von IT in allen Bereichen des gesellschaftlichen Lebens ist mit vielen Chancen verbunden, er birgt aber auch Risiken in den Bereichen Sicherheit und Datenschutz. Das Thema Cyber-Sicherheit im Sinne von umfassenden IT-Sicherheitsvorkehrungen und einer verbesserten Handlungsfähigkeit im Falle eines Cyber-Angriffs ist daher die Voraussetzung für eine erfolgreiche Digitalisierung.

Gefährdung durch das Internet der Dinge

Im Rahmen der zunehmenden Digitalisierung hält das Internet der Dinge (Internet of Things, IoT) mehr und mehr Einzug in Haus, Wohnung und den persönlichen Bereich der Anwender. Immer mehr vernetzte Geräte ermöglichen immer neue Anwendungen zur Komfortsteigerung, beispielsweise im Bereich der Haushaltsgerätesteuerung, der Hausüberwachung oder im Gesundheitsmanagement. Gleichzeitig werden ehemals bestehende Hürden für den Endverbraucher abgebaut, indem verstärkt funkbasierte Lösungen oder Powerline-Technologien eine zuvor notwendige Verkabelung ablösen. Dies führt zu einer immer höheren Vernetzungsdichte.

Die IT-Sicherheit spielt bei IoT-Geräten bisher jedoch keine oder nur eine untergeordnete Rolle. Für eine Kaufentscheidung des Kunden sind in der Regel die Gerätefunktionalität und der damit verbundene Komfortgewinn sowie der Kaufpreis ausschlaggebend. Dies führt dazu, dass ein neuer Bereich der Gefährdung entsteht, eine größere Angriffsfläche, die von Cyber-Kriminellen für ihre Zwecke genutzt werden kann.

Die Angriffe auf IoT-Geräte erfolgen in der Regel direkt über das Internet oder über vorhandene Funkschnittstellen „over-the-air“. Hierbei sind verschiedene Gefährdungslagen mit unterschiedlichen Bedrohungen zu unterscheiden:

- Das IoT-Gerät wird angegriffen, um dem Nutzer direkten Schaden zuzufügen. So können zum Beispiel Smart-Home-Komponenten zur Zutrittssteuerung angegriffen und manipuliert werden, um einen Einbruch vorzubereiten. Über eine kompromittierte Webcam können vertrauliche Informationen über die Bewohner und deren Verhalten in Erfahrung gebracht werden.
- Das IoT-Gerät wird kompromittiert und zum Angriff auf andere Infrastrukturkomponenten oder Services missbraucht. Häufig werden ungesicherte oder nicht ausreichend gesicherte IoT-Geräte kompromittiert und zu Botnetzen zusammengeführt, um gezielte DDoS-Attacken gegen Webseiten oder Web-

services von Dritten durchzuführen. Hierbei bleibt der Angriff für den Nutzer häufig unentdeckt, da er selbst von dessen Auswirkungen nicht direkt betroffen ist. Diese Vorgehensweise ist etwa beim Mirai-Botnetz zu beobachten.
- Das IoT-Gerät wird durch ein Schadprogramm außer Betrieb gesetzt und ist für den Endnutzer zumindest vorübergehend nicht mehr nutzbar. Hiervon waren in jüngster Vergangenheit speziell kleine und mittelständische Unternehmen (KMUs) betroffen, deren Infrastruktur teils tagelang über das Internet nicht mehr erreichbar war.

Die möglichen Auswirkungen der zuvor genannten Cyber-Angriffe sind vielfältig. Neben direkten Angriffen auf die Privatsphäre, persönliche Daten, Zugangsinformationen sowie Vermögenswerte des Endnutzers führt der Missbrauch von IoT-Geräten durch DDoS-Angriffe auf größere (kritische) Infrastrukturkomponenten und Services zu massiven wirtschaftlichen Schäden.

Gefährdung durch mobile Kommunikation

Für viele Menschen sind Smartphones und Tablets unverzichtbar geworden. Sie bereichern die Kommunikation und Unterhaltung, sie ermöglichen Navigation und Interaktion über soziale Netzwerke. Mit wenigen Handgriffen installierte Anwendungsprogramme – Apps – machen dies möglich. Die immer intensivere App-Nutzung sorgt aber auch dafür, dass auf den Geräten immer mehr, zum Teil sensitive Daten verarbeitet werden. Adressbücher, Standort- und Zugangsdaten, E-Mails und andere Kommunikationsdaten machen Mobilgeräte zu einem immer lohnenderen Angriffsziel für Kriminelle. Ihre Sicherheit wird durch zahlreiche Aspekte beeinflusst:

- Anwender räumen dem Datenschutz und der Sicherheit bei der App-Auswahl oft keine oder bestenfalls eine untergeordnete Rolle ein. Die Kombination von Nützlichkeit und Bequemlichkeit sowie die Kosten sind ausschlaggebend für die Auswahl einer App. Dabei stellt der mögliche Abfluss persönlicher bzw. kritischer Daten einen mit potenziell erheblichen Gefährdungen verbundenen Kontroll-verlust dar.
- Die Installation von Software-Aktualisierungen, um Sicherheitslücken zu beseitigen, ist Voraussetzung für den sicheren Betrieb mobiler Endgeräte. Aufgrund der Vielfalt der Gerätetypen, sowohl auf Hardware- als auch auf Softwareebene, ist eine kurzfristige und flächendeckende Versorgung mit Aktualisierungen durch Hersteller und Anbieter allerdings kein einfaches Unterfangen. Trotz Initiativen der Industrie, dies zu beschleunigen, waren im aktuellen Berichtszeitraum viele Mobilgeräte insbesondere mit dem Betriebssystem Android auf einem sicherheitskritischen Softwarestand.

- Ein Teil der auf mobilen Geräten anfallenden persönlichen und sensitiven Informationen wird nicht oder nur unzureichend verschlüsselt und oft in einer Cloud gespeichert. Der Nutzer vertraut somit seine Daten dem Cloud-Anbieter an.
  Falls der Zugriff nicht ausreichend geschützt ist, können sowohl die Nutzerdaten als auch die Zugangsdaten für die Cloud selbst in falsche Hände geraten.
- Mobilgeräte verbinden sich oft mit öffentlichen Hotspots. Hier werden die Daten in der Regel unverschlüsselt übertragen und können somit von unbefugten
  Dritten mitgelesen werden. Eindeutige Nutzerkennungen wie die International Mobile Subscriber Identification (IMSI) sind hiervon potenziell betroffen.

Betreiber von Mobilfunknetzwerken sowie App-Anbieter sind in der Lage, Mobilgeräte zu orten und damit auch den Standort des Besitzers festzustellen. Schwachstellen in der Infrastruktur des Mobilfunkbetreibers können dazu führen, dass eine Ortung von Mobilfunkgeräten auch durch Dritte möglich ist. Angreifer können so ein umfassendes Bewegungsprofil des Opfers anlegen.

Nach wie vor können Telefonate, die über die Mobilfunktechnologie der zweiten Generation (2G/GSM) geführt werden, auf der Funkschnittstelle abgehört werden. Auch 3G- und 4G-Funktechnologie ist hiervon betroffen, da der Angreifer in vielen Fällen eine Umschaltung auf 2G-Standard provozieren kann. Nutzerkennungen wie die IMSI können auf der Funkschnittstelle ebenfalls abgegriffen werden.

Auch die zunehmende Nutzung von SMS als Authentifizierungsfaktor sowie zur Autorisierung von Transaktionen (mTAN-Verfahren) birgt Risiken. Angreifer können durch die Ausnutzung von Schwachstellen in der Netzwerkinfrastruktur den SMS-Verkehr umleiten und so die verschickten Codes missbrauchen. So gab es im Berichtszeitraum etwa Schwachstellen im für den Austausch zwischen Mobilfunknetzen wichtigen SS7-Protokoll und damit die Möglichkeit, SMS-Nachrichten beim Online-Banking abzufangen. Ein entsprechender Missbrauch ist auch durch Schadsoftware auf dem Endgerät möglich.

Die Auswirkungen dieser zahlreichen Schwachstellen auf den Schutz der Privatsphäre und der sensitiven Daten sind ebenso beachtlich wie mannigfaltig. Einerseits können durch den Abfluss persönlicher Daten, sei es durch Apps auf dem Endgerät, beim Netzwerkbetreiber oder Cloud-Anbieter, detaillierte Rückschlüsse über das Verhalten, die Interessen, die Aufenthaltsorte und die Gesinnung des Nutzers abgeleitet werden. Diese Informationen könnten anschließend ohne Zustimmung des Betroffenen beispielsweise zu Werbezwecken verwertet bzw. auf unbestimmte Zeit gespeichert, zu kriminellen Zwecken oder zur Diskreditierung einer Person ausgenutzt werden.

Andererseits sind die Mobilgeräte selbst das Ziel aktiver Angriffe. Sollten Sicherheitsupdates nicht vorhanden oder eingespielt worden sein, kann ein Angreifer, wie bei stationären Rechnern auch, die Kontrolle über das Mobilgerät übernehmen. Neben dem üblichen Missbrauch der Ressourcen (zum Beispiel Einbindung in ein Botnetz) ist das monetäre Risiko von Schadsoftware im mobilen Kontext sehr hoch, da kostenpflichtige Telefonate, SMS-Nachrichten oder andere Premium-Dienste ohne Zutun des Betroffenen ausgeführt werden können.

Erkenntnisse aus Angriffen auf öffentliche Institutionen

Die Gefahr einer Beeinflussung der politischen Meinungsbildung bei Wahlen ist insbesondere im Zusammenhang mit den Präsidentschaftswahlen in den USA und Frankreich sowie der Parlamentswahl in den Niederlanden in den Fokus der öffentlichen Diskussion gerückt. Auch in Deutschland besteht die Möglichkeit, dass Täter versuchen werden, die digitalen Medien zur Beeinflussung der öffentlichen Meinungsbildung vor Wahlen zu nutzen.

Falschdarstellungen (Fake News) verbreiten sich rasant in den Sozialen Netzwerken und werden teilweise auch von etablierten Medien ungeprüft aufgegriffen. Social Bots (automatisierte Programme, die vortäuschen, Menschen mit echten Identitäten zu sein) sammeln Informationen über Nutzer (zum Beispiel von Facebook), streuen gezielt bestimmte Meldungen (zum Beispiel durch Tweets auf Twitter) und beteiligen sich an Diskussionen, um Mehrheitsmeinungen zu suggerieren und Meldungen zu Top-Themen zu machen.

Darüber hinaus sind Social Bots dazu in der Lage, bestimmten Zielgruppen individualisierte Nachrichten zu schicken, in denen die potentiellen Opfer (zum Beispiel Mitglieder des Wahlkampfteams einer Organisation) dazu verleitet werden sollen, Links zu schadhaften Webseiten aufzurufen. Folgt ein User diesen Links, besteht die Gefahr, dass auf seinem Rechner Schadsoftware installiert wird. So können im nächsten Schritt dort vorhandene vertrauliche Daten abgegriffen werden. Weitere informationstechnische Angriffe mithilfe von Social Bots sind denkbar. Beispielsweise könnten durch massenhaft generierte Kommentare Informationsseiten zur Wahl oder von Kandidaten in Sozialen Netzwerken unleserlich beziehungsweise unbrauchbar gemacht werden. Daneben sind noch Identitätsdiebstahl oder weitere Angriffsformen vorstellbar.

IT Begriffe – kurz und bündig

Botnet, APT und Honeypot – schon einmal etwas davon gehört? Begriffe der IT-Security sind selten verständlich. Was dahinter steckt, ist allerdings für die Sicherheit der Unternehmens-IT und damit zahlreicher Daten und Geschäftsprozesse enorm wichtig.

Wenn IT-Nerds sich über Sicherheitsthemen unterhalten, klingt das für Außenstehende wie Kauderwelsch. Besonders kryptisch sind dabei die vielen Kürzel, die zu allem Überfluss für englische Begriffe stehen, die wiederum in der deutschen Übersetzung noch lange nicht selbsterklärend sind. IT-Sicherheit jedoch ist für Unternehmen Pflichtprogramm und letzten Endes Chefsache, da IT in der ein oder anderen Form an beinahe allen Stellen des Unternehmens vorkommt. Und wer will schon durch mangelndes Verständnis etwaige Geschäftsschädigungen durch abgegriffene Kundendaten oder Unternehmensgeheimnisse in Kauf nehmen?

Zwanzig besonders rätselhafte Begriffe und Kürzel sind im Folgenden leicht erklärt.

Threat

Eine *Bedrohung* ist ganz allgemein ein Umstand oder Ereignis, durch den oder das ein Schaden entstehen kann. Der Schaden bezieht sich dabei auf einen konkreten Wert wie Vermögen, Wissen, Gegenstände oder Gesundheit. Übertragen in die Welt der Informationstechnik ist eine Bedrohung ein Umstand oder Ereignis, der oder das die Verfügbarkeit, Integrität oder Vertraulichkeit von Informationen beeinträchtigen kann, wodurch dem Besitzer bzw. Benutzer der Informationen ein Schaden entstehen kann. Beispiele für Bedrohungen sind höhere Gewalt, menschliche Fehlhandlungen, technisches Versagen oder vorsätzliche Handlungen. Trifft eine Bedrohung auf eine Schwachstelle (insbesondere technische oder organisatorische Mängel), so entsteht eine Gefährdung.

Integrität

Integrität bezeichnet die Sicherstellung der Korrektheit (Unversehrtheit) von Daten und der korrekten Funktionsweise von Systemen. Wenn der Begriff Integrität auf „Daten" angewendet wird, drückt er aus, dass die Daten vollständig und unverändert sind. In der Informationstechnik wird er in der Regel aber weiter gefasst und auf „Informationen" angewendet. Der Begriff „Information" wird dabei für „Daten" verwendet, denen je nach Zusammenhang bestimmte Attribute wie z. B. Autor oder Zeitpunkt der Erstellung zugeordnet werden können. Der Verlust der Integrität von Informationen kann daher bedeuten, dass diese unerlaubt verändert, Angaben zum Autor verfälscht oder Zeitangaben zur Erstellung manipuliert wurden.

BIA

Eine Business Impact Analyse (Folgeschadenabschätzung) ist eine Analyse zur Ermittlung von potentiellen direkten und indirekten Folgeschäden für ein Unternehmen, die durch das Auftreten eines Notfalls oder einer Krise und Ausfall eines oder mehrerer Geschäftsprozesse verursacht werden.

Botnet

Der erste Schritt zum Verständnis der englischen Kürzel, wie die IT sie nun mal liebt, ist eine Übersetzung. In diesem Falle steht *„Bot"* kurz für Roboter und „Net" für Netz und meint also eine Gruppe automatisierter Computerprogramme, die auf vernetzten Rechnern laufen. Cyber-Kriminelle installieren die Bots unbemerkt auf den fremden PCs, die dann die Netzwerkanbindung sowie lokale Ressourcen und Daten ausnutzen. Die infizierten PCs versenden dann beispielsweise Spam im Auftrag der Kriminellen, die weiterhin in Kontakt mit den Bots stehen. Auch DDoS-Attacken werden so gefahren.

DDoS

DDoS steht für Distributed Denial of Service, zu Deutsch „verteilte Dienstblockade". Eine größere Anzahl von Systemen befeuert das Infrastruktursystem des Opfers wie einen Webserver mit Anfragen und führt so zur Überlastung. Die Folge: Nichts geht mehr. Das Ganze kann zwar auch zufällig entstehen, etwa dann, wenn durch eine mediale Berichterstattung über eine Seite, die Anfragen unvorhergesehenerweise so stark ansteigen, dass das System bewegungsunfähig wird. Aber eben auch gezielte und absichtlich herbeigeführte DDoS-Angriffe legen Systeme lahm, um damit Schaden zu verursachen. Unternehmen sollten daher in ihrer IT-Infrastruktur Gegenmaßnahmen ergreifen wie Analyse- und Filtermaßnahmen und Serverlastverteilungen durch Virtualisierungstechniken.

Rootkit

Ein Rootkit ist ein Schadprogramm, das manipulierte Versionen von Systemprogrammen enthält. Unter Unix sind dies typischerweise Programme wie login, ps, who, netstat etc. Die manipulierten Systemprogramme sollen es einem Angreifer ermöglichen, zu verbergen, dass er sich erfolgreich einen Zugriff mit Administratorenrechten verschafft hat, sodass er diesen Zugang später erneut benutzen kann.

Spyware

Als Spyware werden Programme bezeichnet, die heimlich, also ohne darauf hinzuweisen, Informationen über einen Benutzer bzw. die Nutzung eines Rechners sammeln und an den Urheber der Spyware weiterleiten. Spyware gilt häufig nur als lästig, es sollte aber nicht übersehen werden, dass durch Spyware auch sicherheitsrelevante Informationen wie Passwörter ausgeforscht werden können.

Exploit

Nutzen Hacker oder andere Kriminelle gezielt die Schwachstelle in einer Software aus (to exploit, engl. für ausnutzen), spricht man in der IT von einem Exploit. Die Programmcodes oder Sicherheitslücken ganzer Systeme werden so zum Einfallstor, durch das die Angreifer sich Zugang zu den Ressourcen verschaffen oder in die Computersysteme eindringen, um diese zu beeinträchtigen.

Honeypot

Tatsächlich hat dieser IT-Begriff seinen Ursprung in der Überlegung, ein Bär könnte durch einen Honigtopf abgelenkt und in eine Falle gelockt werden. In die Falle gehen sollen aber in diesem Fall Angreifer aus dem Cyberspace. Der Honigtopf ist dabei ein Computerprogramm oder Server, der ein ganzes Netzwerk oder das Verhalten eines Anwenders simuliert. Damit handelt es sich bei *Honeypots* um etwas „Gutes“, da Sicherheitsexperten damit Angriffsmuster und Angreiferverhalten analysieren und die Erkenntnisse daraus für Sicherheitsmaßnahmen nutzen können. Das reale Netzwerk bleibt in der Simulation von Angriffen geschützt.

APT

APT steht kurz für *Advanced Persistent Threat*, also eine „fortgeschrittene, andauernde Bedrohung“ und einen mit großem Aufwand durchgeführten Angriff auf ein bestimmtes Ziel. Dabei dringen Angreifer mit mehrstufigen komplexen Angriffen unbemerkt bis tief ins Netzwerk ein. Die APTs sind flexibel, fokussiert und intelligent. Das heißt erstens, die Angreifer antizipieren (vorhersehen) die von Unternehmen verwendeten Maßnahmen zum Selbstschutz und nutzen anpassungsfähige Techniken.

Zweitens richten sich Bedrohungen auf spezifische Ziele, wie eine klar umrissene Kategorie von Unternehmen, ein konkretes Einzelunternehmen oder sogar auf einzelne Personen. Drittens kommen soziale Manipulationstechniken, bekannt als *Social Engineering*, zum Einsatz, und es werden systematisch Schwachstellen in Programmen ausgenutzt – sogenannte technische Exploits, um in Computersysteme einzudringen ohne dabei erkannt zu werden.

Ransomware

Ransom kommt aus dem Englischen und bedeutet Lösegeld. Diese Erpressungstrojaner, Erpressungssoftware, Kryptotrojaner oder Verschlüsselungstrojaner sind Schadprogramme, mit deren Hilfe ein Eindringling den Zugriff des Computerinhabers auf Daten, deren Nutzung oder auf das ganze Computersystem verhindern kann. Dabei werden private Daten auf dem fremden Computer verschlüsselt oder

der Zugriff auf sie verhindert, um für die Entschlüsselung oder Freigabe ein Lösegeld zu fordern.

Keylogger

Als Keylogger wird Hard- oder Software zum Mitschneiden von Tastatureingaben bezeichnet. Sie zeichnen alle Tastatureingaben auf, um sie möglichst unbemerkt an einen Angreifer zu übermitteln. Dieser kann dann aus diesen Informationen für ihn wichtige Daten, wie z. B. Anmeldeinformationen oder Kreditkartennummern filtern.

PKI

Jetzt geht es in den Bereich der Sicherheitsexperten. Eine PKI (*Public-Key-Infrastruktur*) meint ein Netzwerk mit speziellem Verschlüsselungsverfahren, das vor allem bei unsicheren öffentlichen Netzen zum Einsatz kommt. Damit erfolgt eine Authentifizierung des Absenders von Nachrichten beziehungsweise eine Verschlüsselung von Nachrichten.

Herkömmliche Verschlüsselungen erstellen einen geheimen Schlüssel für die Verschlüsselung, der auch für die spätere Entschlüsselung genutzt wird. Das birgt den Nachteil, dass der Schlüssel selbst abgefangen werden kann. Im Gegensatz zu diesem symmetrischen Verschlüsselungsverfahren ist ein *Public-Key-Verfahren* asymmetrisch. Ein öffentlicher Schlüssel wird etwa per E-Mail versendet oder von einer Webseite heruntergeladen. Um sicherzustellen, dass der Schlüssel nicht von einem Betrüger stammt, wird ein zweites digitales Zertifikat (oder eine Kette von Zertifikaten) genutzt, das den Schlüssel auf Echtheit prüft.

ALG

Die Funktionen eines Sicherheitsgateways auf Anwendungsebene werden von den sogenannten *ApplicationLevelGateways* übernommen. ALGs, auch Sicherheitsproxies genannt, unterbrechen den direkten Datenstrom zwischen Quelle und Ziel. Bei einer Kommunikationsbeziehung zwischen Client und Server über einen Proxy hinweg nimmt der Proxy die Anfragen des Clients entgegen und leitet sie an den Server weiter. Bei einem Verbindungsaufbau in umgekehrter Richtung, also vom Server zum Client, verfährt der Proxy analog. Mittels eines Proxys lassen sich Datenströme filtern und gezielt weiterleiten.

IDS

Wieder mal angegriffen worden und nichts davon mitbekommen? Über die Hälfte der Unternehmen bemerkt Angriffe nicht einmal oder erst dann, wenn es schon zu spät ist. Ein *IDS* (*Intrusion Detection System*) ist quasi der Wachhund eines

IT-Sicherheitsexperten. Im Falle einer Security- oder Policy-Verletzung oder eines kompromittierten Netzwerks benachrichtigt ein Gerät oder eine Software-Anwendung (IDS) den Administrator.

Mittels *Intrusion Detection Systemen* werden Aktivitäten in Netzwerken überwacht, Schwachstellen analysiert, Dateien auf Echtheit hin bewertet, typische Angriffsmuster erkannt und ungewöhnliche Aktivitäten gemeldet. Einige IDS reagieren auch selbstständig auf Bedrohungen.

Patch

Ein Patch (vom englischen „patch", auf deutsch: Flicken) ist ein kleines Programm, das Softwarefehler wie z. B. Sicherheitslücken in Anwendungsprogrammen oder Betriebssystemen behebt.

Pen Test

Dieser Test hat nichts mit Schreibgeräten zu tun, sondern ist die Abkürzung von *Penetrationstest*. Dieser fachsprachliche Ausdruck steht für umfassende Sicherheitstests einzelner PCs oder ganzer Netzwerke. Der Informationstechniker wird dabei zum Hacker und nutzt die Methoden von Cyberkriminellen, um das zu schützende Netz auf Herz und Nieren zu testen. Penetration meint dabei das unautorisierte Eindringen in ein System, um deren Sicherheit zu prüfen, potentielle Fehlerquellen aufzudecken und damit die Sicherheit zu erhöhen.

GRC

Das Dreigespann aus *Governance*, *Risk* und *Compliance* (*GRC*) fasst die drei wichtigsten Handlungsebenen einer Firma für die erfolgreiche Führung zusammen. Governance stellt dabei Richtlinien für die gesamte Unternehmensführung aus, Risk meint das Risikomanagement unter Einbezug bekannter und unbekannter Risiken und Compliance die Normen und Zugriffsregelungen, die einen sicheren und gesetzeskonformen Umgang mit Daten gewährleisten sollen. Das Beziehungsgeflecht des Dreigespanns kann mithilfe IT-gestützter Werkzeuge optimiert werden. IT-Dienstleister bieten dafür einzelne Leistungen an wie *Identity Management*, *Risk-Management*, *Workflow-Engines* usw. Es gibt aber auch erste Anbieter, die ganzheitliche Lösungen zu GRC-Architekturen vorstellen, wie der IT-Dienstleister CANCOM.

ISMS

steht für Information *Security Management System* also ein „Managementsystem für Informationssicherheit". Damit ist gemeint, dass Unternehmen Verfahren und Regeln aufstellen, um die Informationssicherheit dauerhaft zu definieren, zu steuern, zu kontrollieren, aufrechtzuerhalten und fortlaufend zu verbessern.

BCM

Business Continuity Management bezeichnet alle organisatorischen, technischen und personellen Maßnahmen, die zur Fortführung des Kerngeschäfts eines Unternehmens nach Eintritt eines Notfalls bzw. eines Sicherheitsvorfalls dienen. Weiterhin unterstützt BCM die sukzessive Fortführung der Geschäftsprozesse bei länger anhaltenden Ausfällen oder Störungen.

Smarte Geräte sicher vernetzen

Immer mehr Nutzerinnen und Nutzer setzen im Alltag auf smarte Geräte. Sie lassen sich mit anderen intelligenten Geräte im Internet der Dinge vernetzen und können die Arbeit und das Leben dadurch komfortabler machen.

Daten in der Cloud

Im Internet sind rund 1,5 Milliarden Dokumente mit sensiblen Informationen aufgrund von falsch konfigurierten Servern und Cloud-Diensten frei zugänglich. Dazu gehören Gehaltsabrechnungen, Steuerbescheide, Kundendaten, aber auch medizinische Daten. Demnach ist es jedem mit geringen technischen Kenntnissen möglich, auf die sensiblen Daten zuzugreifen. Neben Informationen von privaten Anwenderinnen und Anwendern lassen sich auch Patente einfach abgreifen.

Die hohe Anzahl und Sensibilität der öffentlich zugänglichen Daten ist erschreckend. Berichte zeigen immer wieder, wie sorglos manche Dienstleister mit sensiblen Daten ihrer Kunden umgehen. Unternehmen, die mit sensiblen Daten agieren, müssen ihrer Verantwortung zum Schutz dieser Daten endlich gerecht werden. Anbieter von Online-Dienstleistungen wie Cloud- oder Server-Dienstleistungen müssen es ihren Kunden durch entsprechende Vorkonfigurationen noch einfacher machen, die grundlegenden Sicherheitsprinzipien einzuhalten. Aktuell stehen wir erst am Anfang der Digitalisierung und müssen begreifen, dass Informationssicherheit die Voraussetzung für ihr Gelingen ist.

Methoden der Datensicherung

Grundsätzlich können Sie Ihre Daten auf drei unterschiedliche Weisen sichern:

1. Volldatensicherung

Bei der Volldatensicherung werden sämtliche zu sichernden Dateien zu einem bestimmten Zeitpunkt auf einen zusätzlichen Datenträger gespeichert.

Vorteil: Alle Daten liegen komplett vor. Sie müssen bei der Wiederherstellung der Dateien nicht lange suchen.

Nachteil: Je nachdem, wie viele Daten Sie speichern, kann die Volldatensicherung sehr zeitaufwändig sein und viel Platz auf dem Speichermedium verbrauchen.

2. Inkrementelle Datensicherung
Sie führen zunächst eine Volldatensicherung durch. Bei der nächsten, der ersten „inkrementellen" Sicherung, speichern Sie nur noch jene Dateien ab, die sich seit der Volldatensicherung verändert haben. Bei allen weiteren inkrementellen Sicherungen speichern Sie jeweils nur jene Daten, die sich seit der letzten inkrementellen Sicherung verändert haben.
Vorteil: Sie sparen Speicherplatz und brauchen weniger Zeit für die Datensicherung.
Nachteil: Im Bedarfsfall müssen Sie zunächst die letzte Volldatensicherung auf das System übertragen. Anschließend müssen alle nach der Volldatensicherung angefertigten inkrementellen Datensicherungen eingespielt werden. Auch wenn nur eine einzelne Datei wiederhergestellt werden soll, ist der Aufwand gegenüber der Volldatensicherung daher wesentlich höher. Schließlich müssen Sie alle inkrementellen Datensicherungen und vielleicht sogar die letzte Volldatensicherung durchsehen, um die aktuelle Version einer Datei zu finden.

3. Differentielle Datensicherung
Auch dazu müssen Sie einmal eine Volldatensicherung durchführen. Danach werden bei jeder differentiellen Datensicherung alle Daten gesichert, die sich seit der letzten Volldatensicherung verändert haben. Der Unterschied zur inkrementellen Sicherung besteht also darin, dass hier immer alle Änderungen zur ersten Volldatensicherung gespeichert werden, und nicht nur die zur Vorversion.
Vorteil: Die Wiederherstellung der Dateien ist im Bedarfsfall unkomplizierter und schneller. Sie müssen dann nur die letzte Volldatensicherung und die aktuelle differentielle Datensicherung parat haben.
Nachteil: Gegenüber der inkrementellen Datensicherung brauchen Sie mehr Zeit und Platz auf dem Speichermedium.

Back-up-Software

Wenn Ihnen das alles zu kompliziert ist, können Sie auch entsprechende Backup-Software einsetzen. Diese Programme, die den Speicherprozess automatisch abwickeln, gibt es auch für Privatanwender.

Weitere Möglichkeit

Speichern Sie all jene Dateien, die Sie selbst erstellt haben, auf einem externen Speichermedium. Wie oft das notwendig ist, hängt davon ab, wie oft Sie Ihren PC nutzen und welche Daten Sie in jedem Fall benötigen. Bewahren Sie das Backup aber auf jeden Fall getrennt vom PC auf, am besten in einem anderen Raum.

Sollten Sie Ihre Daten später aus irgendeinem Grund verlieren, können sie einfach wieder auf den PC aufgespielt werden. Ihre persönlichen Einstellungen des Betriebssystems oder anderer Programme sind bei dieser Art der Datensicherung zwar nicht enthalten, aber diese lassen sich im Falle des Falles relativ schnell neu konfigurieren. Alternativ zu CD-ROM, DVD oder USB-Sticks können Sie auch eine zweite Festplatte als Datensicherungsmedium verwenden. Damit diese nach der Datensicherung an einem anderen – sicheren – Ort aufbewahrt werden kann, sollte es eine externe Festplatte (Wechselfestplatte) sein. Diese können in der Regel über USB unkompliziert angeschlossen werden und haben darüber hinaus auch eine Software mit Back-up-Funktionen vorinstalliert.

Eine interessante Übersicht zum Umgang mit elektronisch gespeicherten Daten zeigt **Bild 1**.

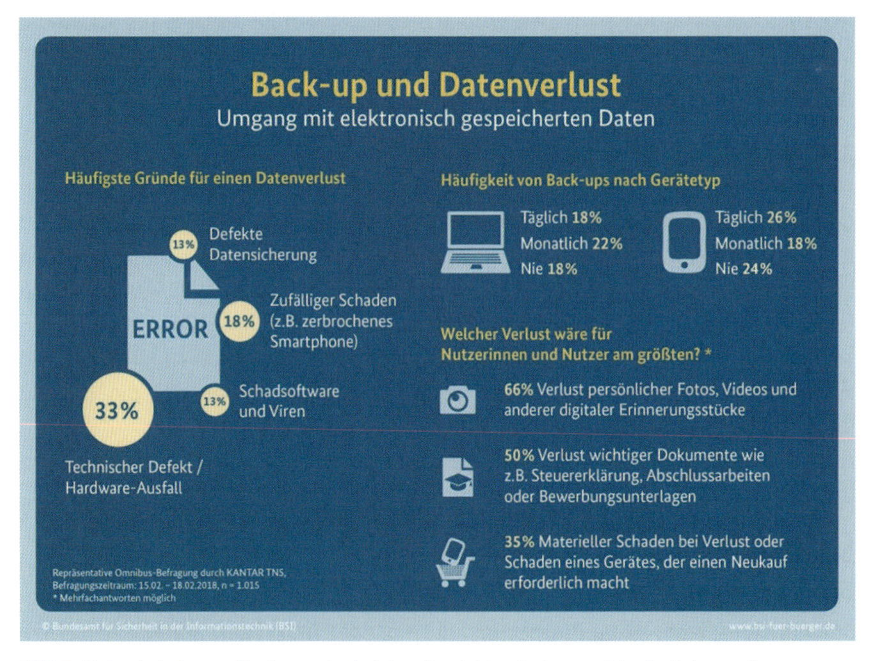

Bild 1: Mehr als jeder zweite Anwender hat bereits elektronisch gespeicherte Daten verloren. (Quelle: BSI)

Warum ist Informationssicherheit wichtig?

Informationen sind ein wesentlicher Wert für Unternehmen und Behörden und müssen daher angemessen geschützt werden. Die meisten Geschäftsprozesse sind heute in Wirtschaft und Verwaltung ohne IT-Unterstützung längst nicht mehr vorstellbar. Eine zuverlässig funktionierende Informationsverarbeitung ist ebenso wie die zugehörige Technik für die Aufrechterhaltung des Betriebes unerlässlich. Unzureichend geschützte Informationen stellen einen häufig unterschätzten Risikofaktor dar, der unter Umständen existenzbedrohend werden kann. Dabei ist ein vernünftiger Informationsschutz ebenso wie eine Grundsicherung der IT schon mit verhältnismäßig geringen Mitteln zu erreichen: Mit dem IT-Grundschutz bietet das BSI eine praktikable Methode an, um die Informationen einer Institution angemessenen zu schützen. Die Kombination aus den IT-Grundschutz-Vorgehensweisen Basis-, Kern- und Standard-Absicherung sowie dem IT-Grundschutz-Kompendium beinhaltet für unterschiedliche Einsatzumgebungen sowohl Sicherheitsanforderungen als auch Maßnahmen zum sicheren Umgang mit Informationen.

Aufgrund der skizzierten Abhängigkeit steigt bei Cyber-Sicherheitsvorfällen auch die Gefahr für Institutionen, einen Imageschaden zu erleiden. Die verarbeiteten Daten und Informationen müssen adäquat geschützt, Sicherheitsmaßnahmen sorgfältig geplant, umgesetzt und kontrolliert werden. Hierbei ist es aber wichtig, sich nicht nur auf die Sicherheit von IT-Systemen zu konzentrieren, da Informationssicherheit nicht nur eine Frage der Technik ist. Sie hängt auch stark von infrastrukturellen, organisatorischen und personellen Rahmenbedingungen ab. Die Sicherheit der Betriebsumgebung, die ausreichende Schulung der Mitarbeiter, die Verlässlichkeit von Dienstleistungen, der richtige Umgang mit zu schützenden Informationen und viele andere wichtige Aspekte dürfen auf keinen Fall vernachlässigt werden.

Mängel im Bereich der Informationssicherheit können zu erheblichen Problemen führen. Die potentiellen Schäden lassen sich verschiedenen Kategorien zuordnen.

- **Verlust der Verfügbarkeit**
  Wenn grundlegende Informationen nicht vorhanden sind, fällt dies meistens schnell auf, vor allem, wenn Aufgaben ohne diese nicht weitergeführt werden können. Läuft ein IT-System nicht, können beispielsweise keine Geldtransaktionen durchgeführt werden, Online-Bestellungen sind nicht möglich, Produktionsprozesse stehen still. Auch wenn die Verfügbarkeit von bestimmten Informationen lediglich eingeschränkt ist, kann es zu Arbeitsbeeinträchtigungen in den Prozessen einer Institution kommen.
- **Verlust der Vertraulichkeit von Informationen**
  Jeder Bürger und jeder Kunde möchte, dass mit seinen personenbezogenen Daten vertraulich umgegangen wird. Jedes Unternehmen sollte wissen, dass interne, vertrauliche Daten über Umsatz, Marketing, Forschung und Entwick-

lung die Konkurrenz interessieren. Die ungewollte Offenlegung von Informationen kann in vielen Bereichen schwere Schäden nach sich ziehen.

- **Verlust der Integrität (Korrektheit von Informationen)**
  Gefälschte oder verfälschte Daten können beispielsweise zu Fehlbuchungen, falschen Lieferungen oder fehlerhaften Produkten führen. Auch der Verlust der Authentizität (Echtheit und Überprüfbarkeit) hat, als ein Teilbereich der Integrität, eine hohe Bedeutung: Daten werden beispielsweise einer falschen Person zugeordnet. So können Zahlungsanweisungen oder Bestellungen zu Lasten einer dritten Person verarbeitet werden, ungesicherte digitale Willenserklärungen können falschen Personen zugerechnet werden, die „digitale Identität" wird gefälscht.

Informations- und Kommunikationstechnik spielt in fast allen Bereichen des täglichen Lebens eine bedeutende Rolle, dabei ist das Innovationstempo seit Jahren unverändert hoch. Besonders erwähnenswert sind dabei folgende Entwicklungen:

- **Steigender Vernetzungsgrad**
  Menschen, aber auch IT-Systeme arbeiten heutzutage nicht mehr isoliert voneinander, sondern immer stärker vernetzt. Dies ermöglicht es, auf gemeinsame Datenbestände zuzugreifen und intensive Formen der Kooperation über geographische, politische oder institutionelle Grenzen hinweg zu nutzen. Damit entsteht nicht nur eine Abhängigkeit von einzelnen IT-Systemen, sondern in starkem Maße auch von Datennetzen. Sicherheitsmängel können dadurch schnell globale Auswirkungen haben.
- **IT-Verbreitung und Durchdringung**
  Immer mehr Bereiche werden durch Informationstechnik unterstützt, häufig ohne dass dies dem Benutzer auffällt. Die erforderliche Hardware wird zunehmend kleiner und günstiger, sodass kleine und kleinste IT-Einheiten in alle Bereiche des Alltags integriert werden können. So gibt es beispielsweise Bekleidung mit integrierten Gesundheitssensoren, mit dem Internet vernetzte Leuchtmittel sowie IT-gestützte Sensorik in Autos, um automatisch auf veränderte Umgebungsverhältnisse reagieren zu können oder selbstfahrende Fahrzeuge zu ermöglichen. Die Kommunikation der verschiedenen IT-Komponenten untereinander findet dabei zunehmend drahtlos statt. Alltagsgegenstände werden dadurch über das Internet lokalisierbar und steuerbar.
- **Verschwinden der Netzgrenzen**
  Bis vor kurzem ließen sich Geschäftsprozesse und Anwendungen eindeutig auf IT-Systeme und Kommunikationsstrecken lokalisieren. Ebenso ließ sich sagen, an welchen Standorten und bei welcher Institution diese angesiedelt waren. Durch die zunehmende Verbreitung von Clouddiensten sowie der Kommunikation über das Internet verschwinden diese Grenzen zunehmend.

- **Kürzere Angriffszyklen**
  Die beste Vorbeugung gegen Schadprogramme oder andere Angriffe auf IT-Systeme, Anwendungsprogramme und Protokolle ist, sich frühzeitige über Sicherheitslücken und deren Beseitigung, z. B. durch Einspielen von Patches und Updates, zu informieren. Die Zeitspanne zwischen dem Bekanntwerden einer
  Sicherheitslücke und den ersten Angriffen in der Breite ist mittlerweile sehr kurz, sodass es immer wichtiger wird, ein gut aufgestelltes Informationssicherheitsmanagement und Warnsystem zu haben.
- **Höhere Interaktivität von Anwendungen**
  Bereits vorhandene Techniken werden immer stärker miteinander kombiniert, um so neue Anwendungs- und Nutzungsmodelle zu erschaffen. Darunter finden sich unterschiedliche Anwendungsbereiche wie soziale Kommunikationsplattformen, Portale für die gemeinsame Nutzung von Informationen, Bildern und Videos oder interaktive Web-Anwendungen. Dies führt aber auch zu einer höheren Verquickung unterschiedlicher Geschäftsprozesse und höherer Komplexität, wodurch die Systeme insgesamt schwieriger abzusichern sind.
- **Verantwortung der Benutzer**
  Die beste Technik und solide Sicherheitsmaßnahmen können keine ausreichende Informationssicherheit gewährleisten, wenn der Mensch als Akteur nicht angemessen berücksichtigt wird. Dabei geht es vor allem um das verantwortungsvolle Handeln des Einzelnen. Dazu ist es notwendig, aktuelle Informationen über Sicherheitsrisiken und Verhaltensregeln im Umgang mit der IT zu beachten.

Angesichts der vorgestellten Gefährdungspotenziale und der steigenden Abhängigkeit stellen sich damit für jede Institution, sei es ein Unternehmen oder eine Behörde, bezüglich Informationssicherheit mehrere zentrale Fragen:

- Wie sorgfältig wird mit geschäftsrelevanten Informationen umgegangen?
- Wie sicher ist die Informationstechnik eines Unternehmens?
- Welche Anforderungen müssen erfüllt und welche Sicherheitsmaßnahmen müssen hierfür ergriffen werden?
- Wie lassen sich diese Maßnahmen konkret umsetzen?
- Wie hält bzw. verbessert eine Institution das erreichte Sicherheitsniveau?
- Werden die personellen Aspekte der Informationssicherheit angemessen berücksichtigt?
- Wie hoch ist das Sicherheitsniveau anderer Institutionen, mit denen eine Kooperation stattfindet?

- Sind Notfallvorkehrungen getroffen, um im Gefährdungsfall schnell reagieren zu können?

Bei der Beantwortung dieser Fragen für die eigene Institution ist zu beachten, dass Informationssicherheit eine Kombination aus technischen, organisatorischen, personellen und infrastrukturellen Aspekten ist. Es ist sinnvoll, ein Informationssicherheitsmanagement einzuführen, mit dem die mit Informationssicherheit verbundenen Aufgaben konzipiert, koordiniert und überwacht werden können.

Die Erfahrung zeigt, dass es ohne ein funktionierendes Informationssicherheitsmanagement praktisch nicht möglich ist, kontinuierlich ein angemessenes Sicherheitsniveau zu erzielen und zu erhalten. Daher wird im BSI-Standard 200-1 Managementsysteme für Informationssicherheit (ISMS) beschrieben, was ein solches Managementsystem leisten sollte und welche Aufgaben damit verbunden sind.

Werden die Geschäftsprozesse, Anwendungen und IT-Systeme typischer Institutionen im Hinblick auf die eben gestellten Fragen verglichen, so kristallisiert sich eine Gruppe mit gemeinsamen Eigenschaften heraus. Die Vorgehensweisen und IT-Systeme in dieser Gruppe lassen sich wie folgt charakterisieren:

- Es sind typische Vorgehensweisen und IT-Systeme, d. h. es sind keine Individuallösungen, sondern sie sind weit verbreitet im Einsatz.
- Der Schutzbedarf der Informationen bezüglich Vertraulichkeit, Integrität und Verfügbarkeit liegt im Rahmen des Normalen.
- Die Geschäftsprozesse, Anwendungen und IT-Systeme sind den üblichen Rahmenbedingungen unterworfen und unterliegen somit typischen Bedrohungen und Gefahren.

Gelingt es, für diese Gruppe der „typischen" Geschäftsprozesse, Anwendungen und IT-Systeme den gemeinsamen Nenner aller erforderlichen Sicherheitsanforderungen zu beschreiben, so erleichtert dies die Beantwortung obiger Fragen für diese „typischen" Anwendungsfälle erheblich. Bereiche, die außerhalb dieser Gruppe liegen, seien es seltenere Individuallösungen oder IT-Systeme mit hohem Schutzbedarf, können sich dann zwar an den Anforderungen orientieren, bedürfen letztlich aber einer besonderen Betrachtung.

Die Bausteine des IT-Grundschutz-Kompendiums beschreiben detailliert standardisierte Sicherheitsanforderungen, die für jedes Objekt im Informationsverbund zu beachten sind. Eine ausführliche Beschreibung des Prozesses zum Erreichen und Aufrechterhalten eines angemessenen Sicherheitsniveaus sowie eine einfache Verfahrensweise zur Ermittlung des erreichten Sicherheitsniveaus in Form eines Soll-Ist-Vergleichs finden sich in den BSI-Standards 200-1, 200-2 und 200-3 zum IT-Grundschutz.

Ziel, Idee und Konzeption

Im IT-Grundschutz-Kompendium werden standardisierte Sicherheitsanforderungen für typische Geschäftsprozesse, Anwendungen und IT-Systeme in einzelnen Bausteinen beschrieben. Ziel des IT-Grundschutzes ist es, einen angemessenen Schutz für alle Informationen einer Institution zu erreichen. Die IT-Grundschutz-Methodik zeichnet sich dabei durch den ganzheitlichen Ansatz aus. Durch die geeignete Kombination von organisatorischen, personellen, infrastrukturellen und technischen Sicherheitsanforderungen wird ein Sicherheitsniveau erreicht, das für den jeweiligen Schutzbedarf angemessen und ausreichend ist, um geschäftsrelevante Informationen zu schützen. Darüber hinaus wird an vielen Stellen erläutert, wie ein höherer Sicherheitslevel erreichbar ist.

Die IT-Grundschutz-Methodik nutzt das Baukastenprinzip, um den heterogenen Bereich der Informationstechnik einschließlich der Einsatzumgebung besser strukturieren und planen zu können. Die einzelnen Bausteine thematisieren typische Abläufe von Geschäftsprozessen und Bereiche des IT-Einsatzes, wie beispielsweise Notfall-Management, Client-Server-Netze, bauliche Einrichtungen sowie Kommunikations- und Applikationskomponenten.

Analyseaufwand reduzieren

Bei der traditionellen Risikoanalyse werden zunächst die Bedrohungen ermittelt und mit Eintrittswahrscheinlichkeiten bewertet, um dann die geeigneten Sicherheitsmaßnahmen auszuwählen und anschließend das noch verbleibende Restrisiko bewerten zu können. Diese Schritte sind beim IT-Grundschutz bereits für jeden Baustein durchgeführt worden. Es wurden die für typische Einsatzszenarien passenden standardisierten Sicherheitsanforderungen ausgewählt, die sich dann von den Anwendern in Sicherheitsmaßnahmen überführen lassen, die zu den individuellen Rahmenbedingungen passen. Bei der IT-Grundschutz-Methodik reduziert sich die Analyse auf einen Soll-Ist-Vergleich zwischen den im IT-Grundschutz-Kompendium empfohlenen und den bereits umgesetzten Sicherheitsanforderungen. Die noch offenen Anforderungen zeigen die Sicherheitsdefizite auf, die es zu beheben gilt. Erst bei einem signifikant höheren Schutzbedarf ist zusätzlich zu den Anforderungen aus den IT-Grundschutz-Bausteinen eine indiviuelle Risikoanalyse unter Beachtung von Kosten- und Wirksamkeitsaspekten durchzuführen. Hierbei reicht es dann aber in der Regel aus, die auf Basis des IT-Grundschutz-Kompendiums ausgewählten Maßnahmen durch entsprechende individuelle, qualitativ höherwertige Maßnahmen zu ergänzen. Eine einfache Vorgehensweise hierzu ist im BSI-Standard 200-3 Risikoanalyse auf der Basis von IT-Grundschutz beschrieben.

Weiterentwicklung des IT-Grundschutz-Kompendiums

Die Inhalte des IT-Grundschutz-Kompendiums sind aufgrund der rasanten Entwicklungen in der Informationstechnik sowie immer kürzer werdender Produktzyklen ständigen Veränderungen ausgesetzt. Struktur und Inhalt des BSI-Standardwerks zur Informationssicherheit sind daher danach angelegt, dass einzelne Veröffentlichungen wie Bausteine zügig aktualisiert und neue Themen aufgenommen werden können. Neben dem BSI können auch IT-Grundschutz-Anwender ihren Beitrag leisten, indem sie Texte bis hin zu ganzen Bausteinen für den IT-Grundschutz erstellen, Bausteine kommentieren oder neue Themen anregen. Ziel ist es, das IT-Grundschutz-Kompendium auf einem aktuellen Stand zu halten.

IT von morgen

Im Zuge der Digitalen Transformation werden viele Entwicklungen der letzten Jahre weiter an Fahrt aufnehmen. Die Marktforscher von International Data Corporation (IDC) rechnen für die nahe Zukunft mit der verstärkten Nutzung von künstlicher Intelligenz, Augmented Reality, der Blockchain und Cloud-Services. Und wie üblich überschlagen sich die Prognosen für die nahe Zukunft, wobei diejenigen von IDC und Gartner in der IT-Welt besonderes Gewicht haben.

Laut IDC befindet sich die sogenannte Dritte Plattform, die vor zehn Jahren mit Cloud- und Mobile-Computing, Big Data Analytics und Social Media eingeläutet wurde, bereits mitten in ihrer zweiten Phase und nimmt mit Innovationsbeschleunigern wie dem Internet der Dinge (IoT) sowie Augmented und Virtual Reality (AR/VR) zusätzlich an Fahrt auf. Die Erste Plattform war vor allem von Mainframes und Terminals geprägt. Die Zweite Plattform begann etwa Mitte der 1980er Jahre mit der Einführung der Personal Computer (PC).

Anwachsende Innovationskraft

Neuen Schub erhält die zweite Phase durch eine exponentiell anwachsende Innovationskraft, sie *„befeuert offene Innovations-Ökosysteme, massives Datensharing und Modernisierung, hyperagile Bereitstellungstechnologien für Applikationen und eine wachsende Zahl von Menschen, die an der Entwicklung digitaler Lösungen arbeiten“* – so heißt es in der deutschen Pressemeldung von IDC. Hinzu kämen die Blockchain-Technologie als verbesserte Ausgangslage für digitales Vertrauen, eine wachsende Zahl von Dienstleistungen und Lösungen im Bereich der künstlichen Intelligenz (KI), eine zunehmende Vielschichtigkeit von Mensch-Maschine-Schnittstellen sowie ein vielfältigeres Angebot an Cloud-Services.

Zehn IDC-Prognosen im Überblick

1. Zunehmende Digitalisierung der Wertschöpfung
Bis 2021 wird mindestens die Hälfte der globalen Wertschöpfung digitalisiert sein. Unternehmen, die bei der Digitalisierung ihrer Angebote und Prozesse nur schleppend vorankommen, werden sich zunehmend abgehängt sehen und ihre Marktchancen nicht nutzen können. Da die Zeit drängt, müssen verstärkte Anstrengungen in Richtung Digitalisierung erfolgen.

2. Unternehmensweite Plattform-Strategie
Bis 2020 werden 60 % aller Unternehmen eine voll ausgeprägte, unternehmensweite Plattform-Strategie hinsichtlich der digitalen Transformation entwickelt haben, um ihre IT auf neue Beine zu stellen. Damit steigen auch die Chancen, in den nächsten drei bis vier Jahren zu einer „Digital-Native Enterprise" zu werden, also zu einem Unternehmen, in dem die Digitalisierung praktisch in Fleisch und Blut übergegangen ist.

3. Anstieg der Investitionen in Cloud Computing
Bis 2021 werden die Investitionen für Cloud-Dienste und Cloud-Infrastruktur auf 530 Milliarden Dollar ansteigen. 90 % der Unternehmen werden bis dahin multiple Cloud-Services und -Plattformen nutzen.

4. Vermehrte Anwendung von Künstlicher Intelligenz
Bis 2019 werden 40 % aller Initiativen rund um die Digitale Transformation in mehr oder weniger hohem Maße KI-Technologie nutzen. KI wird bis 2021 in 75 % der Unternehmensanwendungen zum Einsatz kommen.

5. Steigende Relevanz hyperagiler Architekturen
Bis 2021 wird ein Großteil der Unternehmensanwendungen in sogenannte hyperagile Architekturen überführt sein. Prognosen zufolge werden dabei 90 % der Applikationen auf Cloud-Plattformen (Platform as a Service oder kurz PaaS) laufen, die Microservices und Cloud-Funktionen nutzen. Hyperagile Bereitstellungstechnologien kommen unter anderem auch der Skalierbarkeit, Flexibilität und Mobilität der Unternehmensanwendungen entgegen. Das wird die Zahl der Anwendungen und Microservices um das bis zu zehnfache Volumen anschwellen lassen. Angetrieben werde die Entwicklung durch eine neue Generation von branchenspezifischen digitalen Lösungen.

6. Diversifizierung der Schnittstellen zwischen M2M
Bis 2020 wird es zu einer Ausweitung der Mensch-Maschinen-Schnittstellen kommen, wobei jeweils 25 % der Außendienst- und Wissensarbeiter (Info oder Knowledge Worker) mit Augmented-Reality-Technologie arbeiten werden. Außerdem

sollen bis dahin nahezu 50 % der neuen mobilen Apps überwiegend sprachgesteuert sein. Sprachsteuerung beginnt, sich zum Standard-Interface für eine Reihe von Smartphone-Apps für Unternehmen zu entwickeln.

7. Blockchain-Dienste als Grundlage für Digital Trust
Bis 2021 werden mindestens 25 % der Global-2000-Unternehmen im großen Umfang Blockchain-Dienste als Grundlage für digitales Vertrauen nutzen. Blockchain-Netzwerke werden bis 2020 bei 30 % aller großen Hersteller und Einzelhandelsunternehmen sowie bei 20 % führender Gesundheitsorganisationen zum Einsatz kommen.

8. Hochwertige Daten als Schlüsselfaktor
Bis 2020 werden den Prognosen zufolge 90 % der großen Unternehmen bereits Umsätze mit Data as a Service machen. Die Fähigkeit, hochwertige Daten nicht nur selbst zu nutzen, sondern zum Teil auch zu vermarkten, wird laut IDC schon bald zum Gradmesser für die Leistungsfähigkeit von Unternehmen. Hochwertige Daten werden auch ein wichtiges Schlüssselelement zur Wertbestimmung eines Unternehmens sowie seiner Stellung in der digitalen Welt sein.

9. „Jeder“ ist ein Entwickler
Dank Verbesserungen bei einfachen Entwicklungstools (low-code/no-code) wird die Entwicklung von Programmen und Applikationen künftig so vereinfacht werden, dass hierzu theoretisch jeder Mitarbeiter in der Lage ist. Die Folge: Laut IDC wird die Zahl der Entwickler ohne Technikhintergrund in den kommenden drei Jahren deutlich ansteigen.

10. Steigende Bedeutung von Programmierschnittstellen
Bis 2021 werden über 50 % aller Global-2000-Unternehmen durchschnittlich ein Drittel ihrer digitalen Dienstleistungen über offene Schnittstellen zur Anwendungsprogrammierung (API) realisieren. Die großen Unternehmen werden dadurch in die Lage versetzt, die Verbreitung ihrer digitalen Plattformen und Services über Drittanbieter abzuwickeln. IDC geht davon aus, dass die Pioniere der Digitalen Transformation ihren Fokus in den kommenden drei Jahren auf offene API-basierte externe Entwickler-Communities und Vertriebsnetze lenken werden.

VLAN und VoIP

Peter Behrends

Aktuell werden zunehmend ISDN-Telefonanlagen auf VoIP (Voice over IP) umgestellt. Die Umstellung ist oftmals von unangenehmen Effekten begleitet, die in der völlig anderen Art der Sprachvermittlung begründet liegen.

Aspekte der Planung

Diese Effekte lassen sich vermeiden, wenn schon bei der Planung der Anlage und der Auslegung des Netzwerkes die richtigen Parameter berücksichtigt werden. Im Elektrohandwerk sind die Betriebe der Kommunikations- und Sicherheitstechnik erste Ansprechpartner, wenn es um die Modernisierung, Anpassung oder Neuplanung einer Sprachtelefonieanlage geht. In der Meisterausbildung zum »Elektrotechnikermeister der Kommunikations- und Sicherheitstechnik« gehören daher die notwendigen Kenntnisse einer solchen planerischen Aufgabe selbstverständlich dazu.

Hohe Sprachqualität bei ISDN

Das ISDN (Integrated Services Digital Network) ist hauptsächlich für die Sprachkommunikation entwickelt worden. Diese hohe Qualität des ISDN ist leider bei VoIP-Systemen nur mit erhöhtem Aufwand realisierbar. Aufgrund seiner leitungsvermittelnden technischen Lösung sind einige Aspekte bei ISDN so selbstverständlich, dass oftmals die Techniker nicht auf die Idee kommen, dass es überhaupt anders sein könnte. Zu diesen Selbstverständlichkeiten gehören u. a.:

- garantierte gleichmäßige Qualität der Sprachübertragung während des Gespräches,
- im Normalfall keine Gesprächsabbrüche,
- sicherer und garantierter Verbindungsaufbau beim Klingelzeichen,
- Energie zum Betrieb des Telefons kommt vom Netz,
- Überwachbarer Anschluss, d. h. ein Ausfall des Anschlusses wird sofort erkannt.

Diese hohen qualitativen Aspekte haben dazu geführt, dass die Installation von ISDN-Anschlüssen sehr robust möglich ist. Zudem haben sich andere Kommunikationssysteme, wie Fax-Übertragungen, Alarmierungseinrichtungen von Gefahrenmeldeanlagen und Notrufsysteme diese Aspekte zu eigen gemacht. Beim Umstieg auf VoIP sind diese auch dringend auf Funktionsfähigkeit zu überprüfen.

VLAN wird Pflicht

Was für ISDN selbstverständlich ist, muss bei VoIP-Systemen extra geprüft und/oder geplant sein. Ein wesentlicher Nutzen der VoIP-Technologie ist sicherlich die nahtlose Integration in die Netzwerktechnik, basierend auf Ethernet und IP (Internet Protocol). Dieser Vorteil kippt jedoch sofort in einen gravierenden Nachteil, wenn die Eigenheiten der Ethernet- und IP-Technologie nicht berücksichtigt werden. Bei der Leitungsführung kommen heutzutage normalerweise anwendungsneutrale Kommunikationskabelanlagen nach EN 50173 zum Einsatz. In diesen sternförmig strukturierten Kabelanlagen werden die Datenströme mittels Ethernet allerdings im „Konkurrenzverfahren" transportiert. Das bedeutet, Datenströme mit hohen Bandbreitenanforderungen können Datenströme mit geringerer Anforderung »beiseite drängen« und zum Abreißen führen. Aus dieser Tatsache sind Datenströme, insbesondere kritische Datenströme wie Sprachdaten, besonders zu lenken. Eine Lenkung der Daten bei Ethernet-Systemen ist in den heutigen LAN nur mittels VLAN möglich.

Anforderungen an die Planung von VoIP

Nachfolgend sind Aspekte aufgelistet, die für die Planung eines VoIP-Systems von Bedeutung sind.

- Planung von VLAN-Strukturen (Virtual LAN)
  Mit der Aufteilung der physikalischen Ethernet-Netze in virtuelle Netze, kann eine Trennung der Datenströme schon in den Geräten erfolgen. Damit können die Switchess zur Steuerung der Daten Regeln anwenden, die die Anforderungen der Anwendungen berücksichtigen.
- Integration von VLAN-fähigen Switches
  Die Steuerung der Datenströme kann im VLAN mittels einer Priorisierung beeinflusst werden. Schon bei der Planung sind die unterschiedlichen Datenströme einzelnen Nutzungsklassen zuzuordnen, die wiederum mittels Priorität im LAN transportiert werden.

Planung und Umsetzung der Priorisierung der Datenströme

Auch die Umsetzung und Berücksichtigung der Datenstrom-Priorisierung muss im Switch erfolgen. Dazu werden die VLAN-Markierungen ausgelesen und interpretiert. Der Netzwerktechniker gibt dazu dem Switch Regeln vor, nach denen die Daten weitergeleitet werden. Die VoIP-Systeme setzen VoIP-Server (z. B. SIP-Registrar) ein, um die VoIP-Kommunikation zu steuern. Bei deren Anschluss und der Lenkung der Daten zu den Servern sind die Übertragungsgeschwindigkeiten bzw. Bandbreitenanforderungen der Datenströme zu berücksichtigen. Auch wenn die Sprachkommunikation keine extrem hohen Anforderungen stellt, ist trotzdem eine Abschätzung vorzunehmen, um im Vorfeld Problemstellen im Netz zu erkennen.

Berechnung und Abschätzung der erforderlichen Bandbreite

Um diese Bandbreite berechnen und abschätzen zu können, muss das Netz in seinen Strukturen/den eingesetzten Protokollen bekannt sein. Spätestens wenn die Datenströme für Sprache zu Teilnehmern gelenkt werden, die nicht im eigenen Netz angeschlossen sind, ist eine Verbindungsüberprüfung der Sprachübertragung unumgänglich. Bei einigen Routingverfahren im IP-Netz können durch diese Routingregeln die Datenströme unterbunden werden. Konkret bedeutet dies: Nur weil das VoIP-Telefon klingelt, muss die Sprachübertragung trotzdem nicht funktionieren. Dieser Umstand ist beim ISDN gar nicht vorstellbar!

Testen der Sprachkommunikation bzw. Sprachübertragung

Ist diese Überprüfung nicht erfolgreich, ist ein Informationsaustausch mit den jeweils betroffenen Administratoren der IP-Netze notwendig. Diese können die Regeln der IP-Steuerung überprüfen und ggf. für die Sprachkommunikation anpassen. Auch wenn alle diese Anforderungen erfüllt sind, kann das Telefon nicht auf Energie verzichten. Während ein analoges oder ein ISDN-Telefon in der Regel über den Netzanschluss mit Energie versorgt wird, ist das bei VoIP-Telefonen nicht zwingend der Fall.

Energieversorgung und Ausfallsicherung

Über Steckernetzteile oder PoE-Lösungen (Power over Ethernet) lässt sich das Telefon mit Energie versorgen. Welche Lösung eingesetzt wird, hängt wiederum von vielen kleinen Faktoren ab. Die effizienteste Lösung ist der Anschluss der Telefone an einen PoE-Switch. Dieser Switch kann zudem zentral gegen Stromausfall abgesichert sein, damit die Telefonie auch bei Stromausfall noch begrenzt funktionieren kann. Der Ausfall einer VoIP-Anlage ist genauso schwer oder einfach erkennbar, wie der Ausfall eines IP-Netzes. Im Grunde ist es das Gleiche. Wenn ein System jedoch auf die ständige Erreichbarkeit angewiesen ist, wie es bei Alarmierungseinrichtungen sinnvoll erscheint, dann sind bei VoIP- oder IP-Lösungen zusätzliche Maßnahmen notwendig.

Sicherstellung der Erreichbarkeit

Bei VoIP-Systemen, die mit dem Steuerungsprotokoll SIP (Session Initiation Protocol) arbeiten, wird die Erreichbarkeit der Endgeräte im Minutenrhythmus überprüft. Ein Ausfall eines Gerätes kann daher unter Umständen erst Minuten später oder bei einem konkreten Anruf festgestellt werden. Bei ISDN ist ein solcher Ausfall nach spätestens 10 s in der Vermittlungsstelle bekannt. Ist diese Zeitdauer der VoIP-Systeme aus bestimmten Gründen zu lange, dann sind die Protokolle anzupassen. Das erhöht gleichzeitig natürlich die Datenraten im Netz. Sämtliche Aspekte und Anforderungen sind in **Tabelle 1** noch einmal übersichtlich dargestellt.

Anforderung	Aktion
Datenstrom- und VLAN-Planung	Sortieren und Bewerten der Datenströme und Festlegung von VLANs
VLAN-Integration	Konfiguration des VLAN in Switches oder Telefonen
Priorisierung der Datenströme	Konfiguration der Priorisierung in den Switches
Bandbreite für Sprache	Berechnung und Abschätzung der Bandbreiten
Verbindungsüberprüfung	Testen der Sprachübertragung und ggf. Anpassen des IP-Routing
Energieversorgung	Planen und Umsetzen der Energieversorgung und der Ausfallsicherung
Erreichbarkeit	Abschätzen des Ausfallrisikos und Steuern der Erreichbarkeitsprüfung

Tabelle 1: Sieben Aspekte und Anforderungen, die als Ausgangspunkt der Planung einer VoIP-Anlage dienen

VLAN-Strukturen

Die bisherige LAN-Technologie kommt bei höheren Geschwindigkeiten bzw. Datenraten an ihre Grenzen. Das reine Ethernet lässt aber keine Trennung der Datenströme zu. In dieser physiknahen Verbindung werden die Daten so schnell es geht von einem Anschluss zum nächsten weitergeleitet. Dieser „Best-Effort-Aspekt" bedeutet so viel wie: *„Er war stets bemüht"*, die Daten zuzustellen. Dabei erfolgt keine Unterscheidung, welche Daten hier übertragen werden sollen. In der Praxis kann daher der Download einer umfangreichen Datei dazu führen, dass sich kleinere Datenströme einfach nicht zeitnah übertragen lassen. Dieses führt ggf. zu Verbindungsabbrüchen, wenn zeitkritische Anwendungen wie Sprachübertragungen oder Datenbankanwendungen betrieben werden (**Bild 1**).

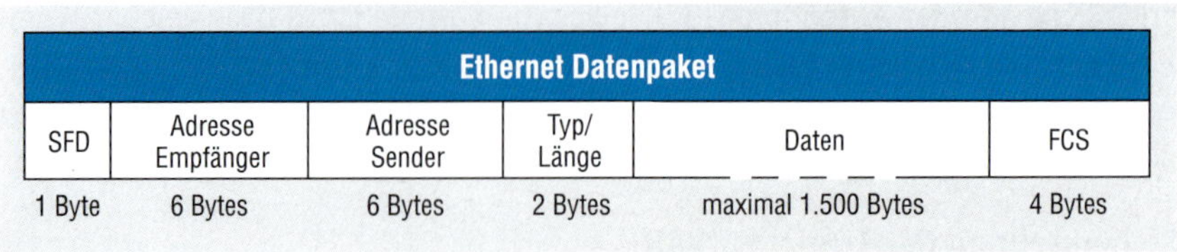

Ethernet Datenpaket					
SFD	Adresse Empfänger	Adresse Sender	Typ/ Länge	Daten	FCS
1 Byte	6 Bytes	6 Bytes	2 Bytes	maximal 1.500 Bytes	4 Bytes

Bild 1: Ethernet-Datenpaket (SFD = Starting Frame Delimiter, FCS = Frame Check Sequence)

VLAN-Tag ergänzt das Ethernet-Paket

Im Ethernet wird zwar die Art der zu übertragenden Daten angegeben, allerdings nur die Art der Nutzlast. Diese ist in lokalen Netzen nahezu immer IP. Eine Unterscheidung der Anwendungen erfolgt nicht. Ist eine Unterscheidung notwendig, ist das Ethernet-Paket durch eine zusätzliche Markierung zu ergänzen. Diese Markierung ist das VLAN-Tag, welches die Daten in einzelne virtuelle Ethernet-Verbindungen zuordnet (**Bild 2**). Als besonderes Merkmal bietet der VLAN-Tag auch die Möglichkeit einer Priorisierung der Datenströme. Dies kommt bei der nächsten Anforderung zum Einsatz. Um VLAN-Strukturen einzusetzen, kann es mehrere Gründe geben. Die beiden wichtigsten sind:

- Trennung von Netzen und deren Geräten, um die Kommunikation untereinander zu verhindern,
- Trennung von Datenströmen, um diese steuern zu können.

Bei der Betrachtung von VoIP-Systemen, ist zunächst nur die Trennung der Datenströme relevant. Um diese Trennung vornehmen zu können, ist es sinnvoll, die Anwendungen im Netz zu ermitteln. Dabei ist es weniger gut, diese in loser Folge aufzulisten. Für die Steuerung werden die Anforderungen der Datenströme benötigt. Diese Anforderungen lassen sich im ersten Ansatz in zwei Anforderungsbereiche splitten:

- Zeitanforderung und
- Fehlerfreiheit.

In der Folge werden die Anforderungen aus Gründen der Vereinfachung in diese beiden Kategorien eingeordnet. Damit erhält der Planer eine Übersicht über die Anforderungen in seinem Netz. In der Praxis können weitere Unterscheidungen notwendig werden. In **Tabelle 2** lassen sich beispielsweise vier Anforderungsprofile ableiten. Aus dieser Analyse wird klar: das lokale Netz braucht mindestens vier VLANs, in denen die Daten transportiert werden. Damit ist eine erste Struktur gegeben (**Bild 3**).

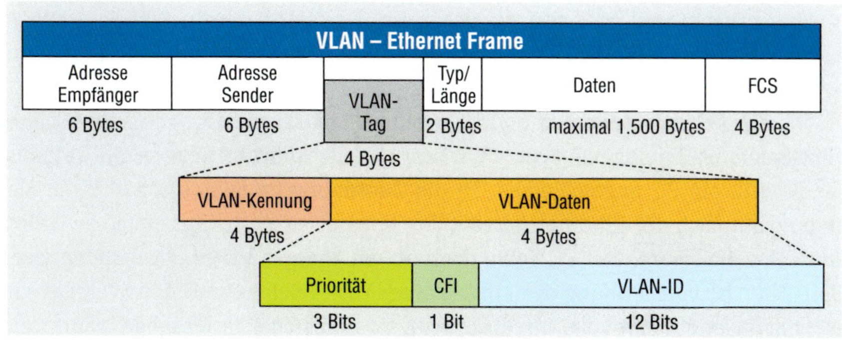

Bild 2: Ethernet-VLAN-Datenpaket (CFI = Canonical Format Indicator)

Anforderungsprofile			
Dienst/Service	**Zeitanforderung**	**Fehlerfreiheit**	**VLAN**
Sprache	möglichst schnell	Bitfehler sind in Grenzen erlaubt.	**10**
Stream	kann etwas warten (Pufferung)	Bitfehler sind in Grenzen erlaubt.	**20**
Datenbankabfrage	hat ein festes Zeitfenster	Bitfehler sind nicht zulässig.	**30**
Dateitransfer	kann ggf. warten	Bitfehler sind nicht zulässig.	**40**

Tabelle 2: Beispiele von Services und Qualitätskriterien

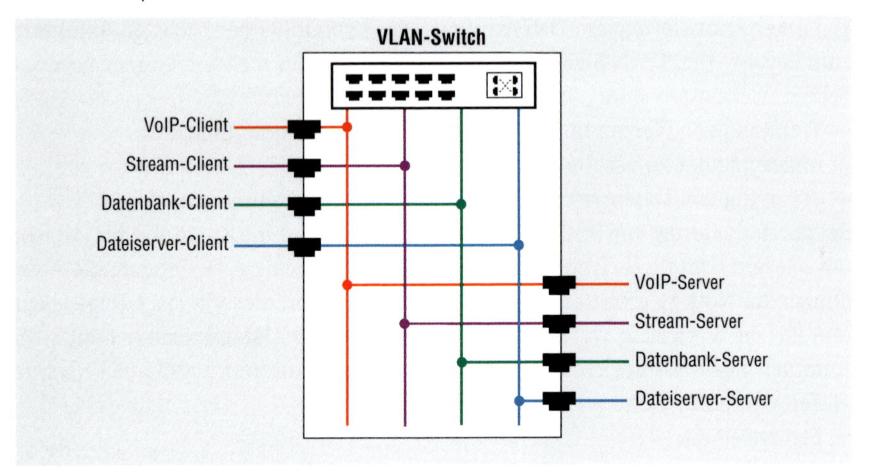

Bild 3: Switch mit VLAN-Struktur

Anforderung: VLAN-Switches

Die Ethernetdaten werden also als VLAN markiert. Diese Markierung kann bei VoIP in den Telefonen oder im Switch erfolgen. Beide Methoden haben Vor- und Nachteile. Grundsätzlich muss im Switch das VLAN angelegt werden, damit es als solches erkannt und gesteuert werden kann. Da dieser Schritt sowieso erfolgen muss, lässt sich ein VoIPTelefon, an diesem Switch angeschlossen, sofort mit dem entsprechenden VLAN verknüpfen.

Da der Administrator den Switch einstellt, sind auch mögliche Fehler beim Einrichten der Telefone hier ohne Wirkung. Ist allerdings am Telefon ein weiteres Gerät, z.B. ein PC angeschlossen, ist die Zuordnung im Switch schwieriger. Sie muss dann nach der Ethernet-Adresse des Telefons erfolgen, was einige Switches nur schwer können. Der PC sollte dann an ein anderes VLAN angebunden werden. Hier ist eine Prüfung der eingesetzten VoIP-Telefone und der Switches im Netz zwingend notwendig, um die günstigste und sicherste Methode wählen zu können.

Viele moderne Switches können anhand der Ethernet-Adresse (MAC-Adresse) die Geräte erkennen und dann die richtigen VLANs auswählen. Das macht dem Errichter die Arbeit sehr leicht. Ist das so nicht möglich, muss der Switch dem Telefon vertrauen und die VLAN-Zuordnung übernehmen. Die Daten vom Telefon zum Switch werden dann in mindestens zwei VLANs transportiert. Der Switch muss beide VLANs akzeptieren, weshalb der Port (Switch-Anschluss) als VLAN-Trunk zu administrieren ist (**Bild 4**). In einem VLAN-Trunk lässt sich eine Vielzahl von VLANs transportieren.

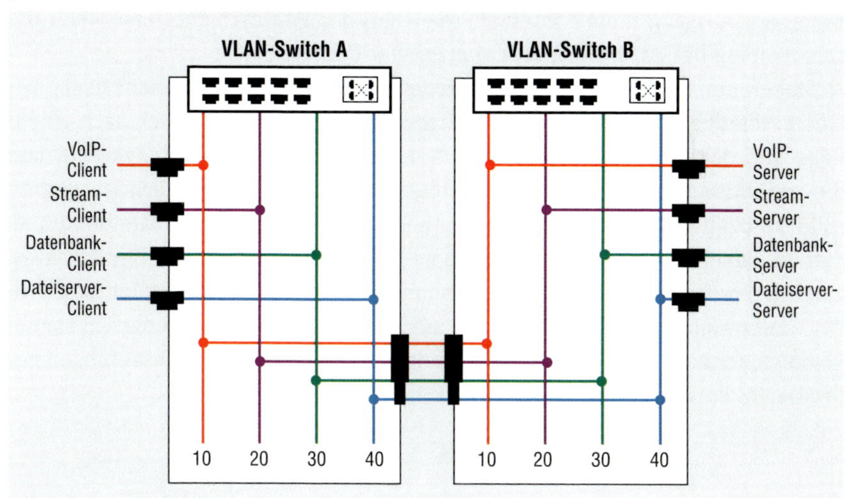

Bild 4: Switches mit VLAN-Trunk-Kopplung

Anforderung: Priorisierung

Sind die Datenströme in VLANs getrennt, kann eine Festlegung der Priorität erfolgen. Dieses passiert an dem Ort, an dem das VLAN definiert ist, also im Telefon selbst oder im Switch. Doch Vorsicht: Ein Switch kann die vom Telefon festgelegte Priorisierung grundsätzlich überschreiben!

Welche Priorität nun vergeben wird, hängt von der Klassifizierung ab (**Tabelle 3**). Dabei lässt ein VLAN-Tag acht Priorisierungen von 0 bis 7 zu. Nach der IEEE Empfehlung 802.1p ist der Datenstrom umso wichtiger, je höher die Nummer ist. Die Zuordnung der Sprachkommunikation erfolgt in der Empfehlung in der zweithöchsten Priorität mit dem Wert „6". Legt man das oben angewendete Beispiel mit vier Datenströmen zugrunde, braucht man hier fünf Prioritäten: eine je Datenstrom, plus den nicht markierten Daten. Die **Tabelle 4** gibt die beispielhafte Zuordnung wieder. Werden diese Datenströme nun im Switch weitergeleitet, landen die

Dienst/Service	VLAN	Priorität
„unmarkiert"	0	0
Sprache	10	6
Dateitransfer	20	2
Stream	30	4
Datenbankabfrage	40	3

Tabelle 4: Beispiele von Services und Qualitätskriterien

Daten am Ausgang immer in einem Speicher, der Warteschleife. Erst wenn die Datenleitung frei ist, werden die Daten weiter transportiert.

Stehen nun mehrere Daten gleichzeitig zum Transport an, was sehr häufig bei Querverbindungen zwischen zwei Switches auftritt, kann der Switch nach einem Regelwerk der Prioritäten die Daten weiterleiten. Damit ist dann sichergestellt, dass die zeitkritischen Daten nicht von großen Datenströmen beeinträchtigt werden (**Bild 5**). Bei der Bandbreite ist es unter anderem notwendig, den Bandbreitenbedarf zu kalkulieren. Ist die Bandbreite zu gering, kommt es, trotz Priorisierung, zu Unterbrechungen der Sprachverbindungen. Dies resultiert aus Engpässen in der Querverbindung der Switches, die aufgrund zu hoher Datenmengen zustande kommen können. Beispielrechnungen zeigen dabei die hohen Anforderungen bei der Datenübertragung zusätzlich auf.

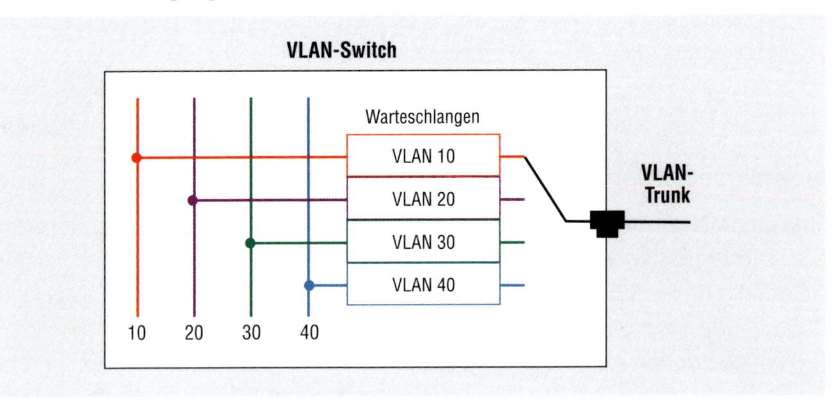

Bild 5: VLAN-Switch mit Warteschlangen

Sprachübertragung

Bandbreitenbedarf kalkulieren

An der Querverbindung beider Switches kann es nämlich – trotz der eben angesprochenen Priorisierung – zu einem Engpass kommen, wenn die Datenmengen insgesamt zu hoch sind. Um hier eine Abschätzung vornehmen zu können, ist es notwendig den Bandbreitenbedarf zu kalkulieren. Ist die Bandbreite zu gering, kommt es trotz Priorisierung zu Unterbrechungen der Sprachverbindungen. Soll nun die Summe aller Sprachverbindungen kalkuliert werden, ist neben Anzahl der Nebenstellen (Telefone) und deren Nutzungsverhalten (Auslastung) auch die einzelne Bandbreitenanforderung eines Telefonates relevant.

Bei der Berechnung eines solchen Telefonates sind folgende Angaben notwendig:

- verwendeter Codec (Sprach-Codec),
- Sample-Rate des Telefons: Anzahl der Sprachwandlungen in einem Paket,
- Protokoll-Stack (Protokolle, die die Sprachdaten transportieren).

Der Codec mit der größten Bandbreitenanforderung – aber auch gleichzeitig sehr guter Sprachqualität – ist der Codec G.711. Dieser kommt auch beim ISDN zum Einsatz und wird in diesem Beispiel berücksichtigt. In der Praxis werden ca. 150 bis 200 Sprachwandlungen mit je 8 Bit alle 125 µs (8 kHz) gemeinsam in einem Ethernet-Paket transportiert. Das bedeutet:

- 1 Wandlung = 8 Bit = 1 Byte, alle 125 µs
- 200 Wandlungen = 200 Byte, alle 25 ms

Der Protokoll-Stack in der VLAN-Struktur besteht aus den Protokollanteilen Ethernet, VLAN, IP, UDP und RTP, mit insgesamt 67 Bytes. Das bedeutet bei 200 Wandlungen und dem Headeranteil je Paket eine Nutzdatenrate von 267 Bytes alle 25 ms (**Tabelle 5**).

Inhalt/Header	Datenmenge in Byte
Codec	200
RTP	16
UDP	8
IP	20
VLAN	4
Ethernet	19
Summe	**267**

Tabelle 5: Protokoll-Stapel für Sprachübertragung

$$v_u = \frac{267\ \text{Bytes}}{25\ \text{ms}} = 10.680 \frac{\text{Bytes}}{\text{s}}$$

umgerechnet nach Bit/s

$$v_u = \frac{267 \cdot 8\ \text{Bit}}{25\ \text{ms}} = 85.440 \frac{\text{Bit}}{\text{s}}$$

In der Summe aller Berechnungen benötigt jedes Gespräch eine Bandbreite von ca. 85 kbit/s. Bei praktischen Abschätzungen reicht es jedoch aus, 100 kBit/s anzunehmen. Dabei ist aber zu berücksichtigen, dass diese Geschwindigkeit in vollduplex, also in beide Richtungen übertragen werden muss.

Test der Sprachübertragung

Bei ISDN kann man sicher sein, wenn es an der Gegenstelle klingelt, dann ist auch die Sprachübertragung garantiert möglich. Zudem ist klar, wenn der Hinweg funktioniert, funktioniert auch der Rückweg. Bei IP ist das nicht so. Eine IP-Route muss immer in Hinrichtung und Rückrichtung gedacht werden. Eine fehlerhafte Route kann dazu führen, dass der eine Teilnehmer zwar die Sprache empfängt, aber der andere nicht. Dieser typische Fehler passiert, wenn man auf der Route Systeme mit NAT (Network Adress Translation) einsetzt. Ähnliche Fehler treten auf, wenn Firewall-Systeme eingesetzt sind. Selbst bei diesem Fehler kann es sein, dass die Signalisierung zwischen den Telefonen reibungslos klappt. Der Fehler ist daher nicht so einfach einzugrenzen; aber er gehört klar in die IP-Routing-Umgebung. Daher ist die Absprache mit den lokalen Administratoren in der Regel zwingend nötig.

Energieversorgung der Telefonanlage

Bei den klassischen Telefonanlagen kommt die Energieversorgung über die Telefonanschlussleitung. Bei VoIP ist die Stromversorgung extra zu planen. Natürlich lassen sich VoIP-Telefone auch über Steckernetzteile anschließen. Das setzt voraus, dass Steckdosen in Reichweite sind und verhindert nicht den Telefonausfall, wenn die Stromversorgung unterbrochen wird. Neben Steckernetzteilen gibt es auch die PoE-Injektoren, die in eine bestehende Ethernet-Verbindung eingeschliffen werden. Diese Geräte sind oft nicht kompatibel mit 1-Gbit/s-Verbindungen und benötigen ebenfalls ein Steckernetzteil. Besser ist es, die Telefone über die Ethernet-Verbindung mit Energie zu versorgen. Nach dem Standard IEEE 802.3af kann diese Versorgung über das anwendungsneutrale Verkabelungssystem nach EN50173 problemlos erfolgen. Allerdings ist hier oftmals die Strombelastung für nur maximal 15,4 W ausgelegt. Um diese Leistung bei möglichst kleinen Strömen erreichen zu können, wird die Spannung mit 48 V relativ hoch gewählt. Diese hier bereitgestellte Leistung reicht für Telefone jedoch in der Regel aus (**Tabelle 6**).

Der Standard 802.3af ermöglicht die Energieversorgung via „Spare Pair". Hiermit sind die ungenutzten Adern 4–5 und 7–8 der Ethernet-Verbindung mit 100 Mbit/s nach 100 BTx gemeint. In der Praxis sollten diese Adern aber nicht mehr für PoE genutzt werden, um einen Umstieg auf 1.000 BTx mit 1-Gbit/s-Datenrate zu ermöglichen. Bei dieser Energieübertragung wird das aus der Telefontechnik bekannte Verfahren der Phantomspeisung genutzt. Auch bei der neueren PoE-Empfehlung nach 802.3at wird diese Methode eingesetzt. Dieses neuere Verfahren ermöglicht auch Leistungen bis zu 25,5 W je Gerät. Welche Leistungen bereitzustellen sind, hängt von der Anzahl der angeschlossenen Geräte und deren Leistungsklassen ab (**Tabelle 7**). Da die Datenleitungen in der Regel einen kleinen Kupferanteil aufweisen, ist die Erwärmung des Leiters nicht ohne Bedeutung. Bei der Installation des Leitungssystems ist daher zwingend auf eine normgemäße und qualitativ gute Ausführung Wert zu legen, um einen Kabelbrand zu vermeiden.

Meldezyklus VoIP-Telefon/VoIP-Server, VoIP-Systeme sind als Anwendungen im IP-Netz zu realisieren. Wird das Telefon vom Netz getrennt, hat der VoIP-Server davon zunächst keine Kenntnis. In der Methodik muss sich das VoIP-Telefon immer beim VoIP-Server melden. Um diese dadurch entstehende Kommunikation nicht zu oft stattfinden zu lassen, wird der Meldezyklus oftmals im Bereich mehrerer Minuten festgelegt. Soll das System jedoch die nicht verfügbaren Geräte vorher erkennen, ist der Zyklus zu verkürzen. Dabei kann sich der reine administrative Ablauf aber schnell als sehr intensiv herausstellen, wenn viele Geräte im Betrieb sind. Hier muss in der Praxis eine Abschätzung erfolgen, die zwischen Nutzen und Aufwand ein geeignetes Mittelmaß realisiert.

Kennwerte	IEEE 802.3af	IEEE 802.3at (PSE)
Nenngleichspannung	U = 48 V DC	U = 48 V DC
maximale Leistung	P_{max} = 15,4 W	P_{max} = 25,5 W
maximaler Strom	I_{max} = 0,350 A	I_{max} = 0,600 A
maximaler Leitungswiderstand	R_{Ltgmax} = 20 Ω	R_{Ltgmax} = 12,5 Ω
Methode	Spare Pair oder Phantomspeisung auf 2 DA	Phantomspeisung auf 2 DA

Tabelle 6: Kennwerte PoE IEEE 802.3af und 802.3at

Klasse	Verwendung	Klassifikationsstrom[1] in mA	maximale Speiseleistung (PSE) in W	maximale Entnahmeleistung (PD) in W
0	default	0…5	15,4	0,44…12,95
1	optional	8…13	4,0	0,44… 3,84
2	optional	16…21	7,0	3,84… 6,49
3	optional	25…31	15,4	6,49…12,95
4	nur 802.3at	35…45	25,5	12,95…25,50

1 trifft keine der Regeln zu, gilt Klasse 0

Tabelle 7: PoE-Leistungsklassen nach Standard 802.3af und 802.3at

Resümee

Die Planung einer VoIP-Anlage erfordert neue Betrachtungen und eine etwas andere Vorgehensweise, als es bei ISDN üblich war. Neben dem reinen Sprachdienst ist zunächst das eigentliche Netz für die Sprachübertragung vorzubereiten. Kritisch ist VoIP, da ein Ausfall sich sofort bei den Nutzern bemerkbar macht und zudem die Qualität der ISDN-Technik erwartet wird. Der Ausfall selbst liegt dabei oft in der Netzwerktechnik begründet.

Damit sich die ISDN-Qualität auch bei VoIP-Systemen einstellt, ist eine gewissenhafte Vorbereitung notwendig. Aufgrund der engen Verzahnung mit der IP-Technik ergeben sich viele Vorteile und Nutzenaspekte, aber auch Konkurrenzsituationen im Netz. Durch eine vorausschauende Planung und eine klare Steuerung der Datenströme lassen sich die negativen Effekte beheben und die Qualität des Systems sichern. In der Netzwerktechnik wird dies als Quality of Service bezeichnet. VoIP-Planung bedeutet also auch Netzwerkplanung. Nur wenn das Netz richtig administriert ist, ist auch die Sprachübertragung im IP-Netz erfolgreich.

© Fotolia_172946013_Chlorophylle

BIM in der Gebäudetechnik

Christoph van Treeck

Building Information Modeling (BIM) ist ein wichtiges Element und Umsetzungsinstrument für die Integrale Planung, Ausführung und den Betrieb von Gebäuden und technischen Anlagen. Es präzisiert Methoden, schreibt Prozesse und Schnittstellen fest und stellt digitale Werkzeuge zur Verfügung, um damit die Methode der integralen Planung als solche nachhaltig umzusetzen. BIM ist aber auch ein Hilfsmittel, um den gebauten Zustand zu dokumentieren, die technische Inbetriebnahme zu begleiten und weitere lebenszyklusrelevante Informationen zu verwalten, beispielsweise für das Asset bzw. Facility Management.

„Erst virtuell, dann real bauen!"

Der Planungs- und Bauprozess findet heutzutage als baubegleitende Planung und Genehmigung statt und ist von häufigen Änderungen und Reaktionen geprägt – und oftmals nicht von vorausschauendem Planen. Nach dem Stufenplan „Digitales Planen und Bauen" (BMVi 2015a) bietet *„die Digitalisierung des Bauens [...] Chancen, große Bauprojekte im Zeit- und Kostenrahmen zu realisieren. Bessere Datengrundlagen für alle am Bauprojekt Beteiligten sorgen für Transparenz und Vernetzung. Dadurch können Zeitpläne, Kosten und Risiken früher und präziser ermittelt werden."*

BIM ist per Definition des Stufenplans eine *„kooperative Arbeitsmethodik, mit der auf der Grundlage digitaler Modelle eines Bauwerks die für seinen Lebenszyklus relevanten Informationen und Daten konsistent erfasst, verwaltet und in einer transparenten Kommunikation zwischen den Beteiligten ausgetauscht oder für die weitere Verwendung übergeben werden"*, und zudem eine Handlungsempfehlung der Reformkommission Großprojekte (BMVi 2015b). BIM wird mit dem Stufenplan nun auch in Deutschland in der Praxis schrittweise bis 2020 eingeführt. Derzeit entstehen zahlreiche neue Normen und Richtlinien zum Thema BIM. Die forcierte Einführung von BIM im Bauprozess hat weitreichende Konsequenzen für die TGA (Technische Gebäudeausrüstung)-Branche und birgt für alle Beteiligten Chancen und Risiken. Planer und ausführende Firmen sind daher aufgefordert, sich frühzeitig mit diesem Thema auseinanderzusetzten, sich zu qualifizieren und in Pilotvorhaben Erfahrungen zu sammeln.

BIM ist ...

... damit zunächst keine spezielle Software und auch nicht mit einem 3D-Modell zu verwelchseln. Ein „BIM" entsteht durch das Verknüpfen verschiedener Fachmodelle (beispielsweise CAD-Modellen), digitalen Daten und Informationen und durch das Verwalten entsprechender BIM-Objekte sowie deren Attributen, Eigenschaften und Beziehungen untereinander in einer oder mehreren miteinander verknüpften Datenbank(en), siehe **Bild 1**. Hierfür ist in einem Projekt der Einsatz eines Datenbankmanagementsystems mit entsprechender Rollen- und Rechteverwaltung und Versionierung erforderlich. Zudem werden Lösungen zum Informationsaustausch und zur Kommunikation zwischen den Beteiligten benötigt [5].

Arbeiten mit BIM bedeutet im Idealfall das Arbeiten an einem gemeinsamen Modell, dessen Informationsgehalt mit Voranschreiten der Planungsleistungen und Leistungsphasen zunimmt. In der Praxis wird dies erreicht, indem Fachmodelle über Referenzen bzw. Objekte über IDs miteinander verknüpft werden. Hierfür sind in der Planung entsprechende Modellierungsstandards und Richtlinien festzulegen.

Für ein Bauprojekt gilt es, Anforderungen an das BIM seitens der Bauherrnschaft in sogenannten Auftraggeber-Informations-Anforderungen (AIA) zu formulieren und für die Planung in einem BIM-Lastenheft, zumindest dem sogenannten BIM-Abwicklungsplan (BAP), fortzuschreiben oder besser noch, BIM in einem für alle Gewerke einheitlichen Lastenheft als künftig vollkommen normalen Bestandteil zu integrieren. In der Zusammenarbeit in der integralen Planung des BIM ergeben sich durch neue Rollenbilder und Aufgaben auch neue Leistungsbilder, zudem setzt das Gelingen eines BIM-Projektes konkrete Festlegungen zum Ausarbeitungsgrad des BIM und besondere vertragliche Vereinbarungen voraus.

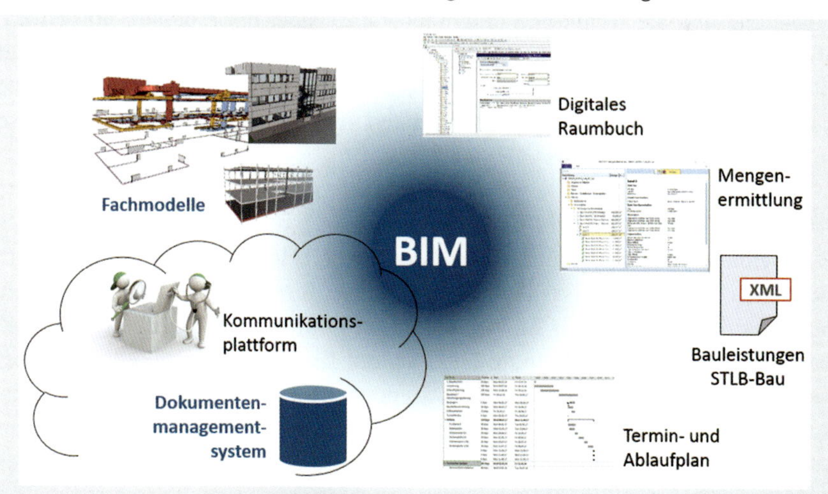

Bild 1: „Das BIM" entsteht durch Verknüpfen verschiedener Datenbanken. Daten werden in einem Dokumentenmanagementsystem abgelegt, Kommunikationsplattformen ermöglichen kollaborative Zusammenarbeit

BIM aus Sicht der TGA

BIM bietet aus Sicht der TGA vielfältige Einsatzfelder in allen Planungs- und Ausführungsbereichen sowie dem Anlagenbau in den Gewerken Heizung, Lüftung, Klima, Sanitär und Elektro (HLKSE), einschließlich Befestigungstechnik und Brandschutz. Dies beschränkt sich keinesfalls auf Prüfungen auf Kollisionsfreiheit zwischen einzelnen CAD-Modellen. BIM-Objekte der TGA enthalten Informationen zu Geometrie, technische Informationen als Attribute von Produkt- und Betriebsdaten sowie Eigenschaften als Resultat von Auslegungen, Dimensionierungen und Berechnungen (Heiz- und Kühllastberechnung, Energiebedarfsberechnung).

Besonders wichtig ist dabei zu erkennen, dass sich BIM in der Zusammenarbeit nicht nur, wie oben beschrieben, auf die Verwaltung von 3D-Objekten und deren Eigenschaften bezieht, sondern auch allgemeine strukturgebende Elemente wie Trassen, Ebenen, Räume und Segmente aus funktionaler Sicht verwaltet werden können. Auch ein Raum oder ein Segment ist damit ein BIM-Objekt. Besonders deutlich wird dies an der Schnittstelle zwischen TGA/Regelungstechnik bzw. Raum-/Gebäudeautomation. So bezieht sich eine BIM-basierte Planung im Bereich Gebäudeautomation nicht nur auf das 3D-Modellieren von Schaltschränken, sondern vielmehr auch auf die Beschreibung funktionaler Zusammenhänge und die Verortung von Sensoren und Aktoren. Eine Kennzeichnungssystematik, wie in VDI 3814 gefordert, ergibt sich damit implizit aus dem BIM-Modell.

BIM bietet zudem eine Basis für die Kostenermittlung, Ausschreibung, Montageplanung und die technische Inbetriebnahme, dabei insbesondere hinsichtlich Dokumentation und Qualitätssicherung. Vorteilhaft aus Sicht der TGA ist ferner die zukünftige Verknüpfung zwischen BIM und CAFM für die weitere Nutzung von Gebäude- und Anlageninformationsdaten in der Betriebs- und Nutzungsphase in Verbindung mit dem FM.

BIM-Einsatzform und -Reifegrad

Zur Definition von Festlegungen der Zusammenarbeit sind verschiedene Begrifflichkeiten üblich. So wird über die BIM-Einsatzform die technologische Stufe festgelegt, auf der BIM zur Anwendung gelangt. Unter dem Begriff „Little BIM“ versteht man dabei die Nutzung im kleineren Maßstab als Insellösung. Hierbei werden spezifische, proprietäre Softwareprodukte für fachspezifische Planungsaufgaben eingesetzt. BIM wird nicht zur Koordination zwischen Fachplanungen verwendet. Die Bezeichnung „Big BIM“ hingegen steht für ein modellbasiertes Arbeiten, das sich auch über mehrere Lebenszyklusphasen hinweg erstrecken kann. Für den Datenaustausch und die Zusammenarbeit werden Projektplattformen eingesetzt.

Hinsichtlich Datenaustausch und Softwareeinsatz unterscheidet man, ob Softwareprodukte eines einzelnen Herstellers und entsprechend nur proprietäre Datenaustauschformate eingesetzt werden oder ob Tools verschiedener Hersteller und offene Datenaustauschformate Anwendung finden. Erstgenannten Ansatz bezeichnet man als „Closed BIM", letzteren als „Open BIM", wobei auch Mischformen möglich sind. Dies ist insbesondere dann erforderlich, wenn bestimmte Aufgaben, wie beispielsweise die Kollisionsprüfung, bei einem eigentlich als „Closed BIM" zu bezeichnenden Vorhaben den Einsatz eines offenen Austauschformates wie IFC erfordern.

In anderen Ländern, beispielsweise in Großbritannien, hat sich ein Stufenmodell zur Kennzeichnung des Grades der technologischen Durchdringung eingebürgert [1]. Hierbei unterscheidet man vier sogenannte Reifegrade (Maturity Level). Stufe 0 kennzeichnet konventionelles, plan- und papierbasiertes CAD-Arbeiten, Stufe 1 den dateibasierten Dateiaustausch. Stufe 2 beschreibt das kollaborative Zusammenarbeiten über eine Projektplattform, zunächst mit proprietären Schnittstellen, bevor zu Stufe 3, dem Big-Open-BIM-Ansatz über den gesamten Lebenszyklus und dem Datenaustausch über Cloud-basierte Systeme, übergegangen wird.

BIM-Anwendungsfälle

Anwendungsfälle für BIM im Bauprozess (auch als BIM-Prozesse bezeichnet) reichen von der Aufgabe der Koordination verschiedener Fachmodelle wie dem Architektur-, TGA- und Tragwerksmodell, über die Mengen- und Kostenermittlung oder die Termin- und Bauablaufplanung bis zu Detailaufgaben in einer jeweiligen Fachplanungsrichtung.

Die Koordination von Objekt- und Fachplanung zählt mit zu den wichtigsten Aufgaben. Hierbei werden Modelle verschiedener Fachplaner zu festgelegten Zeitpunkten zu einem Koordinationsmodell zusammengeführt und überprüft. Die Modellprüfung umfasst dabei mehrere Elemente wie eine Plausibilitätsprüfung, eine Qualitätsprüfung (d. h., ob zuvor festgelegte Modellentwicklungsgrade eingehalten werden), eine inhaltliche Prüfung, eine Mengenkonsistenzprüfung und die Kollisionsprüfung. Für regelbasierte Modellprüfungen stehen inzwischen leistungsfähige Softwaresysteme zur Verfügung.

Für die TGA werden fachspezifische CAD-Systeme zur Planung gebäudetechnischer Systeme eingesetzt. Beispielsweise kann die Dimensionierung und Auslegung auf Basis einer statischen oder dynamischen Heiz- und Kühllastberechnung erfolgen. CAD-Systeme unterstützen hierfür Herstellerproduktdaten seitens Geometrie und weiterer Daten für die Auslegung und Berechnung, die entweder über die Schnittstelle VDI 3805 (bzw. ISO 16757) oder über CAD-Plugins von Herstellern in verschiedenen Detaillierungsgraden angeboten werden.

Besonderheiten an der Schnittstelle zur TGA

Unterschiedliche Sichtweisen in den einzelnen Bereichen Architektur, Bauphysik, Tragwerk, TGA, CAFM etc. führen in der praktischen Zusammenarbeit mit CAD und BIM häufig zu gravierenden Verständigungs- und Umsetzungsproblemen. Modelle der vorgenannten Planungsbereiche besitzen strukturelle Unterschiede, und Fachplaner haben zudem unterschiedliche Sichtweisen auf diese Modelle.

- Aufgabe der Objektplanung ist die räumliche Verortung technisch-funktionaler Anforderungen an ein Gebäude und gestalterische Umsetzung in einem Entwurf. Ein modellbasiertes Architekturmodell enthält geometrische und topologische Informationen zu bauspezifischen Objekten und deren Eigenschaften. Von einem 3D-Modell können Pläne, Ansichten und Schnitte abgeleitet werden. Bauteile werden meist ebenen- und raumweise organisiert. Ein Architekturmodell eignet sich jedoch in der Regel nicht ohne weitere Nachbearbeitung für die unmittel-bare Verwendung für ingenieurtechnische Berechnungen.
- In der Tragswerksplanung wird für die strukturmechanische Berechnung und Nachweisführung ein Geometrie- und Analysemodell benötigt, das tragende und statisch relevante Bauteile als Teilmenge eines BIM-Modells enthält [7]. Die Transformation des Architekturmodells in ein Tragwerksmodell erfordert eine Nachbearbeitung bzw. zum geometrischen Modell das parallele Mitführen eines, je nach Berechnungsansatz, idealisierten statischen Systems (beispielsweise als Stab-, Flächen-, oder Volumenelemente). Es unterscheidet sich damit deutlich vom Architektur- und TGA-Modell.
- Die TGA betrachtet Anlagen, Teilanlagen und deren Komponenten bzw. Baugruppen. Komponenten sind Objekte, die wiederum zu einer übergeordneten Klasse gehören und deren Eigenschaften durch Attribute definiert werden. Eine gebäudetechnische Anlage besteht aus einem Erzeuger, ggf. einem Speicher, einem Verteilnetz und einem Übergabesystem. Leitungen werden in Trassen organisiert, Komponenten bzw. Anlagenteile zu Anlagen gruppiert und einzelne Elemente im BIM-Modell räumlich verortet. Komponententypen werden CAD-seitig je nach Software als sogenannte Familien organisiert. Planungsseitig erfolgt die Auslegung system- und komponentenweise in einem Strangschema. Für die Verknüpfung der Teilmodelle Strangschema und CAD-Modell stehen fachspezifische Konstruktionssysteme mit integrierten Berechnungs- und Auslegungswerkzeugen zur Verfügung. Auch das Zusammenführen von Architektur- und TGA-Modell zum Zweck der Schlitz- und Durchbruchsplanung ist möglich.
- Aus Sicht der Gebäudeautomation sind funktionale Zusammenhänge beispielsweise durch die Definition von Raumfunktionen oder Funktionsbeschreibungen technischer Anlagen von Bedeutung. Nach VDI 3814 werden hierbei die

strukturellen Elemente Segment (als kleinste Einheit), Raum, Bereich, Gebäude etc. unterschieden. Für das Arbeiten mit BIM bedeutet dies, dass diese Objekte räumlich und inhaltlich hinsichtlich ihrer Eigenschaften (Attribute) klar definiert und im Modell auch verwendbar sein müssen. Softwareseitig sind für diese Art der BIM-basierten Planung jedoch noch keine praxistauglichen Ansätze verfügbar.
- In der Elektrotechnik beschränkt sich das Anwendungsfeld von BIM meist auf einzelne Fachplanungen wie die Lichtplanung, indem beispielsweise ein CAD-Modell als Basis für eine Beleuchtungssimulation dient. Viele Hersteller stellen für das Arbeiten mit BIM inzwischen Herstellerproduktdaten digital zur Verfügung.
- Für das Asset Management sind oftmals Zusammenhänge, die im CAD-Modell als dreidimensionale Objekte modelliert sind, für die praktische Anwendbarkeit im Gebäudemanagement in einen technisch-organisatorischen Zusammenhang zu übertragen. So sind etwa für einen Wartungsbereich die Anzahl, Art und Wartungsintervalle von Leuchtmitteln als raumbezogene Attribute relevant, möglicherweise aber nicht zwingend mit Referenz auf eine räumliche Darstellung im Modell. Beschaffenheit, Material und räumliche Menge von zu reinigenden Fußböden sind ein anderes Beispiel, in dem Flächen modellbasiert berechnet und dann aber als Raumattribut verwaltet werden.

Anschaulich liegen hier ein unterschiedlicher Sprachgebrauch und eine unterschiedliche Sichtweise vor. Für die integrale Zusammenarbeit in einem BIM-Projekt sind daher zwingend die in einer BIM-Datenbank (und damit auch in CAD-Modellen) zu organisierenden Entitäten, d. h. Objekte wie Bauteile, Baugruppen, strukturelle Elemente usw. und deren Attribute und Ausprägungen einheitlich und konsistent zu definieren. Dies gilt besonders dann, wenn im Bereich elektronischer Bauteile funktionale und technische Zusammenhänge zusammentreffen.

Festlegungen für die Zusammenarbeit mit BIM

Die integrale Zusammenarbeit in einem BIM-Projekt erfordert konkrete Festlegungen [6], [8]:
- So ist im Rahmen einer Bedarfsanalyse festzulegen, wofür BIM eingesetzt wird. Dies betrifft die oben beschriebenen Anwendungsfälle bzw. genauer die dahinterstehenden BIM-Prozesse, die Festlegung der BIM-Einsatzformen und des BIM-Reifegrades. Diese Anforderungen werden als sogenannte Auftraggeber-Informationsanforderungen (AIA) formuliert [2].
- Wichtig ist die Festlegung des Modellentwicklungsgrades, auch als Level of Development (LoD) bekannt. Darunter versteht man, welche Informationen in welcher Leistungsphase und in welcher Tiefe zu erbringen sind.

Eine entsprechende Methodik zur Festlegung von Entwicklungsgraden hinsichtlich Modellinhalten und -qualitäten ist vom Autor ausführlich im Fachbuch [8] formuliert.
- Zudem sind Methoden und Prozesse, wie, wann und von wem Informationen erarbeitet werden und wie oft Fachmodelle zur Prüfung in einem Koordinationsmodell zusammenzuführen sind, festzulegen. Dies beinhaltet auch konkrete Modellierungsrichtlinien zur modellbasierten Arbeit mit CAD.
- Weiterhin ist hinsichtlich des Datenmanagements zu definieren, welche Rollenbilder für die Organisation von Informationen zuständig sind, wer Informationen abnimmt oder deren Qualität bestimmt. Für die Definition entsprechender Rollen- und Leistungsbilder sei auf das Fachbuch [8] verwiesen.

Richtlinien und Normen

Im April 2015 wurde in Deutschland der DIN-Arbeitskreis „Building Information Modeling“ gegründet. Deutschland hat damit im internationalen Vergleich erst relativ spät mit der Normungsarbeit begonnen. In anderen Ländern ist seit mehreren Jahren der Einsatz digitaler Planungsmethoden bei öffentlichen Bauprojekten verbindlich vorgeschrieben. Zu den Pionieren gehören dabei Länder wie Australien, Finnland, Großbritannien, Singapur und die USA sowie die skandinavischen Länder und die Niederlande. In Deutschland entsteht aktuell die neue neunteilige Richtlinienreihe VDI 2552 „Building Information Modeling“ bzw. auf internationaler Ebene die DIN EN ISO 19650 zur Organisation von Daten zu Bauwerken. Das neutrale Datenaustauschformat der Industry Foundation Classes (IFC) ist als ISO 16739 Standard festgeschrieben. Die Normierung wird durch die deutsche BIM-Taskgroup planen – bauen 4.0 unterstützt.

Nachwort

BIM wird sich in den nächsten Jahren als fester Bestandteil der integralen Planung etablieren. Ähnlich wie beim Wechsel vom Zeichenbrett zum rechnergestützten Konstruieren mit CAD stellt das Arbeiten mit BIM eine entsprechend neue Entwicklungsstufe dar. Momentan entstehen zahlreiche Normen und Richtlinien, die eine Grundlage für das kollaborative Arbeiten mit BIM schaffen sollen. Wichtig in diesem Zusammenhang ist die Bereitschaft, insbesondere im Mittelstand, sich mit der Methodik ernsthaft auseinanderzusetzen, Mitarbeiterinnen und Mitarbeiter zu qualifizieren und in Pilotvorhaben Erfahrungen zu sammeln.

Die Gebäudetechnik besitzt hinsichtlich BIM die mit Abstand höchste Komplexität. Für das erfolgreiche Arbeiten mit BIM in der Gebäudetechnik sind einheitliche Klassifikations- und Merkmalsdefinitionen von Komponenten, Bauteilen und

Herstellerproduktdaten sowie einheitliche Standards für Funktionsbeschreibungen technischer Anlagen von zentraler Bedeutung.

Literaturverzeichnis

[1] *Bew, M.; Richards, M.:* BIM Maturity Model. UK Government Construction Client Group (GCCG) Report. London: 2008.

[2] BIM Task Group: Employer's Information Requirements. 2013. Online: www.bimtaskgroup.org/bim-eirs/, letzter Zugriff am 21.04.2017.

[3] BMVi – Stufenplan Digitales Planen und Bauen. Bundesministerium für Verkehr und digitale Infrastruktur (BMVi). Berlin: 2015.

[4] BMVi – Reformkommission Bau von Großprojekten – Endbericht. Bundesministerium für Verkehr und digitale Infrastruktur (BMVi). Berlin: 2015.

[5] *Borrmann, A.; König, M.; Koch, C.; Beetz, J.* (Hrsg.): Building Information Modeling. Technologische Grundlagen und industrielle Praxis. Wiesbaden: Springer Vieweg, 2015.

[6] *Egger, M.; Hausknecht, K.; Liebich, T.; Przybylo, J.:* BIM-Leitfaden für Deutschland. Information und Ratgeber. Endbericht. Forschungsprogramm ZukunftBAU, ein Forschungsprogramm des Bundesministeriums für Verkehr, Bau und Stadtentwicklung (BMVBS). Hrsg. von Bundesinstitut für Bau-, Stadt- und Raumforschung (BBSR) im Bundesamt für Bauwesen und Raumentwicklung. 2013.

[7] *Fink, T.:* BIM für die Tragwerksplanung. In: Building Information Modeling: Technologische Grundlagen und industrielle Praxis. Wiesbaden: Springer Vieweg, 2015, S. 283–291.

[8] *van Treeck, C.; Elixmann, R.; Rudat, K. u. a.:* Gebäude. Technik. Digital. Building Information Modeling. Wiesbaden: Springer Vieweg, 2016.

Autor

Christoph van Treeck (Univ.-Prof. Dr.-Ing. habil.) ist Leiter des Lehrstuhls für Energieeffizientes Bauen E3D an der Fakultät für Bauingenieurwesen an der RWTH Aachen University. Seit 2016 ist er im Rahmen der Begleitforschung 2020 des BMWi „Energie in Gebäuden und Quartieren“ u. a. verantwortlich für die Zusammenführung der Datenbanken im Bereich des Energetischen Monitorings von Gebäuden sowie für den Bereich Planungswerkzeuge. *Christoph van Treeck* ist Träger des Fraunhofer Attract Forschungspreises, Mitglied verschiedener Normungsausschüsse sowie Autor von mehr als 100 wissenschaftlich begutachteten Artikeln.

Asbest und Nanopartikel
Informationen zu einem gravierenden Umweltproblem

Peter Behrends

Asbest ist ein natürlich vorkommendes Mineral, das im Laufe von mehreren hunderttausend Jahren aus vulkanischem Serpentingestein entstanden ist. Es besteht aus einzelnen Fasern mit einer Länge von bis zu mehreren Zentimetern, die fest zu Bündeln miteinander verwachsen sind und in bis zu 10 cm dicken Adern in den oberen Erdschichten vorkommen. Asbest wurde in Deutschland seit etwa 1930 in so großen Mengen wie kaum ein anderer Werkstoff verwendet. So betrug der Asbestverbrauch in den Jahren 1950 bis 1985 etwa 4,4 Millionen Tonnen.

Heute zählen vor allem Kanada, die GUS (Gemeinschaft unabhängiger Staaten der ehemaligen Sowjetunion), Südafrika, die USA und Swasiland zu den wichtigsten Produzenten von Rohasbest. Deutschland besitzt keine abbauwürdigen Vorkommen.

Asbest wurde bereits vor mehr als zweitausend Jahren zur Herstellung von Baumaterialien, Dochten für Öllampen etc. benutzt. Neben der leichten Verarbeitung des Gesteins, das nach Lösen der einzelnen Fasern wie Seide zu einem Faden gesponnen werden kann, sorgte vor allem seine große Hitzebeständigkeit dafür, dass es bis heute noch immer in vielen Bereichen Anwendung findet. Asbest ist gegen Hitze bis etwa 1.000 °C und schwache Säuren sowie sehr viele Chemikalien sehr widerstandsfähig und hat eine höhere gewichtsspezifische Zugfestigkeit als Stahldraht. Es ist verrottungsfest und mit Zement sehr gut mischbar. Auch der Name lässt sich auf diese Eigenschaft zurückführen: Asbest stammt aus dem Griechischen und bedeutet „unvergänglich“.

Asbest ist eine besonders gefährdende Substanz, die schwere Krankheiten beim Menschen hervorrufen kann und die an vielen Arbeitsplätzen auftritt. Dementsprechend sind viele Arbeitnehmer einer möglichen Gefährdung für ihre Gesundheit ausgesetzt. Krokydolith wird als besonders gefährliche Asbestfaserart angesehen. Beim gegenwärtigen Stand der wissenschaftlichen Kenntnisse kann ein Niveau, unter dem eine Gefährdung der Gesundheit nicht mehr gegeben ist, nicht festgelegt werden, jedoch wird durch eine Verringerung der Asbestexposition (Exposition steht für das Ausgesetztsein von Lebewesen gegenüber schädigenden Umwelteinflüssen) die Gefahr asbestbedingter Krankheiten herabgesetzt. Es ist daher notwendig, die Ausarbeitung besonderer harmonisierter Maßnahmen zum Schutz der Arbeitnehmer vor Asbest vorzusehen.

Charakteristisch für Asbest ist seine Eigenschaft, sich in feine Fasern zu zerteilen, die sich der Länge nach weiter aufspalten und dadurch leicht eingeatmet werden können. Die eingeatmeten Fasern können langfristig in der Lunge verbleiben und das Gewebe reizen. Die Asbestose, das heißt die Lungenverhärtung durch dabei entstehendes Narbengewebe, wurde bereits **1936** als Berufskrankheit anerkannt. Heute ist auch anerkannt, dass an Arbeitsplätzen mit hoher Freisetzungswahrscheinlichkeit von Asbestfasern, durch die Reizwirkung in der Lunge oder das Wandern der Fasern zum Brust- und Bauchfell, Lungenkrebs beziehungsweise ein Mesotheliom (Tumor des Lungen- oder Bauchfells) entstehen kann.

Die Zeit von der Asbestexposition, also dem Einatmen der Asbestfasern, bis zum Auftreten einer darauf zurückzuführenden Erkrankung (Latenzzeit) ist lang und kann bis zu etwa 30 Jahre betragen. Daraus und aus der langfristigen Verwendung von Asbest am Arbeitsplatz bis in die 1990er Jahre erklärt sich, dass die Zahl der durch Asbest verursachten Berufskrankheit nach wie vor einen hohen Anteil hat.

Mit zunehmendem Asbestverbrauch stiegen auch die Gesundheitsgefahren. Bereits um 1900 wurde die Asbestose als Krankheit entdeckt und seit 1970 wird die Asbestfaser offiziell als krebserzeugend bewertet. 1979 wurde das erste Asbestprodukt, Spritzasbest, in Westdeutschland verboten. Zu dieser Zeit wurde Asbest bereits in über 3.000 Produkten eingesetzt. Es folgten weitere Einschränkungen, bis 1990 in der Schweiz und Österreich sowie 1993 in Deutschland die Herstellung und Verwendung von Asbest generell verboten wurden. Seit 2005 gilt ein EU-weites Verbot.

Wozu wurde Asbest in Deutschland verwendet?

In den vergangenen Jahrzehnten wurde Asbest vor allem bei der Herstellung von Baustoffen eingesetzt. Besonders in den 60er- und 70er-Jahren entstand sowohl in Ost- wie auch in Westdeutschland eine Vielzahl von Gebäuden unter Verwendung asbesthaltiger Baustoffe, überwiegend Asbestzement.

Für die neuen Bundesländer sind dabei insbesondere folgende Materialien von Bedeutung:

Asbestzement (in den neuen Bundesländern unter dem Namen „BAUFANIT" hergestellt) besitzt einen Asbestgehalt von etwa 10 bis 16 Gewichtsprozenten und bildete mit circa 85 % den Hauptanteil des in der ehemaligen DDR verarbeiteten Asbests. Im Asbestzement ist Asbest relativ fest gebunden. Vielseitige Anwendung fand Asbestzement vor allem im Hochbau. Hauptsächlich wurde er zur Herstellung plattenförmiger Produkte für den Außenbereich verwendet. Dazu zählen Verkleidungen von Fassaden und Dächern (ebene Fassadenplatten, ebene und gewellte Dachplatten [**Bild 1**]) sowie gestalterische Produkte wie Balkonverkleidungen, Deckschichten für Elemente der Tafelbauweise wie auch Zubehörartikel, z. B. Blumenkästen.

Fertigteilhäuser und Wohnunterkünfte im Landbau wurden zum Teil ganz aus gepressten Asbestzement-Platten hergestellt. Aber auch zum Ausbau von Innenräumen wurden Asbestzementplatten eingesetzt. Zu finden sind sie z. B. bei:

- sogenannten „Sandwich“-Konstruktionen zur Rekonstruktion im Altbau – das sind doppelwandige Bauelemente, deren innenliegende Wandflächen unbehandelt blieben, die Außenseiten wurden in der Regel tapeziert –,
- Wand- und Deckenverkleidungen,
- Schachtverkleidungen in Neubauten.

Dazu kommen Formteile, Rohre und Platten für verschiedene Anwendungen wie:

- Entlüftung innenliegender Sanitäranlagen,
- Ableitung von Abgasen bei Gasfeuerstätten,
- Rohrleitungen für lüftungstechnische Anlagen,
- Rohre für die Trinkwasserversorgung und Abwasserableitung,
- Asbestzement (Eternit): Dacheindeckungen und Außenwandverkleidungen,
- Asbest in alten Fliesenklebern und Spachtelmassen,
- Asbest in Estrich,
- Asbestplatten, zum Beispiel Zwischenlagen unter Elektro-Abzweigdosen und Vorschaltgeräten, hinter Öfen in älteren Holzgebäuden, oft als Asbestpappe, also schwach gebunden (**Bild 2**),

Quelle: goccedicolore/Fotolia.com

Bild 1: Bei unsachgemäßem Umbau oder Abriss können die asbesthaltigen Bauprodukte die Gesundheit gefährden.

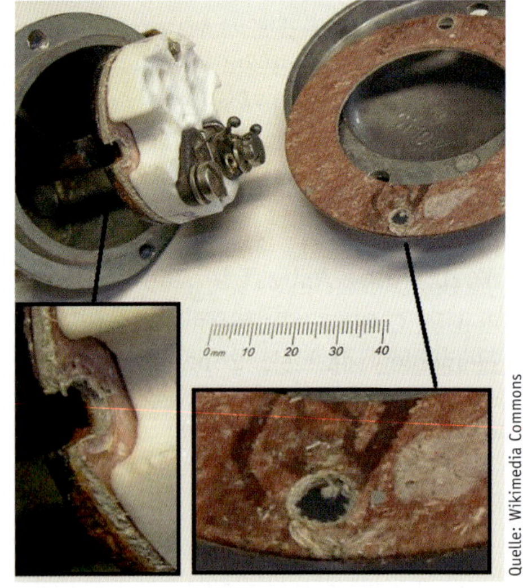

Quelle: Wikimedia Commons

Bild 2: Trotz Verbote findet man noch heute asbesthaltige Produkte.

- Asbest in älteren Elektrogeräten (Bügeleisen, Nachtspeicheröfen, Toaster, Elektrogrill, Haartrockner, Thermoelemente, Temperaturmesswiderstände, Hochlastwiderstände, Heizwiderstände, NH- und HH-Sicherungen u.v.m.),
- Asbest als Bestandteil von sehr alten Bremsbelägen und Dichtungen,
- Asbest als Bestandteil von alten Fußbodenbelägen aus Kunststoff.

Asbest wurde in den 60er- und 70er-Jahren in Deutschland großflächig im Baustoffhandel als Zuschlag für alle flüssigen oder zähflüssigen Bausubstanzen verkauft und daher auch entsprechend verwendet. Der TÜV-Rheinland geht mittlerweile durch Funde von Asbestbelastung in Wandfarben, Putzen und Maurermörtel davon aus, dass so gut wie alle Baustoffe dieser Art aus dieser Bauperiode belastet sein können.

Darüber hinaus kommt es vor, dass verbotenerweise asbesthaltige Produkte aus Ländern wie beispielsweise der Volksrepublik China, Indien und Russland, in denen Asbest noch legal verarbeitet wird, importiert werden.

Obwohl Asbestfasern im Asbestzement relativ fest eingebunden sind, kann es im Innenbereich durch Erschütterungen (z.B. Türenschlagen) zur Faserfreisetzung in den Wohnungen durch Kantenabrieb oder über offene Fugen kommen.

Problematischer für Umwelt und Gesundheit sind jedoch Produkte mit schwach gebundenen Asbestanteilen. Dazu gehören gemäß den „Richtlinien für die Bewertung und Sanierung schwach gebundener Asbestprodukte in Gebäuden“ vor allem folgende Produkte:

Neptunit-Platten

Sie besitzen einen Asbestgewichtsanteil von etwa 40 % (seit 1983 20 %) und wurden im Gebäudebau meist zu feuerfesten Trennflächen und Türen oder auch zu Elementen von Elektro-Speicherheizgeräten verarbeitet. Vorrangig wurden sie jedoch im Schiffsbau eingesetzt.

Sokalit-Platten

Sie bestehen aus Mineralwolle, Anhydrit und 12 bis 15 Gewichtsprozenten Asbest. Etwa seit Beginn der 70er-Jahre fanden sie ihren Einsatz hauptsächlich in Bauten des Metall-Leichtbaukombinats (MLK) in Form mobiler Trennwände. Darüber hinaus sind sie zu vorgefertigten Küchen- und Sanitärzellen (Nasszellen) des Typenbaus WB P2/1 1, zu Trockenfußböden, zu Dämmplatten (die heute vor allem in renovierten Altbauten zu finden sind) und im Ofenbau verarbeitet worden. Besonders problematisch ist ihre Anwendung in Nasszellen, da durch die Wassereinwirkung bzw. die hohe Luftfeuchtigkeit das Material zersetzt wird. Die Platten verlieren so im Laufe der Zeit ihre Festigkeit, und Asbestfasern gelangen dabei in die Atemluft.

Nasszellen aus Sokalit wurden Anfang der 70er-Jahre in viele Wohnungen eingebaut.

Baufatherm-Platten
sind Asbestzementplatten in Leichtbauweise. Sie besitzen einen Asbestgehalt von 37 bis 47 % Gewichtsanteilen und wurden als Feuerschutz hauptsächlich für Trennwände, Decken- und Innenwandverkleidungen, Stützen und Trägerummantelungen sowie zum Ausbau von Feuchträumen verwendet.

Spritzasbest
ist ein schwach gebundenes Asbestprodukt und besteht aus einem Gemisch von 50 bis 65 Gewichtsprozenten Asbest und einem anorganischen Bindemittel. In den neuen Bundesländern wurde Spritzasbest nur bis 1969 und dabei fast ausschließlich im Schiffsbau verwendet. Lediglich in einigen Ausnahmefällen kam Spritzasbest auch später noch als Brandschutz von Stahlträgerkonstruktionen öffentlicher Gebäude zum Einsatz. Im privaten Wohnungsbau wurde Spritzasbest nicht verwendet.

Asbesthaltige Fugenmasse
(Produktbezeichnung: „Morinol") Die Fugenmasse „Morinol" mit einem Asbestgewichtsanteil von ca. 30 % wurde zum Abdichten der Plattenzwischenräume an den Außenseiten von Gebäuden verwendet. Durch Verwitterung kann es zur Freisetzung asbesthaltiger Materialien kommen.
Im Gegensatz zu Asbestzement-Produkten können Neptunit-, Sokalit- und Baufatherm-Produkte bei aufgelockerter Faserstruktur Asbestfasern auch ohne mechanische Beanspruchung an die Umwelt abgeben. Sie gehören damit zur Gruppe der „schwach gebundenen Asbestprodukte". Sie sind nach den „Asbest-Richtlinien" zu bewerten, in die entsprechenden Dringlichkeitsstufen einzuordnen und dementsprechend zu sanieren.

Auch ältere elektrische Geräte können Asbest enthalten. Gefahrenquellen bilden hier Geräte, die vor 1982 gekauft wurden und in denen während des Betriebs Wärme entsteht. Häufig wurden hier Asbestpappen zur Isolierung eingesetzt. Dieses gilt z. B. für bestimmte Toaster, Haartrockner, Bügeleisen, Warmhalteplatten, Strahler oder Projektoren.

Ein besonderes Problem stellen Nachtstrom-Speicherheizungen dar. Denn auch solche Elektro-Speicherheizgeräte sind (in Westdeutschland bis 1976, in Ostdeutschland bis 1982) zum Teil unter Verwendung von Asbest gebaut worden. Bei der Benutzung dieser Geräte können Asbestpartikel in die Atemluft gelangen. Spätestens im Falle einer notwendigen Reparatur oder bei nicht ausreichender Heizleistung sollten deshalb asbesthaltige Elektro-Speicherheizgeräte gegen andere Heizsysteme ausgetauscht werden. Hinweise auf den Asbestgehalt von Geräten sowie zur Dringlichkeit des Austausches und der umweltgerechten Entsorgung enthält das Merkblatt „Asbest in Speicherheizgeräten" der Verlags- und Wirtschaftsgesellschaft der Elektrizitätswerke mbH. (VWDE). Das Merkblatt ist über die Energieversorgungsunternehmen zu beziehen. Die VWDE (Stresemannallee 30, 60596 Frankfurt/M) verfügt außerdem über eine Speicherheizgeräte-Datei mit Angaben über 2.500 Gerätetypen und mehr als 45 Fabrikate für alle Baujahre aus den neuen und alten Bundesländern. Die Elektro-Speicherheizgeräte besitzen Gerätenummern, die eine Identifizierung erleichtern!

Wie lassen sich asbesthaltige Produkte erkennen?

Asbesthaltige Materialien können vom Laien nur schwer eindeutig bestimmt werden. Dennoch lässt sich bei einigen Baustoffen z. B. auf der Grundlage der Dokumentation des Baugeschehens wie Rekonstruktion, Aus- oder Umbau feststellen, ob Asbest verarbeitet wurde. Manchmal hilft auch der optische Eindruck: Asbesthaltige Platten, Pappen, Schnüre oder Putz sind fast immer hellgrau, grau oder graubraun, jedoch nie absolut weiß oder glänzend. Schwach gebundene Asbestpappe ist weich und brüchig. An Bruchstellen sind meist mit bloßem Auge abstehende Faserbüschel zu erkennen. Eine sichere Identifizierung ist allerdings nur durch eine rasterelektronenmikroskopische Untersuchung möglich. Diese sollte asbestsachverständigen Gutachtern überlassen werden. In keinem Fall dürfen eigene Untersuchungen, bei denen Asbeststaub freigesetzt werden kann, unternommen werden!

Welche Gefahren gehen von Asbest aus?

Asbest zählt zu den krebserregenden Stoffen und kann vor allem Lungenerkrankungen hervorrufen. Besonders bei Menschen, die am Arbeitsplatz täglich mit Asbeststäuben in Berührung kamen bzw. noch kommen, besteht die Gefahr der Entstehung von Asbestose. Erkrankungen treten dabei oft erst Jahre oder Jahrzehnte später auf. Asbesterkrankungen werden in Deutschland als Berufskrankheit anerkannt.

Über die genaue Zahl der Krankheitsfälle in der Bevölkerung durch Asbestfasern in der Außenluft liegen bisher allerdings noch keine wissenschaftlich belastbaren Ergebnisse vor. Der Grund dafür ist, dass für die Ausbildung von Krebserkrankungen grundsätzlich mehrere Faktoren entscheidend sein können. Die Ursachenerkennung wird dadurch erheblich erschwert. Als gesundheitsgefährdend gelten Asbestfasern dann, wenn sie eine Länge von mindestens 5 µm und einen Durchmesser von weniger als 3 µm aufweisen und dabei mindestens dreimal so lang wie dick sind.

Wie kann man sich vor Asbest schützen?

Einen hundertprozentigen Schutz vor Asbest gibt es nicht, da Asbestfasern inzwischen überall in unserer Außenluft zu finden sind. Es kann aber einiges getan werden, um die Asbestbelastung zu verringern.

Von staatlicher Seite ist dazu bereits eine Menge geschehen: Die Verwendung von Asbest bzw. daraus hergestellter Produkte ist in Deutschland bis auf ganz wenige Ausnahmen verboten (die „Gefahrstoffverordnung" nennt Ausnahmen). Zum Schutz von Umwelt und Gesundheit wurden darüber hinaus Maßnahmen beim Umgang mit Asbest bei Abbruch-, Sanierungs- und Instandhaltungsarbeiten festgelegt („Technische Regeln zur Gefahrstoffverordnung – TRGS 519").

Auch im privaten Bereich gibt es Möglichkeiten, die Belastung durch Asbest zu verringern. Asbesthaltige Geräte sollte man in seinem Haushalt nicht länger dulden. Wenn man sich nicht sicher ist, ob Geräte davon betroffen sind, gibt es die notwendigen Informationen vom Händler, dem Hersteller oder bei Nachtstrom-Speicherheizungen vom Energieversorgungsunternehmen.

Die Entfernung asbesthaltiger Baustoffe überlässt man in jedem Fall einer Fachfirma! Denn bei unsachgemäßer Handhabung kann die Belastung der Atemluft auf mehrere Millionen Fasern pro Kubikmeter Luft ansteigen. Man sollte Asbestprodukte nie selbst entfernen!

Gleiches gilt auch für die Reinigung von Asbestzementwand- oder Dachplatten beispielsweise mit Drahtbürsten oder anderen Werkzeugen, da hierdurch Feinstaub mit hoher Asbestfaserkonzentration freigesetzt werden kann. Deshalb sind solche Reinigungsmaßnahmen auch per Gesetz untersagt („Technische Regeln zur Gefahrstoffverordnung – TRGS 519).

Auch sollte man asbesthaltige Wände und Decken niemals abscheuern oder anbohren! Man gefährdet sich und seine Nachbarschaft bei allen Arbeiten an asbesthaltigen Materialien. Bis zur endgültigen Entsorgung lassen Sie diese Baustoffe deshalb möglichst unberührt.

Weitere Informationen über Asbest erhalten Sie ggf. bei Ihrer Verbraucherberatungsstelle oder Ihrem Umweltberater. Die für Sie zuständige Verbraucherberatungsstelle finden Sie am schnellsten über:

Verbraucherzentrale Bundesverband e.V. (VZBV),
Markgrafenstraße 66, 10969 Berlin Telefon: 030/25800-0
Fax: 030/25800-518
E-Mail: info@vzbv.de
Website: www.vzbv.de

Rechtsgrundlagen für den Umgang mit Asbesterzeugnissen

Ein mit der Asbestentsorgung betrauter sachverständiger Verantwortlicher einer Behörde, einer kommunalen Einrichtung oder eines Entsorgungsfachbetriebes muss die umfangreichen Rechtsgrundlagen für den Umgang mit Asbesterzeugnissen kennen und Gesetze und Regelungen in der Entsorgungspraxis umsetzen.

Stoffe und Produkte mit hervorragenden technischen Eigenschaften können mitunter auch erhebliche Gesundheitsgefährdungen bedingen. Das betrifft unter einer Vielzahl von Stoffen nicht zuletzt den Gefahrstoff Asbest. Dem Staat obliegt eine Fürsorgepflicht zum Schutz des Menschen und der Umwelt vor schädlichen Einwirkungen gefährlicher Stoffe. Die maßgeblichen staatlichen Arbeitsschutzvorschriften zu Tätigkeiten mit Asbest schließen die nachstehend genannten Gesetze, Verordnungen, Verwaltungsvorschriften bzw. technische Regeln ein:

- Chemikalien-Gesetz (ChemG)
- Chemikalienverbotsverordnung (ChemVerbotsV)
- Gefahrstoffverordnung (GefStoffV)
- Bundesimmissionsschutz-Gesetz (BImSchG)
- Kreislaufwirtschafts- und Abfallgesetz (KrW/AbfG)
- Bundesimmissionsschutzverordnung (22. BImSchV)
- Technische Regeln für Gefahrstoffe (TRGS 100, TRGS 402, TRGS 500, TRGS 517, TRGS 519, TRGS 555, TRGS 560, TRGS 900)
- Verwaltungsvorschrift Technische Anleitung TA Luft und VDI-Vorschriften
- UVV arbeitsmedizinische Vorsorge (VBG 100)
- Europäisches Abfallartenverzeichnis (EAV) und dessen nationale Umsetzung, die Abfallverzeichnis-Verordnung (AVV)

Darüber hinaus sind spezifische Regelungen der Bundesländer zu beachten.

Maßgebliche staatliche Arbeitsschutzvorschriften zu Tätigkeiten mit Asbest

Chemikaliengesetz (ChemG)

Die grundlegende Rechtsnorm zum Schutz des Menschen und der Umwelt vor schädlichen Einwirkungen gefährlicher Stoffe ist das „Gesetz zum Schutz vor gefährlichen Stoffen“, kurz das Chemikaliengesetz (ChemG). Dieses Gesetz enthält keine direkten Bestimmungen zu Asbest. Auf der Basis der Verordnungsermächtigung wurde aufbauend auf dem Chemikaliengesetz u. a. die „Chemikalienverbotsverordnung“ (ChemVerbotsV) und die „Verordnung zum Schutz vor Gefahrstoffen (Gefahrstoffverordnung – GefStoffV) erlassen.

Chemikalienverbotsverordnung (ChemVerbotsV)

Die Chemikalienverbotsverordnung regelt, unter welchen Bedingungen besonders gefährliche Chemikalien ab- oder weitergegeben werden dürfen. Nach der Verbotsverordnung (Abschnitt 2) dürfen Asbest sowie Zubereitungen und Erzeugnisse mit einem Massengehalt von mehr als 0,1 % nicht in den Verkehr gebracht werden. Davon ausgenommen sind chrysotilhaltige Ersatzteile zum Zweck der Instandhaltung, soweit andere geeignete asbestfreie Erzeugnisse nicht auf dem Markt angeboten werden. Die Verbotsverordnung schließt auch natürlich vorkommende mineralische Rohstoffe und daraus hergestellte Zubereitungen und Erzeugnisse ein. Einzelheiten dazu sind in der TRGS „Tätigkeiten mit potenziell asbesthaltigen mineralischen Rohstoffen und daraus hergestellten Zubereitungen und Erzeugnissen" (TRGS 517) geregelt.

Gefahrstoffverordnung (GefStoffV)

Das Ziel der Gefahrstoffverordnung ist, dass mit den Verboten und Beschränkungen vorrangig die Gesundheit der Allgemeinbevölkerung und die Umwelt geschützt werden sollen. Die zweite Intention ist, dass die Verbote und Beschränkungen überwiegend dem Arbeitsschutz dienen. Hier liegt auch der Schwerpunkt der Verordnung.

Die Anwendung der Gefahrstoffverordnung erstreckt sich auf einen Gefahrenbereich. Die Definition des Gefahrenbereichs schließt den Bereich ein, in dem mit einer Exposition der Beschäftigten gegenüber Gefahrstoffen zu rechnen ist.

Gefahrstoffe sind Stoffe und Zubereitungen mit Gefährlichkeitsmerkmalen nach § 3a des Chemikaliengesetzes (ChemG). Sie sind in der Regel durch ihre Kennzeichnung erkennbar. Doch auch wenn keine Kennzeichnung vorhanden ist, können Stoffe/Zubereitungen mit gefährlichen Eigenschaften vorliegen, wie sie beispielsweise bei Instandhaltungs-, Sanierungsarbeiten mit asbesthaltigen Baustoffen freigesetzt werden können.

Die Arbeitsschutzregelungen der Gefahrstoffverordnung gelten nicht in Haushalten. Ausgenommen davon sind spezielle Verbote. Ein Beispiel dafür ist die Bearbeitung (Reinigung, Moosentfernung) von Dächern aus Asbestzementplatten, die auch in Privathaushalten untersagt ist. Durch die Gefahrstoffverordnung nicht erfasst ist außerdem die Schadstofffreisetzung aus eingebauten Baustoffen oder baulichen Einrichtungen im Ruhezustand. Hier ist etwa die Faserfreisetzung aus schwach gebundenen Asbestprodukten zu nennen. In diesem Fall ist die Vorschrift des Baurechts (die Asbest-Richtlinie) anzuwenden. Die Vorschriften des Baurechts betreffen den Gebäudeeigentümer bzw. den Bauherrn. Die Vorschriften der Gefahrstoffverordnung betreffen dann den Bauherrn, wenn dieser im Falle einer Sanierung auch gleichzeitig Arbeitgeber ist.

Technische Regel (TRGS 519)

Die TRGS 519 konkretisiert die Forderungen der Gefahrstoffverordnung. Sie ist nach einem Stufenkonzept aufgebaut und unterscheidet zwischen
- Arbeiten mit geringer Exposition,
- Arbeiten geringen Umfangs,
- umfangreichen Arbeiten mit und ohne Begrenzung der Faserkonzentration,
- Instandhaltungsarbeiten.

Die TRGS gilt für den Umgang mit schwach und fest gebundenen Asbestprodukten im Zuge von z. B. Instandhaltungsarbeiten. Sie gilt nicht für Tätigkeiten mit asbesthaltigen mineralischen Rohstoffen.

Vor der Aufnahme von Arbeiten mit Asbest besteht eine Mitteilungspflicht gegenüber der zuständigen Behörde und der zuständigen Berufsgenossenschaft. Dabei ist zwischen unternehmensbezogenen und objektbezogenen Mitteilungen zu unterscheiden. Unternehmensbezogene Mitteilungen gelten für stationäre Betriebe, die mit der Asbestentsorgung betraut sind.

In allen anderen Fällen, z. B. Baustellen, sind objektbezogene Mitteilungen an die für die Lage des Objekts zuständige Arbeitsschutzbehörde zu übergeben. Die Details der Mitteilungen über Umfang, Gefährdungsbeurteilung und Zeitpunkte sind in der TRGS 519, Nr. 3 und in der GefStoffV, Anhang III, Nr. 2.4.2, geregelt.

Ein wichtiger Punkt der TRGS betrifft das Verwendungsverbot bezüglich des Weiterbetreibens/Nutzens von alten, Asbestzementbauteile enthaltenden Gebäuden, z. B. Asbestzementdächern für moderne Photovoltaikanlagen (TRGS 519, Nr.3).

Nanopartikel am Arbeitsplatz

Heute stellen Nanoteilchen den betrieblichen Arbeitsschutz vor neue Herausforderungen. Die Nanotechnologie wird zusammen mit der Bio- und Informationstechnologie als eine der treibenden Kräfte hinter einer neuen industriellen Revolution verstanden, die die Lebensbereiche aller Menschen durchdringen wird. Die dabei zum Einsatz kommenden Nanomaterialien und Nanopartikel weisen gegenüber größeren Partikeln des gleichen Materials neue Eigenschaften auf und ermöglichen so entweder deutlich leistungsfähigere Produkte oder Produkte mit völlig neuen Eigenschaften.

Was sind Nanopartikel?

Als Nanopartikel bezeichnet man umgangssprachlich Objekte, die in ein, zwei oder drei Dimensionen eine Größe von 1 nm bis 100 nm aufweisen und gezielt wegen ihrer besonderen Stoffeigenschaften hergestellt werden.

Was sind ultrafeine Stäube?
Ultrafeine Stäube weisen ebenfalls Partikelgrößen im Bereich von 1 nm bis 100 nm auf. Sie entstehen jedoch unabsichtlich, beispielsweise bei thermischen Prozessen (Motorabgase, Schweißprozesse, Hausfeuerung, Kerzenlicht) oder bei der mechanischen Bearbeitung von Werkstoffen. Auch im natürlichen Umweltaerosol (in der Atmosphäre schwebende Partikel) liegen Teilchen im Bereich von 1 nm bis 100 nm vor. Die genaue Definition von Nanopartikeln und ultrafeinen Partikeln findet sich in den Technischen Spezifikationen der ISO/TS 27687 und ISO/TS 80004.
Nanopartikel wie ultrafeine Partikel können als Agglomerate (lat.: agglomerare – zusammenballen, anhäufen) oder Aggregate (lat.: aggregare – hinzunehmen, ansammeln) auftreten. Hier sind viele kleinere Partikel mehr oder weniger stark zu größeren Strukturen miteinander verbunden. Die Frage, ob und unter welchen Umständen Nanopartikel aus Agglomeraten oder Aggregaten im Körper wieder freigesetzt werden können, ist Gegenstand intensiver Forschung.

Die Oberfläche macht die Wirkung

Die neuen, erwünschten Eigenschaften nanoskaliger Materialien werfen die Frage auf, ob die bisherigen Methoden zur toxikologischen Testung von Stoffen auch für nanoskalige Partikel angemessen sind. Zu erwarten ist, dass Nanopartikel Barrieren im Körper durchdringen und in Organe gelangen können, die größeren Partikeln unzugänglich sind.

Empfehlungen der Europäischen Kommission

In der betrieblichen Praxis muss nicht für einzelne Partikel entschieden werden, ob es sich um Nanopartikel handelt oder nicht, sondern es sind größere Produktmengen, beispielsweise ein Sack eines pulverförmigen Inhaltsstoffes für eine Farbe, zu beurteilen, um diese ggf. als Nanomaterial zu betrachten und geeignete Schutzmaßnahmen zu treffen.

In der Empfehlungen heißt es:

„Nanomaterial ist ein natürliches, bei Prozessen anfallendes oder hergestelltes Material, das Partikel in ungebundenem Zustand, als Aggregat oder Agglomerat enthält, und bei dem mindestens 50 % der Partikel in der Anzahlgrößenverteilung ein oder mehrere Außenmaße im Bereich von 1 nm bis 100 nm haben.“

Wichtige Nanomaterialien

Nanosilber
Nanosilber (meist in Form von Silbernanopartikeln) wird vor allem wegen der antimikrobiellen Eigenschaften eingesetzt. Anwendungsbereiche sind beispielsweise medizinische Produkte wie Wundverbände oder Oberflächenbeschichtungen. In Konsumprodukten werden Silbernanopartikel z. B. in Textilien zur Geruchsvermeidung eingesetzt.

Rußpartikel (Carbon black)
Das am häufigsten produzierte Nanomaterial wird für industrielle Anwendungen gezielt hergestellt. Die Partikel werden zum Beispiel Autoreifen zugesetzt, wo sie den Rollwiderstand oder den Abrieb optimieren. Carbon black wird zudem als schwarzes Pigment in Farben und Lacken oder als Antistatikzusatz in Kunststoffen eingesetzt.

Kohlenstoff-Nanoröhren (Carbon Nanotubes, CNT)
Kohlenstoff-Nanoröhren sind winzige Röhren, die aus Kohlenstoff aufgebaut sind. Man unterscheidet zwischen einwandigen (single-walled, SWCNT) und mehrwandigen (multi-walled, MWCNT) Röhren. CNT sind extrem stabil und werden darum beispielsweise in Kunststoffe eingearbeitet, um deren mechanische Eigenschaften zu verbessern. An Anwendungen im Elektronikbereich wird geforscht.

Titandioxid (TiO_2)
Nanoskaliges Titandioxid ist das am häufigsten verwendete Metalloxid. Es wird beispielsweise in der Oberflächenveredelung eingesetzt. Werden die Partikel zum Beispiel in Fassadenfarben eingearbeitet, sorgen sie dafür, dass die Fassaden sauber bleiben. In Kosmetikprodukten werden beschichtete Titandioxid-Nanopartikel als Filter gegen für die Haut schädliche UVA- und UVB-Strahlen eingesetzt.

Zinkoxid (ZnO)
ZnO-Nanopartikel absorbieren die UV-Strahlung der Sonne sehr effizient. ZnO ist ein direkter Halbleiter und wird als durchsichtige leitende Schicht in Leuchtdioden (LEDs) oder in Flüssigkristallbildschirmen (LCDs) verwendet. In Solarzellen werden nanometerdünne Zinkoxidbeschichtungen verwendet.

Siliziumdioxid (SiO_2)
Siliziumdioxid-Nanopartikel werden Oberflächenbeschichtungen und Lacken zugesetzt und dienen der Steigerung der Härte und Kratzfestigkeit. Als Füllstoff in Autoreifen verringern sie den Rollwiderstand und senken damit den Treibstoffverbrauch. Amorphe SiO_2-Partikel werden seit Jahrzehnten als Lebensmittelzusatzstoff (E551) eingesetzt, um das Verklumpen von Pulvern (Salz, Streuwürze etc.) zu

verhindern. Bei dieser Anwendung liegen die SiO_2-Partikel als nanostrukturierte Agglomerate und nicht als „freie“ Nanopartikel vor. Die Agglomerate selbst weisen Größen im Mikrometerbereich auf.

Graphen

Graphen ist eine wabenförmige, zweidimensionale Modifikation von Kohlenstoff. Wie CNT ist Graphen extrem zugfest, stabil, elektrisch leitend und zudem dehnbar. Anwendungen in Transistoren und Solarzellen sind Gegenstand aktueller Forschung.

Fullerene

Fullerene bestehen aus Kohlenstoff und sind kugelförmig. Das bekannteste Fulleren ist das Buckminsterfulleren (engl. „Buckyball“), welches aus 60 Kohlenstoffatomen besteht und wie ein Fußball aufgebaut ist. Diverse Anwendungen von Fullerenen (z. B. als Radikalfänger in Kosmetikprodukten) werden zurzeit erforscht.

Quantenpunkte

Als Quantenpunkte (engl. quantum dots) bezeichnet man wenige Nanometer kleine Nanokristalle, welche Quanteneffekte aufweisen. Meist bestehen sie aus halbleitenden Materialien. Quantenpunkte können in Transistoren, Displays oder als Biomarker verwendet werden. Die meisten Anwendungen befinden sich im Entwicklungsstadium.

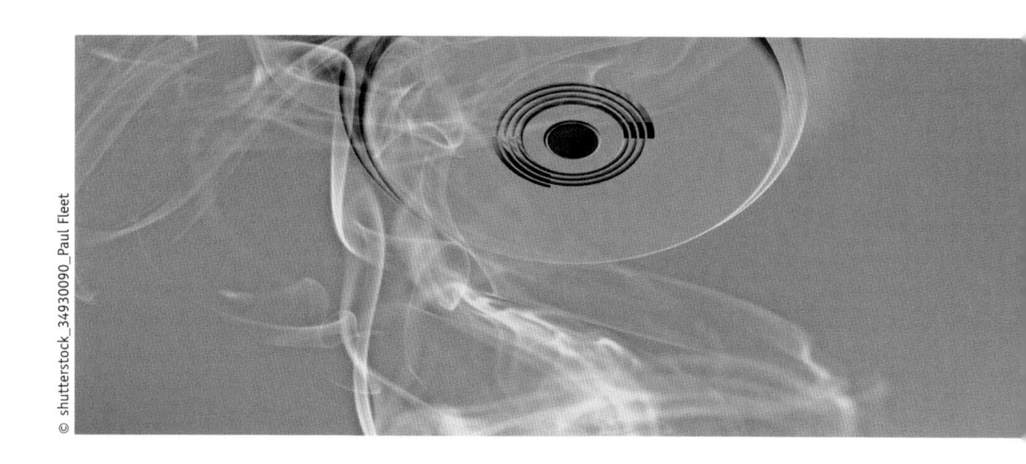

© shutterstock_34930090_Paul Fleet

Anwendungsregeln für Branderkennung, Brandwarnung und Alarmierung – Resultate aus Erfahrungswerten und Trends

Thomas Litterst, Bastian Nagel

Einleitung

Der Brandschutz in Deutschland ist stark reglementiert. Neben Maßnahmen des baulichen und organisatorischen Brandschutzes finden sich unter anderem im Bauordnungsrecht der Länder auch Anforderungen an den anlagentechnischen Brandschutz.

Für den Bereich der Branddetektion, Brandwarnung und Alarmierung wurden die relevanten Anwendungsnormen weitestgehend überarbeitet bzw. neu veröffentlicht. Der Beitrag gibt einen Überblick, welche dieser Regelwerke zur Erfüllung welcher Funktionen herangezogen werden können. Darüber hinaus zeigt er einige wesentliche Neuerungen auf und gibt einen Ausblick auf zukünftige Entwicklungen.

Anlagentechnik auf Basis bauordnungsrechtlicher Forderungen

Während sich brandschutztechnische Maßnahmen bei Standardbauten direkt aus den Landesbauordnungen ergeben, sind bei Gebäuden besonderer Art oder Nutzung (Sonderbauten) tiefergehende Betrachtungen erforderlich. Diese erfolgen in der Regel in objektspezifischen Brandschutzkonzepten, die bei geregelten Sonderbauten auf Basis der entsprechenden Sonderbauvorschriften erstellt werden. Bei Gebäuden, bei denen es solche Vorschriften nicht gibt (ungeregelte Sonderbauten) oder bei denen von den Regelungen abgewichen wird, kommen die Ingenieurmethoden des Brandschutzes zum Einsatz [1].

Sowohl bei Zuhilfenahme der Sonderbauvorschriften als auch bei Anwendung von Ingenieurmethoden unterstützen anlagentechnische Maßnahmen die Erreichung der Schutzziele und ermöglichen zum Teil Abweichungen und Erleichterungen hinsichtlich des passiven, baulichen Brandschutzes. Somit können anlagentechnische Lösungen dazu beitragen, Kosten zu reduzieren und/oder moderne architektonische Konzepte zu ermöglichen [2].

Für jede Anwendung die richtige Norm

Zur Erleichterung und Standardisierung von Planung, Aufbau und Betrieb anlagentechnischer Brandschutzlösungen existieren verschiedene Anwendungsnormen. Für die darin enthaltenen technischen Regeln wird in der Regel vermutet, dass mit ihrer Erfüllung die allgemein anerkannten Regeln der Technik eingehalten werden (Vermutungswirkung) [3].

In **Tabelle 1** werden die relevanten Anwendungsnormen den Funktionen der Branderkennung, Brandwarnung und Alarmierung zugeordnet. Zusätzlich werden die zugehörigen Produkt- und Dienstleistungsnormen dargestellt. Diese Übersicht berücksichtigt bereits die Umsetzung der Entscheidung des Deutschen Rates zur Konformitätsbewertung (DIN KonRat), Anwendungsregeln und Anforderungen an Dienstleiter zu trennen (siehe Aufteilung DIN 14675 und DIN 14676) [4].

Norm für	Branddetektion	Brandwarnung/ Internalarm	Hilferuf an Feuerwehr	Erteilung von Anweisungen
Rauchwarnmelder Produkt: DIN EN 14604 Anwendung: DIN 14676-1[1] Dienstleistung: DIN 14676-2[1]	Ja	Brandwarnung im Raum		
Brandwarnanlage Produkte: DIN EN 54 Anwendung: VDE V 0826-2 Dienstleistung: -	Ja	Brandwarnung im Objekt		
Brandmeldeanlage (BMA) Produkte: DIN EN 54 Anwendung: DIN 14675-1 VDE 0833-1 VDE 0833-2 Dienstleistung: DIN 14675-2	Ja[2]	Internalarm im Objekt	Ja	
Sprachalarmanlage in Verbindung mit BMA Produkte: DIN EN 54 Anwendung: DIN 14675-1 VDE 0833-1 VDE 0833-2 VDE 0833-4 Dienstleistung: DIN 14675-2	Ja[2]	Internalarm im Objekt	Ja	Ja

1 Veröffentlichung voraussichtlich Ende 2018
2 inkl. Überwachung von Nebenbereichen (z. B. Doppelböden, Zwischendecken, Schächte)

Tabelle 1: Zuordnung von Anwendungsnormen bezogen auf die Funktionen der Branderkennung, Brandwarnung und Alarmierung

Rauchwarnmelder

Rauchwarnmelder kommen hauptsächlich in Wohnungen und wohnungsähnlichen Nutzungen zum Einsatz. Die Produkte, die Raucherkennung, Auswertung und Warnung in einem Gerät vereinen, unterscheiden sich dabei grundsätzlich von den Komponenten, die in Brandwarn- und Brandmeldeanlagen verwendet werden.

Während in der Vergangenheit überwiegend eigenständige Rauchwarnmelder zum Einsatz kamen, bieten inzwischen funkvernetzte Geräte mit der Möglichkeit einer Smart-Home-Anbindung zusätzliche Leistungsmerkmale, bspw. hinsichtlich der Alarmverarbeitung und -weiterleitung oder der Instandhaltung (**Bild 1**).

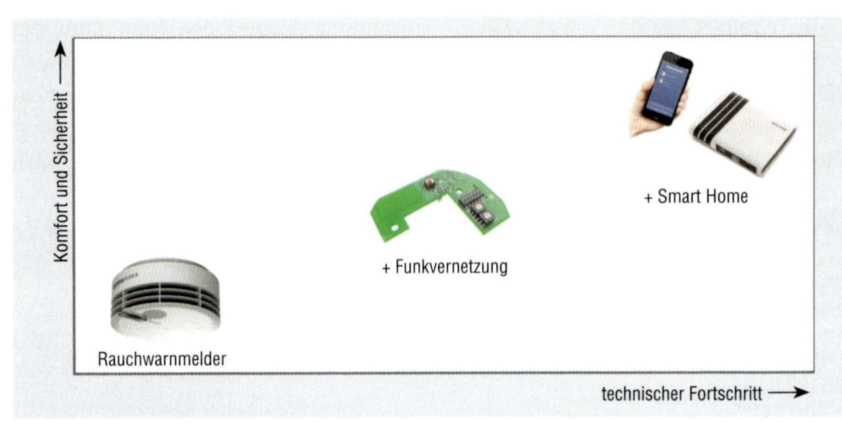

Quelle: Hekatron Brandschutz

Bild 1: Während Rauchwarnmelder in der Vergangenheit eher als Stand-Alone-Geräte zum Einsatz kamen, ergeben sich durch Funkvernetzung und Smart-Home-Anbindung zusätzliche Möglichkeiten

Vorgaben aus dem Bauordnungsrecht

Wie **Tabelle 2** zeigt, existiert in Deutschland inzwischen eine flächendeckende Rauchwarnmelderpflicht für private Wohnräume. In einigen Bundesländern

Landesbauordnung[1]			gültig für		Einbaupflicht				
	Neubau	Bestand	Wohnungen	sonstige Nutzungen	Schlafräume	Kinderzimmer	Flure innerhalb der Nutzung[2]	bestimmungsgemäßes Schlafen	Aufenthaltsräume außer Küchen
Bayern	•	•	•		•	•	•		
Baden-Württemberg	•	•	•	•	•	•	•	•	•
Berlin	•	Ende 2020			•	•	•		•
Brandenburg	•	Ende 2020			•	•	•		•
Bremen	•	•	•		•	•	•		
Hamburg	•	•	•		•	•	•		
Hessen	•	•[3]	•	•	•	•	•	•[4]	
Mecklenburg-Vorpommern	•	•	•		•	•	•		
Niedersachsen	•	•	•		•	•	•		

Tabelle 2: Unterschiede bei der Umsetzung der Rauchwarnmelderpflicht in den einzelnen Bundesländern (Teil 1/2)

Landesbauordnung[1]			gültig für		Einbaupflicht				
	Neubau	Bestand	Wohnungen	sonstige Nutzungen	Schlafräume	Kinderzimmer	Flure innerhalb der Nutzung[2]	bestimmungsgemäßes Schlafen	Aufenthaltsräume außer Küchen
Nordrhein-Westfalen	•	•	•		•	•	•		
Rheinland-Pfalz	•	•	•		•	•	•		
Saarland	•	•	•		•	•	•		
Sachsen	•		•	•	•	•	•	•	
Sachsen-Anhalt	•	•	•		•	•	•		
Schleswig-Holstein	•	•	•		•	•	•		
Thüringen	•	Ende 2018	•		•	•	•		

1 siehe Gesetzestext der jeweiligen Landesbauordnung
2 Flure in Wohnungen bzw. Nutzungseinheiten, über die Rettungswege von Aufenthaltsräumen führen.
3 Nutzungseinheiten mit Räumen zum bestimmungsgemäßen Schlafen müssen bis 01.01.2020 ausgestattet sein.
4 Gilt für Nutzungseinheiten, die keine Wohnungen sind.

Tabelle 2: Unterschiede bei der Umsetzung der Rauchwarnmelderpflicht in den einzelnen Bundesländern (Teil 2/2)

umfasst die Rauchwarnmelderpflicht auch Aufenthaltsräume in anderen Nutzungseinheiten, sofern in diesen Räumen bestimmungsgemäß geschlafen wird. Entsprechende Nutzungseinheiten können bspw. Mehrfamilienhäuser, kleine Beherbergungsbetriebe mit bis zu 12 Gastbetten oder Freizeitunterkünfte sein.

Norm hilft bei der Umsetzung bauordnungsrechtlicher Vorgaben

Zur Unterstützung der Umsetzung der Vorgaben aus den Landesbauordnungen wurde die Normenreihe DIN 14676 veröffentlicht. Zukünftig werden in Teil 1 dieser Normenreihe Planung, Einbau, Betrieb und Instandhaltung von Rauchwarnmeldern beschrieben sein, während Teil 2 Anforderungen an Dienstleister definiert [5] [6].

Durch die Anwendung der bisherigen DIN 14676 ergab sich eine Reihe von Erkenntnissen, die nun in die überarbeitete Version aufgenommen wurde.

Auch wenn die Anwendungsnorm (Teil 1) um einen informativen Anhang zu Kohlenmonoxidwarnmeldern und Wärmewarnmeldern ergänzt wurde, müssen zur Erfüllung der bauordnungsrechtlichen Vorgaben stets Produkte eingesetzt werden, die der Produktnorm DIN EN 14604 entsprechen. Diese ist unter dem

Mandat der Europäischen Bauproduktenverordnung im EU-Amtsblatt veröffentlicht. Wärme- und Kohlenmonoxidwarnmelder können zusätzlich zu den bauordnungsrechtlichen Anforderungen zur Erhöhung der Sicherheit eingesetzt werden.

Die größte Veränderung der Anwendungsnorm gegenüber der Vorgängerversion betrifft das Kapitel „Instandhaltung“: Bisher war hier die Sichtprüfung als Bestandteil der Instandhaltung definiert, ohne Anforderungen an deren Durchführung zu stellen. Neu ist nun, dass Anforderungen an die Inspektionsverfahren und technische Eigenschaften von Rauchwarnmelder-Typen definiert wurden.

Es werden drei Verfahren beschrieben, mit denen das geforderte Schutzziel durch eine Kombination aus personellen Tätigkeiten, technischen Anforderungen und organisatorischen Maßnahmen erfüllt wird. Dabei können Teile der Inspektion – je nach technischer Ausführung des Rauchwarnmelders – automatisch durchgeführt werden. Die Ergebnisse dieser automatischen Inspektion können aus der Ferne abgerufen und dokumentiert werden. Damit Rauchwarnmelder zukünftig nach einem der drei Verfahren zugelassen und geprüft werden können, entsteht derzeit die DIN SPEC PAS 91388 als Prüfgrundlage [5] [7].

Mit der Einführung dieser Verfahren wird dem technischen Fortschritt der heute eingesetzten Rauchwarnmelder Rechnung getragen. Darüber hinaus wird eine automatische Prüfung ermöglicht, ohne dass ein Zugang zur Wohnung/ Nutzungseinheit, der sich in der Vergangenheit oftmals schwierig gestaltet hat, erforderlich ist. Die Betriebsbereitschaft der Rauchwarnmelder wird also weiter steigen.

Tabelle 3 stellt dar, wie häufig Melder nach den drei, in DIN 14676-1 zukünftig vorgesehenen Bauweisen vor Ort geprüft werden müssen. Zusätzlich zu den in der Tabelle angegebenen Prüf- und Tauschintervallen sind auch stets die Herstellervorgaben zu beachten.

	Bauweise A (ohne Ferninspektion)	**Bauweise B** (Teil-Ferninspektion)	**Bauweise C** (komplette Ferninspektion)
Vor-Ort-Inspektion erforderlich	alle 12 Monate + 3 Monate	alle 30 Monate	nie
Vor-Ort-Inspektion empfohlen	–	alle 12 Monate	nie
Batterielebensdauer	gem. DIN EN 14604	mind. 10 Jahre	mind. 10 Jahre
Austausch des Rauchwarnmelders	Nach Herstellerangaben, aber spätestens 10 Jahre + 6 Monate nach dem Datum der Inbetriebnahme.		

Tabelle 3: Gegenüberstellung der neuen Verfahren zur Inspektion von Rauchwarnmeldern

Sicherstellung des Betriebs von Rauchwarnmeldern

In den meisten Bundesländern muss der Betrieb von Rauchwarnmeldern durch die unmittelbaren Besitzer der Wohnungen bzw. Betreiber der Nutzungseinheiten vorgenommen werden, sofern der Eigentümer diese Verpflichtung nicht selbst übernimmt.

Die Praxis der vergangenen Jahre zeigt, dass zur Erfüllung der entsprechenden Vorgaben häufig Dienstleister mit der Instandhaltung der Rauchwarnmelder beauftragt werden. Anforderungen an Personen, welche die Instandhaltung als Dienstleistung anbieten, sind in der neuen Ausgabe in der DIN 14676-2 beschrieben [6].

Mit diesen Festlegungen für die Fachkraft wird eine vergleichbare Qualität zur Sicherstellung der Betriebsbereitschaft ermöglicht. Wichtig ist an dieser Stelle zu erwähnen, dass für Privatpersonen, die selbst die Rauchwarnmelderinspektion durchführen, keine Zertifizierung notwendig ist.

Gefahrenwarnanlagen

Gefahrenwarnanlagen (GWA) dienen der frühzeitigen Warnung zur Vermeidung bzw. Reduzierung von Personen- und Sachschäden, die durch Einbruch (unberechtigtes Eindringen), Bedrohung, Brand, gefährliche Gase und austretendes Wasser sowie technische Defekte entstehen können. GWA können auch zur Abwehr bei Belästigung/Bedrängung, zur Ansteuerung von Haustechnikfunktionen (z. B. Einrichtungen zur Energieeinsparung) sowie zur Kommunikation mit Personen in Notfallsituationen, die sich im Bereich der GWA befinden (Hilferuf- mit Kommunikationsfunktion), dienen.

Gefahrenwarnanlagen für den Privatbereich mit dem Schwerpunkt Smart Home

Um Anforderungen an solche sicherheitstechnischen Systeme auch unter dem Gesichtspunkt der Einbindung in Smart-Home-Technologien zu beschreiben, wurde die bereits seit 2013 bestehende Vornorm DIN VDE V 0826-1 (VDE V 0826-1) erweitert. Bei der Erweiterung wurden vor allem neue Anforderungen bei der Anbindung an Smart-Home-Systeme beschrieben. Die Vornorm hat jedoch keine Relevanz hinsichtlich bauordnungsrechtlicher Forderungen [8].

Die fachgerechte Planung und Errichtung ist einer der Erfolgsfaktoren für Gefahrenwarnanlagen; daher fordert die DIN VDE V 0826-1 (VDE V 0826-1) die Durchführung dieser Tätigkeit durch dafür ausgebildete und zertifizierte Fachfirmen.

Um die Funktionalität der sicherheitstechnischen Anforderungen zu gewährleisten, schreibt die DIN VDE V 0826-1 (VDE V 0826-1) den Einsatz von geprüften und zertifizierten Geräten und Komponenten zur Bildung entsprechender Systeme vor. Im Bereich der Branderkennung können dies Geräte nach den Normen DIN EN 54-5, DIN EN 54-7 oder DIN EN 14604 sein.

Für die zuverlässige Funktion einer Gefahrenwarnanlage ist darauf zu achten, dass sich die Hersteller insbesondere für Smart-Home-Produkte verpflichten, ihre Produkte zu beobachten und bekannte Sicherheitslücken in Form der Zurverfügungstellung von Softwareupdates umgehend zu schließen.

Ziel beim Betrieb einer Gefahrenwarnanlage ist es unter anderem, einen möglichst sicheren und störungsfreien Betrieb zu gewährleisten. Dazu ist eine Reihe von organisatorischen und technischen Maßnahmen zu beachten, die in der DIN VDE V 0826-1 (VDE V 0826-1) beschrieben sind.

Werden an das Sicherheitssystem der GWA zusätzliche, anlagenfremde Geräte angeschlossen (z.B. Smart-Home-Geräte), welche keine Anforderungen nach dieser Norm erfüllen, so ist beim Anschluss auf eine Rückwirkungsfreiheit dieser Geräte auf die GWA zu achten. Der störungsfreie Betrieb des Sicherheitssystems muss unabhängig von diesen Funktionen/Geräten jederzeit sichergestellt sein [9].

Brandwarnanlage – Lückenschluss für die Welt der Mitte

Für Gebäude und sonstige bauliche Anlagen, für die bauordnungsrechtlich keine klaren Festlegungen hinsichtlich der Warnung von Personen existieren, fehlte bislang eine normative Konkretisierung. In der Praxis wurden unterschiedliche Lösungen realisiert – vom funkvernetzten Rauchwarnmelder bis hin zu Brandmelde- oder Sprachalarmanlagen, bei denen dann allerdings auf die Aufschaltung zur Feuerwehr verzichtet wurde.

Die Vornorm DIN VDE V 0826-2 (VDE V 0826-2) legt nun Anforderungen für den Aufbau und Betrieb von Systemen zur Branderkennung und örtlichen Warnung von Personen (Brandwarnanlagen) fest.

Bei Brandwarnanlagen nach DIN VDE V 0826-2 (VDE V 0826-2) kommen Komponenten zum Einsatz, die nach der europäischen Normenreihe DIN EN 54 geprüft sind. Somit ist eine Betriebsbeständigkeit, insbesondere der Übertragungswege, sichergestellt. Die örtliche Warnung erfolgt durch Warneinrichtungen, deren Auslösung durch automatische Melder oder Handfeuermelder erfolgen kann.

Um die Planung von Brandwarnanlagen für die Fachfirmen verständlich zu gestalten, wurden für die Projektierung der automatischen Melder weitestgehend die Vorgaben aus der Normenreihe DIN 14676 übernommen. Somit darf ein Rauchmelder in der Regel eine Fläche von 60 m² und ein Wärmemelder eine Fläche von 20 m² überwachen. Ab einer Einsatzhöhe der Melder von 6 m sind die Anforderungen der DIN VDE 0833-2 (VDE 0833-2) zu beachten. Ebenso gelten für besondere Dach- und Deckenformen sowie für Flure zusätzliche Anforderungen.

Alternativ ist es auch zulässig, die komplette Planung nach den Vorgaben der DIN VDE 0833-2 (VDE 0833-2) durchzuführen. Diese Norm, die auch für die

Planung von Brandmeldeanlagen (siehe unten) herangezogen wird, beinhaltet tiefergehende Regelungen und kann somit insbesondere bei komplexeren Anwendungen hilfreich sein [10] [11].

Aus Sicht der Autoren stellt die DIN VDE V 0826-2 (VDE V 0826-2) einen gelungenen Ansatz dar, um die vorhandene Lücke hinsichtlich einer flächendeckenden Warnung in nicht-geregelten Bauten zu verkleinern.

Gleichzeitig muss festgestellt werden, dass in der Vornorm auf einige Aspekte nicht hingewiesen wird, bzgl. derer in der Praxis häufig unterschiedliche Auffassungen auftreten. Hierzu gehört neben den Festlegungen zur Meldungsverarbeitung bei einer optionalen, ständig besetzten Stelle (nicht die Feuerwehr!) auch die Berücksichtigung architektonischer Belange, denen bspw. durch den Einsatz von Sondermeldern begegnet werden könnte. Die in der Vornorm empfohlene, blaue Farbe des Handfeuermelders wird darüber hinaus noch nicht bei allen Fachleuten akzeptiert.

Um die aufgeführten Punkte projektspezifisch klar festzulegen und die Interessen aller beteiligten Vertreter (Betreiber, Brandschutzplaner, ggfs. ständig besetzte Stelle etc.) bereits in der Planungsphase zu berücksichtigen, wird deshalb empfohlen, auch für Brandwarnanlagen vor Planungsbeginn ein abgestimmtes Anlagenkonzept zu erstellen.

Brandmeldeanlagen

Die DIN 14675-1 beschreibt die Konzeptionierung, die Planung, den Aufbau und den Betrieb von Brandmeldeanlagen in verschiedenen Phasen. Sie gilt stets in Verbindung mit den Anwendungsnormen DIN VDE 0833-1 (VDE 0833-1) und DIN VDE 0833-2 (VDE 0833-2). Für die Festlegungen zu Sprachalarmanlagen ist zusätzlich DIN VDE 0833-4 (VDE 0833-4) zu beachten (**Bild 2**). Damit erfüllen Brandmeldeanlagen in der Regel sowohl die bauordnungsrechtlichen Anforderungen an Brandmelde- als auch an Alarmierungsanlagen für den Brandfall [12] [13].

Ein konzeptioneller Bezug zu diesen allgemein anerkannten Regeln der Technik im Brandschutzkonzept hilft Fachplanern, Errichtern und Sachverständigen bei der Planung, Ausführung und Abnahme der Anlage.

Ein sauberes Konzept als Basis

Basierend auf den Vorgaben des Brandschutzkonzeptes fordert die DIN 14675-1 als Grundlage für die weitere Planung (diese beinhaltet u.a. die Festlegung der Melderart) die Erstellung eines Brandmelde- und Alarmierungskonzeptes. In dieses Konzept fließen neben den bauordnungsrechtlichen Vorgaben auch versicherungstechnische Auflagen sowie die Bedürfnisse der Feuerwehr oder Hinweise zu Gebäudenutzung und Alarmorganisation ein [12].

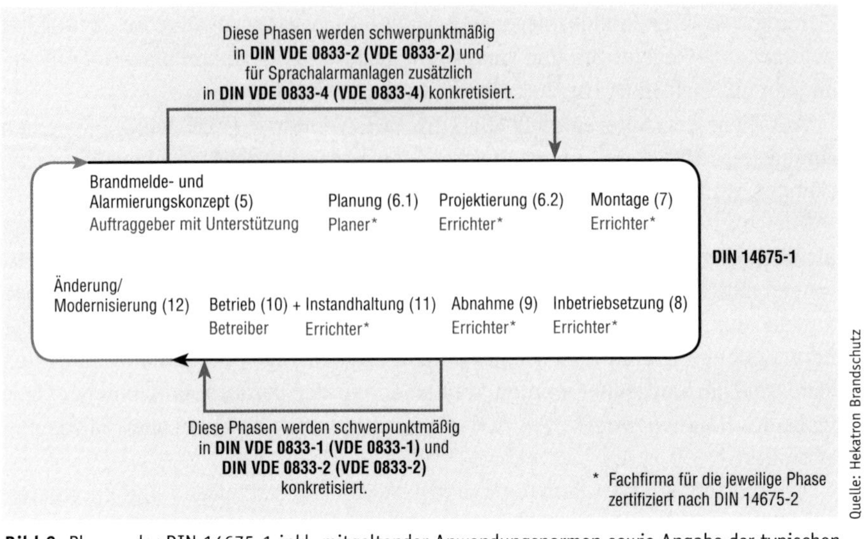

Bild 2: Phasen der DIN 14675-1 inkl. mitgeltender Anwendungsnormen sowie Angabe der typischen Akteure

Das Brandmelde- und Alarmierungskonzept, das auch während der Betriebsphase des Gebäudes die Grundlage für die regelmäßig durchzuführenden Begehungen darstellt, hilft bei Berücksichtigung der relevanten Punkte nicht nur, Täuschungsalarme im Betrieb zu reduzieren, sondern auch, Kosten bei Planung und Ausführung sowie Probleme bei der Abnahme zu vermeiden.

Moderne Melder für weniger Falschalarme

Die im Oktober 2017 neu erschienene DIN VDE 0833-2 (VDE 0833-2) beinhaltet erstmals Hinweise und Vorgaben zur Planung automatischer Brandmelder nach den Normen DIN EN 54-26, DIN EN 54-29, DIN EN 54-30 und DIN EN 54-31 (**Bild 3**) [11].

Auch wenn diese Produktnormen momentan noch nicht unter dem Mandat der europäischen Bauproduktenverordnung (EU-BauPVO) im EU-Amtsblatt veröffentlicht sind, ergeben sich hieraus neue Chancen zur künftigen Optimierung der Brandfrüherkennung bei gleichzeitig erhöhter Täuschungsalarmsicherheit.

Automatische Brandmelder können häufig in unterschiedlichen Einstellungen betrieben werden, sodass sie gleichzeitig eine oder mehrere Produktnormen unabhängig voneinander erfüllen. Bei Meldern mit der Möglichkeit, Sensoren einzeln zu- und abzuschalten ist es darüber hinaus möglich, verschiedenen Betriebszuständen (z. B. Tag-/Nachtbetrieb in Großküchen) gerecht zu werden.

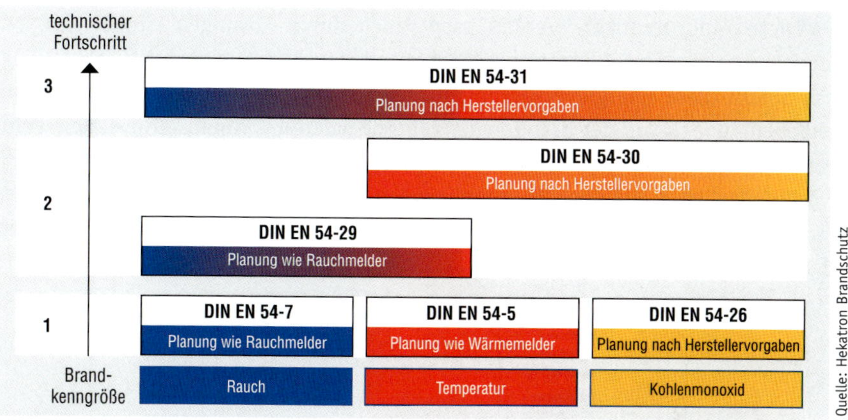

Bild 3: Zuordnung von Brandkenngrößen zu automatischen, punktförmigen Brandmeldern der Normenreihe DIN EN 54 inkl. Hinweisen zur Planung gem. DIN VDE 0833-2 (VDE 0833-2)

Alarmierung gewinnt an Bedeutung

In den überarbeiteten Anwendungsnormen für Brandmeldeanlagen wird der Internalarmierung mehr Beachtung geschenkt als bisher. So wird in der DIN VDE 0833-2 (VDE 0833-2) unter anderem der Sachverhalt klargestellt, dass Ausnahmen von der Überwachung nicht zwangsweise gleichbedeutend sind mit Ausnahmen von der Alarmierung (z. B. in Sanitärräumen). Die Vorgaben an die optische Alarmierung wurden aus der Produktnorm DIN EN 54-23 übernommen und ergänzt. Ein neuer, informativer Anhang gibt Hinweise zur schutzzielorientierten Realisierung einer stillen Alarmierung in Einrichtungen, in denen sich nichtselbstrettungsfähige Personen aufhalten.

Hinsichtlich der Sicherstellung des Funktionserhalts der Alarmierung im Brandfall hat die DIN VDE 0833-2 (VDE 0833-2) die Anforderungen der Muster-Leitungsanlagen-Richtlinie (MLAR) auf die Brandmeldetechnik herunter gebrochen und hinsichtlich einer Alarmierung über die weit verbreitete Ringleitungstechnik konkretisiert [11].

Neben einer solchen Ringleitungsalarmierung lässt die DIN VDE 0833-2 (VDE 0833-2) auch andere Möglichkeiten zur Alarmierung zu, sofern die Schutzziele erreicht werden; das zugehörige Schutzziel der MLAR lautet dabei sinngemäß:

Während der Dauer des geforderten Funktionserhalts der Alarmierungsanlage für den Brandfall darf die Alarmierung in maximal einem Bereich (Versorgungsbereich) ausfallen. Ein solcher Versorgungsbereich darf nicht über einen Brandabschnitt hinausgehen, nicht größer als 1.600 m² sein und sich maximal über ein Geschoss oder einen Treppenraum erstrecken [14].

Diese Anforderungen werden bspw. auch durch Lösungen eingehalten, bei denen eine abgesetzte Energieversorgung in jedem Versorgungsbereich installiert ist. Sofern diese Energieversorgungen im Alarmfall nach Eingang der Brandmeldung entkoppelt von der Brandmelderzentrale agieren können, kann – auch wenn kein eigener Raum für die bauordnungsrechtlich geforderte Sicherheitstechnik vorgesehen ist – auf den oft komplizierten und kostenintensiven Einsatz eines Brandschutzgehäuses ebenso verzichtet werden, wie auf eine Verkabelung mit Funktionserhalt (siehe **Bild 4**) [15].

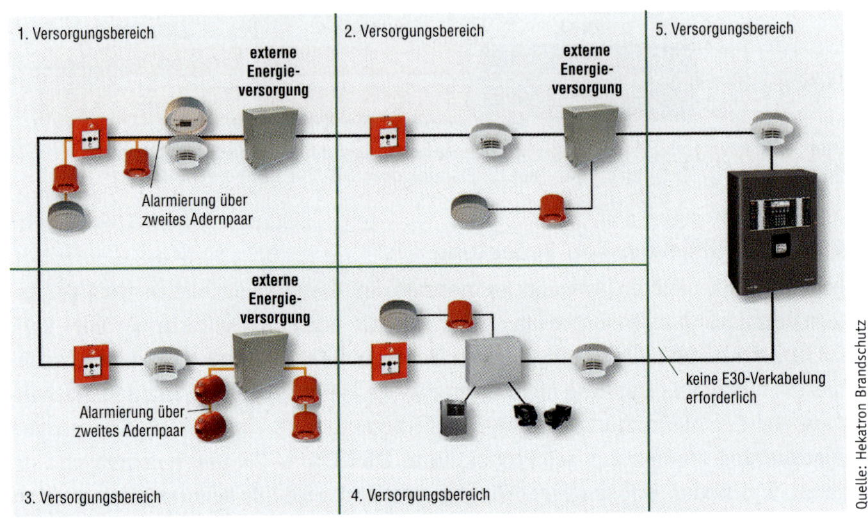

Bild 4: Das Schutzziel hinsichtlich des Funktionserhalts der Alarmierung im Brandfall kann neben der, in DIN VDE 0833-2 (VDE 0833-2) beschriebenen, Ringleitungsalarmierung bspw. auch durch abgesetzte Energieversorgungen in den einzelnen Versorgungsbereichen realisiert werden.

Betrieb und Instandhaltung im Fokus

Neben den bereits beschriebenen und weiteren Änderungen gehen die überarbeiteten Anwendungsnormen stärker als bisher auf die Verantwortung des Betreibers ein. So zeigt die neue DIN 14675-1 auf, dass der Betreiber bei jeder Änderung am Gebäude zu überprüfen hat, ob diese technische oder dokumentationsrelevante Einflüsse auf die Brandmeldeanlage hat (ggfs. unter Einbezug der entsprechenden Fachfirma). Die DIN VDE 0833-2 (VDE 0833-2) weist darauf hin, dass der Betreiber im Zuge der Begehung bspw. auch zu überprüfen hat, ob die Voraussetzungen für vorhandene Ausnahmen von der Überwachung (z.B. in Zwischendecken) noch gegeben sind, sofern er diese Aufgabe nicht an den Errichter delegiert hat [11] [12].

Eine Betreibereinweisung, die auch normative Rechte und Pflichten umfasst, sowie ein Instandhaltungsvertrag, der Festlegungen zu den Verantwortlichkeiten für Instandhaltung und Begehung regelt, sind aus Sicht der Autoren unverzichtbar. In einem solchen Vertrag sollten dann unter anderem auch das Thema Meldertausch sowie die Verantwortung bei der Abschaltung der Übertragungseinrichtung geregelt sein. In vielen Fällen kann eine solche Abschaltung der Alarmweiterleitung zur Feuerwehr im Zuge der Instandhaltung auch durch den Revisionsmodus der Brandmelderzentrale weitestgehend umgangen werden.

Sicherheit durch qualifizierte Dienstleistung

Die bisher in der DIN 14675 enthaltenen Festlegungen zur Zertifizierung von Fachfirmen für Brandmelde- und Sprachalarmanlagen wurden mit der Neufassung der Normenreihe in die DIN 14675-2 übernommen. Die Anforderungen wurden an aktuelle Entwicklungen (z. B. DQR-Niveaus) angepasst und auf Basis der bisherigen Erfahrungen ergänzt. Mit der neuen DIN 14675-2 werden in Deutschland die Anforderungen der Europäischen Dienstleistungsnorm DIN EN 16763 bezogen auf Brandmelde- und Sprachalarmanlagen umgesetzt. Die Zertifizierung der Fachfirmen erfolgt dabei weiterhin durch eine Zertifizierungsstelle nach dem von der ARGE DIN 14675 erarbeiteten Zertifizierungsprogramm [16] [17].

Die Zukunft ist vernetzt

Im Zuge der Weiterentwicklung anlagentechnischer Systeme lässt sich der Trend erkennen, dass die Systeme aufgrund neuer Anforderungen zukünftig nicht nur einmalig auf ein Gefährdungsereignis reagieren, sondern die Lageentwicklung analysieren und sich ihr stetig anpassen. Basierend auf diesem Trend stellt bspw. der Grundgedanke der Adaptiven Fluchtweglenkung eine Weiterentwicklung der Dynamischen Fluchtweglenkung dar. So erfolgt die optische und akustische Signalisierung der Fluchtwege bei der Adaptiven Fluchtweglenkung nicht nur einmalig variabel, sondern passt sich permanent der Entwicklung der Gefährdungssituation an [2] [18].

Durch die zunehmende Vernetzung der einzelnen Systeme und Anlagen, besteht auch die Notwendigkeit, die Planung, Ausführung und Prüfung von systemübergreifenden Kommunikationsverbindungen zu optimieren. Hierbei unterstützt die Richtlinienreihe VDI 6010. Sie soll Fachplaner, Bauherren, Betreiber, Behördenvertreter und ausführende Firmen bei der Planung und Ausführung sowie dem Betrieb von systemübergreifenden Funktionen in der Sicherheitstechnik unterstützen. So werden bspw. im Blatt 1 der VDI 6010 Hilfsmittel, Dokumente und Abläufe dargestellt, die eine grundsätzliche Hilfe für die Definition und Planung von systemübergreifenden Schnittstellen bei Gesamtsystemen anbieten. Die in dieser Richtlinie dargestellten Abläufe und Dokumente können dann Grundlage eines Vollprobetests oder einer Wirkprinzipprüfung nach VDI 6010 Blatt 3 sein [19].

Zusammenfassung und Fazit

Der vorliegende Beitrag zeigt beispielhaft auf, mit welchen Technischen Regelwerken die Funktionen der Branderkennung, Brandwarnung und Alarmierung erfüllt werden können.

Aufgabe der für das Bauordnungs- und Bauproduktenrecht zuständigen Stellen, aber auch der Normung muss es nun sein, die Verbindung gesetzlicher und normativer Regelwerke untereinander und zueinander auch für den Anwender transparent zu gestalten. Dabei darf der Weg für neue und innovative Lösungen nicht durch langwierige Gesetzgebungs- und Harmonisierungsprozesse erschwert werden.

Bis dieser Weg beschritten ist, ist zur Erfüllung der rechtlichen Anforderungen sowie zur Sicherstellung einer risiko- und schutzzielgerechten Vernetzung der einzelnen Systeme eine Abstimmung der Projektbeteiligten von der Planung bis zur Ausführung unerlässlich. Bauherren und Betreiber sollten zudem stets prüfen, ob die beauftragten Fachfirmen die Anforderungen der relevanten Dienstleitungsnormen erfüllen.

Literaturverzeichnis

[1] *Hosser, D.:* Leitfaden Ingenieurmethoden des Brandschutzes. 3., überarbeitete und ergänzte Auflage. Altenberge: vfdb 2013

[2] *Nagel, B.:* Anforderungen an Planung und Aufbau eines Systems zur Adaptiven Fluchtweglenkung unter Berücksichtigung der technischen Zuverlässigkeit [Masterarbeit], Kaiserslautern: Technische Universität 2017

[3] ZVEI [Zentralverband Elektrotechnik- und Elektronikindustrie]: Rechtliche Bedeutung technischer Standards und technischer Regelwerke. Normensammlung für sicherheitstechnische Gewerke und IT-Sicherheit. ZVEI-Merkblatt: 82025. Frankfurt am Main: ZVEI Fachverband Sicherheit 2017

[4] *Litterst, T.:* Anwendungsnormen im anlagentechnischen Brandschutz. Für die Praxis optimiert. In: PROTECTOR 1-2/2018. Hannover: Schlütersche Verlagsgesellschaft mbH Co. KG 2018

[5] DIN 14676-1 Entwurf:2017-10
Rauchwarnmelder für Wohnhäuser, Wohnungen und Räume mit wohnungsähnlicher Nutzung – Teil 1: Einbau, Betrieb und Instandhaltung

[6] DIN 14676-2 Entwurf:2017-10
Rauchwarnmelder für Wohnhäuser, Wohnungen und Räume mit wohnungsähnlicher Nutzung – Teil 2: Anforderungen an die Fachfirma

[7] DIN [Deutsches Institut für Normung e.V.]: Geschäftsplan DIN SPEC 91388. Anforderungen an eine technische Einrichtung als Bestandteil einer Ferninspektion in Bezug auf den Nachweis der Betriebsbereitschaft eines Rauchwarnmelders eingebaut in einen Rauchwarnmelder nach DIN EN 14604 [online]. Berlin: DIN 2018 unter: www.din.de/de/wdc-beuth:din21:282532299 (abgerufen am 03.07.2018)

[8] DKE [Deutsche Kommission Elektrotechnik Elektronik Informationstechnik in DIN und VDE]: DIN VDE V 0826-1 (VDE V 0826-1). Überwachungsanlagen. Teil 1: Gefahrenwarnanlagen (GWA) sowie Sicherheitstechnik in Smart Home Anwendungen für Wohnhäuser, Wohnungen und Räume mit wohnungsähnlicher Nutzung – Planung, Einbau, Betrieb, Instandhaltung, Geräte- und Systemanforderungen [online]. Frankfurt am Main: DKE 2018 unter: www.dke.de/de/normen-standards/dokument?id=7109024&type=dke%7Cdokument (abgerufen am 03.07.2018)

[9] DKE [Deutsche Kommission Elektrotechnik Elektronik Informationstechnik in DIN und VDE]: Entscheidungshilfe für Smart Home Anwendungen mit Sicherheitsfunktionen [unveröffentlichter Entwurf 2018]

[10] DIN VDE V 0826-2 (VDE V 0826-2):2018-07
Überwachungsanlagen – Teil 2: Brandwarnanlagen (BWA) für Kindertagesstätten, Heime, Beherbergungsstätten und ähnliche Nutzungen – Projektierung, Aufbau und Betrieb

[11] VDE 0833-2:2017-10
Gefahrenmeldeanlagen für Brand, Einbruch und Überfall – Teil 2: Festlegungen für Brandmeldeanlagen

[12] DIN 14675-1:2018-04
Brandmeldeanlagen – Teil 1: Aufbau und Betrieb

[13] DIBt [Deutsches Institut für Bautechnik]: Veröffentlichung der Muster-Verwaltungsvorschrift Technische Baubestimmungen. Ausgabe 2017/1 mit Druckfehlerkorrektur vom 11. Dezember 2017. Berlin: DIBt 2017

[14] ARGEBAU [Fachkommission Bauaufsicht der Bauministerkonferenz]: Muster-Richtlinie über brandschutztechnische Anforderungen an Leitungsanlagen. Fassung 10.02.2015. Redaktionsstand 05.04.2016. Berlin: DIBt 2016

[15] *Pfeiffer, T.:* Muster-Leitungsanlagen-Richtlinie (MLAR) – Fluch oder Segen. In: VdS-Fachtagung Brandmeldeanlagen, 07.12.2017. Köln: VdS 2017

[16] DIN 14675-2:2018-04
Brandmeldeanlagen – Teil 2: Anforderungen an die Fachfirma

[17] VAZ [Verband akkreditierter Zertifizierungsgesellschaften e.V.]: Zertifizierungsprogramm DIN 14675. Hamburg: VAZ 2015

[18] *Festag, S. et al.:* Adaptive Fluchtweglenkung. Weiterentwicklung der technischen Gebäudeevakuierung: Von der Dynamischen zur Adaptiven Fluchtweglenkung. ZVEI Merkblatt 33013. Frankfurt am Main: ZVEI Fachverband Sicherheit 2016

[19] VDI 6010 Blatt 1 Entwurf:2017-11
Sicherheitstechnische Anlagen und Einrichtungen für Gebäude – Systemübergreifende Kommunikationsdarstellungen

Autoren

Thomas Litterst, M.S. (Univ. of Cincinnati), Dipl. Ing. (FH) arbeitet als Produktmanager für die Hekatron Vertriebs GmbH. Dort leitet er den Bereich Normen und Richtlinien für die Geschäftsbereiche Rauchwarnmelder, Feststellanlagen und Brandmeldesysteme. Herr *Litterst* ist Mitglied im CEN/TC 72, leitet als Convenor internationale Arbeitskreise und ist ebenfalls Mitglied im DIN-Fachbereichsrat für Feuerwehrwesen (FNFW). Darüber hinaus arbeitet er in mehreren Ausschüssen der Deutschen Kommission für Elektrotechnik mit.

Bastian Nagel VDI, M.Eng. widmete sich nach seinem Studium zunächst dem Thema Brandfallsteuerungen. In einem Schweizer Ingenieurbüro war er für Konzeptionierung und Erstellung von Brandfallsteuerungsmatrizen sowie die Durchführung und Leitung von Integralen Tests (Vollprobetests/Wirkprinzipprüfungen) verantwortlich. Seit 2015 ist *Bastian Nagel* für die Hekatron Vertriebs GmbH tätig. Dort befasst er sich insbesondere mit Normen und Richtlinien aus dem Bereich des anlagentechnischen Brandschutzes; zunächst als Schulungsreferent und seit Oktober 2017 als Spezialist im Produktmanagement. Er ist Mitglied in verschiedenen Normungs- und Richtliniengremien bei DIN, DKE und VDI.

Sicherheitssysteme für sensible Bereiche

Philipp Nauwartat

Im heutigen Zeitalter sind Daten das digitale Herzstück einer jeden Firma. Je sensibler die Daten, desto höher die Sicherheitsanforderungen und Standards, die zu schützen sind. Ein wichtiger Aspekt, der bei den Sicherheitsanforderungen berücksichtigt werden muss, ist der Faktor Mensch. Eine Vielzahl von Angriffen erfolgt durch Innentäter, die physische Sicherheit wird häufig vernachlässigt oder nicht korrekt projektiert. Je nach Anforderung und Zertifizierungen kommen verschiedene Richtlinien und Normen zum Tragen. Der nachfolgende Artikel soll einen Einblick in die moderne Sicherheitstechnik verschaffen und darstellen, wie verschiedene Gewerke schnittstellenübergreifend miteinander verknüpft werden können.

Sicherheit ist nicht ein final zu erreichender Zustand, sondern eine ständige dynamische Maßnahme, welche immer weitergedacht werden muss. Dieser Zustand muss aktiv praktiziert und stetig weiterentwickelt werden.

Sicherheitskonzept

Anfangs muss ein schlüssiges Sicherungskonzept erstellt werden. Maßgeblich müssen dazu folgende Faktoren zu Anfang berücksichtigt werden:
- Auflagen: Zertifizierungen/Versicherungen/Behörden/Kunden/Lieferanten,
- bauliche Gegebenheiten: Neubau/Bestandsgebäude,
- Richtlinien: VdS (Verband deutscher Sachversicherer/BSI (Bundesamt für Sicherheit in der Informationstechnik)/ÜEA (Bundeseinheitliche Richtlinie für Überfall- und Einbruchmeldeanlagen mit Anschluss an die Polizei),
- DGUV-Kassen (Deutsche gesetzliche Unfallversicherung),
- Brandschutzgutachten.

Anschließend können die Überwachungsarten und Sicherheitsmaßnahmen definiert werden. Diese werden den vorherig aufgeführten Punkten und dem Schutzbedarf angepasst. Wichtig ist die Kombination aus physikalischem Schutz wie Zäunen, Gittern, Barrieren und anderen mechanischen Sicherungen, sowie einer elektronischen Überwachung. Im Vorfeld müssen ebenfalls organisatorische Maßnahmen wie Zugänglichkeiten, Sicherungsbereiche, Alarm- und Störempfangszentrale mit einbezogen werden. Eine genaue Absprache zwischen allen Parteien – wie dem End-Nutzer, Errichter und ggf. Planer – ist unabdingbar und unbedingt notwendig. Viele wichtige Informationen ergeben sich oft erst bei der Erläuterung des Konzeptes. Grundsätzliche Änderungen sind im Nachgang nur noch mit hohem Aufwand oder Kompensationsmaßnahmen möglich. Diese sind unter Umständen nicht in allen Punkten regelkonform, ggf. müssen Abweichungen zuvor genehmigt werden.

Gewerke wie Einbruchmeldeanlage/Zutrittskontrolle/Flucht- und Rettungswegtechnik/Videoanlage/Gefahrenmanagement müssen bereits von Anfang an im Verbund betrachtet werden. Das Zusammenspiel verschiedener Gewerke – unter Berücksichtigung der Funktionalität – beim Erfüllen aller Anforderungen und Richtlinien gilt als Zielstellung des Sicherungskonzeptes.

Einbruchmeldeanlage (EMA)

Die Einbruchmeldeanlage ist in sensiblen Bereichen fest verankert und dient dem Zweck des Objekt- und Personenschutzes. Die Hauptzentrale muss als Herz des ganzen Systems betrachtet werden, alle wichtigen Hauptstränge laufen hier zusammen. Je nach System kann auch mit Unterzentralen gearbeitet werden, somit wird der Verkabelungsaufwand minimiert und die Last verteilt.

Zielstellung einer EMA ist es, bei einem Einbruchversuch vor Ort zu alarmieren und Alarme zu übermitteln, bzw. zu informieren.

Eine Kombination aus elektronischer Überwachung und mechanischer Absicherung soll das Zeitfenster, in dem ein Täter versucht, sich gewaltsam Zutritt zu verschaffen (**Bild 1**), so minimieren, dass bereits bei Beginn des Einbruchversuches alarmiert wird. Die Überwindungsdauer der mechanischen Komponenten soll dabei idealerweise solange andauern, dass die hilfeleistende Stelle (Wachdienst/Polizei) eintrifft, bevor der Täter das Objekt betreten konnte.

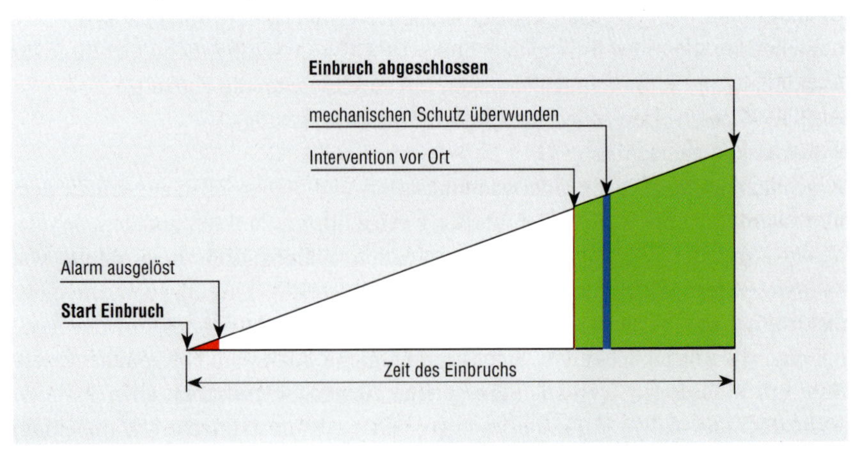

Bild 1: Zeitfenster Einbruch

Energieversorgung (EV)

Grundsätzlich ist eine EMA mit zwei Wegen der Energieversorgung ausgestattet. Der Normalbetrieb erfolgt über ein Netzteil, welches mit 230V betrieben wird. Für den Störfall verfügt die Einbruchmeldezentrale über eine Notstromversorgung, welche mit Akkumulatoren betrieben wird. Über ein intelligentes Netzteil wird zwischen Normalnetz und Akku-Netz unterbrechungsfrei umgeschaltet. So wird der Betrieb auch im Störfall aufrechterhalten. Die Überbrückungszeit der Notstromversorgung ist je nach Klassifizierung in verschiedene Mindeststunden aufgeteilt. Bei verschiedenen Faktoren darf die Überbrückungszeit auch verringert werden, beispielsweise wenn die Meldung im Falle einer Störung zu einer ständig besetzten Stelle übertragen wird. Stromintensive Verbraucher müssen nach Möglichkeit über eine separat gepufferte Notstromversorgung gespeist werden. Die eingesetzten Spezial-Akkumulatoren müssen eine VdS-Zulassung besitzen, je nach Spannung und Kapazität werden die Akkus in Reihe oder parallel geschaltet. Der Anschluss der EMA-Energieversorgung muss über eine separate Sicherung erfolgen, welche keine anlagenfremden Verbraucher speist. Auf einen Sammel-FI muss gänzlich verzichtet werden. Für den Sonderfall kann auf einen FI mit Selektivität zurückgegriffen werden.

Weiterleitung/Übertragunseinrichtung

Die Weiterleitung von Alarm-, Stör- und technischen Meldungen kann über verschiedene Wege realisiert werden (**Bild 2**). Meldungen werden über eine eigene Übertragungseinrichtung (ÜE) generiert. Die ÜE dient als Schnittstelle der EMA, um über verschiedene Wege zu kommunizieren. Moderne Anlagen sind meistens mit einer Übertragungseinrichtung ausgestattet, welche über einen TCP-IP-Anschluss mit GPRS-Redundanz als Ersatzweg verfügt. Über diese beiden Wege können verschiedene Protokolle verschlüsselt übertragen werden. Über die ÜE wird ebenfalls die Verbindung zu einer zertifizierten Serviceleitstelle aufgebaut und Meldungen in verschiedener Form übertragen.

Bereiche, welche besonders klassifiziert werden und ein hohes Maß an Gefährdung aufweisen, z.B. Ministerien, Banken, Rechenzentren und andere sensible Bereiche, können direkt auf die Polizei aufgeschaltet werden.

Zur Errichtung von Einbruchmeldeanlagen, die über eine Polizeiaufschaltung verfügen, müssen noch andere Rahmenbedingungen beachtet werden. Die Weiterleitung wird zum Großteil über einen eigenen Hauptmelder realisiert. Dieser Melder darf nur von einem Konzessionär errichtet und betrieben werden. Die Übertragungseinrichtung wird in einem eigens abgeschlossenen sabotagegeschützten Gehäuse untergebracht. Die Kommunikation zwischen EMA und Haupt-

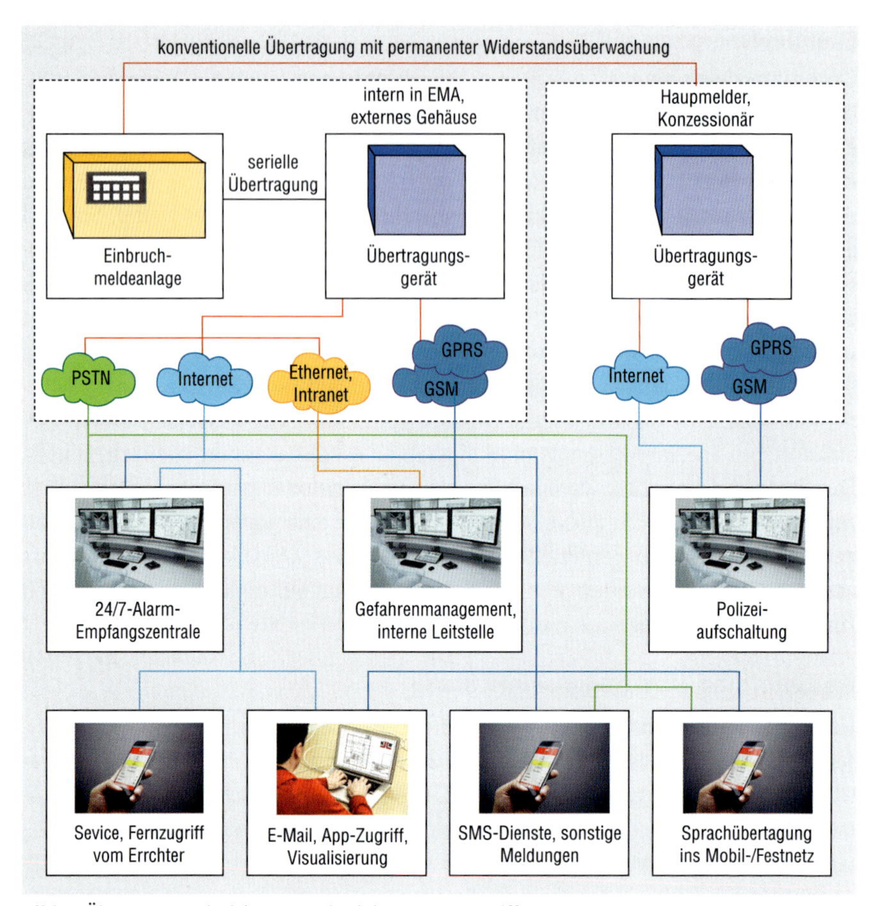

Bild 2: Übertragungseinrichtung, Weiterleitung, Fernzugriff

melder findet über einen konventionell widerstandsüberwachten Kontakt statt. Zur direkten Aufschaltung auf die Polizei kommt es lediglich in Einzelfällen, zuvor wird die Lage durch die Polizei beurteilt und bewertet. Im Nachgang muss ein Antrag gestellt und genehmigt werden. Zusätzlich zur VdS Norm kommt die ÜEA-Richtlinie (Bundeseinheitliche Richtlinie für Überfall- und Einbruchmeldeanlagen mit Anschluss an die Polizei) zum Tragen.

Aufbau der Einbruchmeldeanlage/Techniken

Grundsätzlich werden moderne Einbruchmeldeanlagen mit BUS-Technik errichtet, wobei verschiedenste Melder zum Einsatz kommen. Je nach Anforderung und Gegebenheit werden auch konventionelle Melder eingesetzt, beispielsweise Öffnungsmelder und Riegelschaltkontakte in Türen, Alarmglasspinnen in Fensterscheiben, Alarmtapeten auf Wänden oder in besonders gefährdeten Bereichen. Zur Adaptierung der konventionellen Technik zur BUS-Technik existieren Module mit verschiedenen Eingangsgrößen (z. B. ein Modul mit zwei Eingängen, womit der Zustand des Öffnungsmelders der Tür sowie des Verschlusses über einen Riegelschaltkontakt abgefragt wird). Der Großteil der Gerätschaften ist mittlerweile komplett auf BUS-Technik ausgelegt, da dies die Aufwendungen der Verkabelung und der Querschnitte deutlich reduziert. Das Portfolio der BUS-Anschlussmodule beinhaltet: Bewegungsmelder, Rauchmelder, Ein-/Ausgangsmodule, Funkmodule, Schalteinrichtungen und Signalgeber.

Standort der Einbruchmeldeanlage

Der Standort der Einbruchmeldeanlage muss im zuvor erstellten Sicherungskonzept, gut bedacht werden. Je nach baulichen Gegebenheiten sollte die Sicherheitstechnik in separaten Räumlichkeiten und einem eigenen Sicherungsbereich angedacht werden. Beim Montageort müssen je nach Anforderung und Konzept verschiedene Richtlinien beachtet werden. Die Gerätschaften der Einbruchmeldezentrale, Energieversorgung und Übertragungseinrichtung sollten sich nach Möglichkeit in unmittelbarer Nähe und einem Sicherungsbereich befinden. Laut einer VdS-Klasse C sieht die Definition folgendes vor:
Montage auf einer Innenwand

- Dafür muss die Innenwand in fester Bauweise ausgeführt sein, beispielsweise Ziegel-, Kalksand-, Hohlblocksteine in mindestens 120 mm Dicke oder alternativ Beton.
- Wenn die Innenwand nicht die geforderten Merkmale aufweist, muss die rückseitig angrenzende Räumlichkeit mittels Bewegungsmeldern überwacht werden. Alternativ muss der Montageuntergrund, auf dem die Gerätschaften montiert wurden, flächenmäßig auf Durchgriff überwacht werden (mit Alarmtapete). Der Abstand der Drahtmäander darf dabei nicht mehr als 40 mm betragen.

Montage auf einer Außenwand

- Dafür muss die Wand in besonders fester Bauweise errichtet sein, Ziegel-, Kalksand-, Hohlblocksteine in mindestens 240 mm Dicke oder alternativ Beton ab 200 mm Stärke.
- Wenn die Außenwand die Merkmale einer besonders festen Bauweise nicht aufweist, muss der Flächenschutz, wie bei der Innenwand zuvor beschrieben, erbracht werden.

Montage auf einer Außenwand bei Leichtbauweise

- Bei Wänden, die in Leichtbauweise gefertigt sind, muss zusätzlich zum Durchgriffschutz noch ein zusätzlicher mechanischer Schutz erfolgen (Untergrund mit Stahlplatte versehen, überwachter Umschrank oder ähnliches).

Überwachungsarten

Außenhautüberwachung

Fenster können auf Öffnung, Verschluss (Kippstellung Griff) und Glasbruch (Durchstieg und Durchgriff) überwacht werden. Hierzu existieren mehrere Arten der Sicherung. Je nach Aufbau des Fensters und ob es sich um ein Neu- oder Bestandsfenster handelt, variieren die Maßnahmen. Öffnungsmelder/ Verschlussmelder können in den Varianten Reedkontakt oder Induktive-Sensoren verbaut werden.

Die Detektion von Glasbruch wird mittels Alarmglas, aktiven Glasbruchsensoren oder Alarmdrahtglas realisiert. Bei dem Alarmglas ist eine Leiterspinne auf das VSG (Verbundsicherheitsglas) aufgedampft oder eingebrannt (**Bild 3**). Die Alarmglasscheibe wird grundsätzlich als erste Scheibe in Richtung Angriffsseite platziert. Als gegenüberliegende Scheibe (Innenseite) wird eine einbruchhemmende Scheibe eingesetzt. Bei einem Glasbruch bricht die VSG-Scheibe von oben nach unten in kleine Würfel. Die Spinne bricht und die EMA detektiert. Am Scheibenrand tritt ein 4-adriges Flachband aus dem Fensterabschluss, welches an die Einbruchmeldeanlage angeschlossen wird. Anhand dieses Aufbaus lässt sich gut das Zusammenspiel von elektronischer Überwachung (Alarmglas) und mechanischer Komponente (einbruchhemmende Scheibe) darstellen. Beim Einbruchversuch wird umgehend detektiert und alarmiert; anschließend muss die mechanische zeitaufwendige Sicherung überwunden werden.

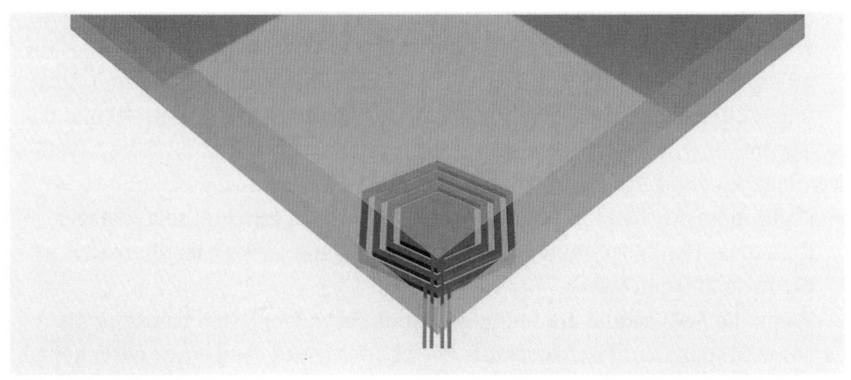

Bild 3: Alarmglasspinne

Türen können ebenfalls auf Öffnung, Verschluss und Durchstieg überwacht werden (**Bild 4**). Zusätzlich werden Türen zumeist mit Motorschloss oder Sperrelementen ausgestattet. Als Öffnungsmelder ① werden Reedkontakte eingesetzt. Zum Verschluss ⑤ werden im Regelfall Riegelschaltkontakte eingesetzt. Diese Kontakte fragen permanent die Riegelstellung des Schlosses ab. Das Motorschloss ② wird im Türblatt mit einem speziellen flexiblen Systemkabel angebunden. Der Übergang von Türblatt zu Zarge wird im elegantesten und sicherersten Fall mit einem verdeckten Kabelübergang gelöst. Für den Kabelübergang sind zwei Taschen – je in Blatt und Zarge – eingearbeitet. Die beiden Taschen sind mit einem stabilen Stahlschlauch verbunden, in welchem das Kabel geführt wird. So besteht keine Möglichkeit, das Motorschlosskabel zu sabotieren. Zum Scharf-/Unscharfschalten des jeweiligen Sicherungsbereiches wird eine Schalteinrichtung ③ benötigt. Die Schalteinrichtung kommuniziert über eine Auswertereinheit mit der Einbruchmeldeanlage ⑦ oder kann je nach Aufbau auch direkt mit der EMA kommunizieren. Die Auswertereinheit ⑥ verfügt zusätzlich über Ein-/Ausgänge, an die Öffnungsmelder, Riegelschaltkontakt und ähnliches angeschlossen werden.

Als Schalteinrichtung können eine Vielzahl von Lesertypen mir verschiedenen Leseverfahren eingesetzt werden. Meistverbreitet sind die Technologien proX1/proX2, mifare Desfire EV1 sowie Legic, je nach Anforderung und Standard des Nutzers. Zusätzlich besteht die Möglichkeit mit Biometrischen Kombigeräten Fingerabdruck/PIN/Transponder einzusetzen. Um Falschalarme zu minimieren werden an Türen Sperrelemente ④ eingesetzt. Wenn der jeweilige Sicherungsbereich scharf geschaltet wird, fährt ein mechanisch betriebener Sperrbolzen in das Tür-

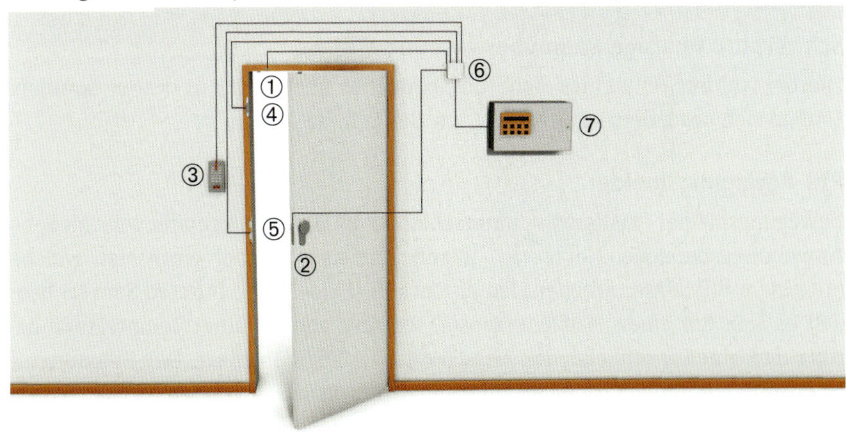

Bild 4: Tür mit Schalteinrichtung ausgestattet

blatt. Falls ein Nutzer versucht, die Türe zu öffnen, ohne zuvor die Einbruchmeldeanlage unscharf zu schalten, nimmt er den Widerstand des Bolzens wahr. Der Sicherungsbereich muss vor Betreten über den Leser unscharf geschaltet werden. Im besten Fall wird noch eine zusätzliche Hürde eingebaut, um Falschalarme zu verringern. Das Öffnen einer Tür sollte im besten Fall nur mittels Transponder durchzuführen sein. Ein mechanischer Schlüssel sollte lediglich für den Notfall bereitgestellt werden, zum Beispiel für die Feuerwehr.

Innenraumüberwachung

Die Überwachung von Innenräumen wird grundsätzlich in zwei Arten unterteilt: fallenmäßige und schwerpunktmäßige Raumüberwachung. Welche Überwachung zum Tragen kommt, ist je nach Klassifizierung und Anforderung geregelt. Die Innenraumüberwachung ist nicht nur als nächste Barriere für den Täter zu verstehen. Für den Fall, dass sich ein Täter zuvor in den Sicherungsbereich hat einschließen lassen, wird ihm somit die Möglichkeit genommen, sich zu bewegen. Eigentlich sollte der Einschluss von Personen durch ein mehrstufiges Sicherungskonzept mit einer intelligenten Zutrittskontrolle, welche mit einer EMA adaptiert ist, ausgeschlossen sein.

Fallenmäßige Raumüberwachung

Dabei werden die Räumlichkeiten, Hallen, Flure, Treppenhäuser und weitere betrachtet. Bereiche, welche mit Wahrscheinlichkeit durchquert werden müssen, um sensible oder schützenswerte Punkte zu erreichen, werden mit Bewegungsmeldern ausgestattet.

Schwerpunktmäßige Raumüberwachung

Hierbei werden Teile eines Sicherungsbereiches überwacht, in dessen direktem Umfeld sich besonders schützenswertes Gut befindet.

PIR-Bewegungsmelder

Bewegungsmelder existieren in unterschiedlichen Ausführungen für verschiedene Anwendungsbereiche. Heutzutage werden meistens Melder eingesetzt, welche mit einem PIR-Sensor arbeiten. Bei einem PIR (**P**yroelectric **I**nfrared **S**ensor) handelt es sich um einen Halbleitersensor, welcher anhand einer Temperaturänderung und einer anschließenden Verstärkerschaltung detektiert. Der Erfassungs-/Überwachungsbereich ist maßgeblich abhängig von der eingesetzten Linse/Optik. Je nach räumlicher Anforderung können verschiedene Strahlencharakteristiken eingesetzt werden (**Bild 5**):

- **PIR-Streckenoptiken** werden eingesetzt, um lange schmale Korridore zu überwachen.
- **PIR-Vorhangoptiken** werden maßgeblich eingesetzt, um fallenmäßig und auf Durchstieg zu überwachen.
- **PIR-Flächenoptiken** werden in den meisten Fällen eingesetzt. Mit der Optik können sämtliche Standard-Räumlichkeiten überwacht werden.

Dual-Bewegungsmelder arbeiten mit einem PIR und einem Mikrowellensensor (früher Ultraschallsensor) (**Bild 6**). Die beiden Sensoren detektieren unabhängig voneinander. Nur wenn beide Sensoren ausgelöst haben, ergibt sich ein Alarm. Diese Melderart wird dort eingesetzt, wo mit Temperaturschwankungen, Lichteinstrahlungen und Luftzug zu rechnen ist. Die Falschalarmsicherheit durch äußere Einflüsse wird somit stark erhöht.

Für spezielle Anwendungsfälle oder besondere Umgebungsverhältnisse existiert noch eine große Palette an Bewegungsmeldern (Radarmelder, Dual-Deckenmelder etc.).

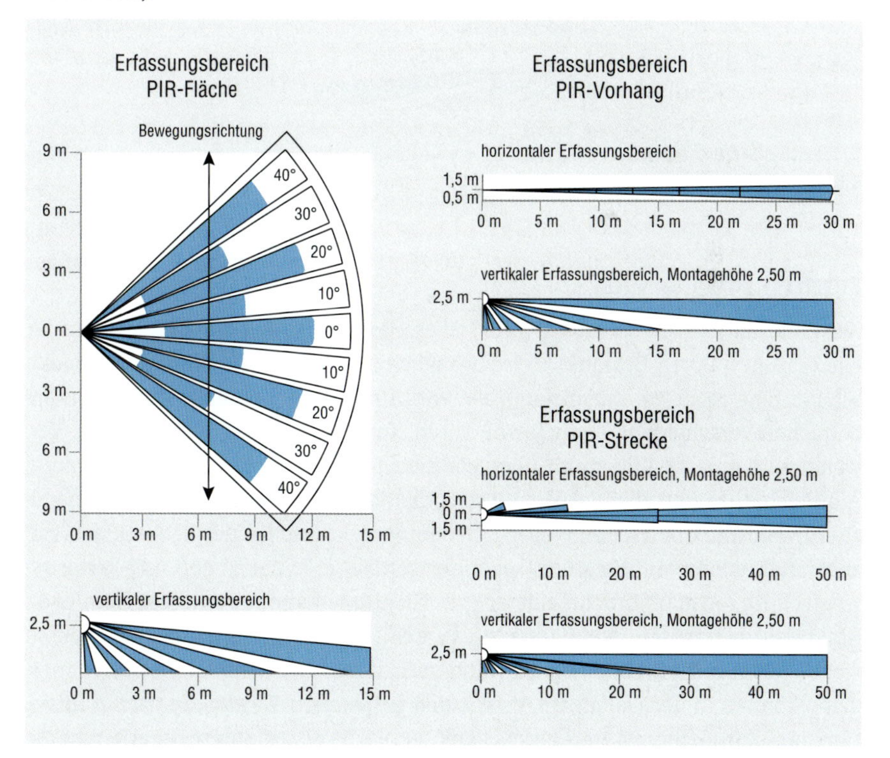

Bild 5: Bewegungsmelder PIR

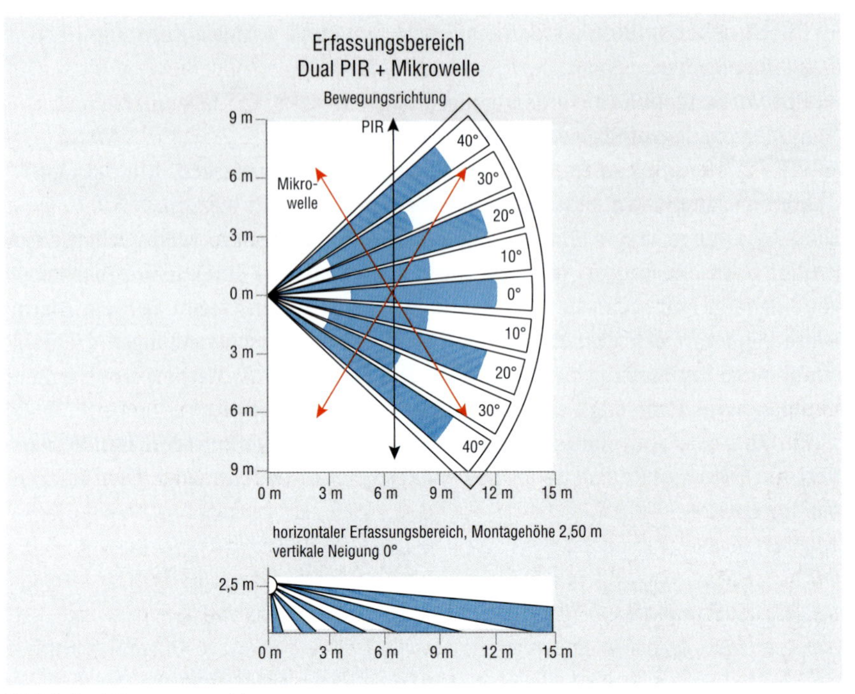

Bild 6: Dual-Bewegungsmelder

Zutrittskontrollanlage

Ziel einer Zutrittskontrollanlage (ZKA) ist es, Räumlichkeiten und Bereiche nur für einen ausgewählten Personenkreis zugänglich zu machen. Sie dient dem Objektschutz. Eine moderne Zutrittskontrolle wird in der Regel modular aufgebaut. Sie betrachtet verschiedene Zugänge wie Türen, Tore, Drehkreuze Schleusen etc. Verwaltet wird eine ZKA über eine übergeordnete Software. Dort findet die komplette Administration statt. Bei der Zutrittskontrolle muss ebenfalls die ganzheitliche Sicherheitstechnik betrachtet werden. Bei der Projektierung einer ZKA müssen ggf. auch andere Systeme integriert/adaptiert werden, z. B. die Flucht- und Rettungswegtechnik sowie Einbruchmeldetechnik. Richtlinien und Anforderungen müssen im Vorfeld betrachtet und angewandt werden, Änderungen sind im Nachgang in vielen Fällen mit erheblichem Aufwand verbunden. Die kompletten Bewegungsdaten können in der Datenbank erfasst und gespeichert werden. Je nach Auditierung und Zertifizierung wird ein lückenloser Nachweis gefordert, jedoch sind die Datenschutz-Richtlinien zu beachten.

Kernziel einer Zutrittskontrollanlage

Das Kernziel ist die Identifikation und Verifizierung von Personen, Prüfung von Transpondermedium, PIN oder anderen Merkmalen wie Fingerabdruck, Handvenen oder Iris/Netzhaut. Je nach Sicherheitsanforderung ist auch die Abfrage von mehreren Merkmalen möglich.

Eine ZKA selektiert und differenziert: Nach einer erfolgreichen Identifizierung prüft das System, ob die Person für den folgenden Bereich bzw. Türen autorisiert ist. Nach Prüfung erfolgt eine Freigabe oder Abweisung.

Zugehörige Komponenten

Eine moderne Zutrittskontrolle besteht in der Regel aus einer zentralen, akkugepufferten Steuerung, welche permanent per Ethernet mit einem Server/PC verbunden ist. Von da aus erfolgt ebenfalls die Administration. Zusätzlich verfügt die Steuerung über einen RS485 Modulbus, womit verschiede Gerätschaften angebunden werden können. Je Tür wird ein per RS485-BUS angebundenes Modul eingesetzt. Dort werden Eingänge (Öffnungsmelder, Riegelschaltkontakte, Rückmeldekontakte, Zustände der Einbruchmeldeanlage) sowie Ausgänge (Motorschlosssteuerung, Fluchttürterminal, Schleuse, Drehkreuz) verarbeitet bzw. angesteuert (**Bild 7**). Zusätzlich wird ein Leser oder ein anderes Eingabegerät zum

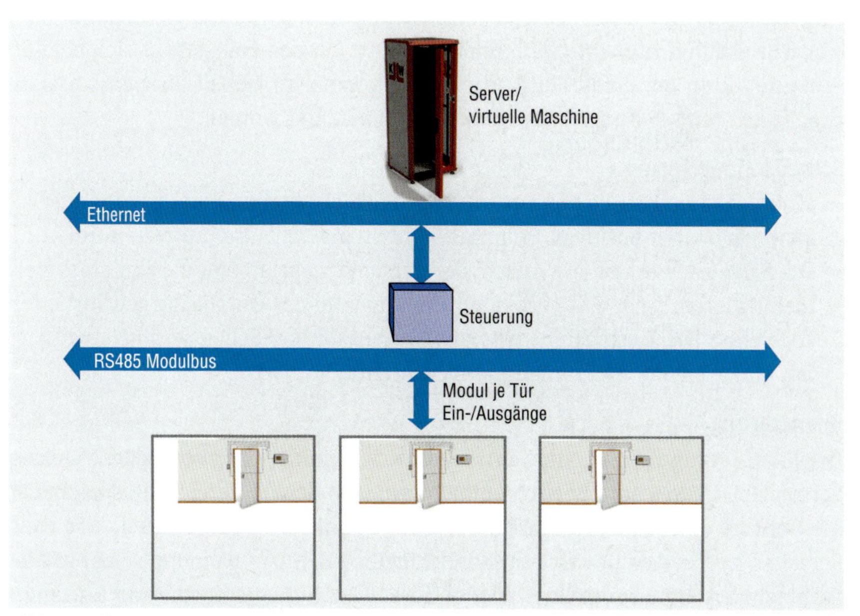

Bild 7: Aufbau Zutrittskontrolle

Identifizieren über den Modulbus angebunden. Je nach Anforderung und ggf. Zusatzfunktionalitäten wird nicht nur die Außenseite (Angriffsfläche), sondern auch die Innenseite mit einem Leser ausgestattet. Damit wird nicht nur der Eintritt, sondern auch der Austritt überwacht. Dies wird dann notwendig, wenn z. B. Informationen benötigt werden, wie viele Personen sich in einem Bereich befinden, oder wenn das mehrmalige Betreten ohne Verlassen eines Bereiches verhindert werden muss (Bereichswechselkontrolle).

Zusatz-Funktionalitäten einer Zutrittskontrolle

Mittels einer intelligenten Zutrittskontrollanlage lassen sich komplexe Sicherheitsanforderungen lösen. Es folgen einige Beispiele.

Schleusenfunktion/Vereinzelungsanlage

Ziel einer Schleuse ist es, Personengruppen zu trennen, sodass nur jeweils eine Person einen Schleusenbereich queren kann. Innerhalb des Schleusenraums wird darauf geprüft, dass sich nur eine Person innerhalb der Schleuse befindet (Gewicht, Trittmatte mit Feld, Sensoren, Kamera oder aufgrund der Bauart). Es muss ausgeschlossen werden, dass eine Person, welche autorisierten Zutritt zu einem sicherheitsrelevanten Bereich hat, weitere Personen in diesen Bereich einschleust. Es lässt sich immer nur eine Tür der Schleuse öffnen, alle Verriegelungselemente sind logisch sowie elektronisch so verschaltet, dass sich für den Zeitraum, in dem eine Tür geöffnet ist, keine weitere öffnen lässt. Für den Fall, dass es sich bei den Schleusentüren um einen Fluchtweg handelt, kann im Notfall über ein zusätzliches Flucht- und Rettungswegtechnik-Gerät geflüchtet werden.

Schleusendurchgang

- Eine Person muss sich vor Eintritt in den Schleusenraum identifizieren und kann nach einer positiven Prüfung alleine in das Schleuseninnere eintreten.
- Die Schleuse wird auf die Anzahl der Personen geprüft, eine Person muss sich identifizieren, nach einer erneuten Prüfung wird der Durchgang gewährt oder abgelehnt. Die Zugangstür sowie die Ausgangstür zur Schleuse sind jeweils mit einem Innen- und Außenleser ausgestattet.

Bilanzierung

Die Bilanzierung wird bei der Zutrittskontrolle genutzt, um darzustellen, welche Person sich in welchem Bereich aufhält bzw. in welchem Bereich sie eingebucht ist. Genutzt wird diese Softwareoption zum Beispiel, um darzustellen, wie viele Personen sich gerade in welchem Bereich befinden, um es dann im Gefahren-Management-System darzustellen. Wichtig ist das konsequente Buchen an Eingangs- und Ausgangslesern, da die Anzahl der eingebuchten Personen im jeweiligen

Bereich sonst falsch dargestellt wird. Je nach Anforderung an die Zutrittskontrolle kann dies mittels Vereinzelungsanlagen wie Drehkreuzen, Schleusen oder ähnlichen Gerätschaften bewerkstelligt werden, der Zutritt ist dann zwangsläufig nur noch einzeln und mit Buchung möglich.

Bereichswechselkontrolle

Die Bereichswechselkontrolle beinhaltet alle Merkmale wie die Bilanzierung, ist aber noch mit einigen zusätzlichen Funktionalitäten ausgestattet (**Bild 8**). Bei der Bereichswechselkontrolle wird obendrein geprüft, ob ein logischer Bereichswechsel stattfindet:

- Bereich Außen kann nur betreten werden, wenn zum Buchungszeitraum der Bereich fremd gebucht ist.
- Bereich B kann nur betreten werden, wenn Bereich A oder C zuvor betreten wurde.
- Ein mehrfaches Benutzen von Transpondern oder Identifikationsmerkmalen, um Zutritt zu einem Bereich zu gelangen, ist nicht möglich.

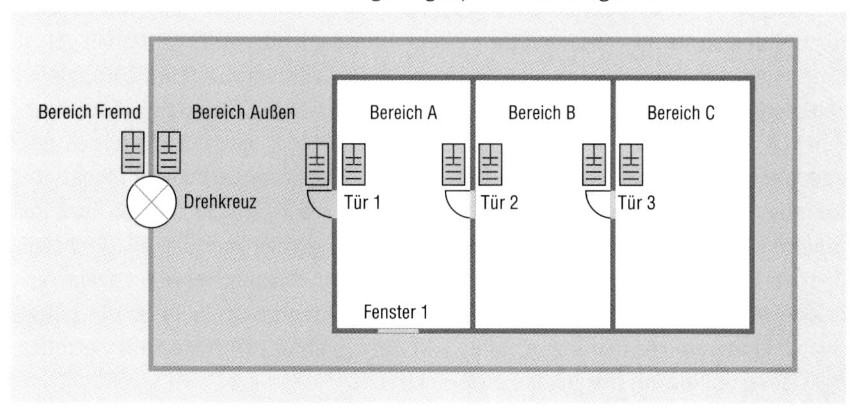

Bild 8: Bereichswechselkontrolle

Beispiel:

Person X ist autorisiert Bereich A zu betreten. Person X befindet sich momentan im Bereich Außen und identifiziert sich über den Außenleser an Tür 1, ihr wird Zutritt gewährt, dem Datensatz wird der Bereich A zugebucht. Person X gibt jetzt sein Transpondermedium aus dem Fenster 1 an Person Y weiter. Person Y versucht jetzt ebenfalls den Bereich A zu betreten, am Außenleser der Tür 1 erfolgt die Identifizierung. Das System prüft den Datensatz und erkennt, dass sich Person X bereits in Bereich A befindet und verwehrt den Zutritt. Das System gibt jetzt einen Bereichswechselfehler aus, dieser Fehler kann weiter ausgewertet werden.

Leseverfahren

Tabelle 1 zeigt unterschiedliche RFID-Leseverfahren.

	RFID-Typ		
	proX1/proX2	**Legic/Legic Advant**	**Mifare/Mifare Desfire EV1**
Frequenzbereich	125 kHz	13,56 MHz	13,56 MHz
Speicher standardmäßig	64 Bit	256 Byte ... 2.048 Bytes	1.024 Byte ... 4.096 Bytes
Read/Write	Read only	Read/Write	Read/Write
Applikationen	keine	bis zu 127	bis zu 28
Verschlüsselung	nein	DES/3DES	3DES/AES

Tabelle 1: Übersicht gängige RFID-Leseverfahren

Flucht- und Rettungswegtechnik

Nicht jede Tür kann beliebig gesichert und mit sicherheitstechnischen Elementen ausgestattet werden. Türen, worüber Rettungsbereiche betreten, überquert oder verlassen werden können, müssen gesondert betrachtet werden. Bei einer Fluchttür ist das Hauptaugenmerk auf die sichere Öffnung in einem Gefahrenfall gelegt. Eine Fluchttür muss im Notfall immer in Fluchtrichtung zu öffnen sein, gleichzeitig soll die Tür aber noch mit Sicherheitstechnik, wie Einbruchmeldetechnik/ Zutrittskontrolle, versehen werden, um sicherzustellen, dass kein Einbruch oder eine unberechtigte Durchquerung stattfindet. Die Verwendbarkeit der Flucht- und Rettungswegsysteme wird in NRW in der Bauordnung geregelt. Flucht- und Rettungswegsysteme, welche Türen verriegeln, sind gemäß der EltVTR (Richtlinie über elektrische Verriegelungssysteme von Türen in Rettungswegen) zugelassen.

Bei der Projektierung von Flucht- und Rettungswegtechnik muss die gültige Baugenehmigung als Planungsgrundlage genutzt werden. Dort sind alle betreffenden Türen in Rettungswegen gekennzeichnet.

Fluchttürterminals können grundsätzlich pro Tür autark betrieben werden. Dazu wird ein Terminal in unmittelbarer Nähe der Fluchttür montiert.

Bei dem Einsatz von Flucht- und Rettungswegtechnik müssen verschiedene Richtlinien und Anforderungen eingehalten werden. Um allen Aspekten und Anforderungen gerecht zu werden, ist ein konkretes Sicherungskonzept unerlässlich. Türen nachträglich mit Komponenten auszustatten, ist teilweise nicht zulässig oder mit hohem finanziellem Aufwand verbunden. Absolute Priorität hat das Flüchten in einer Gefahrensituation. Zusätzlich dazu müssen Türen abgeschlossen sein, um das unberechtigte Betreten zu unterbinden und somit den Vorgaben des Versicherers nachzukommen und Versicherungsschutz zu erlangen. Dazu soll die Tür mit Einbruchmelde- sowie Zutrittskontrollanlagen verbunden werden. Der zusätzliche

Anschluss von zum Beispiel einer Brandmeldeanlage oder ähnliches ist ebenfalls möglich. Der Spagat, um alle Richtlinien und Anforderungen zu erfüllen, ist teilweise sehr groß und erfordert Weitsicht hinsichtlich aller betreffenden Gewerke.

Die in **Bild 9** dargestellte Tür kann im Regelfall über ein Zutrittsmedium, zum Beispiel einen Transponder am Innen- ⑧ oder Außenleser ⑨, gesteuert werden. Der jeweilige Leser kommuniziert über die Auswertereinheit ⑥ mit der Einbruchmeldeanlage ⑦ und prüft die Berechtigung. Bei positiver Berechtigung steuert die Auswertereinheit das Fluchttürterminal ② sowie die Motorschlosssteuerung ⑤ an. Beide Gerätschaften arbeiten nach unterschiedlichen Funktionsprinzipien. Der Fluchttüröffner ① arbeitet nach dem Ruhestromprinzip und wird permanent bestromt. Bei einer Betätigung des Fluchttürterminals wird die Bestromung des Fluchttüröffners unterbrochen. Die Tür wird dann nicht mehr vom Fluchttüröffner zugehalten. Das Motorschloss ⑩ arbeitet hingegen nach dem Arbeitsstromprinzip. Bei Betätigung der Motorschlosssteuerung, werden Riegel und Falle des Schlosses motorisch eingefahren. Nur wenn der Fluchttüröffner die Tür nicht mehr zuhält und das Motorschloss eingefahren ist, lässt sich die Tür regulär in Richtung Fluchtrichtung und gegen die Fluchtrichtung öffnen. Beim Schließen der Tür fährt der Riegel wieder automatisch aus und verschließt die Tür (Selbstverriegelung).

Für den Notfall ist immer gewährleistet, dass geflüchtet werden kann. Über den Nottaster wird die Zuhaltung per Fluchttüröffner unterbrochen. Anschließend wird die Innenklinke betätigt, das Motorschloss wird mechanisch betätigt und der Riegel plus Falle fahren ein (Antipanikschloss). Somit kann auch bei Stromausfall geflüchtet werden. Zusätzlich wird die Tür mittels Öffnungsmelder ④ und Riegelschaltkontakt ③ überwacht.

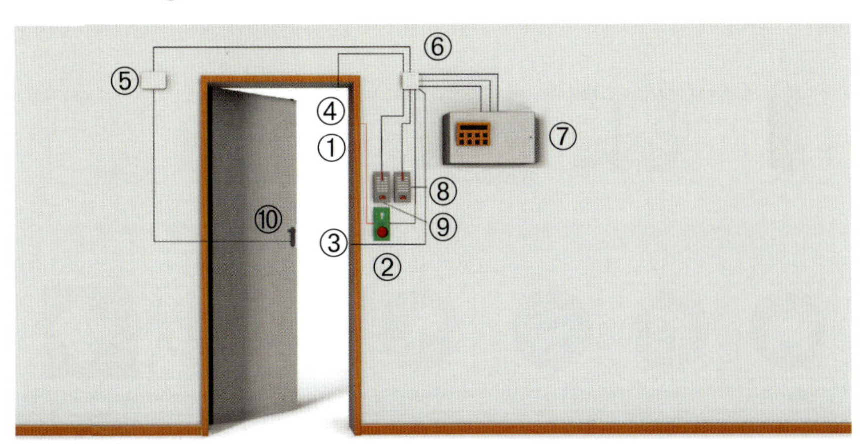

Bild 9: Flucht- und Rettungswegtechnik

Gefahrenmanagement

Das Gefahrenmanagementsystem (GMS) versteht sich als übergeordnetes System, wo alle sicherheitstechnischen Gewerke zusammengefasst und abgebildet werden. Zum Einsatz kommen GMS in den verschiedensten Bereichen, die Anwendungsmöglichkeiten sind theoretisch nicht beschränkt, da die Integration von unterschiedlichen Gewerken möglich ist. Innerhalb der Software können verschiedene Prozesse und Abläufe gewerkeübergreifend implementiert und abgebildet werden. Ziel ist es, eine ganzheitliche Lösung zu schaffen, in der alle systemrelevanten Anforderungen erfüllt werden. Alle Gewerke sollen lediglich über eine Software bedient und überwacht werden. Zusätzlich können Einsatz- und Maßnahmenpläne direkt aus dem System heraus generiert werden. Der Anwender wird im Falle eines Alarms oder einer Störung direkt mit Maßnahmen über die Software instruiert, und es entsteht kein Zeitverlust. Zusätzlich können Meldungen im Hintergrund über verschiedene Wege übermittelt werden.

Aufbau Gefahrenmanagement

Ein GMA-System besteht grundsätzlich aus einem Server, worauf die Software permanent betrieben wird (**Bild 10**). Je nach Anforderung gibt es die Möglichkeit, verschiedene Redundanzstufen aufzubauen. Grundsätzlich kann die Administration des Systems direkt über den Server erfolgen. Im Regelfall wird über einen Clientrechner administriert, der Server befindet sich dann meist im gesicherten Bereich und ist nicht mit Bedien- und Anzeigegeräten ausgestattet.

Die anzubindenden Gewerke werden über das LAN angebunden. Es empfiehlt sich, Produktiv- und Sicherheitsnetzwerk zu trennen. Ob VLAN oder komplett physikalisch getrennte Netzwerke aufgebaut werden, wurde im zuvor erstellten

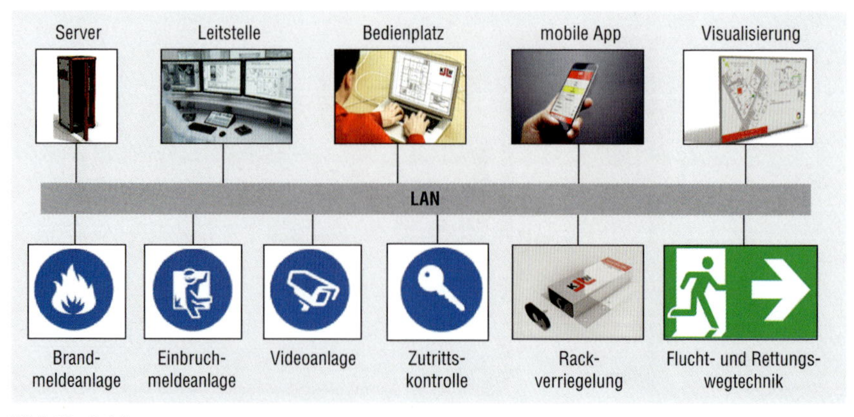

Bild 10: Gefahrenmanagement

Sicherungskonzept festgehalten. Einige Gewerke können von Haus aus nicht das TCP-IP Protokoll übertragen oder verfügen über keinen Netzwerkanschluss. Für solche Anwendungsfälle müssen Schnittstellenwandler eingesetzt werden. Diese setzen zum Beispiel eine serielle RS-232-Schnittstelle zu TCP-IP um. Somit kann die Gerätschaft problemlos mit dem GMS verbunden werden.

Rackverriegelung

Bei der Rackverriegelung handelt es sich um eine elektromechanische Verriegelung, welche an Serverschränken zum Einsatz kommt, um Front- und Rücktüren permanent zu verriegeln und auf Verschluss zu überwachen (**Bild 11**). Zusätzlich werden Front- und Rücktür sowie die Seitenelemente (je nachdem in welchem Verbund die Schränke aufgestellt werden) mittels Öffnungsmelder überwacht. Das verkabelte Verriegelungselement kann je nach Bauform auf unterschiedliche Weisen im Rack befestigt werden. Der Verriegelungszapfen wird an dem freischwingenden Türflügel befestigt. Beim Verschluss der Tür fährt der Bolzen in das Verriegelungselement ein und verriegelt die Tür. Die Aufsteuerung kann über verschiedene Wege erfolgen. Je nachdem, wie die Zugänglichkeiten geregelt sind, ergeben sich verschiedene Möglichkeiten:

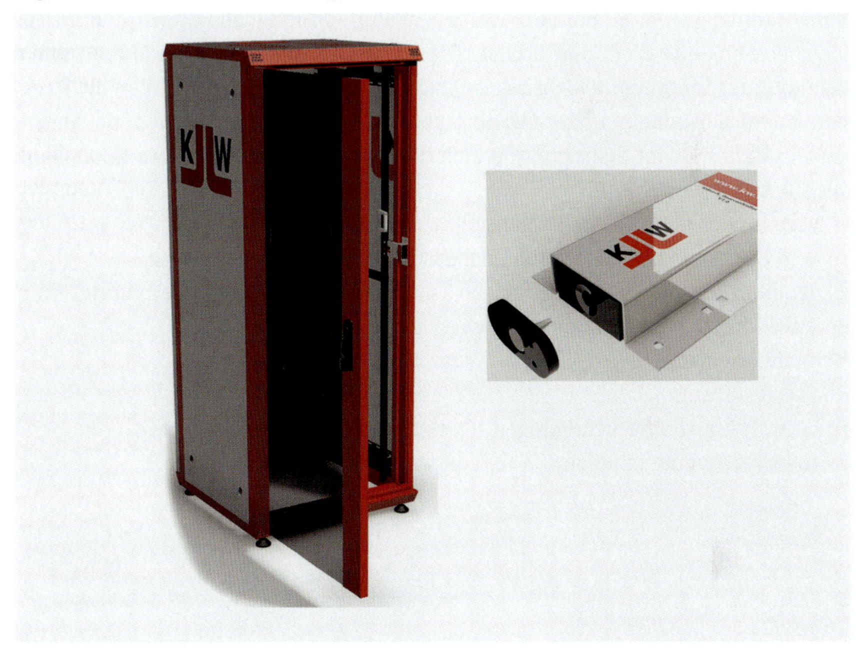

Bild 11: Rackverriegelung

Dezentrale Lösung
Innerhalb eines Raums befindet sich ein Touchscreen, an dem die jeweiligen Kalt- und Warmgang-Racks visualisiert werden. In unmittelbarer Nähe befindet sich ein Transponderleser. Zum Öffnen des jeweiligen Racks muss sich der Mitarbeiter zuvor am Leser autorisieren und kann nach positiver Authentifizierung das Rack, welches geöffnet werden soll, am Touchscreen auswählen. Die Rackverriegelung gibt die Tür frei.

Zentrale Lösung
An einer zentralen Stelle muss sich der Mitarbeiter zuvor z. B. mittels Ausweis oder Ähnlichem identifizieren und anmelden. Wenn der Anmeldevorgang erfolgreich abgeschlossen ist, wird dem Mitarbeiter das entsprechende Rack freigeschaltet. Die Zustände der Racktüren werden ebenfalls an einem eigenen Bildschirm visualisiert. So kann der Mitarbeiter am Empfang immer die Information entnehmen, welches Rack freigeschaltet ist und welche Tür/welches Seitenteil geöffnet ist.

Die intelligente Steuerung der Rackverriegelung bietet eine große Bandbreite, um Adaptionen und Abhängigkeiten zu anderen Gewerken zu schaffen. Verwaltung von Berechtigungen können zum Beispiel nach einer Adaption über die Zutrittskontrolle vorgenommen werden. Somit werden alle Zutritte ebenfalls lückenlos dokumentiert und erfasst. Die Öffnungs- und Verschlussüberwachung kann mit der Einbruchmeldeanlage gekoppelt werden. Dadurch werden die Racks permanent auf unberechtigte Öffnung überwacht, und es ergibt sich die Abhängigkeit, dass sich der Sicherungsbereich der EMA nur scharf schalten lässt, wenn alle Racks verriegelt sind.

Vorteil gegenüber Digitalzylindern:
- kein Batterietausch notwendig, daher auch weniger fehleranfällig,
- detaillierte Protokollierung, welche Tür wann, von wem geöffnet wurde,
- Adaption zu anderen Gewerken wie EMA/ZKA/GMS,
- modular erweiterbar,
- Visualisierung,
- Verwaltung von Berechtigungen über eigene Web-Oberfläche oder andere Gewerke möglich.

Abkürzungen

BSI	Bundesamt für Sicherheit in der Informationstechnik
BUS	Binary Unit System
DGUV	Deutsche gesetzliche Unfallversicherung
EMA	Einbruchmeldeanlage
EV	Energieversorgung
GMS	Gefahrenmanagementsystem
GPR	General Packet Radio Service
PIR	Pyroelectric Infrared Sensor
TCP-IP	Transmission Control Protocol – Internet-Protocol
ÜE	Übertragungseinrichtung
ÜEA	Bundeseinheitliche Richtlinie für Überfall- und Einbruchmeldeanlagen mit Anschluss an die Polizei
VdS	Verband deutscher Sachversicherer
VSG	Verbund-Sicherheitsglas
ZKA	Zutrittskontrollanlage

Autor

Philipp Nauwartat ist ausgebildeter Elektroniker für Gebäude und Infrarstruktursysteme sowie staatlich geprüfter Elektrotechniker. Seit 2004 ist er bei der Königs + Woisetschläger GmbH beschäftigt. Zu seinen Aufgaben zählen der Vertrieb, die Konzeptionierung und Projektierung von Sicherheitstechnik mit dem Schwerpunkt Rechenzentren und sensible Bereiche.

www.elektro.net

LICHT GIBT SICHERHEIT

Bruno Weis, Hans Finke
Not- und Sicherheitsbeleuchtung
2., völlig neu bearb. Aufl.
2017. 232 Seiten. Softcover.
€ 36,80.
Fachbuch:
ISBN 978-3-8101-0428-1
E-Book/PDF:
ISBN 978-3-8101-0429-8

Im Mittelpunkt dieses Buches stehen die licht- und elektrotechnischen Anforderungen an die Not- und Sicherheitsbeleuchtung. In der 2. Auflage sind die Grundlagen der dynamischen Leitsysteme sowie Leuchten nach DIN EN 60598-2-22 hinzugekommen. Zudem wurden die Änderungen der DIN EN 1838 berücksichtigt.

Weitere Themen:

- Arbeitsschutz, Baurecht,
- Normen, Lichttechnik,
- Lichttechnische Anforderungen an die Not-Sicherheitsbeleuchtung,
- Sicherheitsbeleuchtungsanlagen, Leuchten,
- Praktische Hinweise, wie die Auswahl geeigneter Sicherheitsleuchten,
- Europäische Richtlinien.

IHRE BESTELLMÖGLICHKEITEN

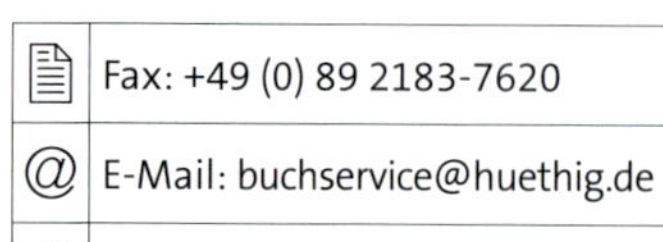

Hier Ihr Fachbuch direkt online bestellen!

de das elektrohandwerk
www.elektro.net

Hüthig GmbH, Im Weiher 10, D-69121 Heidelberg,
Tel.: +49 (0) 800 2183-333

© shutterstock_99391712_Creations

Aufbau und Funktion eines Frequenzumrichters

Peter Behrends

Der Einsatz effizienter IE3-Motoren sowie der Drehzahlregelung ist in den meisten Fällen sehr wirtschaftlich. Eine Drehzahlregelung ermöglicht eine höhere Stromeinsparung als die alleinige Steigerung des Wirkungsgrads der Motoren.

In der Regel amortisieren sich die Investitionen für Energieeinsparmaßnahmen schon nach wenigen tausend Betriebsstunden.

Heute gewinnen Frequenzumrichter zunehmend an Bedeutung, um Motorbetrieb sowie das mit dem Motor verbundene System zu optimieren.

Anwender verfolgen beim Einsatz von Frequenzumrichtern folgende Ziele:

- Steigerung der Energieeffizienz
  Die Umstellung von einer festen Drehzahl auf variable Drehzahlen bildet bei Anwendungen mit unterschiedlicher Last einen wichtigen Schritt auf dem Weg zu Energieeinsparungen. Besonders bei Lasten, deren Drehmomentbedarf quadratisch mit der Drehzahl und deren Leistungsbedarf mit der dritten Potenz zur Drehzahl steigt, ist die Anpassung der Drehzahl an den Produktionsprozess außerordentlich wirkungsvoll. Tatsächlich erfordert eine moderne Motortechnologie heutzutage immer eine hochentwickelte Regelung, um einen optimalen Betrieb bei allen Drehzahlen zu ermöglichen.
- Leistungsfähige Automatisierung
  Die ständig steigende Nachfrage nach einem höheren Durchsatz in der Produktion, die zu einer zunehmenden Automatisierung führt, beinhaltet auch einen wachsenden Bedarf nach Lösungen mit variabler Drehzahl.
- Prozessregelung und -optimierung
  Eine verbesserte Prozessregelung erfordert Motorsteuerungssysteme mit variabler Drehzahl und führt abhängig von der jeweiligen Anwendung zu einer präziseren Regelung, einem höheren Durchsatz, höherer Qualität oder mehr Komfort.

Grundsätzlich hat sich an der Technologie der Frequenzumrichter wenig verändert.

Die modernen Produkte enthalten aber zunehmend Software, die neue Funktionen bietet und es ermöglicht, dass Frequenzumrichter in Maschinen weiter an Bedeutung gewinnen. Es gibt neue Motortypen, die zusätzliche Anforderungen an die Motorsteuerung stellen. Das bedeutet wiederum, dass Frequenzumrichter in der Lage sein müssen, immer mehr unterschiedliche Motortypen zu regeln, ohne den Endanwender mit höherer Komplexität zu belasten. Außerdem führen immer neue Anforderungen an die Energieeffizienz zu mehr Anwendungen mit variabler Drehzahl.

Ein Frequenzumrichter ist per Definition ein elektronisches Gerät, das aus einer konstanten Eingangsspannung mit fester Frequenz am Ausgang variable Frequenzen mit veränderter Spannung zur Verfügung stellt. Ursprünglich handelte es sich hierbei um hintereinander geschaltete Maschinensätze, die es möglich machten, durch Rotation die Frequenzen zu verändern. Man nennt sie daher auch „dynamische" Frequenzumrichter.

Die Entwicklung und damit der Preisverfall der Leistungselektronik macht es möglich, heute „statische" Frequenzumrichter ohne bewegliche Teile zu bauen, die ausschließlich aus elektronischen Bauelementen bestehen.

Auch wenn das Prinzip der Umwandlung der festen Netzspannung und -frequenz in variable Werte nahezu unverändert geblieben ist, hat es seit den ersten Frequenzumrichtern mit Thyristoren und analoger Technologie viele Verbesserungen gegeben, die zu den heutigen mikroprozessorgesteuerten und digitalen Geräten geführt haben.

Heute ist der drehzahlgeregelte, dreiphasige Motor ein Standardantriebselement in allen automatisierten Prozessanlagen. Im Gegensatz zum klassischen Drehstromasynchronmotor mit seiner Netzanlauffähigkeit, erfordern hocheffiziente Asynchronmotoren, Permanentmagnetmotoren, EC-Motoren und Synchron-Reluktanzmotoren eine Steuerung über Frequenzumrichter. Bei vielen Motortypen ist der direkte Betrieb über eine 3-phasige Spannungsversorgung überhaupt nicht mehr möglich.

Drehzahlregelung von Elektromotoren

Systeme, die die Drehzahl von Elektromotoren regeln oder verändern können, sind unter unterschiedlichen Bezeichnungen bekannt. Zu den am häufigsten verwendeten Begriffen gehören:

- Frequenzumrichter (Frequency Converter, FC)
- drehzahlveränderlicher Antrieb (Variable Speed Drive – VSD)
- Antrieb mit Drehzahlregelung (Adjustable Speed Drive – ASD)
- frequenzgesteuerter Antrieb (Adjustable Frequency Drive – AFD)
- Antrieb mit variabler Frequenz (Variable Frequency Drive – VFD)

Während sich VSD und ASD auf die Drehzahlregelung im Allgemeinen beziehen, sind AFD und VFD direkt mit der Anpassung der Einspeisefrequenz eines Motors verbunden. In diesem Zusammenhang wird auch die Abkürzung „Umrichter" verwendet.

Gründe für die Anpassung der Drehzahl eines Antriebs gibt es genug:

- Einsparung von Energie und Verbesserung der Effizienz von Systemen,
- Anpassung der Drehzahl an die Prozessanforderungen,

- Anpassung des Drehmoments oder der Leistung eines Antriebs an die Prozessanforderungen,
- Verbesserung des Arbeitsumfelds,
- Reduzierung mechanischer Belastung von Maschinen und
- niedrigeres Geräuschniveau, etwa bei Lüftern und Pumpen.

Je nach Anwendung überwiegt der eine oder andere Vorteil. Die Drehzahlregelung bringt jedoch erwiesenermaßen in vielen Anwendungen wesentliche Vorteile.

Anpassung der Motordrehzahl

Es gibt im Wesentlichen drei Technologien, um im industriellen Einsatz eine Drehzahlregelung vorzunehmen. Dabei hat jede ihr bestimmtes Alleinstellungsmerkmal:

Hydraulisch

- hydrodynamischer Typ
- statische Typen

Typische Anwendungen sind Erdbewegungs- und Bergbaumaschinen. Diese Hydrauliklösungen zeichnen sich vor allem durch eine sehr gute „Softstart-Fähigkeit“ und extrem große Kräfte aus.

Mechanisch

- Riemen- und Kettenantriebe (mit verstellbarem Durchmesser)
- Friktionsantriebe (Schwungradmotor)
- Verstellgetriebe

Auch heute noch bevorzugen einige Konstrukteure mechanische Lösungen für bestimmte Anwendungen aufgrund ihrer Einfachheit und ihren geringen Kosten.

Elektrisch

- Frequenzumrichter mit Elektromotor
- Servosysteme (zum Beispiel Servoverstärker und Servo-PM-Motoren)
- Gleichstrom-(DC)-Motor mit Regelelektronik
- Schleifringläufermotor (Asynchronmotor mit Schlupfregelung)

Früher waren elektrische Geräte zur Drehzahlregelung kompliziert in der Handhabung und teuer in der Anschaffung. Sie kamen nur in äußerst anspruchsvollen Aufgaben zum Einsatz, wenn keine anderen Alternativen verfügbar waren.

Frequenzumrichter

Im Gegensatz zum Asynchronmotor, bei dem die Drehzahl zwischen Leerlauf und Bemessungsbetrieb um bis zu 3 % bis 5 % schwanken kann (Schlupf), ist es mit modernen Frequenzumrichtern möglich, unabhängig von der Last die Drehzahl einer angetriebenen Maschine mit einer Genauigkeit von ± 0,5 % anzupassen und aufrecht zu erhalten.

Um hohe Wirkungsgrade bei Elektromotoren zu erreichen, arbeiten Motorhersteller an unterschiedlichen Konzepten. Anwendern fällt es mitunter schwer, die wichtigsten Vorteile einer Technologie gegenüber der anderen zu sehen, aber sie erkennen schnell, dass energieeffiziente Motoren eine technologisch hochwertige Steuerung benötigen.

Im Prinzip lassen sich fast alle Motoren über Steueralgorithmen betreiben, die speziell auf den jeweiligen Motortyp abgestimmt sind. Einige Hersteller von Frequenzumrichtern orientieren sich bei der Struktur der Algorithmen an einer kleinen Gruppe von Motortechnologien, andere Hersteller bauen mehrere Algorithmen gleichzeitig ein und ermöglichen damit eine entsprechende Auswahl bei der Inbetriebnahme.

Für den Anwender ist eine unkomplizierte Inbetriebnahme der Frequenzumrichter auf Grundlage der üblicherweise für den jeweils eingesetzten Motortyp zur Verfügung stehenden Daten von essentieller Bedeutung. Nach der Inbetriebnahme muss er die Sicherheit haben, dass das System wirklich so einfach zu bedienen ist, wie erwartet.

Um die Auswahl der richtigen Lösung zu vereinfachen und die Einhaltung der gesetzlichen Vorgaben zur Senkung des Energieverbrauchs sicherzustellen, gibt es eine starke Motivation, ein vollständiges Regelwerk zu erstellen.

Hierbei ist zu beachten, dass jede einzelne Systemkomponente für potenzielle Energieeinsparungen wichtig ist. Laut dem Zentralverband Elektrotechnik- und Elektronikindustrie e. V. (ZVEI) lassen sich im Antriebssystem ungefähr 10 % des erreichbaren Einsparpotenzials durch die Verwendung effizienter Motoren erreichen, 30 % durch eine variable Drehzahl und sogar 60 % durch die Optimierung des gesamten Systems.

Elektrische Maschinen

Ein Motor ist ein elektromechanisches Gerät, das elektrische Energie in mechanische Energie umwandelt. Der umgekehrte Vorgang, also die Erzeugung elektrischer Energie aus mechanischer Energie, erfolgt durch einen Generator.

Die Anforderungen an Elektromotoren sind insbesondere in der Industrie sehr hoch. Robustheit, Zuverlässigkeit, Größe, Energieeffizienz und der Preis sind nur einige der Kriterien. Unterschiedliche Bedürfnisse haben zur Entwicklung von verschiedenen Arten von Elektromotoren geführt. **Bild 1** gibt einen allgemeinen Überblick über die gängigsten Elektromotortechnologien.

Nach der Berechnung der Läuferdrehzahl mit der Formel

$$n = \frac{(1 - s) \cdot f \cdot 60\ \text{s/min}}{p}$$

lässt sich die Drehzahl also anpassen, indem man Folgendes ändert:

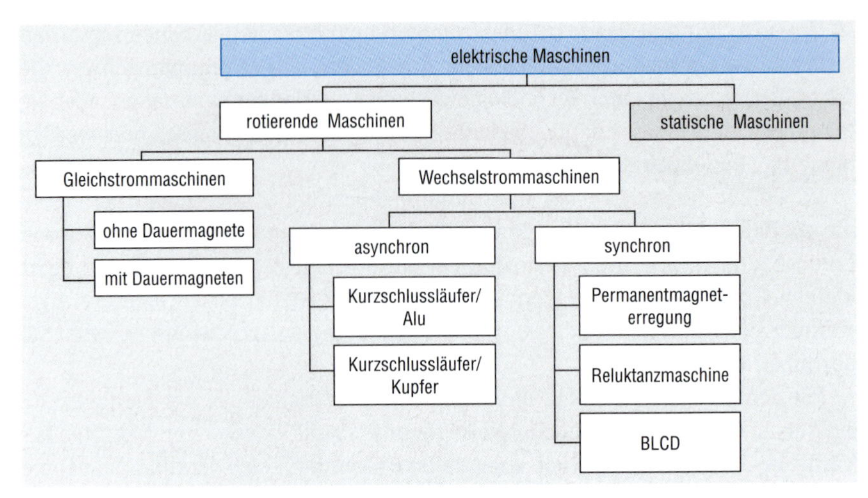

Bild 1: Unterteilung verschiedener rotierender elektrischer Maschinen

- die Polpaarzahl (*p*) des Motors (z. B. bei polumschaltbaren Motoren, Dahlander),
- den Motorschlupf (*s*) (z. B. bei Schleifringläufermotoren mit Wirkwiderständen im Läuferkreis, USK),
- die Motorfrequenz (*f*) (an der Ständerwicklung mithilfe eines FU).

Änderung der Polzahl

Die Drehzahl des Statormagnetfeldes wird von der Zahl der Polpaare im Stator bestimmt. Im Falle eines zweipoligen Motors liegt sie (bei Netzfrequenz von 50 Hz) bei 3.000 min^{-1}. Bei einem vierpoligen Motor beträgt die Drehzahl 1.500 min^{-1}. Die Läuferdrehzahl ist jeweils um die lastabhängige Schlupfdrehzahl kleiner.

Motoren lassen sich so konstruieren, dass sie zwei oder mehr unterschiedliche Polpaarzahlen haben. Das wird bei der klassischen Dahlander-Wicklung durch eine spezielle Anordnung und entsprechende Anzapfungen der einzelnen Spulen realisiert. Vorteil: Für beide Drehzahlen stehen immer 100 % der Windungen zur Verfügung.

Alternativ ist es auch möglich, eine größere Zahl an separaten, voneinander isolierten Wicklungen in den Nuten unterzubringen. Vorteil: Es sind beliebige Drehzahlverhältnisse ausführbar.

In beiden Fällen führt der Wechsel von einer hohen Drehzahl zu einer kleineren Drehzahl die Maschine in den generatorischen Bereich. Der Schlupf wird negativ! Es kommt dabei zu einer erheblichen Belastung auf die Maschine und die mechanischen Übertragungsglieder.

Schlupfregelung

Die Regelung der Motordrehzahl mithilfe des Läufers kann auf zwei unterschiedliche Arten erfolgen:

- Durch das Zuschalten von Widerständen in den Läuferkreis:
  Da das Motordrehmoment proportional vom Erregerfeld, dem Läuferstrom und dem $\cos \varphi_L$ abhängt ($M \sim \Phi_{Err} \cdot I_2 \cdot \cos \varphi_L$), bewirkt das Zuschalten von Wirkwiderständen zum einen eine Reduktion des Anlaufstromes und zum anderen – durch die deutliche Erhöhung des $\cos \varphi_L$ – einen insgesamt größeren Anlaufmoment. Die Konsequenz dieses Verfahrens sind allerdings höhere Verlustleistungen im Läufer.
- Mit der Einführung der Stromrichtertechnik wurde das Zuschalten von Wirkwiderständen durch die Untersynchrone Stromrichterkaskade (USK) abgelöst. Bei diesem Verfahren werden die Läuferstromkreise mit anderen elektrischen Maschinen oder Gleich- und Wechselrichterschaltungen kaskadiert. Als Kaskade bezeichnet man z. B. die Hintereinanderschaltung eines ungesteuerten Gleichrichters und eines gesteuerten Stromrichters im Läuferkreis des Schleifringläufermotors zur Rückführung der Schlupfenergie in das speisende Netz. Die USK kann grundsätzlich in allen Industriezweigen eingesetzt werden. Der bevorzugte Einsatzbereich der klassischen USK liegt dort, wo keine hohe Dynamik gefordert wird und ein begrenzter Drehzahlstellbereich ausreichend ist. Gegenüber einer Drosselverstellung, z.B. bei Wasserpumpen, lassen sich durch den Einsatz einer USK Energieeinsparungen von 50 % und mehr erreichen.

Frequenzregelung

Mit einer variablen Frequenz ist es möglich, die Drehfelddrehzahl und damit auch die Läuferdrehzahl bei geringfügigen zusätzlichen Verlusten zu regeln. Um das Drehmoment des Motors aufrechtzuerhalten, ist die Motorspannung immer an die jeweilig eingestellte Frequenz anzupassen. Bei einem konstanten Verhältnis zwischen der Motorversorgungsspannung und der Frequenz bleibt auch die Magnetisierung im Nennbetriebsbereich des Motors konstant. Eine kleinere Frequenz sorgt für einen geringeren Blindwiderstand. Bei konstanter Spannung hätte das einen wesentlich höheren Strom und damit verbunden deutlich größere Stromwärmeverluste ($P_V = I^2 \cdot R$) zur Folge.

Bei einer geringen Drehzahl ist das Verhältnis anzupassen, um die ohmschen Verluste auszugleichen. In diesem Drehzahlbereich kann eine zusätzliche Fremdkühlung erforderlich sein.

Synchronmotoren

Der Synchronmotor zeichnet sich dadurch aus, dass sich der Läufer mit derselben Drehzahl dreht wie das Magnetfeld, das die Statorwicklung erzeugt. Die Konstruktion des Stators ist ähnlich der des Asynchronmotors mit verteilten Wicklungen. Einige Hersteller verwenden konzentrische Wicklungen (in Nuten), die einen kompakteren Motoraufbau ermöglichen und die weniger Kupfer erfordern. Die dadurch erreichten Energieeinsparungen kompensieren sich durch zusätzliche Verluste, die durch konstruktionsbedingte Oberschwingungen des Flusses im Luftspalt entstehen.

Motoren mit Permanentmagneten (PM-Motoren)

Die einfachste Weise zum Bau eines Permanentmagnetmotors (PM-Motor) ist der Austausch des Käfigläufers eines Asynchronmotors durch einen Läufer, der über Permanentmagnete verfügt. Das Anlegen einer geeigneten Spannung am Stator erzeugt im Luftspalt ein rotierendes Magnetfeld. Der Läufer folgt dem Feld mit einer synchronen Drehzahl, da das rotierende Feld die ungleichnamigen Magnete anzieht. Wenn die Differenz zwischen der Drehzahl des Läufer und der Drehzahl des Magnetfelds zu groß ist, fällt der Motor „außer Tritt". Ein geeigneter Regler muss sicherstellen, dass sich Drehzahlen nur über kontinuierlich veränderbare Frequenzen ändern.

Früher kamen PM-Motoren häufig in Servoanwendungen zum Einsatz. Der Fokus lag auf einem schnellen und präzisen Betrieb. Diese Servomotoren haben normalerweise eine schmale und lange Bauform, um geringe Massenträgheiten für hochdynamische Anwendungen sicherzustellen. Um die hocheffizienten Eigenschaften von PM-Motoren auch in anderen Anwendungen einzusetzen, übertrugen Motorhersteller das Prinzip auf Motoren in IEC-Standardbaugrößen. Die Mehrzahl der PM-Motorsysteme lassen sich mit Standard-Frequenzumrichtern betreiben, wenn diese über geeignete Steueralgorithmen verfügen.

Um den Motor so gut wie möglich zu magnetisieren, müssen Informationen zum Rotorwinkel kontinuierlich an den Regler weitergegeben werden. In vielen Anwendungen reichen Strategien ohne Geber zur Bestimmung des Rotorwinkels aus. In Fällen, in denen der Regler sich nicht für eine Regelung ohne Geber eignet, oder auch in hochdynamischen Anwendungen, kommen externe Positionsrückmeldungsgeräte zum Einsatz.

Da Ständer- und Läuferdrehzahl identisch sind, gibt es keine Eisen- und Stromwärmeverluste im Läufer. Das Fehlen von Motorschlupf, Rotorwiderstand und Induktivität führt zu einem sehr guten Wirkungsgrad.

Im Allgemeinen können PM-Motoren in Motoren aufgeteilt werden, bei denen die Magneten entweder auf der Oberfläche (SPM-Motor) der Rotoren montiert oder in sie eingelassen (vergraben) sind.

Drehmoment- und Drehzahlbereich

Das Drehmoment eines PM-Motors verhält sich proportional zum Motorstrom, seine Drehzahl proportional zur Frequenz. Bei Nenndrehmoment und -drehzahl ist eine bestimmte Spannung erforderlich. Kann der Frequenzumrichter eine höhere Spannung bereitstellen, lässt sich die Drehzahl weiter erhöhen. Das führt zu einer höheren Leistung bei einem konstanten Drehmoment. Wenn die Spannung eine Obergrenze erreicht hat, geht der Motor in den Feldschwächebereich über. Ein Betrieb im Feldschwächebereich ist nur mit geeigneten Frequenzumrichtern möglich. Motormechanik und -isolierung müssen für die höhere Drehzahl und die höhere Spannung ausgelegt sein.

Die größte Gefahr beim Betrieb im Feldschwächebereich ist ein Abschalten der Motorsteuerung bei zu hoher Drehzahl, da die hohe Selbstinduktionsspannung den Frequenzumrichter beschädigen könnte.

Eine andere Möglichkeit zur Erweiterung des Drehzahlbereichs ist die Änderung der Sternschaltung eines Motors zur Dreieckschaltung, sofern der Motor dies ermöglicht. Ähnlich wie bei Asynchronmotoren führt eine Dreieckschaltung auch zu einer höheren Spannung an den Wicklungen, da sie nicht um den Faktor 1,73 oder $\sqrt{3}$ reduziert wird, wie dies bei der Sternschaltung der Fall ist. Ist der Motor also für 400 V/50 Hz /Y ausgelegt, lässt er sich auch bei 400 V/87 Hz/$\triangle$ betreiben.

Synchron-Reluktanzmotor mit Käfigläufer

Der Stator dieses dreiphasigen Reluktanzmotors ist identisch mit dem eines dreiphasigen Standard-Käfigläufermotors. Ähnlich wie bei der Konstruktion des Line Start PM Motors (LSPM-Motors) beschleunigt der Motor zu einer fast synchronen Drehzahl, sobald er mit einem dreiphasigen Netz verbunden ist und wenn das erzeugte Drehmoment für die Last ausreichend ist. Wenn er sich der synchronen Drehzahl annähert, wird der Rotor synchronisiert und läuft trotz einer fehlenden Rotorerregung mit synchroner Drehzahl.

Unter Last eilt der Schenkelpolläufer dem rotierenden Feld des Stators um den Lastwinkel nach. Auch hier ist das Verhalten ähnlich wie beim LSPM-Motor, wenn das Lastdrehmoment zu hoch wird. Der Motor läuft nicht mehr synchron, läuft wie ein Asynchronmotor weiter und synchronisiert sich automatisch wieder, sobald das Lastdrehmoment unter das Synchronisierungsdrehmoment fällt.

Die Möglichkeit eines Direktstarts und eines Betriebs mit synchroner Drehzahl machen den Motor für verschiedene Anwendungen interessant. Der Leistungsbereich endet häufig bei etwa 10 kW. Ein Nachteil ist allerdings ein reduzierter Wirkungsgrad, insbesondere bei einem Betrieb mit Frequenzumrichtern, da die Läuferwicklungen als zusätzlicher Dämpfer wirken.

Frequenzumrichter

Dank der rasanten Entwicklung in der Mikroprozessor- und Halbleitertechnologie sowie dem daraus resultierenden Preisverfall haben Frequenzumrichter eine bemerkenswerte Entwicklung erfahren. Das Grundprinzip der Frequenzumrichter hat sich seitdem aber kaum verändert.

Nach wie vor besteht die Hauptfunktion eines Frequenzumrichters darin, aus festen Eingangsgrößen Spannung und Frequenz (beispielsweise 400 V und 50 Hz) variable Spannungen und Frequenzen zu erzeugen (beispielsweise 0 V bis 400 V/0 Hz bis 50 Hz). Für diese Umwandlung gibt es zwei Möglichkeiten, wodurch sich zwei Arten von Frequenzumrichtern anbieten: Direkt-Umrichter und Umrichter mit Zwischenkreis.

Umrichter mit Zwischenkreis

In den meisten Fällen verfügt der Frequenzumrichter über einen Zwischenkreis. Hierbei unterscheidet man Umrichter mit

- konstantem Zwischenkreis und
- variablem Zwischenkreis.

Frequenzumrichter mit Zwischenkreis bestehen aus vier Hauptbestandteilen (**Bild 2**).

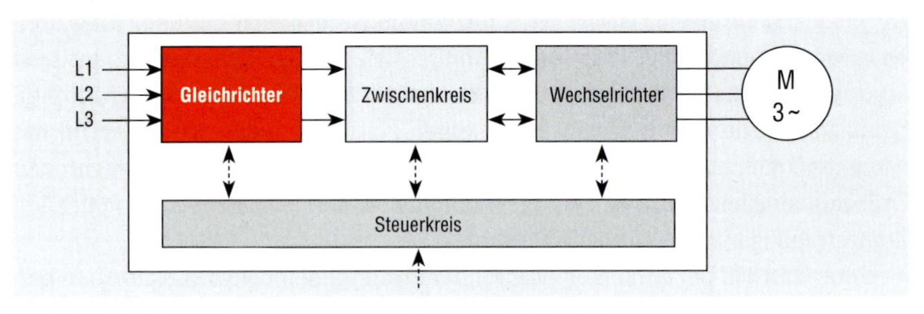

Bild 2: Blockschaltbild eines Frequenzumrichters mit Zwischenkreis

Gleichrichter

Der Gleichrichter wird an ein Einphasen- oder Dreiphasen-Versorgungsnetz angeschlossen und erzeugt eine pulsierende Gleichspannung. Es gibt vier Grundtypen von Gleichrichtern

- gesteuert,
- halbgesteuert,
- ungesteuert und
- Active Infeed.

Die Spannungsversorgung erfolgt entweder aus dem Drehspannungs- oder einphasigen Wechselspannungsnetz mit konstanter Spannung und konstanter Frequenz (3 x 400 V/50 Hz oder 1 x 230 V/50 Hz).

Der Gleichrichter oder netzseitige Stromrichter eines Frequenzumrichters besteht aus Dioden oder Thyristoren oder einer Kombination aus beidem für halb- oder vollgesteuerte B2- bzw. B6-Schaltungen.

In Anwendungen mit kleinen Leistungen (einige 10 kW) kommen üblicherweise B6-Brückengleichrichter zum Einsatz. Halbgesteuerte Gleichrichter werden im Leistungsbereich ab ca. 37 kW eingesetzt.

Diese beiden Gleichrichterschaltungen ermöglichen einen Energiefluss nur in eine Richtung und zwar von der Netzversorgung zum Zwischenkreis.

Gesteuerte Gleichrichter

Für vollgesteuerte Gleichrichter sind ausschließlich Thyristoren erforderlich. Wie bei einer Diode erlaubt der Thyristor nur einen Stromfluss von Anode (A) zu Kathode (K). Der Unterschied besteht jedoch darin, dass der Thyristor über einen dritten Anschluss, das so genannte Gate (G), verfügt. *„Zündet“* man den Thyristor über das Gate, leitet er den Strom, und zwar so lange, bis dieser Strom den Haltestrom des Thyristors unterschreitet (nahe Null).

Der Zündwinkel α ist eine als Winkel (in Grad) ausgedrückte Zeitverzögerung. Die Gradzahl definiert die Verzögerung zwischen dem Nulldurchgang der Spannung und dem Zeitpunkt, an dem der Thyristor eingeschaltet wird.

Der Mittelwert der gleichgerichteten Spannung lässt sich durch das Regeln von α variieren. Gesteuerte Gleichrichter (B6) liefern eine Gleichspannung mit einem maximalen Mittelwert $U_{AV} = 1{,}35 \cdot U_{Netz}$.

Verglichen mit dem ungesteuerten Gleichrichter verursacht der vollständig gesteuerte Gleichrichter größere Verluste und Störungen im Versorgungsnetz, weil diese Gleichrichter einen großen Blindstrom aufnehmen, wenn die Thyristoren für kurze Zeiten leiten. Das ist einer der Gründe, warum Thyristoren hauptsächlich im Wechselrichterbereich der Frequenzumrichter eingesetzt werden. Der

Vorteil vollständig gesteuerter Gleichrichter ist jedoch, dass sie generatorische Bremsleistung im Zwischenkreis in das Versorgungsnetz zurückspeisen können.

Halbgesteuerte Gleichrichter

Bei halbgesteuerten Gleichrichtern ersetzt eine Thyristorgruppe eine Diodengruppe (statt der drei Dioden V1, V3, V5 in Bild 3 kommen Thyristoren zum Einsatz). Thyristoren sind einfach einzuschalten und beherrschen sehr große Spannungen und Ströme.

Durch Steuern der Schaltzeiten der Thyristoren ist es möglich, die Einschaltströme zu begrenzen und eine sanfte Aufladung der Kondensatoren im Zwischenkreis zu erreichen. Bei einem Zündwinkel von $\alpha = 0°$ ist die Ausgangsspannung dieser Gleichrichter dieselbe wie die von ungesteuerten Gleichrichtern.

Ungesteuerte Gleichrichter

Ungesteuerte Gleichrichter bestehen ausschließlich aus Dioden.

Eine Diode erlaubt einen Stromfluss in nur eine Richtung: von der Anode (A) zur Kathode (K). Der umgekehrte Fluss von Kathode zu Anode wird blockiert. Im Gegensatz zu einigen anderen leistungselektronischen Schaltungen ist es nicht möglich, die Ausgangsspannung bzw. den Strom zu steuern. Eine Wechselspannung wird über eine Diode in eine pulsierende Gleichspannung umgewandelt.

Die Qualität der Ausgangsspannung lässt sich mit der Welligkeit beschreiben: Eine ungesteuerte B6-Schaltung hat eine deutlich geringere Welligkeit als eine B2-Schaltung.

Bild 3 zeigt einen ungesteuerten Dreiphasen-Gleichrichter (B6), der aus zwei Gruppen von Dioden besteht: eine Gruppe mit den Ventilen (Dioden) V1, V3 und V5 und eine Gruppe mit den Ventilen V4, V6 und V2. Bis auf die sehr kurzen Kommutierungsvorgänge sind immer zwei Dioden gleichzeitig stromführend. Jede Diode leitet während eines Drittels der Periodendauer T, also für 120°.

Die Gruppe V1, V3, V5 überträgt die positiven Spannungen von L1, L2 und L3; V4, V6 und V2 übertragen die negativen Spannungen an die Ausgangsklemmen.

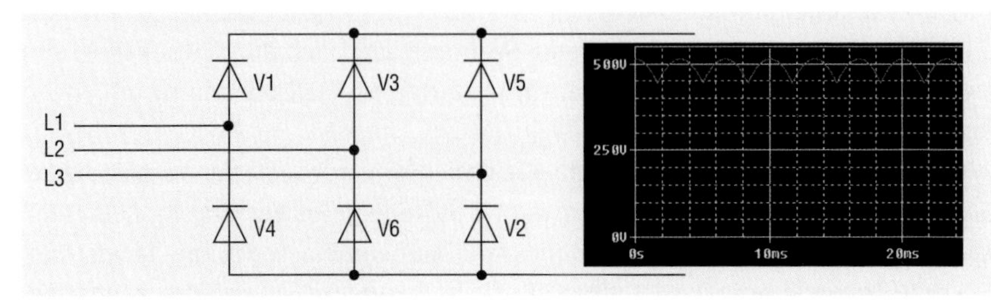

Bild 3: Ungesteuerter B6-Gleichrichter

Active Infeed

Bei vielen Anwendungen arbeitet die elektrische Maschine als Motor und in manchen Betriebszuständen als Generator. In diesem Fall lässt sich die Energiebilanz durch Zurückspeisen von Energie ins Versorgungsnetz verbessern.

Solche Frequenzumrichter benötigen einen gesteuerten (aktiven) Gleichrichter, damit die Energie *rückwärts fließen* kann. Aus diesem Grund benötigen diese Geräte einen Active Infeed Converter (Aktiver Einspeise-Stromrichter) oder alternativ eine Netzrückspeiseeinheit.

Um Energie ins Versorgungsnetz rückspeisen zu können, muss das Spannungsniveau im Zwischenkreis höher sein als die Netzspannung. Diese höhere Spannung muss unter allen Betriebsbedingungen vorliegen. Zudem ist eine zusätzliche Filterung im generatorischen Betrieb erforderlich, da die erzeugte Spannung ohne Filterung nicht zur Sinuskurvenform des Versorgungsnetzes passt.

Zwischenkreis

Konstanter Zwischenkreis

Der Zwischenkreis besteht aus einem Kondensator. Normalerweise werden aufgrund ihrer hohen Energiedichte Elektrolytkondensatoren verwendet. Auch wenn Kondensatoren eine begrenzte Lebensdauer haben, bieten sie folgende Vorteile:

- Glätten der pulsierenden Zwischenkreisspannung (U_Z)
- Energiereserve bei Abfall der Versorgungsspannung (kurze Netzeinbrüche, power failure)
- Energiespeicher für Laststöße
- Aufnahme der Bremsenergie im generatorischen Betrieb (Bremsbetrieb)
- Frequenzumrichter ist gegenüber Netztransienten geschützt
- Bereitstellung von Blindleistung zur Magnetisierung der Maschine
- In Kombination mit Induktivitäten Glätten der Stromwelligkeit, was wiederum die Lebensdauer der Komponenten des Zwischenkreises, insbesondere der Kondensatoren, erhöht. Beim Planen einer Installation ist es wichtig zu beachten, dass Spulen schwer sind und heiß werden können.

Diese Art des Zwischenkreises kann mit verschiedenen Gleichrichtertypen kombiniert werden. Bei vollständig gesteuerten Gleichrichtern wird die Spannung bei einer bestimmten Frequenz konstant gehalten. Deshalb ist die dem Wechselrichter zugeführte Spannung eine reine Gleichspannung mit variabler Amplitude.

Bei halbgesteuerten und ungesteuerten Gleichrichtern ist die Spannung am Wechselrichtereingang eine Gleichspannung mit konstanter Amplitude. Die variablen Spannungen und Frequenzen werden beide im Wechselrichter erzeugt.

Frequenzumrichter mit Kondensatoren im Zwischenkreis bezeichnet man als Spannungszwischenkreisumrichter (kurz: *U*-Umrichter).

Eine Designalternative sind Geräte mit deutlich reduzierten Kondensatorkapazitäten im Zwischenkreis. Diese Schaltungen sind unter der Bezeichnung „schlanker“ Zwischenkreis bekannt und setzen häufig auf günstige Folienkondensatoren. Die schlanken Zwischenkreise führen zu folgenden Effekten:

- Senkung der Konstruktionskosten
- Kompaktere Bauweise, geringeres Gewicht
- Reduzierte Netzrückwirkung (40 % der fünften Oberwelle)
- Anfälligkeit bei Netzspannungseinbrüchen – das bedeutet, dass der Frequenzumrichter bei Spannungseinbrüchen aufgrund von Transienten im Versorgungssystem deutlich schneller abschaltet.
- Netzrückwirkungen können im Hochfrequenzbereich auftreten.
- Die hohe Welligkeit im Zusammenhang mit dem Zwischenkreis reduziert die Ausgangsspannung um ca. 10% und führt zu höherer Motorleistungsaufnahme.
- Die Neustartzeit beim Betrieb kann länger sein, da die folgenden drei Prozesse ablaufen:
  - Initialisierung des Frequenzumrichters ,
  - Magnetisierung des Motors,
  - Hochfahren (Rampe auf) bis zum erforderlichen Sollwert für die Anwendung.

Bremschopper

Er dient zur Überwachung der Zwischenkreisspannung in einem Frequenzumrichter. Diese Überwachung ist erforderlich, da es im Zwischenkreis zu Überspannungen kommen kann. Bewegt sich ein Antriebssystem mit einer Geschwindigkeit v, so besitzt es eine kinetische Energie. Wird das System abgebremst, fließt die überschüssige Energie über den maschinenseitigen Stromrichter zurück in den Zwischenkreis. Übersteigt diese Spannung eine kritische Schwellspannung schaltet sich der Chopper elektronisch ein. Die überschüssige Energie wird dann über den angeschlossenen Bremswiderstand fast vollständig in thermische Energie umgewandelt. Sobald die Zwischenkreisspannung wieder abnimmt und unter die Einschaltspannung sinkt, schaltet der Chopper den Widerstand wieder ab. Der Vorgang wiederholt sich, sobald die Spannung wieder ansteigt. Die Verluste im Bremschopper sind dabei nicht relevant.

Variabler Zwischenkreis

In diesen FUs gibt es eine sehr große Induktivität im Zwischenkreis, die mit einem vollgesteuerten Gleichrichter kombiniert wird. Die Spule wandelt dabei die variable Spannung des gesteuerten Gleichrichters in einen variablen Gleichstrom um. Die Last bestimmt die Höhe der Motorspannung. Der Vorteil dieser Art des Zwischenkreises besteht darin, dass die Bremsleistung vom Motor ohne zusätzliche Komponenten zurück in das Versorgungsnetz gespeist werden kann. Die Spule wird in so genannten Stromzwischenkreisumrichtern (kurz: I-Umrichtern) verwendet.

Wechselrichter

Der Wechselrichter (maschinenseitige Stromrichter) übernimmt die Umwandlung der konstanten Gleichspannung des Gleichrichters in eine variable Wechselspannung. Er generiert zudem die Frequenz der Motorspannung.

Die Wechselrichterprozesse bilden beim Erzeugen der Ausgangsspannung und Frequenz die letzte Stufe. Wenn der Motor direkt ans Netz angeschlossen ist, liegen die idealen Betriebsbedingungen beim Nennbetriebspunkt vor.

Der Frequenzumrichter garantiert gute Betriebsbedingungen über den gesamten Drehzahlbereich hinweg, indem er die Ausgangsspannung an die Lastbedingungen anpasst. So ist es möglich, die Magnetisierung des Motors auf einem optimalen Level zu halten.

Auf jeden Fall muss der Wechselrichter sicherstellen, dass am Motor eine Wechselspannung mit entsprechender Frequenz anliegt und idealerweise ein sinusförmiger Strom fließt. Die Steuermethode des Wechselrichters hängt davon ab, ob er einen variablen oder konstanten Eingangswert erhält. Mit variablem Strom oder variabler Spannung muss der Wechselrichter nur die entsprechende Frequenz erzeugen. Bei konstanter Spannung erzeugt er Frequenz und Amplitude der Spannung.

Das Grundprinzip der Wechselrichter ist immer dasselbe, auch wenn sich ihre Funktionsweise unterscheidet (**Bild 4**).

Aus gutem Grund ersetzen Transistoren bzw. IGBT zunehmend Thyristoren in den Wechselrichterbaugruppen des Frequenzumrichters. Moderne IGBT beherrschen hohe Ströme, hohe Spannungen und hohe Schaltfrequenzen. Außerdem beeinflusst der Nulldurchgang des Stroms Transistoren/IGBT im Gegensatz zu Thyristoren nicht. IGBTs können jederzeit in den leitenden oder gesperrten Zustand wechseln, indem man einfach die Polarität der an den Steuerklemmen anliegenden Spannung (U_{GE}) ändert. Die in den letzten Jahren erreichten Fortschritte in der Halbleitertechnologie haben die Taktfrequenz der Transistoren deutlich erhöht. Die obere Schaltgrenze liegt jetzt bei einigen Hundert kHz.

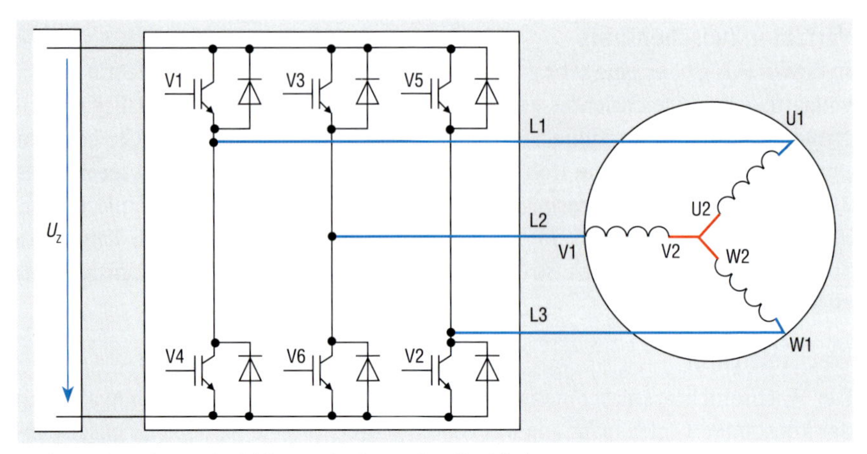

Bild 4: Aufbau des Wechselrichters mit IGBT und Freilaufdioden

Dadurch können magnetische Störungen durch Pulsmagnetisierung innerhalb des Motors vermieden werden. Ein weiterer Vorteil der hohen Taktfrequenz ist eine variable Modulation der Frequenzumrichter-Ausgangsspannung. Damit lässt sich ein sinusförmiger Motorstrom erreichen (**Bild 5**). Der Steuerkreis des Frequenzumrichters muss die Wechselrichtertransistoren lediglich mit einem passenden Muster aktivieren und deaktivieren.

Die Wahl der Wechselrichter-Taktfrequenz ist ein Kompromiss aus Verlusten im Motor (Sinusform des Motorstroms) und Verlusten im Wechselrichter. Mit steigender Taktfrequenz steigen die Verluste in den Halbleiterschaltern im Wechselrichter.

Hochfrequenztransistoren können in drei Haupttypen unterteilt werden:

- BJT **B**ipolar **J**unction **T**ransistor
- MOSFET **M**etall **O**xid **S**emiconductor **F**eld **E**ffekt **T**ransistor
- IGBT **I**nsulated **G**ate **B**ipolar **T**ransistor

IGBT-Transistoren sind eine gute Wahl für Frequenzumrichter hinsichtlich Leistungsbereich, hoher Leitfähigkeit, hoher Taktfrequenz und einfacher Steuerung. Sie kombinieren die Ansteuereigenschaften von MOSFET-Transistoren mit den Ausgangsmerkmalen bipolarer Transistoren. Die tatsächlichen Schaltkomponenten und die Wechselrichtersteuerung sind normalerweise kombiniert, um ein einziges Modul, ein IPM („Intelligent Power Module“), also intelligente Leistungselektronik, zu schaffen.

Eine Freilaufdiode ist zu jedem Transistor antiparallel geschaltet, weil über die induktive Ausgangslast hohe Induktionsspannungen auftreten können. Die Dioden lassen die Motorströme weiter in ihre Richtung fließen und schützen die

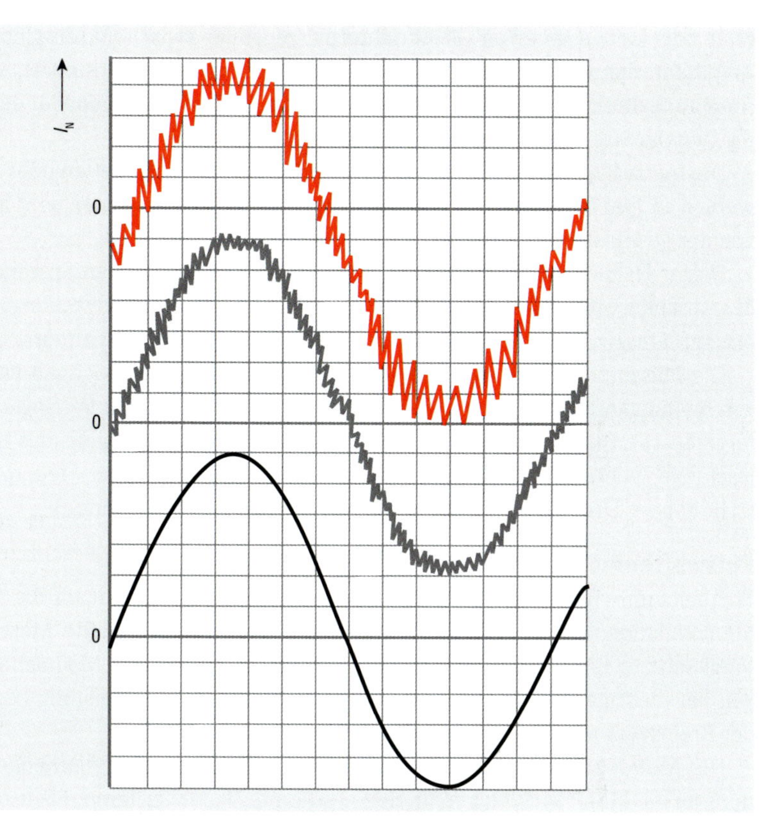

Bild 5: Sinusbewerteter Storm durch Erhöhung der Taktfrequenz
(Oben: 2 kHz, Mitte: 4 kHz, Unten: 12 kHz)

Schaltkomponenten gegen eingeprägte Spannungen. Auch die vom Motor geforderte Reaktanzleistung können die Freilaufdioden verkraften.

Modulationsverfahren

Die Halbleiter im Wechselrichter leiten oder blockieren – je nachdem, welche Signale der Steuerkreis erzeugt. Zwei Grundprinzipien (Modulationsarten) erzeugen die variablen Spannungen und Frequenzen:

- Pulsamplitudenmodulation (PAM) und
- Pulsweitenmodulation (PWM).

Pulsamplitudenmodulation (PAM)

PAM kommt in Frequenzumrichtern mit variabler Zwischenkreisspannung oder variablem Zwischenkreisstrom zum Einsatz. In Frequenzumrichtern mit ungesteuerten oder halbgesteuerten Gleichrichtern erzeugt der Zwischenkreis-Chopper die Amplitude der Ausgangsspannung. Ist der Gleichrichter vollgesteuert, wird die Amplitude direkt erzeugt. Das bedeutet, dass die Ausgangsspannung für den Motor im Zwischenkreis zur Verfügung gestellt wird.

Die Intervalle, während denen die individuellen Halbleiter leiten oder sperren, werden in einem bestimmten Muster gespeichert. Dieses Muster wird abhängig von der gewünschten Ausgangsfrequenz ausgelesen.

Dieser Halbleiter-Schaltmodus steuert die Höhe der variablen Spannung oder des variablen Stroms im Zwischenkreis. Kommt ein spannungsgesteuerter Oszillator zum Einsatz, folgt die Frequenz immer der Amplitude der Spannung.

Die Pulsamplitudenmodulation kann in bestimmten Anwendungen wie Hochgeschwindigkeitsmotoren (10.000 min^{-1} bis 100.000 min^{-1}) zu verringerten Motorgeräuschen und Effizienzvorteilen führen. Allerdings eliminiert dies nicht die Nachteile, wie höhere Kosten für höherwertige Hardware und Steuerprobleme (z. B. höhere Drehmoment-Rippel bei niedrigen Geschwindigkeiten).

Pulsweitenmodulation (PWM)

Frequenzumrichter mit konstanter Zwischenkreisspannung nutzen die Pulsweitenmodulation, die am weitesten verbreitete und bestentwickelte Methode. Im Vergleich zur PAM sind die Hardwareanforderungen für diese Modulation geringer, bei niedrigen Geschwindigkeiten funktioniert die Steuerleistung besser und der Bremswiderstandbetrieb ist jederzeit möglich.

Die Motorspannung lässt sich durch das Aufschalten der Zwischenkreisspannung an die Motorwicklungen für eine bestimmte Dauer variieren. Ebenso variiert die Frequenz durch das Verschieben der positiven und negativen Spannungspulse während der zwei Halbperioden entlang der Zeitachse.

Da diese Technologie die Weite der Spannungspulse verändert, heißt das Verfahren Pulsweitenmodulation oder PWM. Bei herkömmlichen PWM-Techniken bestimmt der Steuerkreis die Aktivierung und Deaktivierung der Halbleiter, sodass der Motorstromverlauf so sinusförmig wie möglich ist. Auf diese Weise lassen sich die Verluste in den Motorwicklungen reduzieren, und ein sanfter Motorbetrieb ist auch bei niedrigen Drehzahlen möglich.

Die Ausgangsspannung lässt sich an die Ausgangsfrequenz anpassen, indem man die Spannungspulse der Ausgangsklemmen des Frequenzumrichters in eine Reihe engerer individueller Pulse mit Unterbrechungen dazwischen unterteilt. Das Verhältnis von Puls zu Unterbrechung kann abhängig vom erforderlichen Spannungsniveau variiert werden.

Niedrige Statorfrequenzen haben längere Perioden zur Folge. Dabei können diese so lang werden, dass es zu spannungsfreien Zeiträumen kommt und der

Motor unregelmäßig läuft. Die niedrigen Taktfrequenzen führen zu lauteren Motorgeräuschen. Um die Geräuschentwicklung zu minimieren, lässt sich eine höhere Taktfrequenz einstellen. Ein PWM-Frequenzumrichter, der ausschließlich auf sinusförmiger Referenzmodulation basiert, kann bis zu 86,6 % der Nennspannung erzielen. Die Phasenspannung an den Ausgangsklemmen des Frequenzumrichters entspricht der halben Zwischenkreisspannung dividiert durch $\sqrt{2}$, d. h. der halben Versorgungsspannung. Die Netzspannung der Ausgangsklemmen entspricht dem $\sqrt{3}$-fachen der Phasenspannung, d. h. dem 0,866-fachen der Netzversorgungsspannung.

Die Ausgangsspannung des Frequenzumrichters kann die Motorspannung nicht erreichen, wenn die volle sinusförmige Kurvenform benötigt wird. Die Ausgangsspannung liegt dann um ca. 13 % unter der Motorspannung. Die zusätzlich benötigte Spannung kann jedoch erzielt werden, indem man die Anzahl der Pulse reduziert, wenn die Frequenz etwa 45 Hz übersteigt. Nachteilig an dieser Methode ist, dass die Spannung sprunghaft schwankt und der Motorstrom so instabil wird.

Verringert man die Anzahl der Pulse, steigt zudem der Oberschwingungsanteil an den Frequenzumrichterausgängen. Dies führt zu höheren Verlusten im Motor.

Alternativ können zur Behebung dieses Problems andere Referenzspannungen anstelle der drei Sinuskurven verwendet werden.

Es gibt weitere Möglichkeiten, die Aktivierungs- und Deaktivierungszeiten der Halbleiter zu bestimmen und zu optimieren. Die Steuerverfahren beispielsweise von Danfoss VVC und VVCplus basieren auf Mikroprozessorberechnungen, die die optimalen Schaltzeiten für die Halbleiter der Wechselrichter bestimmen.

Steuerkreis

Der Steuerkreis überträgt Signale an den Gleichrichter, den Zwischenkreis und den Wechselrichter und empfängt Signale von diesen. Die Auslegung des einzelnen Frequenzumrichters bestimmt, welche Teile gesteuert werden.

Gemeinsam ist allen Frequenzumrichtern, dass der Steuerkreis Signale nutzt, um die Halbleiter des Wechselrichters zu aktivieren und zu deaktivieren. Dieses Schaltmuster basiert auf verschiedenen Grundlagen. Je nach Schaltmuster, das die Versorgungsspannung zum Motor regelt, lassen sich Frequenzumrichter in weitere Typen unterteilen.

Parametrierung

U/f-Betrieb und Feldschwächung

Die technischen Hauptmerkmale eines Motors stehen auf seinem Leistungsschild. Diese Informationen sind sehr wichtig für den Inbetriebnehmer, da die Werte für

Bemessungsspannung, -frequenz und -strom angegeben sind. Wichtige Informationen für die mechanische Auslegung fehlen jedoch. Diese stehen üblicherweise im Datenblatt. Eine wichtige Angabe, das Bemessungsdrehmoment an der Welle, lässt sich unproblematisch aus den Leistungsschildangaben berechnen:

$$M = \frac{P_{ab} \cdot 9{,}55}{n_N} = \frac{\sqrt{3} \cdot U \cdot I \cdot \cos\varphi \cdot 9{,}55}{n_N}$$

$$M = \frac{k \cdot U \cdot I}{f} \Rightarrow M \approx \frac{U \cdot I}{f}$$

Diese Beziehung nutzen Spannungszwischenkreis-Umrichter, die ein festes Verhältnis zwischen Spannung (U) und Frequenz (f) halten. Das konstante Verhältnis (U/f) bestimmt den magnetischen Fluss (Φ) des Motors und ergibt sich aus den Motor-Typenschilddaten (z.B. 400 V/50 Hz = 8 V/Hz). Der konstante Fluss garantiert ein optimales Drehmoment des Motors. Idealerweise bedeutet das Verhältnis 8 V/Hz, dass bei jeder Veränderung der Ausgangsfrequenz um 1 Hz eine Veränderung von 8 V in der Ausgangsspannung auftritt. Diese Steuerung der Ausgangswerte des Frequenzumrichters heißt „U/f-Steuerung".

Bis zu einer Frequenz von 50 Hz legt der Umrichter ein konstantes U/f-Verhältnis an den Motor an, was ein konstantes Drehmoment beim Motor hervorruft (**Bild 6**).

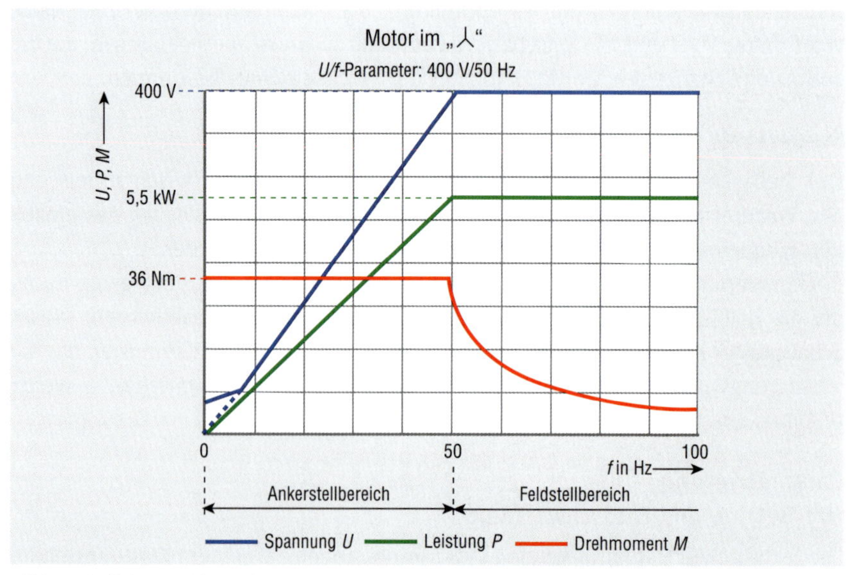

Bild 6: Idealisierte U/f-Kennlinie und Drehmomentverlauf für einen 5,5 kW Motor

Bei einem Motorbetrieb mit 100 Hz müsste die Ausgangsspannung für ein konstantes U/f-Verhältnis idealerweise auf 800 V erhöht werden. Da Leistungshalbleiter für diese Spannungshöhen sehr teuer sind und diese großen Spannungsänderungen ($\Delta U/\Delta t$) kritisch für die Motorisolierung sind, kommt diese Strategie im Allgemeinen nicht zur Anwendung. Typischerweise ist die Ausgangsspannung des Frequenzumrichters auf den Wert des Eingangs (z. B. $0 \leq U \leq U_{\text{Eingang}}$) begrenzt.

Das bedeutet, dass der Frequenzumrichter nur bis zu einer bestimmten Frequenz ein konstantes U/f-Verhältnis beibehalten kann. Oberhalb dieser Frequenz kann er die Frequenz, aber nicht die Spannung weiter anheben. Da dies das U/f-Verhältnis beeinflusst, sinkt der magnetische Fluss. Deswegen heißt dieser Drehzahlbereich auch Feldschwächebereich bzw. Feldstellbereich. Das abgeschwächte Magnetfeld führt zu einem geringeren maximalen Drehmoment. Das Drehmoment ändert sich umgekehrt proportional zur Frequenz.

87-Hz-Kennlinien

Typischerweise werden Asynchronmotoren, die mit Frequenzumrichtern arbeiten, auf die Nennspannung des Netzes konfiguriert. Das bedeutet, dass ein 400-V-/230-V-Motor in Sternschaltung angeschlossen ist, wenn er an einem 400-V-Frequenzumrichter betrieben wird. Wie beschrieben, entsteht bei einem 50-Hz-Motor eine Feldschwächung, wenn eine weitere Spannungserhöhung nicht mehr möglich ist. Um den Drehzahlbereich zu erweitern, ist eine Modifikation in Dreieckschaltung möglich.

Hier liegt also der Fluss (Φ) bis 400 V vor, sogar wenn der Motor für 230 V ausgelegt ist. Mit dieser höheren Spannung lässt sich die maximale Frequenz mit Nennfluss auf 87 Hz erhöhen. Der Strangstrom steigt trotz höherer Strangspannung (jetzt 400 V) nicht weiter an, da mit zunehmender Frequenz auch der Blindwiderstand bis 87 Hz im gleichen Verhältnis ($\sqrt{3}$) wie die Spannung steigt (**Bild 7**).

Voraussetzung

- Der gewählte Frequenzumrichter muss in der Lage sein, den höheren Strom bzw. die höhere geforderte Leistung bereitzustellen.
- Der Motor muss so gewickelt sein, dass er die erforderliche, vom Frequenzumrichter gelieferte Betriebsspannung aushält.
- Das Drehmoment an der Motorwelle bleibt für beide Konfigurationen für bis zu 50 Hz gleich. Über 50 Hz beginnt für einen Motor mit Sternschaltung der Bereich der Feldschwächung. Bei Dreieckschaltung beginnt dieser Bereich erst bei ca. 87 Hz. Danach nimmt das Drehmoment ab, weil die Motorspannung nicht weiter ansteigt.

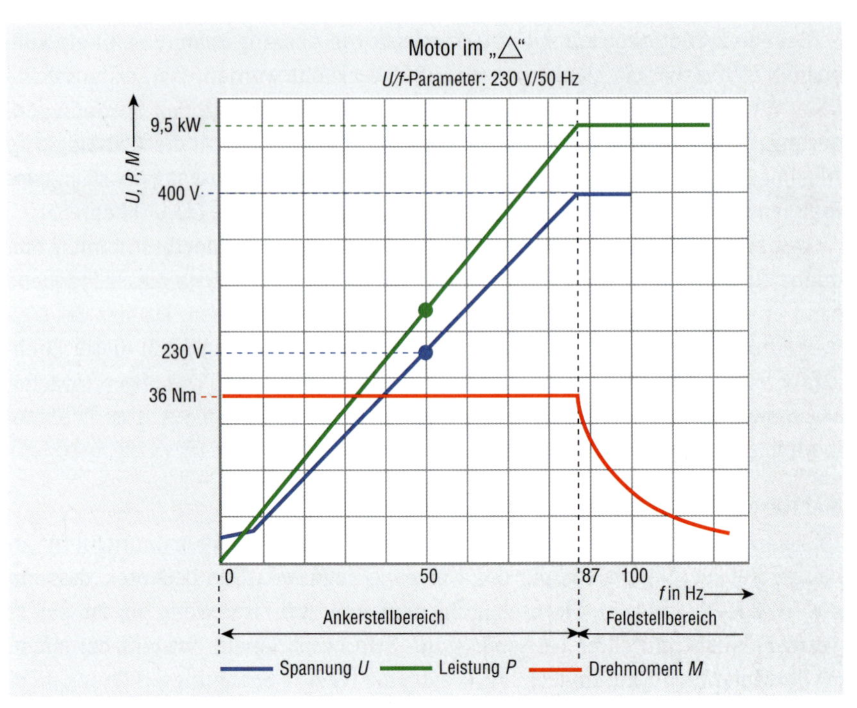

Bild 7: 87-Hz-Kennlinien

Diese höhere Motorleistungsnutzung bietet folgende Vorteile:

- Ein bestehender Frequenzumrichter kann mit einem größeren Drehzahlregelbereich betrieben werden.
- Der Einsatz eines Motors mit geringerer Nennleistung ist möglich. Dieser Motor kann ein niedrigeres Trägheitsmoment haben, was eine höhere Dynamik erlaubt. Dies verbessert die dynamischen Eigenschaften des Systems.

Ausgleich

Da die Motorkennlinien vom Asynchronmotor nicht linear sind, muss der Frequenz-umrichter auf den Motor abgestimmt sein. Dafür stehen in modernen Umrichtern Funktionen wie „Startspannung“, „Startausgleich“ und „Schlupfausgleich“ zur Verfügung.

Ein Asynchronmotor erfordert beispielsweise einen höheren Strom bei niedriger Drehzahl, um Magnetisierungsstrom und Drehmoment erzeugenden Strom für den Motor bereitzustellen. Eine Spannung von 8 V bei einer aktuellen Frequenz von 1 Hz stellt den notwendigen Magnetisierungsstrom nicht zur Verfügung. In den modernen Frequenzumrichtern stellen sich die erforderlichen Kompensationsparameter automatisch ein, sobald die Programmierung der Nennwerte des Motors im Frequenzumrichter abgeschlossen ist. Dazu gehören Spannung, Frequenz, Strom und Drehzahl. Dies gilt für ca. 80 % der Standardanwendungen wie Fördereinrichtungen und Zentrifugalpumpen. Normalerweise lassen sich diese Kompensationseinstellungen zur Feinabstimmung manuell ändern, wenn dies für Anwendungen wie Hubeinrichtungen oder Verdrängungspumpen erforderlich ist.

Lastunabhängiger Startausgleich

Eine Möglichkeit ist die Erhöhung der Ausgangsspannung im niedrigen Drehzahlbereich durch das manuelle Einstellen einer zusätzlichen Spannung, auch Startspannung genannt.

Ein Motor, der viel kleiner als die empfohlene Motorgröße für einen Frequenzumrichter ist, erfordert ggf. eine zusätzliche, manuell einstellbare Spannungsanhebung, um die statische Reibung zu überwinden oder eine optimale Magnetisierung im niedrigen Drehzahlbereich zu garantieren.

Wenn verschiedene Motoren nur von einem Frequenzumrichter (Parallelbetrieb) gesteuert werden, ist es empfehlenswert, den lastunabhängigen Ausgleich zu deaktivieren. Ansonsten garantiert die Startspannung ein optimales Drehmoment während des Startens.

Lastabhängiger Startausgleich

Die lastabhängige Spannungsergänzung (Start- und Schlupfausgleich) wird über eine Strommessung (Wirkstrom) bestimmt.

Dieser Ausgleich heißt normalerweise $I \cdot R$-Kompensation, Boost oder Drehmomentanhebung.

Diese Regelung erreicht ihre Grenzen, wenn Störungen schlecht zu messen sind und die Last sehr variabel ist (beispielsweise bei Motoren mit Änderung des Wicklungswiderstands von bis zu 25 % zwischen heiß und kalt).

Die Spannungserhöhung kann zu verschiedenen Ergebnissen führen. Ohne Last kann es zur Sättigung des Motorflusses kommen. Bei Sättigung fließt ein höherer Blindstrom, der zur Erwärmung des Motors führt. Wenn der Motor unter Last betrieben wird, entwickelt er aufgrund des schwachen Hauptflusses wenig Drehmoment und stoppt eventuell.

Schlupfausgleich

Der Schlupf eines Asynchronmotors ist lastabhängig und liegt je nach Größe des Motors etwa zwischen 7 % und 1 % der Nenndrehzahl. Bei einem vierpoligen Motor liegt die Schlupfdrehzahl bei etwa 75 min^{-1}.

Der Schlupf liegt jedoch bei ca. 50 % der erforderlichen Drehzahl, wenn der Frequenzumrichter einen Motor bei 150 min^{-1} steuert (10% der Nennsynchrondrehzahl von 1.500 U/min).

Muss der Frequenzumrichter den Motor auf 5% der Nenndrehzahl herunter regeln, wird der Motor unter Last letztlich stehen bleiben. Diese Lastabhängigkeit ist jedoch nicht erwünscht. Der Frequenzumrichter kann diesen Schlupf vollständig ausgleichen, indem er eine effektive Messung des Wirkstroms zum Motor durchführt. Der Frequenzumrichter gleicht dann den Schlupf aus, indem er die Frequenz gemäß tatsächlich gemessenem Strom erhöht. Diese Funktion heißt aktiver Schlupfausgleich.

Der Frequenzumrichter berechnet die Schlupffrequenz ($f_{Schlupf}$) und den Magnetisierungs- oder Leerlaufstrom (I_{Φ}) aus den Motordaten. Die Schlupffrequenz wird linear in Bezug auf den Wirkstrom (Differenz zwischen Leerlauf- und Ist-Strom) skaliert.

Kompensation bei PM-Motor und SynRM

Bei Permanentmagnetmotoren sind Start- und Schlupfausgleich irrelevant, andere Parameter dagegen wesentlich.

Das Magnetisierungsprofil unterscheidet sich natürlich vom Asynchronmotor; aber zusätzlich gibt es noch andere wichtige Daten und Kompensationen:

- Motornenndrehzahl und -frequenz,
- Gegen-EMK,
- Feldschwächung,
- max. Drehzahl, bevor die Gegen-EMK den Frequenzumrichter schädigt und
- für die Steuerung relevante dynamische Details.

Für SynRM-Motoren sind wieder andere Parameter wesentlich, z. B.:

- Statorwiderstand,
- *d*- und *q*-Achsen-Induktivitäten,
- Sättigungsinduktivitäten,
- Sättigungsgrenze.

Automatische Motoranpassung

Angaben auf den Leistungsschildern oder im Datenblatt der Hersteller enthalten Informationen für einen bestimmten Motorenbereich oder eine bestimmte Auslegung. Diese Werte beziehen sich i. d. R. nur selten auf einen einzelnen Motor. Aufgrund von Abweichungen bei Motorherstellung und Einbau sind diese Motordaten nicht immer genau genug, um einen optimalen Betrieb sicherzustellen.

Bei modernen Frequenzumrichtern kann dieses Feintuning auf den vorliegenden Motor und die Installation kompliziert und zeitaufwendig sein.

Um Installation und Inbetriebnahme zu erleichtern, setzen sich automatische Konfigurationsfunktionen wie die *AMA* (Automatische Motor Anpassung), z. B. von Danfoss, zunehmend durch. Diese Funktionen messen unter anderem den Statorwiderstand und die Induktivität. Zudem berücksichtigen sie Auswirkungen der Kabellänge zwischen Frequenzumrichter und Motor.

Bei der dynamischen Motoranpassung beschleunigt der FU den Motor auf eine bestimmte Drehzahl, um Messungen durchzuführen. Für den „Identifikationsbetrieb" muss der Motor normalerweise von der Last/Maschine abgekoppelt sein.

Bei der statischen Motoranpassung erfolgt die Motormessung im Stillstand. Das bedeutet, dass es in diesem Fall nicht notwendig ist, den Motor von der Maschine zu trennen. Es ist jedoch wichtig, dass die Motorwelle während der Messung nicht durch externe Einflüsse rotiert.

Die für verschiedene Motortypen erforderlichen Parameter unterscheiden sich in wichtigen Details. Die Gegenspannung ist beispielsweise wesentlich für PM-Motoren, dagegen ist der Sättigungspunkt für SynRM-Motoren wichtig. Aus diesem Grund sind verschiedene *AMA*-Funktionen erforderlich.

Bedauerlicherweise unterstützen nicht alle Frequenzumrichter die *AMA*-Funktion für alle Motortypen.

Der Preis der Energieeffizienz

Peter Behrends

Einfluss der Leistungselektronik auf die Netzqualität

Steigende Energiepreise machen bei Verbrauchern eine effiziente Energienutzung erforderlich, was zu einem breiten Spektrum an Lösungen für weniger Energieverbrauch führt. Das bekannteste Beispiel sind wohl die Energiesparlampen, die heute privat und gewerblich in großem Umfang zum Einsatz kommen. Daneben hat sich in der Gebäudeautomatisierung und der industriellen Produktion die Regelung von Motoren mit Frequenzumrichtern etabliert, da sie in den weitaus meisten Fällen zu einer drastischen Senkung des Energieverbrauchs beitragen.

Ebenso wie Leistungselektronik in FUs, Stromrichter, Computern, Schaltnetzteilen und ähnlichem haben sie allerdings auch einen Nachteil. Sie belasten das Netz mit sogenannten Netzoberschwingungen oder auch Harmonischen und beeinträchtigen bei zunehmendem Einsatz in nahezu allen Bereichen des täglichen Lebens mittel- und langfristig die Versorgungssicherheit durch unsere Stromnetze in erheblichem Maße. Und nicht nur das: Oberschwingungen können ebenfalls zu Fehlern, reduzierter Verfügbarkeit bis hin zu Totalausfällen in Anlagen führen, bei denen die Ursache oftmals nicht zweifelsfrei zu erkennen ist. Denn Netzrückwirkungen sind überall, jedoch ohne entsprechende Messtechnik nicht zu erfassen. Dabei sind die Rückwirkungen eines Geräts nicht tragisch. Erst die stetig und stark steigende Zahl solcher Geräte bringt heute die Probleme. Dabei lässt sich der Einsatz durch die Forderung nach höherer Energieeffizienz nicht vermeiden.

Nur geeignete Gegenmaßnahmen können einen völligen Kollaps der Netze verhindern. Vom technischen Standpunkt betrachtet, gehören die Netzrückwirkungen oder Oberschwingungen in den Bereich der EMV. Im Gegensatz zum landläufig mehr bekannten Phänomen der hochfrequenten Störeinstrahlung durch Funkwellen und Ähnliches, handelt es sich bei den oben beschriebenen Auswirkungen um niederfrequente, leitungsgebundene Störungen.

Elektrische Geräte und ihre Einflüsse auf die Umwelt

Jedes elektrische Gerät beeinflusst seine direkte Umwelt mehr oder weniger durch elektrische und magnetische Felder. Größe und Wirkung dieser Einflüsse sind abhängig von der Leistung und Bauart des Geräts. In elektrischen Maschinen und Anlagen können Wechselwirkungen zwischen elektrischen oder elektronischen Baugruppen die sichere und störungsfreie Funktion beeinträchtigen oder verhindern. Daher ist es für Betreiber sowie Konstrukteur und Anlagenbauer wichtig, die Mechanismen der Wechselwirkung zu verstehen. Nur so kann er schon in der

Planungsphase angemessene und kostengünstige Gegenmaßnahmen ergreifen. Denn: Je später er reagiert, desto teurer sind die Maßnahmen.

Elektromagnetische Einflüsse wirken in beide Richtungen

In einer Anlage beeinflussen sich die Komponenten wechselseitig: Jedes Gerät stört nicht nur, sondern ist auch Störungen ausgesetzt. Kennzeichnend für die jeweilige Baugruppe ist daher neben Art und Umfang ihrer Störaussendung auch ihre Störfestigkeit gegen Einflüsse benachbarter Baugruppen.

Anlagenverantwortung liegt beim Betreiber

Der Hersteller einer Komponente oder Baugruppe für elektrische Antriebe muss Maßnahmen ergreifen, um die gesetzlichen Richtwerte einzuhalten. Mit der Produktnorm EN 61800-3 für die Anwendung drehzahlveränderlicher Antriebe ist diese Verantwortung zusätzlich nun auf die Antriebseinheit beschränkt und die Anlagengesamtverantwortung auf den Endanwender oder Betreiber der Anlage erweitert worden. Hersteller müssen Lösungen anbieten, die den normgerechten Einsatz sicherstellen; die Beseitigung eventuell auftretender Störungen obliegt aber dem Betreiber – und die daraus entstehende Kosten.

Zwei Möglichkeiten der Reduzierung

Zur Sicherstellung der elektromagnetischen Verträglichkeit können Anwender oder Anlagenbauer zwei Mittel einsetzen. Zum einen können sie die Quelle entstören, indem sie Störaussendungen minimieren oder beseitigen. Zum anderen besteht die Möglichkeit, die Störfestigkeit des gestörten Geräts oder Systems zu erhöhen, indem der Empfang von Störgrößen verhindert oder deutlich reduziert wird.

Grundprinzip der Auswirkungen

Grundsätzlich besteht immer eine Wechselwirkung zwischen mehreren Systemen. Dabei unterscheiden die Fachleute zwischen Störquelle und Störsenke, was gleichbedeutend ist mit störendem beziehungsweise gestörtem Gerät. Dabei können als Störgrößen alle Arten elektrischer und magnetischer Größen auftreten, die eine unerwünschte Beeinflussung hervorrufen. Diese äußern sich in Netzoberschwingungen, elektrostatischen Entladungen, schnellen Spannungsänderungen oder hochfrequenten Störspannungen bzw. Störfeldern. Netzoberschwingungen sind in der Praxis häufig als Netzrückwirkungen bzw. harmonische Oberschwingungen oder auch nur als „Harmonische“ bekannt.

Übertragungswege der Störungen

Doch wie erfolgt jetzt die Übertragung der Störenergie? Als elektromagnetische Aussendung kann die Übertragung grundsätzlich über Leitungen, elektrische und/oder kapazitive Felder oder elektromagnetische Wellen erfolgen. Fachleute sprechen von galvanischer, kapazitiver und induktiver Kopplung sowie Strahlungskopplung. In der Praxis können diese unterschiedlichen Phänomene einzeln oder auch in beliebiger Kombination auftreten.

Kopplungsmechanismen zwischen Stromkreisen

Kopplung bedeutet im täglichen Einsatz immer die Wechselwirkung zwischen den verschiedenen Stromkreisen, bei der elektromagnetische Energie von einem in den anderen Kreis fließt. Dazu kommen vier verschiedene Wege in Betracht:

- Die galvanische Kopplung tritt auf, wenn zwei oder mehr Stromkreise über eine gemeinsame Leitung miteinander verbunden sind (Beispiel: Potentialausgleichskabel).
- Eine kapazitive Kopplung entsteht durch unterschiedliche Spannungspotentiale zwischen den Kreisen (Beispiel: Kondensatoren).
- Eine induktive Kopplung tritt zwischen zwei stromdurchflossenen Leitern auf (Beispiel: Transformator).
- Eine Strahlungskopplung liegt dann vor, wenn sich die Störsenke im Fernfeld eines von einer Störquelle erzeugten Strahlungsfelds befindet (Beispiel: Radiosender).

Die Grenze zwischen leitungsgebundenen Kopplungen und Strahlungskopplung liegt für viele in der Praxis vorkommende Fälle bei 30 MHz, was einer Wellenlänge von 10 Metern entspricht. Darunter breiten sich die elektromagnetischen Störgrößen vorwiegend über Leitungen oder elektrische beziehungsweise magnetische Felder gekoppelt aus. Jenseits der 30 MHz wirken Leitungen und Kabel als Antenne und strahlen elektromagnetische Wellen aus bzw. empfangen diese über die Luft.

Der Einsatzort entscheidet – 1. und 2. Umgebung

Die Grenzwerte für die jeweilige Umgebung sind durch die entsprechenden Normen vorgegeben. Doch wie erfolgt die Einteilung in die verschiedenen Umgebungstypen? Hier geben die Normen EN 55011 und EN 61800-3 für den Bereich der elektrischen Antriebssysteme und Komponenten Auskunft. Dabei unterscheidet die EN 61000 noch die Leistungsbereiche.

1. Umgebung: Wohn-, Geschäfts- und Gewerbebereiche, Kleinbetriebe

Als Wohn- bzw. Geschäfts- und Gewerbebereich sowie Kleinbetrieb gelten alle Einsatzorte, die direkt an das öffentliche Niederspannungsnetz angeschlossen sind. Sie besitzen keine eigenen Hoch- oder Mittelspannungs-Verteiltransformatoren zur separaten Versorgung. Die Umgebungsbereiche gelten sowohl innerhalb als auch außerhalb der Gebäude: Geschäftsräume, Wohngebäude/ Wohnflächen, Gastronomie- und Unterhaltungsbetriebe, Parkplätze, Vergnügungsanlagen oder Sportanlagen.

2. Umgebung: Industriebereiche

Industriebereiche sind Einsatzorte, die nicht direkt an das öffentliche Niederspannungsnetz angeschlossen sind, sondern eigene Hoch- oder Mittelspannungs-Verteiltransformatoren besitzen. Zudem sind sie im Grundbuch als solche definiert und durch besondere elektromagnetische Gegebenheiten gekennzeichnet:

- Vorhandensein wissenschaftlicher, medizinischer und industrieller Geräte – Schalten großer induktiver und kapazitiver Lasten.
- Vorhandensein hoher magnetischer Felder (z. B. wegen hohen Stromstärken). Die Umgebungsbereiche gelten sowohl innerhalb als auch außerhalb der Gebäude.

Spezialbereiche

Hier entscheidet der Anwender, welchem Umgebungsbereich er seine Anlage zuordnen möchte. Voraussetzung ist ein eigener Mittelspannungstransformator und eine eindeutige Abgrenzung zu anderen Bereichen. Innerhalb seines Bereichs muss er eigenverantwortlich die notwendige elektromagnetische Verträglichkeit sicherstellen, die allen Geräten ein fehlerfreies Funktionieren gewährleistet. Beispiele sind technische Bereiche von Einkaufszentren, Supermärkten, Tankstellen, Bürogebäude oder Lager.

Hochfrequente Funkstörungen

Funkstörungen

Frequenzumrichter erzeugen variable Drehfeldfrequenzen bei entsprechenden Motorspannungen durch rechteckige Spannungspulse mit verschiedener Breite. In den steilen Spannungsflanken sind hochfrequente Anteile enthalten. Motorkabel und Frequenzumrichter strahlen sie ab und leiten sie auch über die Leitung zum Netz hin. Zur Reduzierung derartiger Störgrößen auf der Netzeinspeisung nutzen die Hersteller Funkentstörfilter (auch RFI-Filter, Netzfilter oder EMV-Filter genannt). Sie dienen einerseits dem Schutz der Geräte vor hochfrequenten leitungsgebundenen Störgrößen (Störfestigkeit) und andererseits der Reduzierung der hochfrequenten Störgrößen eines Gerätes, die es über das Netzkabel oder die Abstrahlung des Netzkabels aussendet. Die Filter sollen diese Störaussendungen auf ein vorgeschriebenes gesetzliches Maß begrenzen. Deshalb sollten sie möglichst von Anfang an in den Geräten eingebaut sein. Wie bei Netzdrosseln ist auch bei Funkentstörfiltern die Qualität des einzusetzenden Filters klar zu definieren. In den Normen, Produktnorm EN 61800-3 und Fachgrundnorm EN 55011, sind konkrete Grenzwerte für Störpegel definiert.

Normen und Richtlinien definieren Grenzwerte

Welche Grenzwerte gelten für die Beurteilung der elektromagnetischen Verträglichkeit (EMV)? Für eine umfassende Beurteilung hochfrequenter Funkstörungen sind zwei Normen zu beachten. Zum einen definiert die Umgebungsnorm EN 55011 die Grenzwerte in Abhängigkeit von den zugrunde gelegten Umgebungen Industrie mit den Klassen A1/A2 oder Wohnbereich der Klasse B. Daneben definiert die Produktnorm EN 61800-3 für elektrische Antriebssysteme, die seit Juni 2007 gültig ist, neue Kategorien C1 bis C4 für den Einsatzbereich der Geräte (**Tabelle 1**). Diese sind zwar bezüglich der Grenzwerte mit den bisherigen Klassen vergleichbar, lassen jedoch innerhalb der Produktnorm eine erweiterte Anwendung zu. Im Falle einer Störung legen die Prüfer in jedem Fall zur Störungsbeseitigung die Grenzwerte A1/2 und B der Umgebungsnorm zugrunde. Für die passende Zuordnung der Klassen in diesen beiden Normen ist letztendlich der Anwender verantwortlich.

	Kategorie			
	C1	**C2**	**C3**	**C4**
Vertriebsweg	allgemeine Erhältlichkeit	eingeschränkte Erhältlichkeit	eingeschränkte Erhältlichkeit	eingeschränkte Erhältlichkeit
Umgebung	1. Umgebung	1. oder 2. Umgebung (Entscheidung des Betreibers)	2. Umgebung	2. Umgebung
Spannung/Strom	< 1.000 V			< 1.000 V I_n > 400 A Anschluss an IT-Netz
EMV-Sachverstand	keine Anforderung	Installation und Inbetriebnahme durch einen EMV-Fachkundigen		EMV-Plan erforderlich
Grenzwerte nach EN 55011	Klasse B	Klasse A1 (+ Warnhinweis)	Klasse A2 (+ Warnhinweis)	Werte überschreiten Klasse A2

Tabelle 1: Klassifikation der neuen Kategorien C1 bis C4 der Produktnorm EN 61800-3

Die perfekte Netzspannung

Elektrische Energie ist heute der wichtigste Rohstoff für private Haushalte, Industrie und Gewerbe. Sie stellt eine ungewöhnliche Ware dar: Sie muss kontinuierlich vorhanden sein, lässt sich kaum lagern und entzieht sich einer Qualitätskontrolle vor Gebrauch. Dazu kommt, dass sie in großer Entfernung vom Ort des Verbrauchs erzeugt und gemeinsam mit der Produktion von vielen weiteren Generatoren ins Netz gespeist wird. Die Energie erreicht den Abnehmer über mehrere Transformatoren und viele Kilometer Freileitung und Erdkabel. Die Netzbetriebsmittel befinden sich im Eigentum und unter Verantwortung einer Vielzahl verschiedener Stellen. Die Qualität des Produkts beim Endverbraucher sicherzustellen, ist daher schwierig – und es ist nicht möglich, mangelhafte Ware vom Markt zu nehmen bzw. nachzubessern oder vom Abnehmer zurückzuweisen. Auch Statistiken über die Qualität der Versorgungsspannung stammen meist vom Versorger selbst. Das zumutbare Maß an Störungen kann aus Sicht des Erzeugers ganz anders aussehen, als das vom Kunden akzeptierte. Offensichtlich wird der Qualitätsmangel für den Verbraucher nur bei Totalausfall (Sekundenbruchteile bis zu Stunden) oder wenn die Spannung kurzzeitig auf einen niedrigeren Wert fällt. Auf solche Unterbrechungen reagieren viele Prozesse empfindlich. Dazu zählen beispielsweise:

- kontinuierliche oder parallele Prozesse, bei denen synchron laufende Maschinen aus dem Takt kommen,
- mehrstufige Prozesse, bei denen bei einer Unterbrechung alle vorhergehenden Entstehungsstufen vernichtet werden, zB. in der Halbleiterindustrie,
- Bankengeschäfte, bei denen in der Datenverarbeitung bei Spannungsausfall riesige Verluste entstehen.

Aber auch im Alltag ist die Bevölkerung auf eine möglichst sichere Energieversorgung angewiesen. Welche Faktoren sind ausschlaggebend für die Netzqualität?

Eine Stromversorgung wäre perfekt, wenn sie jederzeit verfügbar wäre, sich innerhalb der Toleranzbereiche von Spannung und Frequenz befindet und eine saubere Sinusform hätte. Wie viel Abweichung er tolerieren kann, sieht jeder Verbraucher unterschiedlich, je nach seinen spezifischen Anforderungen. Für eine Beurteilung der Netzqualität gibt es fünf Kategorien:

1. Verzerrung der Kurvenform, z. B. durch Oberschwingungen oder Flicker
2. Totalausfall im Bereich von Sekunden bis Stunden
3. Unter- oder Überspannung als längerfristige Überschreitung der 10 % Toleranzgrenze
4. kurze Spannungseinbrüche und Überspannungen, z. B. durch unsymmetrische Netzspannung oder Schalthandlungen im Netz
5. Transienten – hohe Spannungsspitzen im kV- und im ms-Bereich

Jedes dieser Probleme der Netzqualität hat andere Ursachen. So kann eine Transiente, hervorgerufen durch einen Sicherungsfall, bei einem anderen Kunden zu Problemen führen. Oberschwingungen können beim Endkunden selbst entstehen und sich im Netz verteilen. Die Energieversorgungsunternehmen (EVU) stehen auf dem Standpunkt, kritische Verbraucher müssen die Kosten der Qualitatssicherung selbst zahlen, statt jedem Kunden immer und überall im Netz eine sehr hohe Zuverlässigkeit zu garantieren. Die Versorgung mit Energie unter allen Bedingungen jederzeit sicherzustellen, ist in der Gesamtheit des Netzes unwirtschaftlich und nahezu unmöglich. Denn dazu müssten Versorger auch außergewöhnliche Wetterbedingungen im Freileitungsbereich oder die zufällige Zerstörung von Kabeln bei Erdarbeiten mit berücksichtigen. Es liegt daher in der Verantwortung der Verbraucher selbst, die passenden Maßnahmen zu ergreifen und sicherzustellen, dass die Energieversorgung für die eigenen Anforderungen ausreichend und sicher ist. Er kann damit auch einen höheren Qualitätsstandard festlegen, als der Erzeuger liefert bzw. garantiert.

Technische Lösungen für sichere und gute Versorgung

Gemäß den bisherigen Ausführungen stehen die Verbraucher also vor der Notwendigkeit, selber über die Art und den Umfang zusätzlicher Anlagen und Betriebsmittel zu entscheiden, um die für sie erforderliche Versorgungsqualität zu erreichen. Leider fehlen ihnen dafür oft wichtige Angaben. Es gibt wenige Statistiken über Netzausfälle. So ist es für den Verbraucher sehr schwierig, die Kosten von Vorbeugemaßnahmen festzulegen. Mit einer relativ hohen Verfügbarkeit von ca. 99,98 % ist aber eine Grenze erreicht, die wirtschaftlich maximal zu erzielen ist, ohne den Stromkostenpreis wesentlich anheben zu müssen. Kurzunterbrechungen im Bereich von 0,2 s bis 5 s treten häufiger auf. Sie können z. B. bei Stürmen durch umstürzende Bäume auf Freileitungen entstehen. Der Stromversorger ist meist nicht selbst verantwortlich für diese Störungen. Er bewertet die dadurch entstehenden Verluste nur in der Höhe der Kosten der Ausfälle der Energielieferung. Der Verbraucher sieht eher den Einkommensverlust, der durch die Unterbrechung der Produktion entstanden ist. Längere Unterbrechungen können durch Fehler beim Versorger selbst entstehen oder im Versorgungsnetz beispielsweise bei Zerstörung des Leitungssystems durch äußere Einflüsse. Abhilfe können hierbei nur redundante Systeme schaffen, wie Notstromgeneratoren oder Anlagen zur unterbrechungsfreien Stromversorgung. Da solche Redundanz-Systeme (USV) aufwändig und teuer sind, ist eine sorgfältige und möglichst frühzeitige Planung notwendig. Nur so lassen sich Schwachstellen exakt definieren und im Aufbau der Gesamtversorgung notwendige Redundanzen mit einplanen (**Tabelle 2**).

Parameter	Messmethode	Intervalldauer	Beobachtungsdauer
Spannungsänderungen	Mittelwert der 20-ms-Effektivwerte	10-min-Intervalle	1 Woche
Spannungseinbrüche	Dauer und Amplitude	wird als eizelnes Ereignis festgehalten	1 Tag
Spannungsunterbrüche	Dauer	wird als eizelnes Ereignis festgehalten	1 Tag
Oberschwingungsspannung und zwischenharmonische Spannung"	Mittelwert der 200-ms-Effektivwerte (nach Norm IEC 1000-4-4)	10-min-Intervalle	1 Woche
Flicker	Kurzflickerwerte P_{st}-Werte über 10 min (nach Norm IEC 868)	Mittelung über 12 P_{st}-Werte (= 2-h-Intervalle)	1 Woche
Unsymmetrie	Mittelwert vom Verhältnis Gegenkomponente/ Mitkomponente	10-min-Intervalle	1 Woche
Signalspannungen	3-Sekunden-Mittelwerte werden klassiert	3-Sekunden-Intervalle	1 Tag
Frequenz	10-Sekunden-Mittelwerte werden klassiert	10-Sekunden-Intervalle	1 Woche

Tabelle 2: Normmessverfahren zur Spannungsüberprüfung

Netzqualität bewerten

Oberschwingungsprobleme fallen fast immer in den Verantwortungsbereich der Anwender. Sie entstehen durch die nichtlineare Stromaufnahme von Verbrauchern. Die höherfrequenten Stromanteile übertragen sich durch die Netzimpedanz auf die Netzspannung und können sich dann im Netz verteilen. Verursacher dieser nichtsinusförmigen Stromaufnahme sind meistens Gleichrichterschaltungen oder Phasenanschnittsteuerungen. Diese Schaltungen sind sehr verbreitet und kommen in Frequenzumrichtern, Ladegeräten, Computern, Monitoren und weiteren, mit Leistungselektronik ausgestatteten Systemen vor. So können in einer Anlage Störungen durch Oberschwingungen auftreten, diese aber auch in diesem System selbst verursacht sein. Lösungen sind an den verwendeten Geräten selbst oder an zentraler Stelle möglich. Der Anlagenbetreiber muss überprüfen, welche Lösung die wirtschaftlich sinnvollste ist. Transienten sind Hochfrequenz-Ereignisse mit einer Dauer von deutlich weniger als einer Netzperiode (**Bild 1**). Ursache können Schalthandlungen, Sicherungsfall oder Blitzeinschlag im Netz sein. Transienten erreichen Spannungen von mehreren kV und führen ohne Gegenmaßnahmen zu erheblichen Schäden. Gerätehersteller müssen einen gewissen Schutz gegen Transienten vorsehen, wobei die Anzahl der Ereignisse nach der Blitzeinschlagshäufigkeit und der Gerätelebensdauer geplant ist. Kommt es in einem Netzabschnitt zu wesentlich häufigeren transienten Vorgängen, so altern die Schutzmaßnahmen deutlich schneller

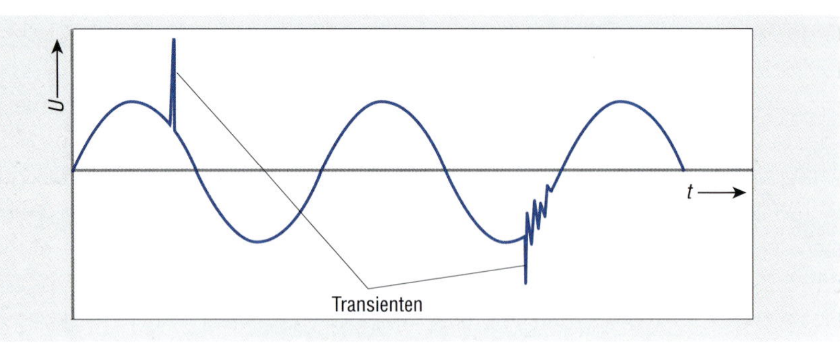

Bild 1: Blitzeinschläge gehören zu den häufigsten Verursachern von Netztransienten.

und der Geräteschutz kann nach kurzer Zeit verloren gehen. Blitzschutzzonenkonzepte bauen den Schutz der Netzspannung vor Transienten in Anlagen mittels Überspannungsableitern und Varistoren auf, sodass die Versorgungsspannung am Verbraucher nur noch maximal festgelegte Überspannungsspitzen erreichen kann.

Wie gut ist gut genug?

Probleme mit der Netzspannungsqualität stellen Planer immer wieder vor diese Frage, auf die eine pauschale Antwort kaum möglich ist. Gerne verweisen sie dann auf die bestehenden nationalen oder internationalen Normen. Diese definieren einzelne Phänomene und legen Verträglichkeitsgrenzwerte fest, die dann Gerätehersteller und Netzversorger zu Grunde legen. Eine Häufung dieser Ereignisse oder das Zusammentreffen mehrerer unterschiedlicher Störungen in ihrer Summenwirkung berücksichtigen sie aber nicht. Diese müssen auch nicht ausschließlich vom Energieerzeuger kommen. Der Endanwender muss die geforderte Netzqualität definieren und die erforderlichen Maßnahmen zur Sicherstellung dieser Qualität umsetzen. Dies erfordert eine gute Planung, wirksame Gegenmaßnahmen, Zusammenarbeit mit dem Stromversorger, häufige Überwachung und laufende Wartung.

Netzrückwirkungen und ihre Gefahren

Durch den europäischen Energieverbund, höhere Auslastung der Netze und geringere Investitionen wird die Qualität der Netzspannung zukünftig weiter abnehmen. Abweichungen von der idealen Sinusform sind also unvermeidlich und in gewissen Grenzen zulässig. Für den Planer und den Betreiber besteht die Verpflichtung, diese Netzbelastung gering zu halten. Doch wo liegen diese Grenzen, und wer legt sie fest?

Die gesetzliche Grundlage sichert Qualität. In der Diskussion um eine saubere und qualitativ gute Netzspannung helfen Normen, Richtlinien und Vorschriften.

Grundlage für eine objektive Bewertung der Netzspannungsqualität ist das Gesetz über die elektromagnetische Verträglichkeit von Geräten (EMVG). Die Europäischen Normen EN 61000-2-2, EN 61000-2-4 und EN 50160 beschreiben die einzuhaltenden Grenzwerte der Netzspannung in öffentlichen und in Industrienetzen. Die Normen EN 61000-3-2 und EN 61000-3-12 sind Vorschriften bezüglich der Netzrückwirkungen der angeschlossenen Geräte. In der Gesamtbetrachtung sind für Anlagenbetreiber zusätzlich auch die EN 50178 sowie die Anschlussbedingungen des Energieversorgungsunternehmens zu berücksichtigen. Grundsätzlich gilt die Annahme, dass bei Einhaltung dieser Pegel alle Geräte und Systeme in elektrischen Versorgungsnetzen ihre bestimmungsgemäße Funktion störungsfrei erfüllen.

Wie entstehen die Netzrückwirkungen?

Wie bereits erläutert, entstehen die Oberschwingungen durch nichtlineare Verbraucher wie Frequenzumrichter, Energiesparlampen, Schaltnetzteile in Fernsehern, Monitoren und Computern. All diese Geräte und noch viele andere mehr erzeugen eine pulsierende Stromaufnahme. Die Verzerrung der Sinuskurvenform des Versorgungsnetzes als Folge pulsierender Stromaufnahme durch angeschlossene Verbraucher nennt der Fachmann niederfrequente Netzrückwirkung oder auch Oberschwingungen. Abgeleitet von der Fourier-Analyse spricht man auch vom Oberschwingungsgehalt des Netzes und beurteilt diesen bis 2,5 kHz, entsprechend der 50. harmonischen Oberschwingung (50sten Oberwelle). Durch Rückkopplung mit der Netzversorgung entstehen somit in Abhängigkeit von der netzseitigen Impedanz stärkere oder schwächere Verzerrungen des Spannungsverlaufs.

Auch Eingangsgleichrichter von Frequenzumrichtern erzeugen eine solch typische Oberschwingungsbelastung des Netzes. Bei Frequenzumrichtern in 50-Hz-Netzen betrachtet man die 3. (150 Hz), 5. (250 Hz) oder 7. (350 Hz) Oberschwingung. Die Auswirkungen sind hier am stärksten. Den Gesamtoberschwingungsgehalt gibt die THD (Total Harmonic Distortion) oder der Klirrfaktor wieder. In der Regel steigt vor Ort der Grad an Netzverzerrungen mit zunehmender Zahl der installierten Geräte mit integrierter Leistungselektronik an. Die Netzspannungsversorgung ist im Idealfall eine reine Sinuswelle mit einer Grundfrequenz von 50Hz. Alle elektrischen Betriebsmittel und Geräte sind für optimale Leistung auf diese Frequenz hin ausgelegt.

Auswirkungen von Netzrückwirkungen

Netzrückwirkungen wie harmonische Oberschwingungen und Spannungsschwankungen zählen zu den niederfrequenten, leitungsgebundenen Netzstörungen. Diese haben am Entstehungsort ein anderes Erscheinungsbild als an einem anderen beliebigen Anschlusspunkt eines Verbrauchers im Netz. Damit ist die Konstellation von Netzeinspeisung, Netzaufbau und Verbraucher insgesamt bei der Bewertung der Netzrückwirkungen zu berücksichtigen. Übermäßige Oberschwingungsbelastung der Netzversorgung bedeutet, dass nicht nur die 50-Hz-Frequenz, sondern auch höhere Frequenzen in der Netzspannung enthalten sind. Diese Oberschwingungen können von elektrischen Geräten nicht genutzt werden, haben aber erhebliche nachteilige Auswirkungen:

- Einschränkungen der Versorgungs- und Netzleistung,
- höhere Verluste,
- Zusatzerwärmung von Transformatoren, Motoren und Kabeln,
- Reduzierung der Gerätelebensdauer,
- teure, ungewollte Produktionsstopps,
- Störungen der Mess- und Steuerungstechnik,
- pulsierendes und reduziertes Motordrehmoment,
- Geräusche.

Zu hohe Oberschwingungsanteile belasten Blindstrom-Kompensationsanlagen ($X_c \sim 1/f$) und können zu deren Zerstörung führen. Daher sollten diese als verdrosselte Ausführung zum Einsatz kommen.

Jeder Frequenzumrichter erzeugt Netzrückwirkungen. Allerdings betrachtet die aktuelle Norm nur den Frequenzbereich bis 2,5 kHz. Daher verschieben einige Hersteller Netzrückwirkungen in den von der Norm nicht definierten Bereich oberhalb von 2,5 kHz und bewerben die Gerate als netzrückwirkungsfrei.

Aber nicht der einzelne Frequenzumrichter führt zu Problemen, sondern meist erst die Gesamtzahl der eingesetzten leistungselektronischen Geräte sowie die hohe Anzahl der elektronischen Kleingeräte. Einige Hersteller, wie z. B. Danfoss, liefern alle VLT®-Frequenzumrichter mit eingebauten Zwischenkreisdrosseln, um Oberschwingungen zu reduzieren. Das reicht in vielen Fällen aus, um die Spannungsverzerrung innerhalb der zulässigen Grenzen zu halten. In einigen Fällen ist aber eine zusätzliche Oberschwingungsreduzierung erwünscht, bzw. erforderlich. Diese Aufgabe erfüllen Frequenzumrichter mit 12-Puls-Einspeisung oder externe aktive sowie passive Oberschwingungsfilter. Externe aktive Filter können in der Gesamtanlage zusätzlich weitere Verbraucher mit berücksichtigen und kompensieren.

Der Grad der Netzrückwirkungen in einer Anlage lässt sich in einfachen Fällen z. B. mit der kostenlosen VLT® MCT 31 und bei komplexen Anlagen mit der HCS Harmonic Calculation Software ermitteln. Die Programme helfen bei der Entscheidung, ob zusätzliche Oberschwingungsmaßnahmen benötigt werden. Dabei berücksichtigen die Programme die aktuellen Normen und können Lösungen berechnen.

Netzanalyse und Gegenmaßnahmen

Es gibt verschiedene Möglichkeiten, die Oberschwingungen zu reduzieren. Alle haben ihre Vor- und Nachteile. Es gibt keine Lösung, die perfekt zu allen Anwendungen und Netzbedingungen gleichzeitig passt. Um die optimale Lösung zur Oberschwingungsreduzierung zu erhalten, müssen Anwender mehrere Parameter berücksichtigen. Die Faktoren lassen sich in vier Gruppen einordnen:
- Netzbedingungen inklusive anderer Verbraucher,
- Anwendung und Prozesse,
- Übereinstimmung mit Vorschriften,
- Wirtschaftlichkeit der Lösung für die Anwendung.

Einfluss der Netzbedingungen auf die Oberschwingungsbelastung

Der wichtigste Faktor zur Bestimmung der Oberschwingungsbelastung eines Versorgungsnetzes ist die Netzimpedanz. Sie hängt vor allem von der Transformatorgröße im Verhältnis zur Gesamtleistungsaufnahme installierter Verbraucher ab. Je größer der Transformator im Verhältnis zu den oberschwingungserzeugenden Verbrauchern ist, desto geringer wirkt sich deren Einfluss aus. Das Energieversorgungsnetz ist ein System aus Netzversorgungen und angeschlossenen Verbrauchern, die über Transformatoren miteinander verbunden sind. Alle Verbraucher, die einen nichtsinusförmigen Strom verursachen, tragen zur Oberschwingungsbelastung des Netzes bei – nicht nur an der Niederspannungsversorgung, sondern auch bei höheren Spannungsniveaus. Beim Messen an einem Anschlusspunkt besteht daher immer ein gewisser Grad an Vorbelastung, im Fachjargon auch „Netzvorbelastung“. Da Verbraucher dreiphasig oder einphasig ans Netz angeschlossen sind, ist die Belastung der Phasen verschieden. Dies führt zu unterschiedlichen Spannungswerten an jeder Phase und damit zu Phasenunsymmetrien.

Anwendungsaspekte

Der absolute Oberschwingungsgehalt steigt mit der Höhe der von der nichtlinearen Last aufgenommenen Leistung. Daher haben sowohl die Anzahl installierter Frequenzumrichter als auch ihre einzelnen Leistungsgrößen und Lastprofile erheblichen Einfluss auf den Oberschwingungsgehalt. Die Anzahl aller Frequenzumrichter und sonstiger nichtlinearer Verbraucher in einem Netzabschnitt bestimmt dort die gesamte Oberschwingungsstromverzerrung (THDi), das Verhältnis zwischen der Summe der Oberschwingungsanteile und der Grundfrequenz. Die Auslastung der Frequenzumrichter ist wichtig, weil der prozentuale Wert der THDi bei Teillast zunimmt. So erhöht eine Überdimensionierung von Frequenzumrichtern die Oberschwingungsbelastung des Netzes. Zusätzlich müssen Anwender Rahmenbedingungen wie Wandfläche, Kühlluft (verunreinigt), Vibrationen, Umgebungstemperatur, Höhenlage, Luftfeuchtigkeit usw. berücksichtigen, da die verschiedenen Lösungen für bestimmte Einsatzbedingungen mehr oder weniger gut geeignet sind.

Normen

Um eine Mindestnetzqualität sicherzustellen, verlangen die Energieversorger von ihren Kunden, dass diese die gültigen Normen und Vorschriften einhalten. Je nach Land und Industriebereich gelten verschiedene Vorgaben, allen ist jedoch ein grundlegendes Ziel gemeinsam: Die Begrenzung der Netzrückwirkungen. Wie die Vorgaben zu erfüllen sind, hängt von den Netzbedingungen ab. Daher ist es nicht möglich, die Erfüllung der Normen und Grenzwerte zu garantieren, ohne die speziellen Netzstrukturen und -bedingungen zu kennen. Die jeweiligen Normen legen keine bestimmte Lösung zur Oberschwingungsreduzierung fest. Daher ist es wichtig, Normen, Vorschriften und Empfehlungen sowie die Oberschwingungsbelastung des Netzes zu kennen, um die optimale Lösung für die jeweilige Aufgabe zu finden.

Ökonomische Gründe berücksichtigen

Anwender sollten natürlich auch Anschaffungs- und Betriebskosten berücksichtigen, um sicherzustellen, dass sie die rentabelste Lösung gefunden haben. Die Anschaffungskosten der unterschiedlichen Lösungen zur Reduzierung von Oberschwingungen sind vom Leistungsbereich abhängig. Die Lösung, die in einem Leistungsbereich am rentabelsten ist, muss nicht zwangsläufig über den gesamten Leistungsbereich die günstigste sein. Die Betriebskosten setzen sich u. a. aus den Verlusten der Maßnahme selbst, dem gesamten Lastprofil sowie ihren Wartungskosten über die gesamte Lebensdauer zusammen. Im Vergleich zu aktiven Lösungen erfordern passive Lösungen häufig keine regelmäßige Wartung. Aktive Lösungen können andererseits den Wirkleistungsfaktor über den gesamten Leistungsbereich nahe Eins halten, wodurch sich eine bessere Energienutzung bei Teillast ergibt. Zudem sollten Anwender auch zukünftige Entwicklungspläne für das Werk oder die Anlage mit in die Planung einbeziehen. Denn eine für ein bereits in Planung befindliches System optimale Lösung kann bei einer absehbaren Erweiterung Nachteile bringen. Dann könnte in einem solchen Fall eine andere Maßnahme gegebenenfalls flexibler und damit vorteilhafter sein und sich langfristig wirtschaftlich sinnvoller darstellen.

Netzrückwirkungen berechnen

Für eine Sicherung der Netzspannungsqualität sind für Anlagen und Geräte, die Oberschwingungsströme produzieren, verschiedene Verfahren zur Reduzierung, Vermeidung oder Kompensation erhältlich. Netzberechnungsprogramme ermöglichen ein Berechnen von Anlagen bereits im Planungsstadium. Schon im Vorfeld kann der Betreiber so gezielt Gegenmaßnahmen testen und berücksichtigen. Die Auswahl geeigneter Maßnahmen erhöht und sichert die Verfügbarkeit der Anlagen.

Reduzierung der Netzrückwirkungen

Generell lassen sich Netzrückwirkungen elektronischer Leistungssteuerungen durch eine Amplitudenbegrenzung der Pulsströme reduzieren. Dies hat eine Verbesserung des Leistungsfaktors λ (Lambda) zur Folge. Zur Reduzierung, Vermeidung oder Kompensation stehen verschiedene Verfahren bereit:
- Drosseln am Eingang oder im Zwischenkreis von Frequenzumrichtern,
- schlanker Zwischenkreis,
- 12-, 18- oder 24-pulsige Gleichrichter,
- passive Filter,
- aktive Filter,
- Active Front End.

Die Maßnahmen lassen sich in passive und aktive Maßnahmen untergliedern und unterscheiden sich unter anderem insbesondere in der Projektierung. Teilweise ist bereits in der Anlagenprojektierung eine spezifische Maßnahme vorzusehen, da eine spätere Nachrüstung die ohnehin teilweise kostenintensiven Maßnahmen zusätzlich verteuert.

Keine generelle Empfehlung möglich

Eine grundsätzliche Empfehlung für eine der genannten Maßnahmen zur Reduktion von Netzrückwirkungen gibt es nicht. Wichtig ist, bereits während der Planungs- und Projektierungsphase die Weichen für ein Antriebssystem mit hoher Verfügbarkeit und geringen Netzrückwirkungen und Funkstörungen zu stellen. Prinzipiell gilt: Vor der Entscheidung, welche der genannten Maßnahmen zum Einsatz kommt, müssen Anwender folgende Faktoren sorgsam analysieren:
- Netzanalyse,
- genaue Übersicht über die Netztopologie,
- Platzverhältnisse in den zur Verfügung stehenden elektrischen Betriebsräumen,
- Möglichkeiten der Haupt- bzw. Unterverteilungen.

Netz- oder Zwischenkreisdrosseln

Häufig bieten Hersteller Frequenzumrichter ohne Verdrosselung an. Es entsteht durch die Ladestromspitze der Zwischenkreiskondensatoren auf der Netzseite eine starke Stromverzerrung. Der gewünschte effektive Strom für die Nachladung des Kondensators besteht aus kurzen Stromspitzen mit hohen Scheitelwerten, der Crestfaktor (Verhältnis von Scheitelwert zu Effektivwert einer Wechselgröße) kann bis über 10 ansteigen und erzeugt damit eine Stromverzerrung mit einem Oberschwingungsgehalt THDi von ca. 100 %. Drosseln bzw. Induktivitäten reduzieren die Netzrückwirkungen eines Gleichrichters und bewirken damit eine Verbesserung des Leistungsfaktors λ (Lambda). So beträgt zum Beispiel der Stromoberschwingungsgehalt eines Frequenzumrichters ohne Netzdrossel ca. 80 %. Mit internen oder externen Drosseln lässt sich dieser Wert auf unter 40 % senken. Anwender können Netzdrosseln separat beziehen und extern montieren. Dieser Aufwand entfällt, wenn die Induktivität schon serienmäßig im Gerät eingebaut ist. Zudem ist eine interne Zwischenkreisdrossel bei gleicher Wirkung kleiner, leichter und somit kostengünstiger. Welche Vorbelastungen mit Netzoberschwingungen aus dem versorgenden Netz ein Frequenzumrichter verkraften können sollte, ist in der Norm EN 60146-1-1 (allgemeine Anforderungen für Halbleiterstromrichter) festgelegt. Eine Verdrosselung des Umrichtereingangskreises kann bei hohen Netzvorbelastungen den Umrichter zusätzlich schützen.

Schlanker Zwischenkreis

Einen anderen Ansatz für die Reduzierung der Netzrückwirkungen verfolgen Umrichter mit sogenanntem “schlanken Zwischenkreis“. Konventionelle Umrichter haben nach dem Eingangsgleichrichter Kondensatoren geschaltet, die die gleichgerichtete Spannung glätten. Diese Gleichspannung wird mit Netzrückwirkungen erkauft. Zur Optimierung der Netzrückwirkungen reduzieren einige Hersteller die Kapazität der Zwischenkreiskondensatoren oder verzichten ganz auf sie. Vorteile dieser Umrichter: Sie erlauben die Verwendung von günstigeren Folienkondensatoren, haben eine etwas kleinere Bauform und erzeugen im Bereich bis 2,5 kHz wesentlich weniger Rückwirkungen als konventionelle Typen. Allerdings liegen die Oberschwingungen dafür im Bereich oberhalb der 2,5-kHz-Grenze um ein vielfaches höher als bei vergleichbarem konventionellen Aufbau. Bei Umrichtern mit schlankem Zwischenkreis ist das entstehende Frequenzspektrum ungemein schwerer abzuschätzen. Natürlich kann der Hersteller die Störungen eines ganz bestimmten Modells über den gesamten Frequenzbereich angeben. Setzt ein Anwender in seiner Applikation unterschiedliche Geräte mit schlankem Zwischenkreis ein, so ist eine vorherige Berechnung der entstehenden Belastung im Netz aber nahezu unmöglich. Die Frage ist, ob sich die Oberschwingungen der Geräte addieren oder ob sie zueinander phasenverschoben sind? Je größer das Frequenzspektrum an Oberschwingungen, desto höher die Wahrscheinlichkeit die Resonanzfrequenz eines anderen Bauteils zu treffen. Das Entstehen von Resonanzen im Netz ist somit nicht mehr vorher bestimmbar, und die Gefahr von Resonanzen mit anderen Bauteilen im Netz, beispielsweise von Trafos oder Kondensatoren in Blindleitungs-Kompensationsanlagen, steigt.

Für den Anwender werden Netzrückwirkungen erst dann ein Problem, wenn es zu Störungen in der Anlage kommt. Mit zunehmender Belastung des Netzes mit unterschiedlichen nichtlinearen Verbrauchern, steigen der Aufwand und konsequenter Weise auch die Kosten für die Reduzierung der Netzrückwirkungen. Neben den Netzrückwirkungen durch die Stromaufnahme belasten Umrichter mit schlankem Zwischenkreis das Netz auch mit der Taktfrequenz des motorseitigen Wechselrichters. Aufgrund der fehlenden bzw. geringen Kapazitäten im Zwischenkreis ist diese auf der Netzseite deutlich sichtbar. Diese Frequenz hat den Vorteil, dass sie in der Regel fest ist und so im Bedarfsfall einfach mit Filtern zu bekämpfen ist.

Passive Filter

Sie enthalten im Wesentlichen Induktivitäten und Kondensatoren. Man schaltet sie zwischen Netz und Umrichter und senkt damit die Oberschwingungsbelastung des Netzes stärker als mit Induktivitäten allein. Dafür sind die Filter allerdings teurer, größer und oft mit mehr Verlustleistung behaftet. Da passive Filter in der Regel eine verzerrte Eingangsspannung des Umrichters ergeben, ist es riskant, wenn man ohne Rücksprache mit dem Umrichterhersteller einen Filter von einer Fremdfirma einsetzt und Störungen oder Schäden am Umrichter riskiert. Der Filter ergibt einen fast sinusförmigen Strom und der THDi-Wert des Stromes verbessert sich von 42 % auf 9 %. In der Regel kann ein Filter auch vor mehrere kleine parallel geschaltete Umrichter gesetzt werden. Die Filter lassen sich auch nachträglich einbauen. Oft genügt es in einer Anlage, wenn nur die größeren Einheiten einen Filter erhalten. Zu beachten ist im Teillastbereich der kapazitive Blindstrom der Filter. Dieser kapazitive Strom kann bis zu 30 % vom Nennstrom erreichen.

12-Puls oder höher

Eine Oberschwingungsauslöschung oder Kompensation, also eine Minderung der Netzbelastung, tritt nicht nur zwischen Geräten unterschiedlicher Schaltungsprinzipien auf, sondern auch zwischen unterschiedlichen Transformatorschaltgruppen. Für einen großen Antrieb ist ein Dy5d6-Dreiwicklungstransformator ein probates

Mittel zur Auslöschung der 5-ten und 7-ten Oberschwingung. Dabei führt die Primärwicklung in Dreieck (D) die volle Leistung und die Sekundärwicklungen sind je für die halbe Leistung ausgelegt. Da die in „d" geschaltete Sekundärwicklung um 30° phasenverschoben zur „y"-Sekundärwicklung ist, entsteht eine 12-pulsige Gleichrichtung. Deren 5-te Oberschwingungen hat 5 · 30° = 150° Phasenverschiebung, was zusammen eine 180°-Auslöschung ergibt. Auf der Netzseite wird durch diese Schaltung ein Oberschwingungsgehalt von ca. 15 % erreicht. Werden noch höherpulsige Gleichrichterschaltungen verwendet, so wird z. B. bei der 18-pulsigen Schaltung ein THDi Wert von ca. 8 % erreicht. Zu bedenken dabei ist allerdings, dass der Einsatz von Mehrwicklungstransformatoren eine Sonderlösung ist, die Mehrkosten für den Trafo und die zusätzliche Installation (Leitungsverlegung) verursacht. Daraus ergibt sich, dass sich diese Lösungen wirtschaftlich nur in größeren Leistungsbereichen rechnen.

B12-Gleichrichtung

Eine B12-Gleichrichterschaltung ist als Parallelschaltung oder als Reihenschaltung zweier B6-Schaltungen möglich. Die Parallelschaltung benötigt weniger Transformatorbauleistung als die 12-Puls-Serienschaltung. Da deren Sekundärwicklungen potentialfrei sind, ist eine Reihenschaltung vorteilhaft für Dreilevel-Wechselrichter, die eine erdsymmetrische und hohe Zwischenkreisspannung haben und die Motorspannung sinusförmiger gestalten. Es sind auch mehrere normale *U*-Umrichter an den Sekundärwicklungen möglich. Dabei muss der Anwender auf eine symmetrische Verteilung der Umrichterlasten achten, wenn er die Netzrückwirkungen minimieren will.

Schutz vor mechanischer Überlastung

Peter Behrends

Eine Überlastung der Motorwicklung entsteht meist durch die Einwirkung von Temperatur und Zeit. Mechanische Bauteile werden dagegen durch Kräfte oder Drehmomente überlastet, wobei die Wirkungsdauer extrem kurz sein kann. Dieser grundsätzliche Unterschied ist bei der Auswahl der Schutzeinrichtungen zu beachten.

Für den Schutz der Wicklungen elektrischer Maschinen haben sich vor allem zwei einfache und preisgünstige Systeme bewährt:
- stromabhängig verzögerte thermische Überstromschutzeinrichtungen mit Bimetallauslösern,
- thermischer Maschinenschutz (TMS) mit Kaltleiter-Temperaturfühlern.

Beide Schutzeinrichtungen reagieren temperaturabhängig. Das Bimetall indirekt auf die Heizwirkung des Motorstromes, der Thermistor direkt auf die Wicklungstemperatur. Die dadurch bedingte Zeitverzögerung ist gewollt. Sie erlaubt es, die Überlastungskapazität des Motors auszunutzen und verhindert ein vorzeitiges, unnötiges Ansprechen der Schutzeinrichtung. Bei richtiger Auswahl, Installation und Einstellung der Schutzeinrichtung kann die Wicklung eines Elektromotors sicher gegen Überlastung geschützt werden.

Dieser Schutz erstreckt sich jedoch nicht auf die mechanischen Bauteile, wie im Folgenden gezeigt wird. Stellvertretend für viele mechanische Übertragungselemente wie Wellen, Passfedern, Lager, Kupplungen, Riemen usw. werden die Probleme mechanischer Überlastungen am Beispiel eines Getriebemotors dargestellt.

Drehmomentüberlastung wegen flacher Stromkennlinie

Bei Antrieben mit steigender Stromkennlinie nach **Bild 1** repräsentiert die Stromaufnahme recht gut die jeweilige Leistungsabgabe des Motors und damit die Drehmomentbelastung des Getriebes. Vor allem bei kleinen und hochpoligen Antrieben ist die Stromaufnahme aber vorwiegend durch den Magnetisierungsbedarf bestimmt: Die Stromkennlinie hat daher eine flache Tendenz und stellt damit kein eindeutiges Kriterium für die mechanische Abgabe dar.

Es kann dann im Rahmen der nach internationalen Normen geltenden Toleranzen eine recht erhebliche Überlastung des Getriebes auftreten, ohne dass der Motor thermisch gefährdet ist. **Bild 2** zeigt diese Gefahr an einem Beispiel: Wenn die Auslösekennlinie eines verwendeten Relais an seiner oberen Toleranzgrenze liegt, also beispielsweise den 1,15-fachen Einstellstrom dauernd führen kann, so ergibt sich ein Betriebspunkt X bei 1,4-fachem Nenndrehmoment. Während der

Motor also im Strom um 15 % und thermisch etwa um 30 % überlastet ist, wird dem Getriebe eine Überlastung um 40 % zugemutet, ohne dass das ordnungsgemäß gebaute und eingestellte Motorschutzrelais anspricht.

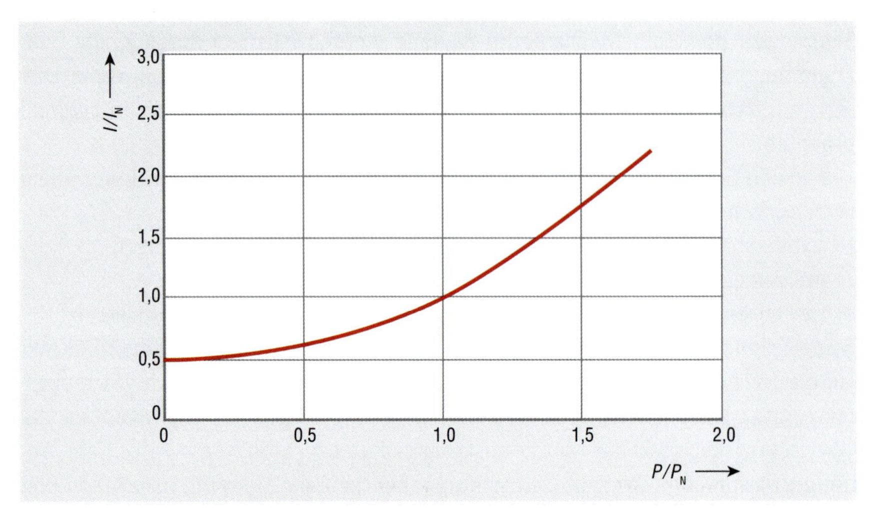

Bild 1: Typische Stromkennlinie von 4-poligen Elektromotoren mittlerer Größe

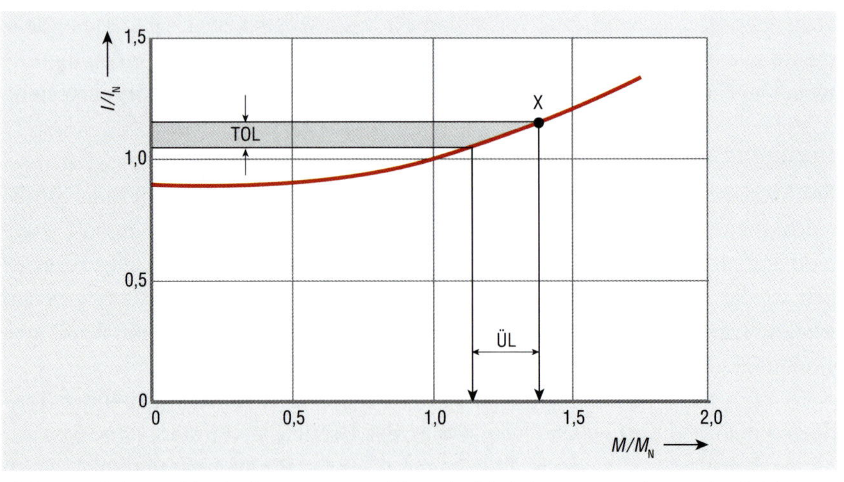

Bild 2: Mögliche Getriebeüberlastung am Betriebspunkt X bei einem Ansprechstrom des Relais von 1,15 I_N (Stromkennlinie kleiner oder hochpolige Motoren)

TOL Ansprechtoleranz nach DIN VDE 0660 für ein Motorschutzrelais

ÜL möglicher Überlastbereich des Getriebes als relatives Drehmoment M/M_N

Überwachung durch Temperaturfühler

Durch direkte Temperaturüberwachung in der Motorwicklung ist ein Schutz des Getriebes gegen langanhaltende Überlastung nur dann gewährleistet, wenn der Motor bei Abgabe der Nennleistung gerade mit der zulässigen Grenzübertemperatur arbeitet und wenn auch die Umgebungstemperatur an der oberen Grenze von 40 °C liegt. Abweichungen von diesen Voraussetzungen können zu erheblichen mechanischen Überlastungen für das Getriebe führen, ohne dass die thermische Schutzeinrichtung anspricht.

Motoren mit großen thermischen Reserven

Vor allem bei den kleinen Baugrößen im unteren Leistungsbereich ist der Aufwand an aktivem Material vorwiegend durch die geforderten Anzugs- und Kippmomente bestimmt, sodass oft erhebliche thermische Reserven vorhanden sind. **Bild 3** zeigt, dass bei Betrieb an der vom thermischen Motorschutz (TMS) kontrollierten Grenztemperatur selbst bei maximal zulässiger Umgebungstemperatur eine erhebliche mechanische Überlastung des Getriebes auftreten kann. Bei Nennlast $P/P_N = 1$ hat die Wicklung eine Nennübertemperatur von $\Delta\vartheta = 50\,K$, was zusammen mit der Umgebungstemperatur $\vartheta_{Umg} = 40\,°C$ eine Nenntemperatur von $\vartheta_N = 90\,°C$ ergibt. Wird dieser Antrieb an der Grenztemperatur $\vartheta_{Grenz} = 130\,°C$ betrieben, so ist die relative Leistungsabgabe fast 150 % der Nennleistung.

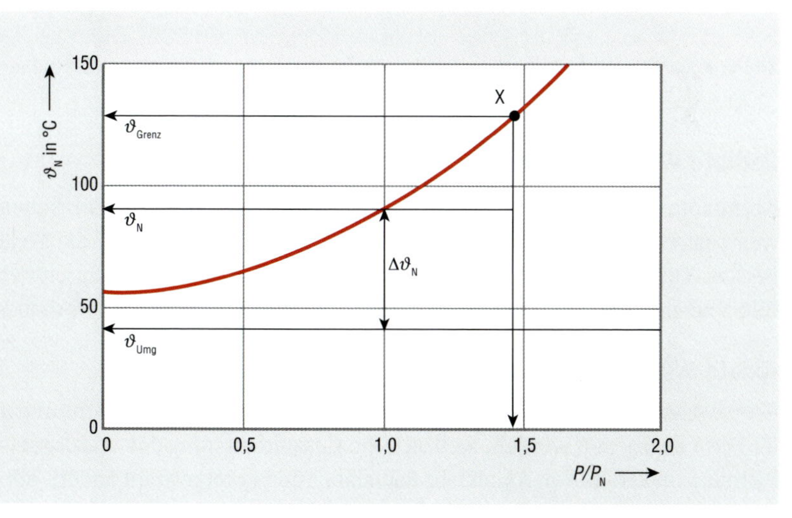

Bild 3: Mögliche Getriebeüberlastung P/P_N am Betriebspunkt X durch Ausnutzung der Grenztemperatur ϑ_{Grenz} bei einem Motor mit relativ niedriger Nenntemperatur ϑ_N und maximal zulässiger Umgebungstemperatur ϑ_{Umg}

Betrieb bei niedrigen Umgebungstemperaturen

Wird ein Getriebemotor bei Umgebungstemperaturen betrieben, die erheblich unter dem nach den VDE-Bestimmungen zulässigen Maximalwert von 40 °C liegen, führt die Ausnutzung der dadurch geschaffenen thermischen Reserve zu einer höheren Leistungsabgabe. Ohne Gefährdung des Motors und im Rahmen der durch den TMS gesetzten Temperaturgrenzen kann auch jetzt das Getriebe gemäß **Bild 4** erheblich überlastet werden.

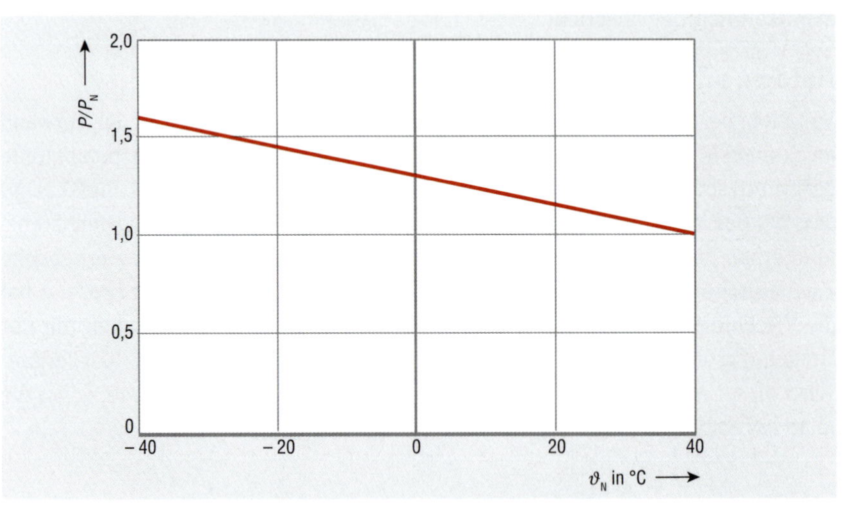

Bild 4: Mögliche Getriebeüberlastung P/P_N durch Ausnutzung der mit TMS kontrollierten Grenztemperatur bei Umgebungstemperaturen ϑ_{Umg} unterhalb des Normwertes von 40 °C

Radiale Wellenbelastung

Normmotoren sind vor allem bei Abtrieb über Keilriemen oft sehr hohen, teilweise durch unnötige Vorspannung überhöhten Radialkräften auf die Welle ausgesetzt. Die zulässigen Grenzwerte sind den Herstellerangaben zu entnehmen. **Bild 5** zeigt, dass auch bei Normmotoren ein erhebliches Streuband vorhanden ist.

Axiale Wellenbelastung

Grenzwerte für die axiale Belastbarkeit der Wellenlager können nicht in pauschaler Form angegeben werden, weil sich die Gesamtbelastung der Wälzlager je nach Richtung und Höhe von Axialkraft, Radialkraft und Rotorgewicht ändert. Vor allem bei größeren Maschinen hat das Eigengewicht einen erheblichen Anteil an der Gesamtbelastung. In Katalogen z. B. eines Herstellers werden acht Belastungsfälle nach **Bild 6** unterschieden:

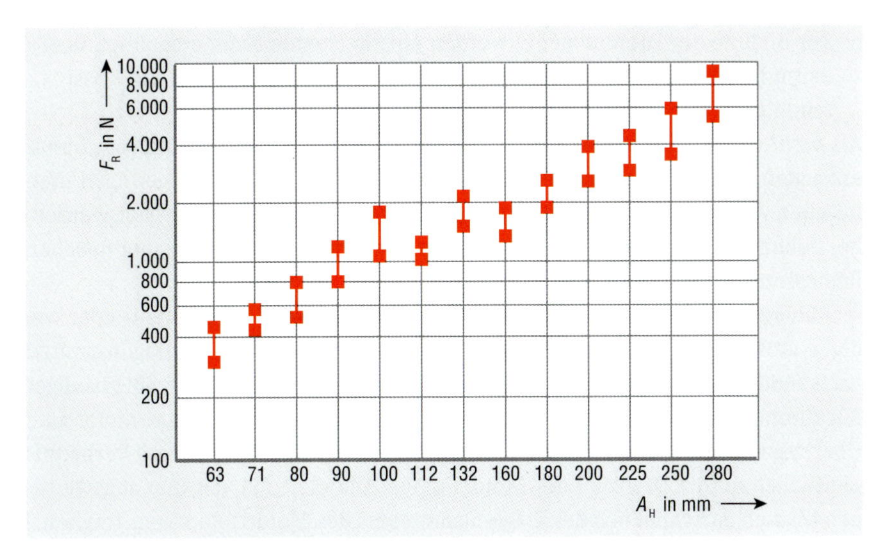

Bild 5: Zulässige Radialkraft F_R auf den Wellenstumpf von Normmotoren der Achshöhen A_H = 63 mm bis 280 mm als Streuband nach Katalogangaben mehrerer Hersteller

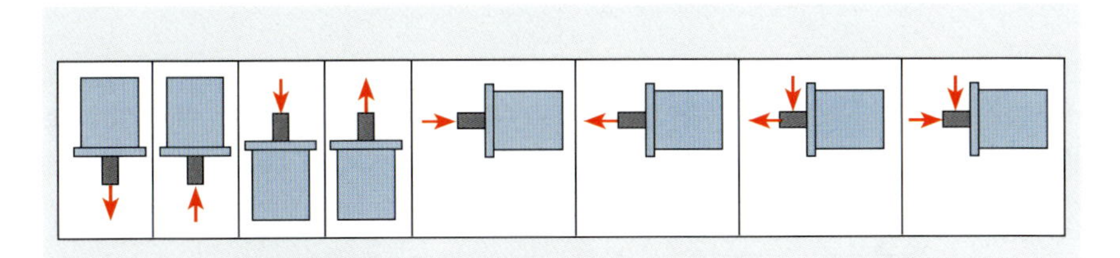

Bild 6: Unterscheidung von acht Belastungsfällen für die Axialkräfte auf das Wellenende von Normmotoren nach Katalogangabe

Kurzzeitige, kontrollierte Drehmomentstöße

Im Folgenden werden die mechanischen Auswirkungen von betriebsmäßig zu erwartenden, relativ langsam (quasistationär) verlaufenden Drehmomentstößen behandelt. Dabei sind die Höhe und die Dauer dieser Stöße kontrolliert.

- Motorisch erzeugte Drehmomente liegen im Rahmen der Überlastbarkeit von Drehstrom-Normmotoren, d.h. nach Norm mindestens beim 1,6-fachem Bemessungsmoment und üblicherweise maximal beim etwa 2,5- bis 3-fachem Bemessungsmoment.
- Bei kontrolliert ablaufenden Überlastungen werden keine nennenswerten, dynamisch aus Massenwirkungen erzeugten Drehmomentspitzen erzeugt.

– Zur Bildung der Drehmomente werden entsprechende Ströme benötigt, über deren thermische Auswirkungen die Dauer der Überlastung mit den klassischen Mitteln begrenzt wird.

Als *nicht kontrolliert* sind die bei der generatorischen Rückbremsung vom Motor erzeugten Drehmomente zu betrachten, weil sie wegen der relativ geringen thermischen Auswirkung vom Überlastungsschutz nur unzureichend erfasst werden. Bei polumschaltbaren Motoren können hier Drehmomentstöße bis zum 8-fachen Bemessungsmoment entstehen (**Bild 7**).

Abhängig vom Verhältnis *externe Masse/Rotormasse* fließt ein mehr oder weniger großer Anteil dieses Bremsmoments über Welle und Übertragungsmittel nach außen. Bei hohen Trägheitsfaktoren (z. B. $FI > 2$) und betriebsmäßig häufiger Rückbremsung empfiehlt sich eine Klärung mit dem Hersteller von Motor und Übertragungsmitteln. Der Trägheitsfaktor FI (Factor of Inertia) ist das Verhältnis sämtlicher auf die Drehzahl des Motors umgerechneter und von ihm angetriebenen Massen einschließlich des Trägheitsmoments des Motorläufers zum Trägheitsmoment des Motorläufers, also

$$FI = \frac{J_{\text{total}}}{J_{\text{rot}}} = \frac{J_{\text{ext}} + J_{\text{rot}}}{J_{\text{rot}}}$$

Das vom Motor entwickelte Beschleunigungsmoment verteilt sich im Verhältnis der relativen Anteile auf die Massen. Diese Gesetzmäßigkeit ist vor allem für die Belastung von nachgeschalteten Übertragungsmitteln – z. B. Getriebe – wichtig.

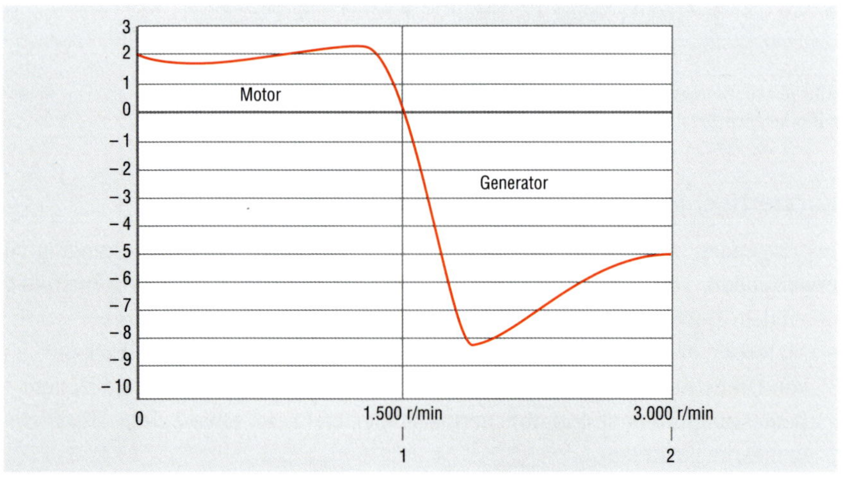

Bild 7: Drehmomentverlauf beim Umschalten von n_2 auf n_1. Das Verhältnis motorisches Kippmoment zum generatorischen Kippmoment beträgt etwa 1:4.

Der nach außen fließende Anteil des Beschleunigungs- oder Verzögerungsmomentes errechnet sich aus:

$$\frac{M_{ext}}{M_a} = \frac{J_{rot}}{\Sigma J} = \frac{J_{rot} \cdot (Fl - 1)}{J_{rot} \cdot Fl} = \frac{Fl - 1}{Fl}$$

Diese Betrachtung macht deutlich, weshalb dem Trägheitsfaktor *Fl* bei der Bestimmung des Stoßgrades eine wesentliche Funktion zukommt. Der Stoßgrad ist mitbestimmend für den Betriebsfaktor zur Auswahl eines Getriebes.

Mechanische Bauteile des Motors

Kurzzeitige, kontrollierte Drehmomentstöße können im Allgemeinen von den mechanischen Bauteilen eines Elektromotors (Wellen, Passfedern, Lager) ohne Schaden aufgenommen werden, weil diese Komponenten meist sehr reichlich bemessen sind.

Getriebe und andere mechanische Übertragungsmittel

Für diese Bauteile werden die Drehmomentstöße mit einem Stoßgrad im Rahmen eines zwar nicht genormten, aber bei den meisten Herstellern üblichen Betriebsfaktors berücksichtigt. Serienmäßig angebotene Übertragungsmittel (Kupplungen, Kettenräder, Getriebe) müssen dabei an die unterschiedlichsten Belastungsbedingungen angepasst werden. Zur Bewertung der beiden Antriebsfälle in den **Bildern 8 a** und **8 b** muss jeweils ein fiktives Drehmoment (**Bild 9**) gebildet und verglichen werden. Diese aus dem jeweiligen Lastprofil errechneten Drehmomente sollen äquivalent sein, d.h. sie sollen bei Dauerbetrieb zur gleichen Lebensdauer der entsprechenden Getriebegrößen führen wie bei Belastung mit dem tatsächlichen Drehmoment.

Sinngemäß lässt sich der Betriebsfaktor folgendermaßen definieren: Der Betriebsfaktor f_B ist die Zahl, mit der das Nenndrehmoment M_L der Arbeitsmaschine

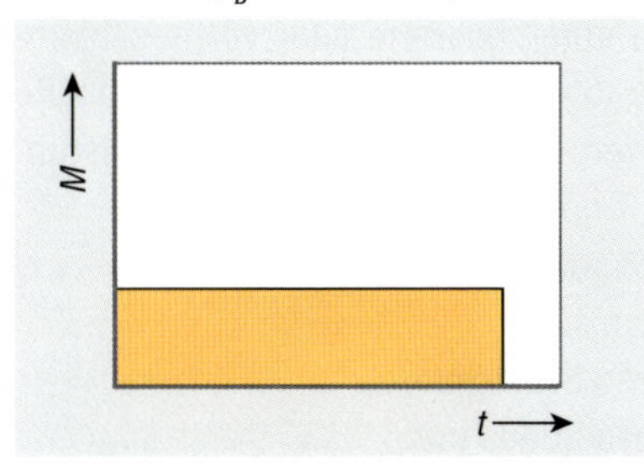

Bild 8 a: Betriebsfaktor geprägt durch die Zeit. Dauerbetrieb: 24 h/d und 365 d/a

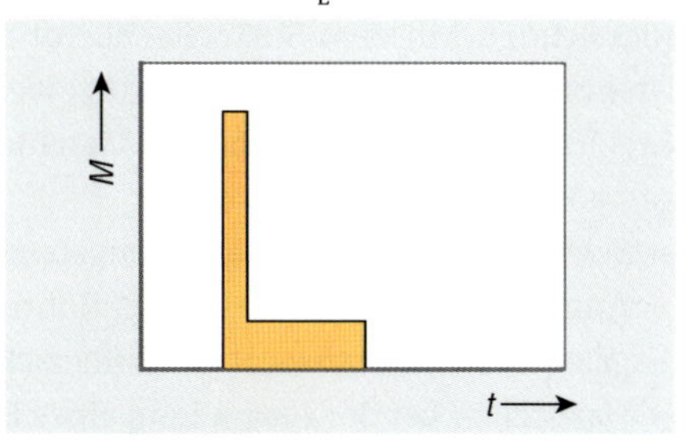

Bild 8 b: Betriebsfaktor geprägt durch das Moment. Kurzzeitbetrieb: unter Umständen nur wenige min/a

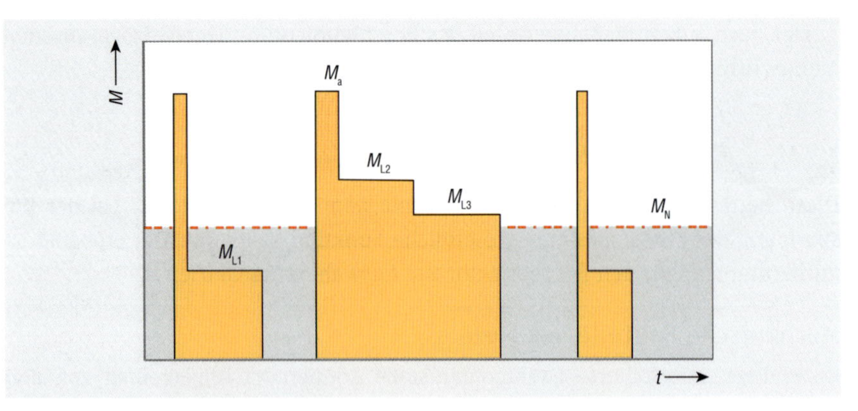

Bild 9: Definition des Betriebsfaktors

M_a Beschleunigungsmoment
M_L unterschiedliche Lastmomente 1,2,3
M_N fiktives Nennmoment (Bemessungsmoment) für äquivalente Dauerbelastung bei gleicher Lebensdauer und Sicherheit

multipliziert werden muss, um ein fiktives Drehmoment M_N zu erhalten, das bei zeitlich konstanter, beliebig langer Einwirkung auf die Abtriebswelle des Getriebes die gleiche Sicherheit gegen Getriebeschäden gewährleistet wie das tatsächlich wirksame zeitlich veränderliche Drehmoment.

Die Auslegung des Getriebes ist einwandfrei, wenn seine Dauerbelastbarkeit gleich dem fiktiven Drehmoment M_N ist.

Die Bildung eines äquivalenten Bemessungsmoments aus dem Lastprofil M_a, M_{L1}, M_{L2} und M_{L3} unter Berücksichtigung der jeweiligen Einwirkzeiten und der Gesamtlaufzeit erfordert einen erheblichen Berechnungsaufwand. In dem für Getriebemotoren und andere Übertragungsmittel üblichen, vereinfachten Verfahren werden die über das Nennmoment der Arbeitsmaschine hinausgehenden Drehmomente (z. B. M_a, M_{L1}, M_{L2} und M_{L3}) durch einen Stoßgrad erfasst und berücksichtigt. Mit dem Stoßgrad soll vor allem eine bekannte oder vorhersehbare Drehmomentzunahme berücksichtigt werden, die durch die bestimmungsgemäße Arbeitsweise der angetriebenen Maschinen verursacht wird. Solche Überlastungen können z. B. auftreten durch

- Schwergängigkeit bei tiefen Umgebungstemperaturen,
- Anfangswiderstand eines zähen Rührmediums,
- gelegentlicher Transport eines überschweren Stückgutes,
- Hartstellen bei der Entrindung eines Baumstammes und
- Zerkleinern von Hartteilen beim bestimmungsgemäßen Gebrauch eines Brechers oder Mischers.

Entsprechend sind die Überlastungen beim Stoßgrad III auf das 2-fache Bemessungsmoment begrenzt. Diese Grenze ergibt sich schon aus Rücksicht auf die externen Übertragungselemente und die Bemessung der angetriebenen Maschine. Im Gegensatz zu fast allen genormten oder üblichen Systemen für die Ermittlung des Betriebsfaktors sollten statt subjektiv interpretierbarer Begriffe klare objektive Grenzwerte für den Stoßgrad genannt werden (**Tabelle 1**).

Stoßgrad	Beschreibung	kurzzeitig zulässige Überlastung
I	gleichförmig, ohne Stöße	$M/M_N \leq 1$
II	mäßige Stöße	$1 < M/M_N \leq 1{,}6$
III	heftige Stöße	$1{,}6 < M/M_N \leq 2$

Tabelle 1: Stoßgrade in subjektiver Beschreibung und objektiver Festlegung

Keinesfalls kann über den Stoßgrad und einen entsprechenden Betriebsfaktor die extreme Überbeanspruchung abgedeckt werden, die sich aus einem unsachgemäßen Gebrauch einer Arbeitsmaschine ergeben kann, z. B. bei
- Blockierung eines Brechers durch zu große oder zu harte Teile,
- Aufprall eines Kranfahrwerkes auf einen Puffer,
- Anlauf eines Mischers gegen festgebackenes Material,
- Blockierung eines Kettentriebes durch Fremdkörper.

Drehmomentspitzen, die aus einem derartigen, unkontrollierbaren und blockierungsartigen Vorgang resultieren, können nur durch die Verwendung eines mechanischen Überlastschutzes (Rutschkupplung, Flüssigkeitskupplung, Rutschnabe, Scherbolzen) abgebaut werden.

Extreme Drehmomentspitzen

Unter extremen Drehmomentspitzen versteht man in der Regel stoßartige Überlastungen, die weit über die vom Motor entwickelten Maximalmomente hinausgehen und daher die Übertragungsmittel gefährden können, auch wenn die üblichen Sicherheitsfaktoren bei der Konstruktion berücksichtigt wurden.

Mechanische Abgabe und elektrische Aufnahme

Für den stationären Betrieb besteht bei jedem Motortyp ein fester Zusammenhang zwischen mechanischer Leistungsabgabe und elektrischer Leistungsaufnahme. Die Belastungskennlinie, die für jeden listenmäßigen Motortyp durch Messung ermittelt wird und beim Hersteller vorliegt, erlaubt aufgrund einer einfachen Betriebsmessung einen sicheren Rückschluss auf den Belastungsgrad, wobei natürlich die ungünstigsten Betriebsverhältnisse erfasst werden müssen. Aus **Bild 10** wird deutlich, dass vor allem bei Motoren kleiner Bemessungsleistung die elek-

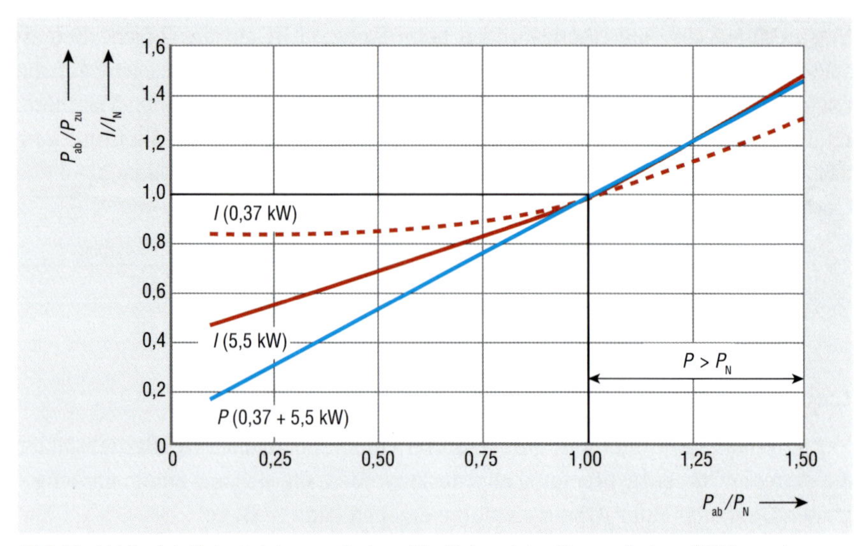

Bild 10: Abhängigkeit der Leistungsaufnahme (P_{ab}/P_{zu}) und der Stromaufnahme (I/I_N) von der mechanischen Abgabe (P_{ab}/P_N); jeweils in relativer Darstellung

trische Leistungsaufnahme ein wesentlich besseres Abbild der Abgabe ist als die Stromaufnahme. Das Bild zeigt die Gradienten (lat. gradiens für den „Anstieg", die „Steigung" oder das „Gefälle") von Strom und Aufnahmeleistung P_{zu} in Abhängigkeit von der Leistungsabgabe P_{ab} (in relativer Darstellung) für Motoren mit Bemessungsleistungen von 0,37 kW und 5,5 kW.

Im Bereich der Überlastung ($P > P_N$) steigen die Leistungsaufnahmen der beiden Motoren und die Stromaufnahme des 5,5-kW-Motors praktisch linear an. Die Stromaufnahme des kleinen Motors ist im Bereich $< P_N$ nicht aussagekräftig.

Bei stoßartig verlaufenden Vorgängen versagt dieses einfache Verfahren, da bei einer raschen Abbremsung der langsam laufenden Welle die Schwungradenergie des schnell rotierenden Motorläufers zur Wirkung kommt und mit um so höheren Drehmomenten und Kräften den alten Bewegungszustand aufrechtzuerhalten versucht, je rascher die Drehzahländerung erfolgt. Diese Vorgänge sind unabhängig von der Drehzahl-Drehmoment-Charakteristik des Motors und benötigen keine Energie aus dem Netz, sind also auch nicht mit extrem schnell schreibenden elektrischen Leistungsschreibern nachweisbar.

In **Bild 11** ist deutlich zu erkennen, dass beim Anlaufvorgang das Anzugsmoment $M_A = 1$ durch eine entsprechende elektrische Leistungsaufnahme P_{el} repräsentiert wird, während bei einem plötzlichen Belastungsstoß P_{crit} ein Spitzenmoment $M_{max} = 2 \cdot M_A$ auftritt, das keinen entsprechend hohen Niederschlag in der elektri-

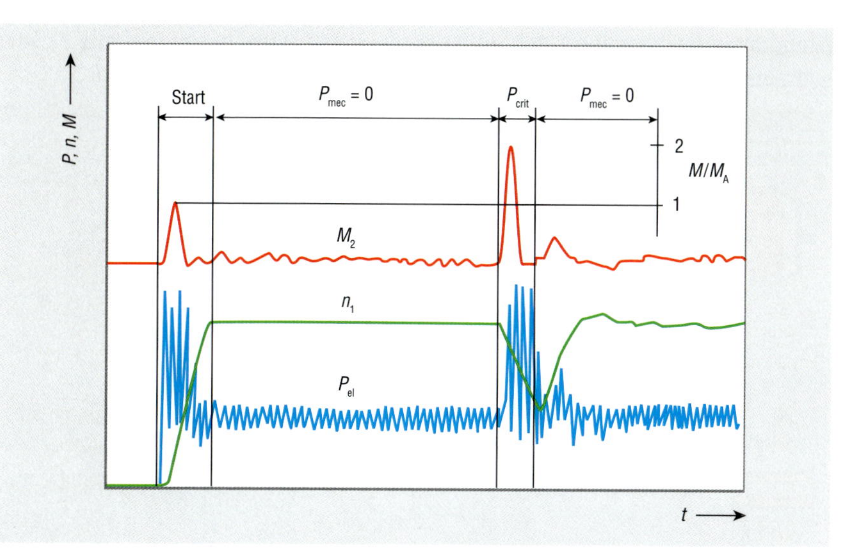

Bild 11: Vergleich der elektrischen Leistungsaufnahme P_{el} mit der mechanischen Drehmomentabgabe M_2 bei einem Anlaufvorgang (Start) und einem aus dem Energieinhalt des Läufers gedeckten Belastungsstoß P_{crit}

schen Aufnahme findet. Solche Spitzenmomente sind nur durch eine direkte Drehmomentmessung (z. B. mit einer Drehmoment-Messnabe oder Dehnungsmessstreifen) zu ermitteln, die aber einen erheblichen messtechnischen Aufwand und einen Eingriff in den Wellenstrang bedeuten. Abgesehen von der Notwendigkeit einer thermischen Zeitkonstante von Überstromrelais und TMS ergibt sich zusammenfassend die Erkenntnis, dass es nicht möglich ist, stoßartige Überlastungen des Getriebes auf elektrischem Wege zu erfassen und zu verhindern.

Fazit

Thermische Überlastschutzeinrichtungen wirken zuverlässig für den Schutz von Wicklungen, können aber aus physikalischen Gründen keinen Schutz von mechanischen Bauteilen gegen stoßartige Überlastungen (z. B. Umschalten der Drehzahl beim Dahlandermotor) übernehmen.

Allein aus der Schwungenergie des rotierenden Läufers einer elektrischen Maschine können im Blockierungsfall außerordentliche hohe Kräfte bzw. Drehmomente resultieren, die zwangsläufig zur Beschädigung mechanischer Bauteile (Wellenabriss, Passfedern, Kupplungen usw.) führen.

Ein sicherer und zuverlässiger Überlastungsschutz für mechanische Bauteile lässt sich nicht auf elektrischem Wege, sondern nur durch mechanische Begrenzung von

Drehmomentspitzen durch z. B. Rutschkupplungen, Rutschnabe (**Tabelle 2**) oder hydraulische drehmomentbegrenzende Kupplungen (**Bild 12**) erreichen.

Prinzip	Vorteile	Nachteile
Rutschkupplung	einfacher Aufbau	Eingriff in den Wellenstrang, Einstellmöglichkeit reduziert, große Ansprechtoleranz, Verschleiß bei häufiger oder längerer Funktion
Rutschnabe für Kettenrad	kein Eingriff in den Wellenstrang, platzsparend	Einstellmöglichkeit reduziert, große Ansprechtoleranz, Verschleiß bei häufiger oder längerer Funktion

Tabelle 2: Beispiele für mechanische Kupplungen mit Überlastschutzfunktion

Quelle: Voith GmbH & Co. KGaA

Bild 12: Drehmomentbegrenzende Kupplungen – wie z. B. SafeSet – schützen den Antriebsstrang gegen Drehmomentüberlastungen und stellen sicher, dass die Anlage auf höchster Stufe sicher und effizient arbeitet. Sie wirken wie eine mechanische Sicherung. Bei einer Überlastsituation, wenn das eingestellte Drehmoment überschritten wird, löst die Kupplung augenblicklich die Drehmomentübertragung und bewahrt damit den Antriebsstrang vor zu hohen Torsionsbeanspruchungen.

© Fotolia_70389341_Coloures-Pic

Hinweis zu den Formeln, Tabellen und Schaltzeichen

An dieser Stelle fanden Sie bis zur Ausgabe 2012 Formeln und Tabellen mit nachstehendem Inhalt:

Formeln

- Mechanische Grundbegriffe
- Basiseinheiten und internationales Einheitensystem
- Vorsätze für dezimale Vielfache und Teile von Einheiten
- Griechisches Alphabet
- Grundlagen der Mathematik
- Winkelfunktionen
- Dezibeltafel für Spannungsverhältnisse
- Logarithmus
- Formelsammlung Elektro

Tabellen und Schaltzeichen

- Auswahl und Klassifizierung von Elektroinstallationsrohren
- Schlitze und Aussparungen in tragenden Wänden
- Ausstattung von Wohngebäuden mit elektrischen Anlagen
- Kennzeichnung von Leuchten
- Anordnung und Bedeutung des IP-Codes
- Umstellung der Pg-Kabelverschraubungen auf metrische Betriebsmittel
- Betriebsmittelkennzeichnung Alt-Neu
- Schaltzeichen für Installationspläne
- Schaltzeichen für Schutz- und Sicherungseinrichtungen
- Schaltzeichen für elektrische Maschinen und Anlasser

Aus Platzgründen haben Herausgeber und Verlag diese Teile herausgenommen und für Sie online gestellt. Auf diese Weise wurde Raum für viele interessante Themen geschaffen.

Damit Ihnen als Leser des Jahrbuches diese Inhalte nicht verloren gehen, können Sie die Inhalte zu den Themen „Formeln, Tabellen und Schaltzeichen“ auf unserer Website kostenfrei abrufen.

Der Zugang erfolgt unter:
www.elektro.net/downloads-jahrbuecher-2019
Passwort: Jbet2019

© shutterstock_622249568–Production Perig

Messen und Veranstaltungen 2018/2019

(Stand August 2018. Alle Angaben ohne Gewähr)

Oktober 2018

16.10. bis 18.10.2018
Chillventa – Internationale Fachmesse für Kälte, Raumluft, Wärmepumpen
Nürnberg

16.10. bis 18.10.2018
eMove360 – Internationale Fachmesse für Mobilität 4.0
München

November 2018

06.11. bis 08.11.2018
Belektro – Fachmesse für Elektrotechnik, Elektronik, Licht
Berlin

13.11. bis 16.11.2018
electronica – Messe für Komponenten, Systeme und Anwendungen in der Elektrotechnik
München

22.11. bis 24.11.2018
Get Nord – Fachmesse für Elektro, Sanitär, Heizung, Klima
Hamburg

27.11. bis 29.11.2018
SPS/IPC/Drives – Internationale Fachmesse und Kongress für elektrische Automatisierung
Nürnberg

Januar 2019

09.01. bis 11.01.2019
Eltec – Fachmesse für elektrische Gebäudetechnik, Informations- und Lichttechnik
Nürnberg

22.01. bis 24.01.2019
Fachschulung für Gebäudetechnik
Rostock

Februar 2019

05.02. bis 07.02.2019
E-World Energy & Water – Fachmesse und Kongress
Essen

13.02. bis 15.02.2019
elektrotechnik – Fachmesse für Gebäude-, Industrie-, Energie- und Lichttechnik
Dortmund

März 2019

07.03. bis 10.03.2019
Haus 2019 – Baumesse mit Fachausstellung Energie
Dresden

11.03. bis 15.03.2019
ISH – Leitmesse Bad, Gebäude-, Energie-, Klimatechnik, Erneuerbare Energien
Frankfurt am Main

19.03. bis 21.03.2019
EMV – Internationale Fachmesse und Kongress für Elektromagnetische Verträglichkeit
Stuttgart

20.03. bis 22.03.2019
eltefa – Fachmesse für Elektrotechnik und Elektronik
Stuttgart

21.03. bis 24.03.2019
New energy husum– Internationale Messe und Kongress zur Nutzung der erneuerbaren Energien und Energieeffizienz
Husum

April 2019

01.04. bis 05.04.2019
Hannover Messe Industrie
Hannover

Mai 2019

15.05. bis 17.05.2019
Intersolar – Internationale Fachmesse und Kongress für Solartechnik
München

Juni 2019

04.06. bis 06.06.2019
Anga Com – Fachmesse für Kabel, Breitband und Satellit
Köln

24.06. bis 28.06.2019
CeBIT – Fachmesse für Lösungen, Produkte und Services aus der Informations- und Kommunikationstechnik
Hannover

25.06. bis 26.06.2019
servparc – Messe für Facility Management, Industrieservice und IT-Lösungen
Frankfurt am Main

September 2019

06.09. bis 11.09.2019
IFA – Internationale Funkausstellung
Berlin

10.09. bis 13.09.2019
HUSUM WindEnergy – Internationale Messe und Kongress zur Nutzung der erneuerbaren Energien und Energieeffizienz
Husum

18.09. bis 20.09.2019
Efa – Fachmesse für Gebäude- und Elektrotechnik, Klima und Automation
Leipzig

November 2019

12.11. bis 15.11.2019
Productronica – Messe für innovative Elektronikfertigung
München

Stichwortverzeichnis

Notizen

Notizen

Notizen

Notizen

Notizen